高等教育面向“四新”服务的信息技术课程系列教材

虚拟现实技术与应用（第2版）

朱惠娟　主　编
张皓名　陈琳琳　副主编

中国铁道出版社有限公司
CHINA RAILWAY PUBLISHING HOUSE CO., LTD.

内 容 简 介

随着元宇宙概念的火爆，虚拟现实作为元宇宙场景的重要支持技术，是新一代信息技术的重要前沿方向。本书针对应用型高校教学需要和培养目标，以主流的Unity 3D引擎使用为主线，将行业中新的应用案例、新的技术进行整合，内容包括：虚拟现实技术概述、虚拟现实系统的策划和产品设计流程、Unity 3D开发环境的搭建、Unity 3D基础操作、Unity 3D交互功能开发、地图系统、图形用户界面、综合实例、实践延展等。案例之间具有连贯性，从基础到高阶，从引擎学习到综合案例开发，从软件系统开发到结合开发，培养读者虚拟现实系统开发能力。

本书适合作为应用型本科高校虚拟现实、数字媒体及相关专业虚拟现实开发课程的教材，也可作为对虚拟现实感兴趣的广大爱好者与从业者的自学参考用书。

图书在版编目（CIP）数据

虚拟现实技术与应用 / 朱惠娟主编. -- 2版.
北京 ： 中国铁道出版社有限公司，2025. 6. --（高等教育面向“四新”服务的信息技术课程系列教材）.
ISBN 978-7-113-32261-8

Ⅰ. TP391. 98

中国国家版本馆CIP数据核字第2025UL6481号

书　　名：虚拟现实技术与应用
作　　者：朱惠娟

策　　划：张围伟　汪　敏　　　　编辑部电话：（010）51873135
责任编辑：汪　敏
封面设计：张　璐
封面制作：刘　颖
责任校对：安海燕
责任印制：赵星辰

出版发行：中国铁道出版社有限公司（100054，北京市西城区右安门西街8号）
网　　址：https://www.tdpress.com/51eds
印　　刷：北京联兴盛业印刷股份有限公司
版　　次：2023年3月第1版　2025年6月第2版　2025年6月第1次印刷
开　　本：850 mm×1 168 mm　1/16　印张：17.75　字数：428千
书　　号：ISBN 978-7-113-32261-8
定　　价：59.80元

高等教育面向“四新”服务的信息技术课程系列教材

编　审　委　员　会

序

在科技革命和产业变革加速演进的背景下，高等教育的“新工科、新文科、新农科、新医科”四新建设被高度重视，并且迅速从理念走向实践探索，成为引领中国高等教育改革创新的重大举措。“四新”建设从学科专业优化开始，强调交叉融合，再将其落实到课程体系中，最终将推动人才培养模式的重大变革。在这种形势下，高校的计算机基础教育作为信息素养和能力培养的一个重要组成部分，将面临着新一轮的机遇与挑战。探索高等教育面向“四新”服务的信息技术课程建设问题，落实现代信息技术与学科领域深度融合的教学改革新思路，在课程深度改革中促进学科交叉融合，重构教学内容以面向“四新”服务，是一项艰巨而重要的工作。

教材建设作为课程建设的重要组成部分，要以“四新”需求为核心，脱胎换骨地重构教学内容，将多学科交叉融合的思路融于教材中，支持课程从内容到模式再到体系的全面改革。党的二十大报告指出“深化教育领域综合改革，加强教材建设和管理”，要以党的二十大精神为引领，加快建设中国特色高水平教材。恰在此时，欣喜地看到了中国铁道出版社有限公司规划的这套“高等教育面向‘四新’服务的信息技术课程系列教材”，将信息技术类课程作为体系规划，融入了面向‘四新’服务的基本框架。在内容上将人工智能、互联网、物联网、大数据、区块链等新技术置入这个系列教材，以探索服务“四新”背景下的专业建设和人才培养需求的教材新形态、新内容、新方法、新模式。本套教材在组织编写思路上有很好的设计，以下几个方面值得推荐：

1．在价值塑造上做到铸魂育人

党的二十大报告指出：“教育是国之大计、党之大计。培养什么人、怎样培养人、为谁培养人是教育的根本问题。育人的根本在于立德。”把握教材建设的政治方向和价值导向，聚集创新素养、工匠精神与家国情怀的养成。课程思政把政治认同、国家意识、文化自信、人格养成等思想政治教育导向与各类信息技术课程固有的知识、技能传授有机融合，实现显性与隐性教育的有机结合，促进学生的全面发展。应用马克思主义立场观点方法，提高学生正确认识问题、分析问题和解决问题的能力。强化学生工程伦理教育，培养学生精益求精的大国工匠精神，激发学生科技报国的家国情怀和使命担当。

2．在体系上追求宽口径教材体系化

教材体系是配合指定的课程体系构建的，而课程体系是围绕专业设置规划的。“四新”背景下各专业的重塑或新建都需要信息科学和技术给予更高度融合的新的课程体系甚至是教学模块配套。所以本系列教材规划在教育部大学计算机课程教学指导委员会提出的《大学计算机基础课程教学基本要求》原有的基础上，使教材体系在覆盖面和内容先进性方面都有新的突破，构成有宽度的体系化教材系列。也就是说这个体系不是唯一的，而是面向多学科、多专业教学需求，可以灵活搭建不同课程体系的配套教材。在这个规划中教材是体系化的，无论是教材种类、教材形态，还是资源配套等方面都方便裁剪，生成不同专业需求的教材体系，支持不同教材体系的可持续动态增减。

3．在内容上追求深度融合

如何从新一代信息技术的原理和应用视角，构建适合“四新”课程体系的教材内容是一个难题。在当前社会需求剧增、应用领域不断扩大之际，如何给予非计算机专业的多学科以更强的支撑，以往的方法是在教材里增加一章新内容，而这套教材的规划是将新内容融于不同的课程中，落实在结合专业内容的案例设计上。例如，本系列已经出版的《Python 语言程序设计》一书，以近百个结合不同专业的实际问题求解案例为纽带，强化了新教材知识点与专业的交叉融合，也强化了程序设计课程对不同学科的普适性。这种教材支持宽口径培养模式下，学生通过不断地解决问题而获得信息类课程与专业之间的关联。本套教材适合培养学生计算思维和用计算机技术解决专业问题的能力。

4．在教学资源上同步建设

党的二十大报告提出“推进教育数字化”。教学资源特别是优质数字资源的高效集成是其具体落实的一个组成部分。本套教材规划起步于国家政策的高起点，除了“四新”的需求牵引之外，在一流课程建设等大环境方面也要求明确，与教材同步的各种数字化资源建设同步进行。从目前将要出版的其中几本教材来看，各种数字化建设都在配套开展，甚至教学实践都已经在同步进行，呈现出在教材建设上的跨越式发展态势，对教学一线教师提供了完整的教学资源，努力实现集成创新，深入推进教与学的互动，必将为新时代的人才培养大目标做出可预期的贡献。

5．在教材编写与教学实践上做到高度统一与协同

非常高兴的是，这套教材的作者大多是教学与科研两方面的带头人，具有高学历、高职称，更是具有教学研究情怀的教学一线实践者。他们设计教学过程，创新教学环境，实践教学改革，将理念、经验与结果呈现在教材中。更重要的是，在这个提倡分享的新时代，教材编写组开展了多种形式的多校协同建设，采用更大的样本做教改探索，支持研究的科学性和资源的覆盖面，必将被更多的一线教师所接受。

在当今“四新”理念日益凸显其重要性的形势下，与之配合的教育模式以及相关的诸多建设都还在探索阶段，教材无疑是一个重要的落地抓手。本套教材就是计算机基础教学方面很好的实践方案，既继承了计算思维能力培养的指导思想，又融合了“四新”交叉融合思维，同时支持在线开放模式，内容前瞻，体系灵活，资源丰富，是值得关注的一套好教材。

全国高等院校计算机基础教育研究会副会长
首批国家级线上一流本科课程负责人
李凤霞

2022 年 10 月

前言

虚拟现实技术发展飞速，并在建筑领域、教育领域、游戏领域、娱乐领域得到了广泛的应用。目前市面上主要的虚拟现实开发引擎包括 Unity 3D、Unreal Engine，以及国内的 Cocos Creator 等，开发者一般会用三维软件对真实场景进行建模，再导入引擎中完成交互开发。因此，熟练掌握虚拟现实引擎是开发虚拟现实应用的基础，也是本书着重介绍的部分。

本书由高校教师与从事虚拟现实开发多年的企业工程师合作完成。企业工程师分别来自南京予创予嘉信息科技有限公司和慧科教育科技集团有限公司。两家企业都曾负责多个高校的虚拟仿真实验开发，并获评国家级虚拟仿真金课，拥有丰富的开发经验。本书经过高校教师和企业工程师的探讨，总结了过往教学过程中的知识点以及实际项目开发时的难点，汇集了大量案例，容易激发学生的学习兴趣，旨在培养熟悉策划、设计、开发等制作流程并能够独立制作虚拟现实应用的综合应用型人才。

为了与行业发展保持同步，本书在第 1 版的基础上进行了修订，具体包括技术更新、内容优化等。首先根据虚拟现实技术的发展进行了技术和数据的更新，其次增加了 Unity 常用插件的介绍，最后，根据院校教师的需求和反馈，对第 1 版的部分案例进行了替换和优化。

全书针对应用型高等院校教学需要和培养目标进行编写，分为三部分，共 9 章。第一部分是理论篇，包括第 1 章和第 2 章。第 1 章介绍了虚拟现实技术的概念和应用领域；第 2 章介绍了虚拟现实应用的一般开发步骤，简述了原型制作过程和三维场景构建的要点。第二部分是实践篇，包括第 3 章至第 8 章。第 3 章详细介绍了虚拟现实开发环境的搭建；第 4 章以一个密室的搭建过程为引导，详细介绍了 Unity 3D 的工具使用、材质球、光照系统、摄像机；第 5 章在第 4 章密室开发完成的基础上，进一步讲解在 Unity 3D 中交互功能的实现，包括脚本的认识、常用的组件和类、物理引擎和动画系统；第 6 章以一个射击游戏为例，讲解了 Unity 3D 中游戏地图引擎的功能；第 7 章以一个考试系统为例，讲解了 Unity 3D 中的 UGUI 系统；第 8 章以一个传统家具制作虚拟仿真实验为例，讲解了一个虚拟现实项目的开发过程，包括了 UI 制作、场景构建、交互功能、数据库连接等，让学生对项目开发有一个完整的认识。第三部分是拓展篇，为第 9 章。第 9 章主要介绍近几年虚拟现实方面的最新应用，包括增强现实软件的开发、结合虚拟现实硬件设备的开发、结合手势识别的开发，以此拓展虚拟现实开发的技术领域。

本书精心配备了丰富的数字化资源和服务，包括授课电子课件、教学素材、教学案例、教学视频等，需要的教师可登录中国铁道出版社教育资源数字化平台 https://www.tdpress.com/51eds 进行下载。通过这些配套资源和服务，将让您的学习或教学变得更高效。

本书由朱惠娟任主编，张皓名、陈琳琳任副主编。全书具体编写分工如下：第 1 章由陈琳琳、宋燕燕编写，第 2 章由朱娴、李纪伟编写，第 3 章至第 7 章由朱惠娟、张皓名编写，第 8 章和第 9 章由张皓名、史婧雯、李祺编写。全书由朱惠娟统稿。

衷心感谢南京理工大学紫金学院计算机学院宗平院长和各位同事对本书编写的大力支持。

限于编者水平，书中难免有不妥之处，敬请读者批评指正。

编　者

2024 年 12 月

目录

第一部分　理论篇

第二部分　实践篇

第三部分 拓展篇

第一部分

理论篇

第 1 章 虚拟现实技术概述

近年来，虚拟现实技术飞速发展，大量新技术、新的人机交互设备不断涌现，给传统的观念和认知带来了冲击，也给虚拟现实技术提供了许多新思维。虚拟现实以模拟的方式为用户创建了一个实时反映实体对象和三维图像的交互世界，在视觉、听觉、触觉、嗅觉和其他感知到的逼真的体验中，使体验者可以直接探索虚拟物体在环境中的作用和变化，就好像置身于现实中一样。

学习目标

- 了解虚拟现实技术的概念、发展历史和主要特点。
- 了解虚拟现实系统的一般分类。
- 对虚拟现实应用的行业领域有比较具体的认识。
- 对目前比较典型的虚拟现实行业应用有自己的见解和想法。

1.1 虚拟现实技术的相关介绍

1.1.1 虚拟现实技术的概念

虚拟现实技术最早运用在军事模拟、军事训练上，随着计算机软硬件技术的发展，虚拟现实技术也获得了巨大的进步，逐渐走进现代科技与日常生活中。作为一种先进的人机交互技术，虚拟现实的仿真特点使它可以运用在各行各业，包括教育领域、房地产领域、医疗领域、娱乐领域等。开发者利用计算机模拟产生一个三维空间的虚拟世界，提供使用者关于视觉、听觉、触觉、嗅觉等感官的模拟，让用户在虚拟世界体验到最真实的感受；同时，通过代码实现的人机交互功能，可以使用户随意操作并得到相应的反馈，有一种身临其境的感觉。

从软件层面来说，虚拟现实（virtual reality，VR）的定义有很多，比如虚拟现实是通过三维建模、计算机语言、仿真动画等技术，模拟真实情景，从而给人以虚拟的沉浸感。从数据层面来说，虚拟现实就是通过计算机的电子信号，与各种输出设备结合后转化为人们能够看见的图像，这些图像和真实的情境相似，甚至一模一样，故称为虚拟现实。

从硬件层面来说，虚拟现实是指用头盔显示器和传感手套等一系列新型加护设备构造出的一种计算机软硬件环境，人们通过这些设施以自然的技能（如头的转动，身体的运动等）向计算机输入各种命令，并得到计算机对用户的视觉、听觉及触觉等多种感官的反馈。

软件和硬件也是目前虚拟现实领域两大分支方向，软件指的是虚拟现实的内容开发，一般分为 VR 游戏、VR 应用和 VR 视频三大块。VR 游戏是 VR 软件的一大分支领域，其中 Steam 是目前最主流的 VR 游戏平台，HTC VIVE、索尼 PS4、大朋、小米等则是 VR 头显设备的主要品牌。由于大多数专业级 VR 设备都有定位系统，且需要一定空间的定位区域，以 HTC VIVE 为例，最少需要 2 m × 1.5 m 的独立区域，同时配套高性能计算机，这些条件使 VR 游戏很难像手机游戏一样走进每个家庭，一般会在电竞馆或商业综合体的 VR 体验区供大家体验感受。VR 应用是目前较为成熟的一个内容开发分支，目前以行业的需求和定制为主，核心要素在于 VR+ 可以助力具体产业实现更高的效力或创新性商业模式。VR 视频包括全景视频和近两年流行的 VR 视频直播。前者指的是用专业的全景摄影机将现场环境真实地记录下来，再通过计算机进行后期处理，形成三维的可交互的空间展示系统。VR 直播即虚拟现实技术和传统直播相结合，2020 年春晚就是采用了 VR 直播的方式，在春晚会场架设了多套 VR 摄像机，超高清 VR 全景信号通过低时延、高速率的 5G 网络接入台内的虚拟网络交互系统，将该系统实时输出的 VR 信号和预先精心制作的 VR 春晚节目进行集成制作，通过央视视频客户端进行同步 VR 直播，满足了用户多视角全景沉浸式观看春晚的需求。

除了软件，硬件也是研究领域关注的重点，VR 显示设备一般分为三类：固定式立体显示设备、头盔式显示设备、全息投影显示设备等。固定式立体显示设备通常被安装在某一位置，不可移动，常见的如投影式 VR 显示设备，一般通过多个显示器创建大型显示墙，或通过多台投影仪投影在环幕上，提供一种全景式的环境，如图 1.1 所示。三维立体眼镜是此类显示设备中常见的一种观察设备，分为有源立体眼镜和无源立体眼镜等。

图 1.1　VR 环幕投影

全息投影展现的效果不同于 VR 投影墙技术，全息投影所营造的场景立体视觉更好，观众可以从各个角度进行观看。除了这些基础的 VR 显示设备外，有条件的游戏玩家或者研究人员会结合数据手套、操作杆、触觉以及力觉的反馈装置或者动作捕捉系统来大大提高沉浸感。这些 VR 设备可以将参与者与外界完全隔离或部分隔离，但目前存在的设备过重、分辨率较低、刷新率较低等问题，会影响用户使用的便捷性，也会使用户感到眼睛疲劳，甚至产生恶心和眩晕。技术上正通过低延迟技术、添加虚拟参考物、调节镜片之间的距离等方法解决眩晕的问题。

1.1.2　虚拟现实的发展历程

虚拟现实并不是一个新的概念，早在 20 世纪 30 年代，就已经出现虚拟现实概念。从技术演变发展进程来看，大致可以分为四个阶段：概念萌芽阶段（20 世纪 30 年代到 50 年代）、新技术诞生阶段（20 世纪 50 年代到 80 年代）、第一次 VR 革命（20 世纪 80 年代到 21 世纪初）以及进一步的理论完善和应用（21 世纪初至今）。

1．第一阶段：虚拟现实思想的萌芽期（20 世纪 30 年代到 50 年代）

“宇宙的入口，需要一副眼镜。”20 世纪 30 年代，作家斯坦利 • G. 温鲍姆（Stanley G.Weinbaum）

就在其小说《皮格马利翁的眼镜》中提到一种虚拟现实的眼镜（见图 1.2），当人们戴上它时，可以看到、听到、闻到里面的角色感受到的事物，犹如真实地生活在其中。当时人们对这种构思会觉得特别神奇，甚至难以想象，但技术的发展证明，艺术来源于生活，却又高于生活，作家斯坦利 • G. 温鲍姆给了我们指引，最早把虚拟现实的思想带入人们的思想里，并影响着世界科学技术的历史进程。

图 1.2　皮格马利翁的眼镜

2. 第二阶段：新技术诞生（20 世纪 50 年代到 80 年代）

在 20 世纪 50 年代中期，当大部分人还在使用黑白电视的时候，摄影师莫顿 • 海利希（Morton Heilig）成功造出了一台能够正常运转的 3D 仿真模拟器 Sensorama Simulator（见图 1.3）。这款设备通过三面显示屏来实现空间感，能让人沉浸于虚拟摩托车上的骑行体验，感受声响、风吹、震动和布鲁克林马路的味道，它不仅无比巨大，而且需要用户坐在椅子上将头探进设备内部，才能体验到沉浸感。

作为杰出的电影摄影师，海利希创造 Sensorama Simulator 的初衷是打造未来影院。Sensorama Simulator 具有立体声扬声器、较大的视场角和立体声、立体 3D 显示器、风扇、气味发生器和一个振动椅等部件，海利希希望通过这些部件刺激观看者的所有感官，将人完全沉浸在电影中，但它没有运动追踪，只能播放非交互式视频，因此，Sensorama Simulator 被认为是 VR 的原型机。虽然，海利希最后没有找到能够支持他继续研究下去的资本和渠道，但是也通过此设备创作了六部短片，拍摄、制作和编辑均由他自己完成。

到了 20 世纪 60 年代，海利希又获得了一个关于 VR 眼镜的专利，称为 Telesphere Mask（见图 1.4），这款设备不像 Sensorama Simulator 那样体积庞大，是第一款便携式的头戴设备，专利文件上的描述是“用于个人使用的立体电视设备”。尽管这款设计来自 60 多年前，但可以看出与 Oculus Rift、Google Cardboard 之间有着很多相似之处，只是它只拥有立体显示功能，并没有姿态追踪功能。

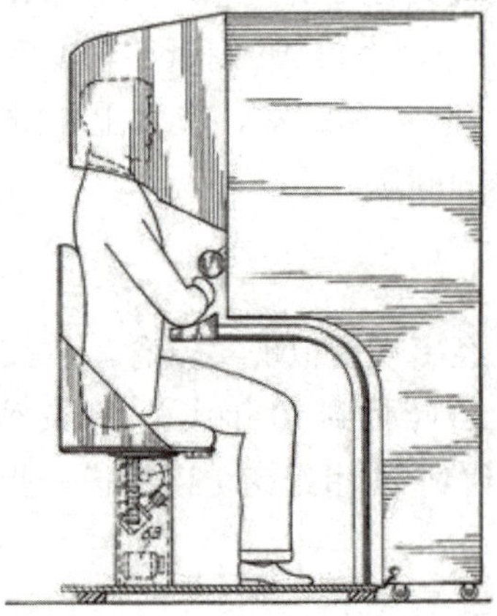
图 1.3　Sensorama Simulator

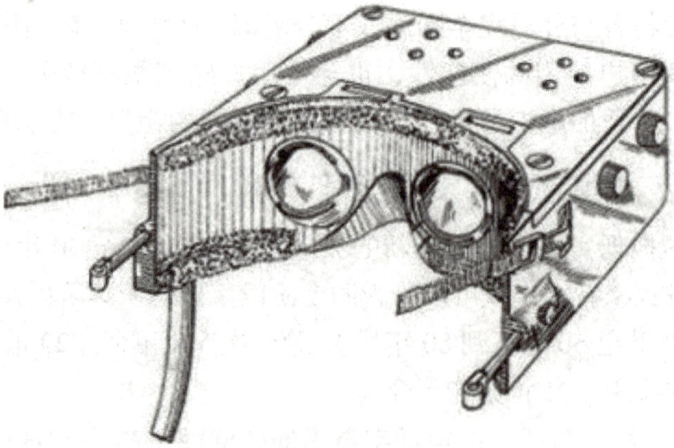
图 1.4　Telesphere Mask

转眼到 1965 年，拥有美国麻省理工学院博士学位、被称为“计算机图形学之父”的伊凡•苏泽兰（Ivan Sutherland）在他的《终极显示》（*the Ultimate Display*）论文中讨论了交互图形显示、力反馈设备以及声音提示的虚拟现实系统的基本设想，成为虚拟现实技术的开端。三年后，又和他的学生 Bob Sproull 创建了第一款连接到计算机而不是相机的 VR/AR 头戴显示器，这也是世界上第一台头盔式显示器，由于这个设备过于笨重，被称为“达摩克利斯之剑”（见图 1.5）。

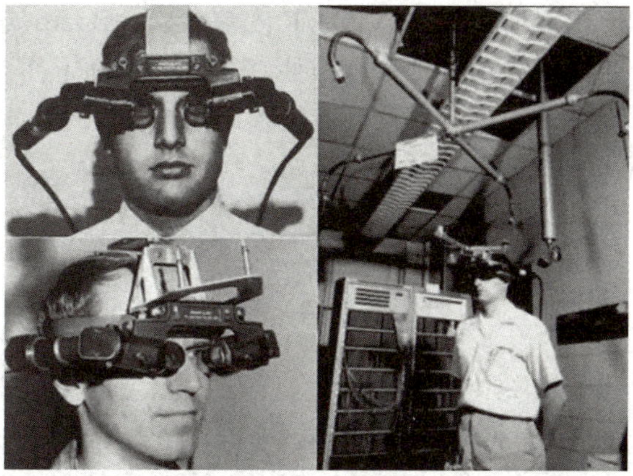

图 1.5 达摩克利斯之剑

这台头盔显示器有两个独立的屏幕和头部位置跟踪系统，当用户转动头部时，计算机会实时计算出新的图形，并将图形叠加在真实背景的前面。但由于太重，为了保证用户安全舒适佩戴，只能将它和天花板相连，并用一根杆吊在人的脑袋上方。虽然当时计算机生成的图形是非常原始的二维图形，缺乏沉浸感，但由于画面可以随着头部移动而变化，带来了更加自然和真实的体验，因此对 VR 来说也是一个巨大的进步。

从第二个阶段的发展可以看出，虚拟现实的交互实现与计算机图形学关系非常紧密，也正因此，伊凡 • 苏泽兰被称为“虚拟现实之父”，自此，虚拟现实进入了一个新的发展阶段。

3. 第三阶段：第一次 VR 热潮（20 世纪 80 年代到 21 世纪初）

Jarom Lanier 是一名计算机科学家、哲学家和音乐家，在 1984 年创办了 VR 公司 Visual Programming Lab（VPL），并在 1987 年提出 VR 的概念。公司联合创始人 Tom Zimmerman 在工程师 Young Harvill 的协助下研发出了一系列虚拟现实设备，包括 Dataglove、EyePhone 头戴式显示器和手套以及 VR 眼镜。VPL 公司致力于虚拟现实产品的商业化，是世界上第一家销售 VR 眼镜和手套的公司，当时 EyePhone 1 的售价为 9 400 美元、EyePhone HRX 的售价为 49 000 美元，手套的售价为 9 000 美元，购买一套完整的虚拟现实设备要花费超过 70 000 美元。虽然 VPL 在 1992 年末走向了破产，但作为第一家销售虚拟现实产品的公司，它做出了非常重大的贡献。Jarom Lanier 从 2009 年起担任微软的跨学科科学家。

到了 20 世纪 90 年代，虚拟现实的理论已趋于成熟，日本游戏公司 Sega 和任天堂分别针对游戏产业推出 Sega VR-1 和 Virtual Boy（见图 1.6），虽然市场反应并不十分理想，但也为 VR 硬件进军普通消费市场打开了一扇大门，掀起了第一次 VR 革命热潮。

4. 第四阶段：逐步走向民用（21 世纪初至今）

关注的人会发现，VR 自 20 世纪 90 年代后，在游戏领域有过比较突出的表现外，之后十年没有特别突出的发展，直到 2012 年 Oculus Rift 问世，这是一款在 Kickstarter 上众筹 250 万美元、2014 年被 Facebook 收购的 VR 眼镜设备，将人们的视野重新拉回到了 VR 领域。创始人 Palmer Luckey 本身是一个 VR 收集控，他用遍了 20 世纪的各种 VR，体验都不尽如人意，于是决定自己动手，便有了 Oculus Rift。

2014 年，Google 发布了其 VR 体验版解决方案：CardBoard（见图 1.7），使得人们能以极低的价格体验到新一代的 VR 效果。CardBoard 方案需要使用自己的手机作为显示器，CardBoard 本身结构很简单，价格也很便宜。现在市面上需要嵌入手机的 VR 眼镜，包括暴风墨镜、小米 VR 等，都是基于这个思路。

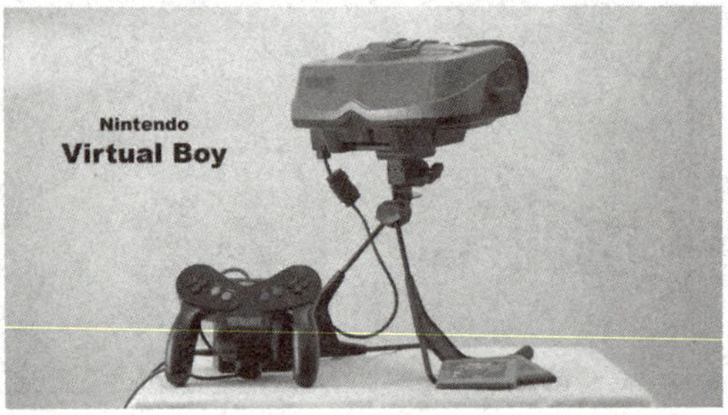

图 1.6　Virtual Boy

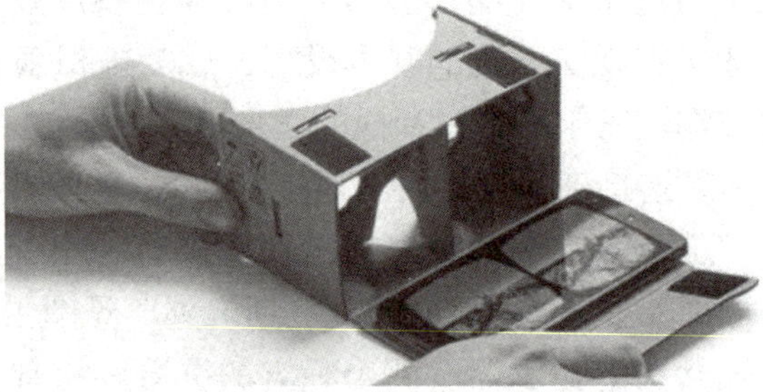

图 1.7　CardBoard

2015 年，HTC VIVE 在 MWC2015 上正式发布。2016 年，索尼 PLAYSTATION VR（PSVR）发布，随后大量的厂家开始研发自己的 VR 设备，VR 新元年正式开始。

1.1.3　虚拟现实、增强现实、混合现实、元宇宙的关系

增强现实（augmented reality，AR），是一种将虚拟画面叠加在真实画面之上的技术，综合运用三维建模、实时跟踪注册、人机交互等技术手段，将三维图像、音频、视频等数字媒体元素呈现在真实环境中，虚拟和真实相互补充，从而达到现实“增强”的效果，增强现实版的别墅展示如图 1.8 所示。

混合现实（mixed reality，MR），是由“智能硬件之父”多伦多大学教授 Steve Mann 提出的，根据 Steve Mann 的理论，智能硬件最后都会从 AR 逐步向 MR 过渡。混合现实是通过在虚拟环境中引入现实场景信息，在虚拟世界、现实世界和用户之间搭起一个交互反馈的信息回路，以增强用户体验的真实感，如图 1.9 所示。

图 1.8　增强现实版的别墅展示

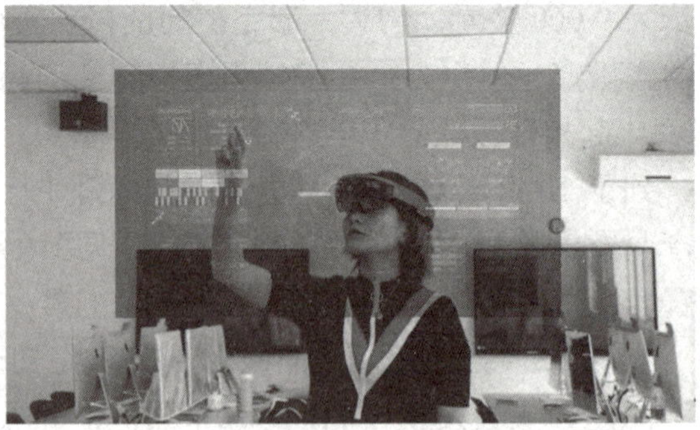

图 1.9　混合现实

从概念上看，VR 和 AR 有明显的区别。VR 呈现的完全是虚拟环境；而 AR 是将虚拟信息带入到真实世界中。交互方式也有很大区别，VR 因为是纯虚拟环境，多是用户与虚拟场景的交互，可以使用位置跟踪器、动作捕捉设备等完成人机交互；而 AR 因为是虚拟场景与真实场景的结合，所以一般需要摄像头，采用实时跟踪定位技术，在摄像头拍摄的画面基础上与虚拟场景进行互动。

MR 与 VR、AR 都有交叉的部分，MR 既是 VR 的进一步发展，也与 AR 的概念非常接近，都是一半现实一半虚拟影像。但和 VR 不同的是，MR 除了构建虚拟环境外，也要与虚拟环境高度融合；和 AR 不同的是，MR 可以通过一个摄像头让用户看到裸眼看不到的“现实”，而不是像 AR 一样，虚拟物品仅仅是作为图像出现在现实世界。MR 可以打破虚拟和真实的边界，使虚拟和真实融合得更好。

元宇宙（Metaverse）是利用科技手段进行链接与创造的，与现实世界映射与交互的虚拟世界，具备新型社会体系的数字生活空间。元宇宙远在 1992 年的时候就被提出来了，源于 1992 年美国作家尼尔·斯蒂芬森（Neal Stephenson）的科幻小说《雪崩》（*Snow Crash*）。作者在书中描述了一个平行于现实世界的网络世界——元界，所有的现实世界中的人在元界中都有一个网络分身。

清华大学新闻学院沈阳教授表示，“元宇宙本身不是一种技术，而是一个理念和概念，它需要整合不同的新技术，如 5G、6G、人工智能、大数据等，强调虚实相融”。因此，VR、AR、MR 技术是走向元宇宙的基础，为了实现沉浸感，元宇宙要借助 VR、AR、MR 等技术。

1.2　虚拟现实的特点

虚拟现实和传统应用最大的一个不同是创建了一个虚拟世界，在这个世界中，用户可以像在真实世界中一样观察并与其产生互动。

1.2.1　多感知性（multi-sensory）

感知即个人意识对外界信息的觉察、感觉等一系列过程，分为感觉过程和知觉过程。知觉是对感觉的进一步理解和认识。人体的感知器官分为视觉、听觉、嗅觉、触觉等，生活经验告诉我们，提供给用户的感知越丰富，用户对它的感受和理解越全面。例如，现实中人需要通过拾取、推动去完成某个动作，但是在传统的计算机程序里，只能通过鼠标的单击、拖动去实现，这样就没有实现触觉感知。

虚拟现实的多感知性可以借助专业的虚拟现实外围设备来解决这一问题。以 VR 太空场景为例，过去我们只能通过电视或视频，以第三人称的视角了解太空景象，现在当我们佩戴上 VR 头显设备，我们的视觉可以被全 3D 场景包裹，就像身处太空环境，给自身带来了丰富的视觉感受。

为了实现多方位的感知，开发者还可以结合手势控制器、动作捕捉设备等，综合利用这些设备的接口，将视觉感知、触觉感知、运动感知和力觉感知等融入交互程序中，这些均是目前较成熟的解决方案。同时，VR 外设厂商也在不断进行新技术的研究，比如，2021 年 11 月，Meta 公布了触觉感知手套；同月，VR 外设公司 bHaptics 开发了两款新版 TactSuit 游戏背心。无论是触觉手套，还是游戏背心，由于上面布满了执行器，使人们感觉像在触摸物体，或被 VR 中的三维物体触摸。也有一些研究机构正在进行虚拟触觉的研究，可以模拟刺痛感、凉爽感等。相信在科学家坚持不懈地努力下，未来的科技将给人带来一个更逼真的虚拟世界，让用户用真正的身体和虚拟世界互动，带来最真实的体验。

1.2.2 沉浸感（immersion）

“沉浸式体验”指的是提供参与者完全沉浸的体验,使用户有一种置身于虚拟世界之中的感觉。游戏、电视、视频会议等都在强调沉浸式。沉浸式展览也在近两年频繁出现，成为艺术展中最吸引人的方式。

虚拟现实和沉浸式展览一样，目的是给用户强烈的沉浸感，区别在于沉浸式展览一般是通过周围环境的搭建、丰富的交互来营造一个虚拟的世界，让用户仿佛处在一个真实的世界中，提高用户的沉浸感。而虚拟现实是使用三维仿真技术，让用户全身心投入到计算机创建的虚拟环境中，提升场景的沉浸感，让用户有非常真实的感受。为了获得更强烈的沉浸感，可以提高三维场景的渲染效果，并充分使用合适的体感设备，通过与多感知性的融合，营造更加强烈的沉浸感，给用户更真实的体验（见图 1.10）。

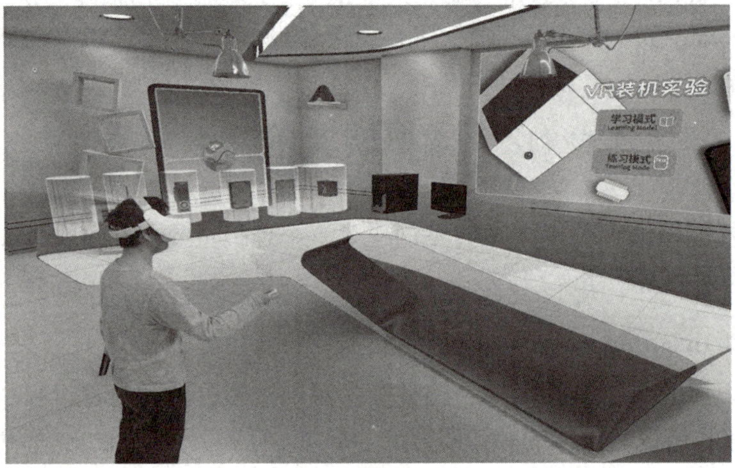

图 1.10　强烈的沉浸感

1.2.3 交互性（interactivity）

交互性是用户在虚拟环境中通过自己的操作得到对应的反馈。Ivan Sutherland 开发的可以交互的头戴显示设备，虽然只能显示二维线框，设备非常笨重，但对虚拟现实的发展起到了划时代的意义，可见，交互性是多么重要。生活中发现，游戏的交互性较强，当玩家参与游戏时，注意力会非常集中，可以完全沉浸在游戏中；当玩家与游戏互动时，游戏会给玩家及时的反馈，如奖励，而且奖励种类多样化，可以始终保持给予玩家一定的新鲜感。

参考游戏心理学研究，一款优秀的虚拟现实应用，也应当具备丰富且合适的交互性，一般称为用户体验（user experience，UE），除了视觉体验（即界面美观度）外，还要考虑界面给用户使用、交流过程的体验，强调互动、交互性。虚拟现实交互体验的过程应贯穿引导、浏览、单击、输入、输出、提示等过程给访客产生的体验。例如，当用户首次使用虚拟现实系统时，一般给予基本的引导。当用户在使用过程中出现困难时，可以随时让用户找到“帮助”功能，给用户指引。

虚拟现实给用户提供了一个更具沉浸感的三维虚拟环境，给这些三维环境中的对象加上代码，就可以让用户与场景进行交互，给予及时的反馈，就会让用户更有兴趣使用系统。配上虚拟现实的多感知性，用户不但可以得到视觉反馈、听觉反馈，还可以得到触觉反馈、力觉反馈等，通过丰富多样的交互增强了沉浸感，会比传统游戏更具有吸引力。例如，用户可以通过手势操作直接抓取虚拟环境中的物体对象，不同质量的物体需要不同的抓取力度，如果未能施加合适的抓握力度，则给予对应的反馈。

1.2.4　想象性（imagination）

通过以上描述得知，可以通过各种虚拟现实硬件和外设的配套，来丰富虚拟现实的多感知性；通过三维虚拟环境真实感的创设，来加强虚拟现实的沉浸感；通过计算机程序代码和用户界面设计，来提高与虚拟环境的交互程度。而想象性则是多感知性丰富、沉浸感加强、交互性提高之后，用户通过实时的反馈，可以获得的新知识，并以此得以创新并萌发新的联想，激发用户的创造性思维。过去了解一个新型对象，只能通过图片、文字、视频、音频的方式，用户虽然可以展开想象，但是基础有限，也许想象会远远脱离现实。有了虚拟现实之后，可以将现有的研究基础和资料以三维的形式虚拟呈现在用户面前，用户由此再展开想象，更具科学性。

虚拟现实是多种技术的综合，通过人机界面进行的可视化操作与交互是当代科技前沿之一，也是新的艺术表现形式之一。其多感知性、沉浸感、交互性和想象性的特点互为依托，层层递进，最终将给人们的生产方式和生活方式带来革命性的变化。

1.3　虚拟现实系统的分类

根据是否使用体感设备、VR 头戴显示设备等，大致可分为桌面式虚拟现实系统、增强式虚拟现实系统、沉浸式虚拟现实系统、分布式虚拟现实系统等。

1.3.1　桌面式虚拟现实系统

桌面式虚拟现实系统（见图 1.11）指的是基于 PC 平台的虚拟现实系统，桌面式虚拟现实系统一般利用计算机显示屏幕作为虚拟现实内容的输出端，用户连接 VR 头显设备浏览虚拟三维场景的立体效果，使用各种输入设备实现与虚拟世界的交互，如手柄、手势识别设备等。桌面式虚拟现实系统一般需要使用空间定位技术对用户的实际位置进行定位，并实时反馈给虚拟现实系统，使现实中用户的位置能够与虚拟环境中位置一一对应。

图 1.11　桌面式虚拟现实系统

目前 VR 头显设备的空间定位技术主要有两种，分别是外向内追踪技术和内向外追踪技术。外向内追踪技术（outside-in）需要事先放置定位器，一般两个以上，形成 360° 覆盖建立三维位置信息，定位器多重高速光线扫描，使用三角学计算每个感应器的位置，优点是精度高、延迟相对低、成本较低，缺点是仅限于在传感器范围内检测，且容易受空间和遮挡的影响，由于要布置多个定位器，设置较烦琐。内向外追踪技术（inside-out）无须架设额外的定位点设备，依靠 VR 头盔的摄像头即可。在头戴设备上安装摄像头，让设备自己检测外部环境变化，经过视觉算法（如 SLAM 算法）计算出摄像头的空间位置，目前普遍应用于机器人、无人机、自动驾驶等领域。优缺点和 outside-in 相反，虽然不受空间和遮挡的限制、可以无限范围内跟踪、不需要设置定位器，但是准确度略低，有一定的延迟。

用户通过 VR 头显设备以及其他输入设备，跟踪定位装置用来检测有关对象的位置和方位，头戴显示设备是用户接触虚拟世界的窗口，通过该设备用户可以看到虚拟的画面；输入设备是用户输入指令的工具，以 HTC VIVE 设备为例，手柄就是一种输入设备，用户可以拿着手柄给系统发出指令，再通过头显设备看到虚拟场景的反馈。

由于桌面式虚拟现实系统一般是一个 .exe 的可执行文件，某些场合使用不太方便。随着 5G 时代的到来，网速有了飞跃的提升，近几年逐渐流行一种基于 Web 3D 的桌面式虚拟现实系统，有别于传统的桌面 .exe 独立可执行文件，基于 Web 3D 的虚拟现实系统可以通过浏览器打开，不需要安装任何插件，使用起来更方便，但画面效果一般。.exe 文件容量大，需要下载，对计算机性能要求较高，但三维画面效果好，沉浸感更强。目前桌面式虚拟现实系统还是以 .exe 可执行文件为主，佩戴上 VR 设备，体验效果大大增强。

桌面式虚拟现实系统主要有以下几个特点：

（1）对硬件设备要求不高，一般只需要一台性能较高的计算机和头戴显示设备即可。

（2）用户一般只需佩戴头显设备，对周围环境和场地无特殊要求，因此用户无法处于完全沉浸的环境中，容易受外界现实世界的干扰。

（3）桌面式虚拟现实系统对设备和场地要求不高，因此开发成本相对较低，目前来说，应用较为普遍。

1.3.2 增强式虚拟现实系统

增强式虚拟现实系统就是我们上文中提到的增强现实，只是在实际项目中往往会将增强现实认为是泛虚拟现实的一种表现形式。在虚拟现实系统中，用户看到的是完全虚拟的世界，需要实现真实世界与虚拟世界的完全隔离。而增强式虚拟现实系统（简称“增强现实”），允许用户看到真实世界，同时也可能看到叠加在真实世界上的虚拟对象，是一种把真实世界和虚拟环境结合起来的系统。在增强式虚拟现实系统中，虚拟对象所提供的信息往往是用户无法凭借其自身感觉器官直接感知的深层信息，用户可以利用虚拟对象所提供的信息来加强现实世界中的认知。

增强式虚拟现实系统通过实时跟踪注册，检测出摄像头相对于真实场景的位姿状态，确定所需要叠加的虚拟信息在投影平面中的位置，并将这些虚拟信息实时显示在屏幕中的正确位置，完成三维注册。跟踪注册即现实世界与虚拟场景的叠加完成，之后用户可以和在虚拟现实系统中一样，在叠加的虚拟场景上进行交互，获得反馈。因此，增强式虚拟现实系统的开发难度更高。

图 1.12 所示为一个增强现实应用，用手机摄像头扫描指定图片，识别图案，可在摄像头的真实画面上叠加一座三维虚拟古亭，手指在屏幕上选中古亭，可以旋转、放大、缩小古亭，还可以利用手机的重力感应和陀螺仪等功能，丰富用户与虚拟对象的交互。

增强式虚拟现实系统较虚拟现实系统而言，对硬件设备要求较低，但是对算法要求较高，目前很多手机内置了 AR 功能，用户打开增强现实软件即可使用。当然也有专业级的增强现实头戴显示设备，比如微软的 HoloLens、Magic Leap 等，不过相比虚拟现实设备，价格都更高，目前应用在特定工业领域。增强式虚拟现实系统主要具有以下几个特点：

（1）真实世界和虚拟世界融为一体。

（2）真实世界和虚拟世界是在三维空间中融合的。

（3）增强式虚拟现实系统对 3D 定位有更高的要求。

图 1.12　增强式虚拟现实系统

1.3.3　沉浸式虚拟现实系统

沉浸式虚拟现实系统（见图 1.13）指的是除了计算机显示器和某种 VR 头戴式显示设备外，结合体感设备作为输出端的虚拟现实系统，使用户有一种置身于虚拟世界中的完全沉浸体验。显示器可以用来显示三维场景，用户可以用 Leap Motion、Kinect、数据手套等体感设备获得手势或者肢体动作的输入，以此和虚拟系统形成交互，带来更强烈的沉浸体验。

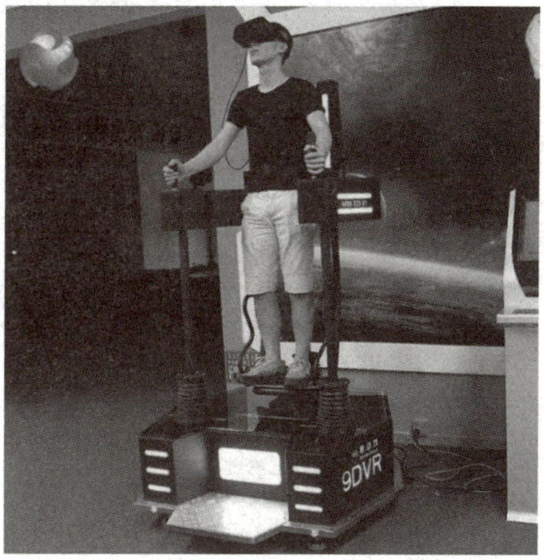

图 1.13　沉浸式虚拟现实系统

桌面式虚拟现实系统可以看作是简易版的沉浸式虚拟现实系统，即只用 VR 头戴显示设备把用户的视觉、听觉封闭起来，为用户提供 720° 全方位的虚拟影像，交互操作仍是使用 VR 设备配套的手柄在虚拟场景中单击来完成。在升级版的沉浸式虚拟现实系统中，使用 VR 头戴显示设备的同时，配合其他体感设备组合成各种不同的沉浸式解决方案。例如，利用数据手套把用户的手感通道封闭起来，产生虚拟触动感；采用语音识别器让参与者对系统主机下达操作命令，并通过头部跟踪器、手部跟踪器、眼睛视向跟踪器进行头部、手部，以及眼睛部位的追踪，使系统达到实时性。例如，国内外有多家机构在从事 VR 与眼动仪的研究，将眼动仪安置在 VR 头显设备上，用于记录用户在使用 VR 设备浏览虚拟场景时的眼动轨迹特征，可展示出不同目标元素之间的视觉注意分配情况以及用户在每个目标元素上的视觉停留时间，这样做不但不会影响用户的体验，还可以根据大数据分析用户的焦点和喜好，从而更好地推动虚拟现实应用的优化。但是，使用的外围设备越多，系统开发的难度以及成本也越高。

除了体感设备的使用，CAVE 沉浸式虚拟现实系统（见图 1.14）也是近几年一种主流的 VR 展现形式，CAVE 沉浸式虚拟现实系统是一种房间式虚拟仿真协同环境，系统基于多通道视景同步技术、三维空间整形校正算法、立体显示技术的洞穴式（CAVE）可视协同环境，提供了一个房间大小的四面（或五面或六面）立方体投影显示空间，供多人参与交互，所有参与者均完全沉浸在一个被三维立体场景包围的虚拟仿真环境中，借助相应的虚拟现实交互设备，如数据手套、力反馈装置、位置跟踪器等，可以使参与者获得完全身临其境的三维交互式体验。

CAVE 沉浸式虚拟现实系统（见图 1.15）也可以用全景交互方式实现，可以将高分辨率的全景投影显示技术、多通道投影融合技术、曲面透视矫正技术、自然化人机交互技术、多通道视景同步技术等多种技术融合在一起，从而产生一个供多人交互体验的、具有高清晰度、高沉浸感的交互式虚拟现实数字空间。这种沉浸系统所呈现的视觉效果是不需要戴 VR 头显等辅助设备，而直接可以做到裸眼 3D 效果的。一般可以用在展厅、美术馆等场景中，配合音响技术、三维数字影片等，给用户带来强有力的视听冲击，有一种身临其境的感觉。

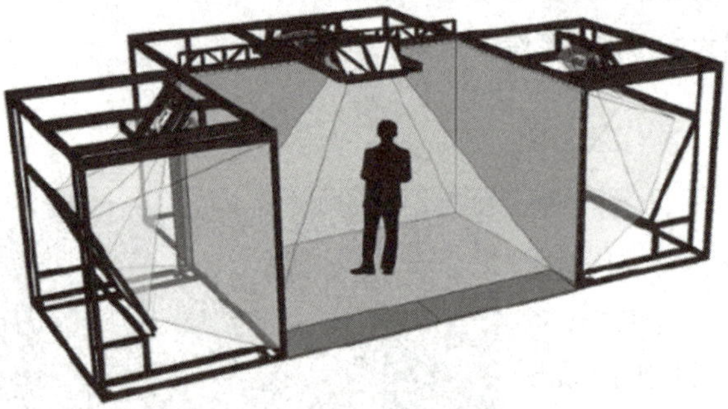

图 1.14　CAVE 结构展示

图 1.15　CAVE 沉浸式虚拟现实系统

沉浸式虚拟现实系统主要包括以下几个特点：

（1）高度的沉浸感。

（2）感知的多样性。

（3）良好的开放性。

（4）能同时支持多种输入与输出设备并行工作。

1.3.4　分布式虚拟现实系统

分布式虚拟现实系统是一个基于网络的可供异地多用户同时参与的虚拟环境。在这个环境中，位于不同地点的多个用户或多个虚拟环境通过网络相连接，多个用户同时参与到一个虚拟现实环境中，通过计算机与其他用户进行交互，并共享信息。在分布式虚拟现实系统中，多个用户可通过网络对同一虚拟世界进行观察和操作，以达到协同工作的目的。

分布式虚拟现实系统是分布式系统和 VR 系统的有机结合，一般有 4 个组成部件：图形显示器、通信和控制设备、处理系统和数据网络。根据分布式系统环境下所运行的共享应用系统的个数，可把分布式虚拟现实系统分为集中式结构和复制式结构。集中式结构是只在中心服务器上运行一份共享应用系统。中心服务器的作用是对多个用户的输入 / 输出操作进行管理，允许多个用户信息共享。集中式结构简单，容易实现，但对网络通信带宽有较高的要求，并且高度依赖中心服务器。复制式结构是在每个用户所在的机器上复制中心服务器，每个用户进程都有一份共享应用系统。服务器接收来自其他工作站的输入信息，并把信息传送到运行在本地机上的应用系统中，由应用系统进行所需的计算并产生必要的输出，优点是所需网络带宽较小，交互式响应效果好，但比集中式结构复杂，在维护方面比较困难。

分布式虚拟现实系统主要包括以下几个特点：

（1）共享的虚拟工作空间。

（2）伪实体的行为真实感。

（3）支持实时交互，共享时钟。

（4）多个用户以多种方式相互通信。

（5）资源信息共享，并允许以自然的方式操作环境中的对象。

1.4　虚拟现实的应用领域

科技日新月异，VR+ 模式已渗透各行各业，教育、军事、工业、建筑、艺术、医学、娱乐等领域，无一不在潜心研究与 VR 技术的结合，希望通过新技术的支持，给行业带来颠覆性的变革。

1.4.1　教育领域

1. VR+ 高等教育

虚拟现实在教育领域的应用十分广泛，目前国内外不少学校都引进了虚拟现实技术，基于虚拟现实技术开发的教学内容可以将抽象的知识点转化成可视化的三维内容，为学生提供更加直观、更加形象的感官刺激，提高学生的学习兴趣和效果。

2022 年，工业和信息化部、教育部、文化和旅游部、国家广播电视总局、国家体育总局等五部门联合发布《虚拟现实与行业应用融合发展行动计划（2022—2026 年）》（工信部联电子〔2022〕148 号，以下简称《行动计划》）。该行动计划强调虚拟现实（含增强现实、混合现实）是新一代信息技术的重要前沿方向，是数字经济的重大前瞻领域，将深刻改变人类生产生活方式。行动计划提出五大重点任务，包括推进关键技术融合创新，提供全产业链条供给能力，加速在教育培训、安全应急等领域的落地，加强产业公共服务平台建设何构建融合应用标准体系。

早在 2017 年，教育部就曾发文《关于 2017—2020 年开展示范性虚拟仿真实验教学项目建设的通知》，文件强调在高校实验教学改革和实验教学项目信息化建设的基础上，于 2017—2020 年在普通本科高等学校开展示范性虚拟仿真实验教学项目建设工作，采取“先建设应用、后评价认定、持续检测评估”的方式，按建设规划分年度到 2020 年共认定 1 000 项左右示范性虚拟仿真实验教学项目。图 1.16 所示为虚拟仿真实验教学课程共享平台 iLAB。

2019 年 11 月，教育部实施一流本科课程“双万计划”，将认定万门左右国家级一流本科课程和万门左右省级一流本科课程。一流课程共分为五大类型，虚拟仿真实验是其中之一。在 2020 年 11 月，教育部推出了首批国家级一流本科课程 5 118 门，其中 327 门为虚拟仿真实验教学课程。

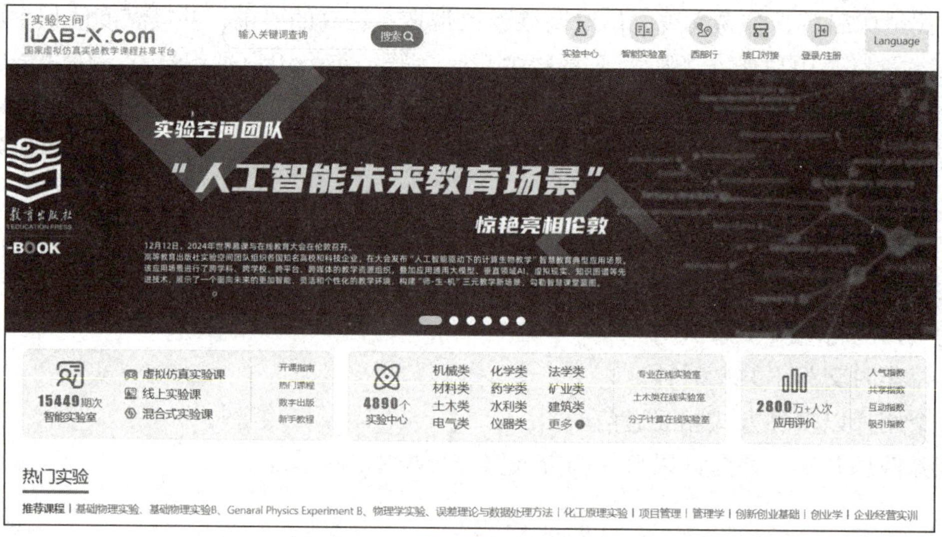

图 1.16　国家虚拟仿真实验共享平台首页

国家级虚拟仿真实验中心、国家级虚拟仿真实验教学项目、国家虚拟仿真实验一流课程均要求充分体现“虚实结合、相互补充、能实不虚”的原则，实现真实实验不具备或难以完成的教学功能。虚拟仿真实验是在涉及高危或极端的环境、不可及或不可逆的操作、高成本、高消耗、大型或综合训练等情况时，可以提供的可靠、安全和经济的实验项目，并且认定的专业类别在不断扩大，认定的项目数量在持续提高。

目前，这些虚拟仿真实验都以免费的形式共享在国家虚拟仿真实验教学课程共享平台上，学生可以根据自己的需要，选择相应的实验内容进行学习，每个实验都有在线服务团队进行专业的指导和答疑。图 1.17 所示为实验共享平台上主要的实验大类。

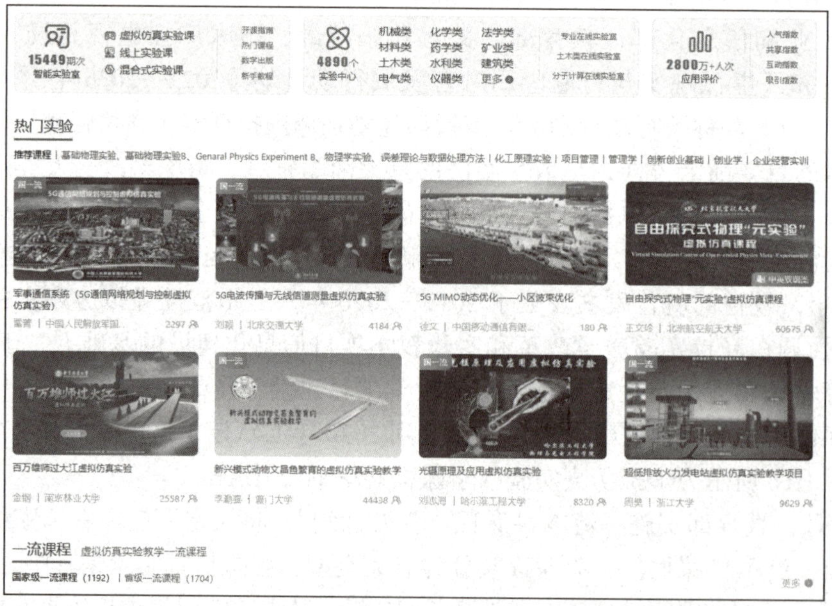

图 1.17　“国家虚拟仿真实验共享平台”中的实验分类

除本科层次外，职业教育也在大力推动虚拟仿真实训基地的建设，截至 2021 年上半年，共确定 28 个江苏省示范性虚拟仿真实训基地培育项目。可见，依托虚拟现实技术开发的虚拟仿真实验无论是对学校、教师还是学生都具有巨大的帮助，已经有越来越多的老师在主动了解虚拟现实、研究虚拟现实技术在教学设计中的应用，相信未来会有更多的学校加入虚拟现实教育当中，虚拟现实在教育领域的巨大价值和重要意义将会不断被挖掘，发展前景十分光明。

2. VR+ 科普教育

科普教育对低龄或学前儿童非常重要，比如神秘的太空、地震、火灾等难以展现的场景，传统的教学是通过平面图片展示，抽象地讲解，难以给学习者直观、强烈的画面感，这种教育方式难以满足学习者的需要。目前在各大城市的科技馆，时常能看到一些区域放置着 VR 体验设备，有的是地震脱险，有的是火灾自救等，这些都是一个个小型的 VR 科普区，通过佩戴 VR 眼镜，学习者可以在虚拟现实的环境下身临其境地学习科普知识，掌握在突发的自然灾害或遇险时的自救方式，这种沉浸式 + 互动式体验感超强的学习，可以让学习者印象深刻（见图 1.18）。虽然 VR 形式的科普教育较传统教育而言，开发成本、实现成本有所提高，但是对于学习启蒙期的幼儿或青少年来说，可以大大提高他们对知识的兴趣，为今后探索相关领域、获取技能做铺垫，是一种比较新型的科普宣传教育手法和方式。

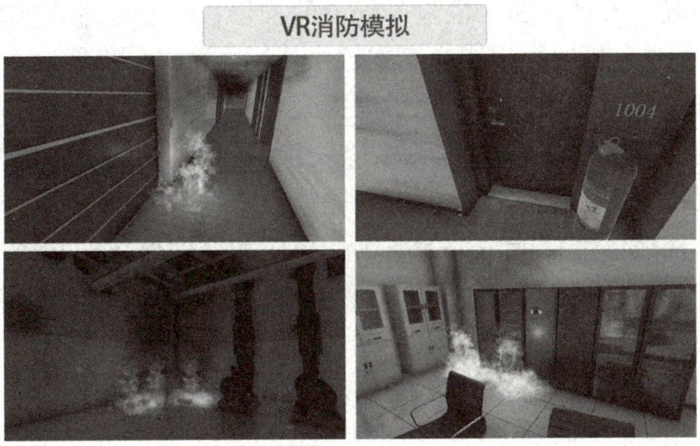

图 1.18　VR 消防应用

VR 技术与教育的融合是近几年倡导的教学设计方式之一，虽然给学生提供了身临其境的教学体验，也改变了传统教学形式单一、以老师讲授为主的模式，但是不能替代传统教学，只能作为传统教学的一种有效补充，不能为了酷炫而特意采用新技术，必须要根据教学内容、教学目标、教学对象等因素综合考虑，通过完善的教学设计，将知识点融入 VR 教育内容，在教学中润物细无声地传授给学生，达到事半功倍的目的。

1.4.2　军事领域

随着虚拟现实技术的跨越式发展，VR+ 军事已经受到世界各国的高度重视。VR+ 军事领域可让受训者从训练营走向逼真战场，提升临场心理素质，感受沉浸的视野、多变的场景，士兵们无须在战场上出生入死以换取重要的测试数据，飞行员无须驾驶价值上亿的战斗机完成一系列不稳定的操作，即可针对化地训练，又可兼顾绝对的安全与控制性。

目前 VR 技术在军事领域的应用主要体现在构建虚拟战场环境、单兵模拟训练、网络化作战训练、军事指挥人员训练、提高指挥决策能力、研制武器装备及进行网络信息战等方面（见图 1.19）。

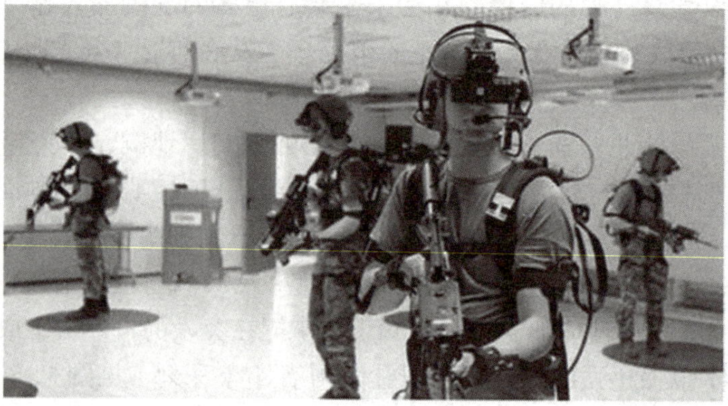

图 1.19　VR 军事应用

（1）虚拟战场环境，创造新型培训方式：传统的军事训练危险系数很高，面对真实炸药包、枪支等，经常会发生误伤事故。通过 3D 技术，可以模拟高山、湖泊、丛林、严寒、酷暑等极端的战场，创建各种武器和战斗人员，加入危险等细节的描绘，尽量呈现真实环境下的效果，开展多人仿真演习，提高培训质量。同时可以减少真实器械使用的磨损，降低成本。

（2）协助军事训练，提高实战素质：基于虚拟现实技术和三维建模等技术，仿真汽车、真正的战士、真正的人，配合体感设备的使用，提高视觉、听觉、触觉等多感知性的特点，士兵通过在虚拟情景中应对突发状况、危险情况的模拟、协作等，培养和提高实际的战术水平和现场的快速反应、心理承受能力和战场生存能力，提高实战技能和培训效率。它还可以有效地减少人员和物资的损失，以及突破危险和现实环境。

（3）虚拟武器装备操作训练：每个士兵上战场前都应当熟练掌握枪支、武器的使用，通过在虚拟环境中的设备使用来完成现实情境下设备使用的培训，可以有效地解决现阶段部队大量新武器装备的问题，同时也解决了平时部队训练场地有限的问题。

（4）仿真数据用于精确分析作战情况，提高实战技能：通过虚拟现实军事仿真系统的使用，可以记录士兵的操作值，通过大数据分析结果，优化作战方案，提高个人作战能力，同时根据演习所反映出的劣势，不断丰富战士作战演习的场景，为国家军事战略提供可参考价值和反馈。

VR 技术在军事领域的研发工作已经开展了几十年之久，最早的 VR 技术研发其实就源于军事领域的运用，1.1.2 节中提到的世界上第一款头戴式 VR 产品“达摩克里斯之剑”就是军用头盔显示器，这也是 VR 技术最早的军事运用。VR 技术发展至今，在军事领域的应用范围大大拓展，已经涌现了一些成熟的军事训练系统，包括：

① 虚拟现实军事训练系统（DSTS），这是一套单兵训练的模拟系统，属于应用于作战训练的视觉模拟训练系统。设计要旨是让士兵充分认识到自己的条件反射本能，产生在实际战场上进行战斗的感受。在这套系统下，军队可以通过要求模拟各类战场环境来训练士兵。

②“龙”系统，该系统在作战之前，能够快速将复杂战场态势可视化，使指挥员及其参谋人员

能灵活使用二维或者动态三维显示系统更有效地制定任务计划和演练，评估行动路线，保持态势的认知。

③"近战战术训练系统"（CCTT），这是一个网络化作战模拟训练系统。该系统旨在为装甲兵、机械化步兵、骑兵、步兵和侦察员、部队和人员提供虚拟集体训练能力，以维持、提高军队的备战水平。

1.4.3　工业领域

在如今的智能制造时代，虚拟现实技术的出现给智能化生产和管理带来了深层次的技术支持，不但可以改变生产的展示形式，还可以从工业生产状态、工况检测数据到产品的装配、调试环节，都可以实现三维立体可视化，让生产场景真实地呈现在人们眼前。主要包括以下几个方面：

1. 工厂虚拟展示

基于工厂施工图纸或实景，建立 3D 虚拟现实场景，全面生动地展示工厂的真实面貌，也可用于各种宣传展示用途。企业参加展会或布置内部展厅时，只需一套 VR 设备，十几平的展示空间，就能将现代化工厂和先进工艺完美地展示给客户。

2. 工厂管理

工厂生产一直属于劳动密集型产业，过去，一道工序就需要很多人完成，现在有了全自动流水线，减少了部分人力，但在设备管理上依然以人工巡检为主。VR 系统就能很好地解决这些问题，厂房内可结合传感器，对员工的行为以及设备的数据做到 24 小时实时监控，即时反馈出现的故障和问题，减少人员巡检的成本，VR 工业应用如图 1.20 所示。

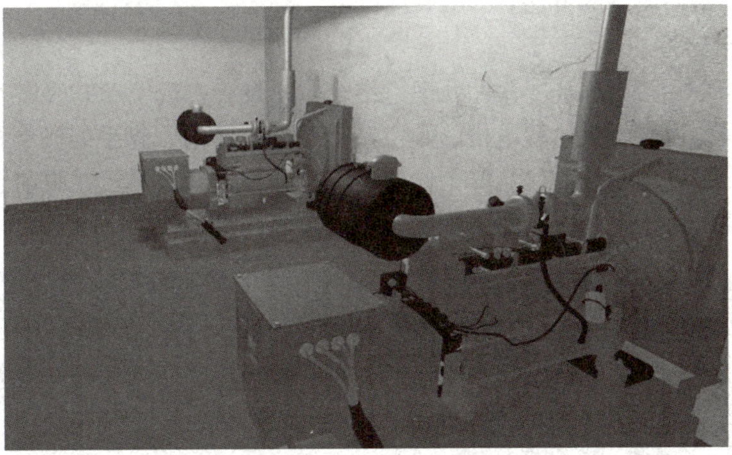

图 1.20　VR 工业应用

3. 员工培训

员工培训是工厂入职前的第一课，工厂每年要花费额外的人力、财力对新员工进行培训，若在不熟悉操作流程的情况下直接对设备进行操作，必然因操作失误造成设备损坏，给企业带来巨大损失。另外，一些危险操作还会威胁员工生命安全。

设计合理的 VR 场景可以极大地提升员工培训效率和效果。通过模拟真实的厂区环境和设备功能，可以让员工培训无障碍地在虚拟工厂中进行，不仅可以模拟复杂的工艺流程，还可以将原本肉眼不可见的设备内部情况进行 3D 可视化展示，使操作人员能够一目了然地了解工艺流程。员工通过在虚拟工厂中学习后，再进行实际操作，既减少了设备因操作不当损坏的风险，也降低了高危设备因操作不当对员工生命带来的威胁。

4. 应急演练模拟

工业生产企业都会建立应急预案体系，特别是危险系数较高的企业要定期组织应急演练。VR 应用于应急演练，同样可以有很好的效果。基于真实的厂区环境，用 VR 技术模拟各类事件场景和交互，参训人员可获得身临其境的演练体验。演练内容以独立案例的形式呈现，不同职责的员工可根据需要选择相应的案例进行演练。

以上四种应用场景都给用户提供了沉浸感较强的人机交互体验，无论是对于工厂的管理人员或是工作人员，都可以通过 VR 设备身临其境于工厂中，对工厂环境进行漫游、对设备进行学习和管理，还可以提前预演一些应急方案，呈现工程现场、设计影响因子等，为实际工作做好铺垫，提高管理的效率。

1.4.4 建筑领域

我国的建设工程项目规模巨大，建筑业从业人员多，是世界上最大的行业劳动群体。随着国民经济持续稳定的增长，建筑业已经发展为国民经济的重要支柱产业。然而，建设工程的劳动密集和投资大等特点，导致建设工程安全事故所造成的人员伤亡和财产损失较为严重，每年有上千人在事故中死亡，因事故造成的直接经济损失逾百亿。我国的建筑业安全事故状况仅次于危险化学品和矿山行业，严重制约了建筑业的可持续发展。然而，随着技术的成熟，VR 应用于建筑工程中，为建筑行业提供了丰富而实用的方法。

1. VR 建筑安全体验

VR 建筑安全体验馆主要是通过软件处理，结合 VR 眼镜实现了动态漫游及 VR 交互。让体验者有更加逼真的感受，可以直接体验电击、高空坠落、洞口坠落、脚手架倾倒等项目虚拟效果。

体验者戴上 VR 眼镜后，整个建筑安全作业、工程形象逼真地展示在眼前，似乎触手可及，体验者可以在虚拟的建筑工程中切实感受工程施工中的危险，如图 1.21 所示。

图 1.21　VR 建筑安全体验

2. VR BIM

BIM 是基于一个可视化的模型效果来体现数据的分析结果，将一个在现实中还完全不存在的建筑，转移到计算机或者移动网络之上，根据这个精确的数据模型，对建筑的规划、设计以及后期施工再到最后的宣传推广提供指导，通过虚拟现实技术的支持，可以使数据三维立体化，更易于人们去分析和观察，可视化效果大大提高，VR BIM 应用如图 1.22 所示。

图 1.22　VR BIM 应用

3．VR 与房地产

2018 年开始，互联网上开始流行 720 全景看房，在各大房产中介的 App 上都能看到一个 VR 看房模块，单击后可以看到户型的全貌，根据鼠标或者手机按键的交互，并进入指定的房间（见图 1.23）；另外有些房产销售中心，开辟了一块 VR 展示区域，用于给客户展示楼盘的虚拟样貌，甚至可以看到房子建成后的效果，这些都是通过虚拟现实技术进行的房产销售，可以让客户更加直观、形象地了解房子的基本情况。

图 1.23　VR 房产应用

在工业和建筑领域，提起 VR，还会说到数字孪生，这也是近几年行业应用的热点。从概念描述上看，数字孪生是以模型和数据为基础，通过多学科耦合仿真等方法，完成现实世界中的物理实体到虚拟世界中的镜像数字化模型的精准映射，并充分利用双向交互反馈、迭代运行，以达到物理实体状态在数字空间的同步呈现。简单来说，数字孪生就是依照一个设备或系统，生成数字化的“克隆体”，因此又称数字映射、数字镜像。我们可以使用虚拟现实技术构建一个仿真的工厂或建筑，并依托大数据、AI 等技术，数字化克隆现实世界中的真实存在，模拟甚至预测现实存在的运行状态，从而指导和解决现实中遇到的问题，给工业制造带来显而易见的效率提升和成本下降。

1.4.5　艺术领域

虚拟现实已经在艺术领域得到应用，比如晚会现场的 VR 直播、沉浸式的主题艺术馆等，都在构建着一个个全新的艺术概念展览空间。

1. VR+ 直播

VR 直播（见图 1.24）不仅跳出了传统平面和视频的视角框定，如果再配以 VR 头显，将会获得更加身临其境的观看体验。所以，无论对于观看体验还是对于信息展示的透彻性，都是传统平面直播无法比拟的。

图 1.24　VR 直播①

VR 直播是通过 VR 摄像机或全景相机拍摄采集 VR 直播内容素材，并将这些局部画面拼接成完整的 VR 视频画面的过程。相比传统直播，VR 直播数量更大、码率更高，要求内容分发网络（CDN）具备更大的存储能力、更高的吞吐量和更强的分发推流能力，因此，需要充分分析 VR 直播内容宽带需求、用户并发率等，增强 CDN 能力，预留足够资源，以保障用户体验。在传输时，将 VR 直播全部视角、等质量的画面从云端传输至终端，当用户头部转动至特定视角时，由终端即时完成全部画面或视角范围内容的解码，并显示该视角画面。在 5G 时代，手机的速度已经完全可以适应 VR 直播，这也是 VR 直播能够顺利发展的基础。

2. VR+ 展厅

VR 展厅是在虚拟现实技术的推动下生成一个艺术展示新形态，传统的艺术展览参观者必须亲自前往展览馆，而通过虚拟现实技术可以远程参加虚拟展览馆，便捷又有趣，给那些因为各种原因不能亲自前往参观的观众一个可以近距离参加展览的机会，大大地丰富了人们的精神生活。

2010 年，全球首家“VR 艺术研究推广中心”在北京今日美术馆成立，该中心在前期学术研究成果的基础上，逐渐发展成为中国 VR 艺术的核心研究机构与权威平台，为 VR 艺术在中国的发展构建完整的学术与推广体系，挖掘和培养更具潜力与价值的 VR 艺术家及策展人，并在世界范围内为 VR 艺术的研究和发展提供权威交流平台。

① 图片来源：新华报业传媒集团 90VR。

近几年，依托 VR 技术，实现的虚拟现实艺术展厅越来越多，2019 年 5 月，由江西省美术家协会主办的“肖像的精神”——矫芙蓉个人艺术作品展在市文化馆开展，矫芙蓉是江西财经大学艺术学院教师，在 2007 年至 2019 年创作了百余幅绘画作品，这是江西省首个“现实 + 虚拟”的个人艺术作品展，观众可以通过 AR 手机终端平台扫描作品，即可获得作品与音频的双重享受，观众也可以前往市文化馆佩戴 VR 头戴显示设备，现场体验 VR 虚拟美术馆。

1.4.6　医学领域

1．VR+ 心理疾病治疗

虚拟现实技术可以给人提供仿真的沉浸环境，配合声音感知和触碰感知等，可以大大提高真实感，因此有一些心理医生从该技术中得到灵感，利用虚拟现实技术构建三维的应激场景，并适当地给予刺激源，以此治疗心理疾病。例如，阿根廷裔心理学家费尔南多·塔诺戈尔为此开发了一个称为 Phobos 的软件平台，专门用来治疗各种恐惧症状，如蜘蛛恐惧症，通过模拟症状触发情景来引导患者克服恐惧，这样的疗法与创伤后应激障碍差不多，但是成本低，也比较安全；南京某家心理咨询机构也开发了一款面向考试焦虑的学生使用的虚拟现实应用，构建了一个考试的场景，当教师首次走进考场时，监测使用者的心跳，经过适当治疗后，再次监测心跳，从而判断焦虑症状的缓解程度。

2．VR+ 辅助治疗

通过虚拟现实技术，可以大大降低病人的焦虑和身体上的痛楚。在加州大学的临床实验中，从一群临床的女性中选出代表佩戴 VR 头显设备进入产房之后，会发现比没有戴 VR 头显的疼痛感降低了很多；牙齿的治疗过程也让人很害怕，想到医生用各种工具，患者就担心起来。一般心理素质比较差的患者会产生非常大的恐惧感，如果患者带上 VR 头显设备，这个时候再进行牙病的治疗，就会像旅游一样，当前的恐惧感和疼痛感都会忘掉。

3．VR+ 虚拟手术

虚拟手术能够模拟手术场景，让医学生和年轻的实习医生们在 1∶1 还原的手术室里做手术，充分调动视觉、听觉、触觉等，更快速地学习成长（见图 1.25）。相比之下，虚拟手术具有手术环境及器械响应可控、可重复演练等优点，将是未来外科培训及个性化精准治疗的发展趋势。

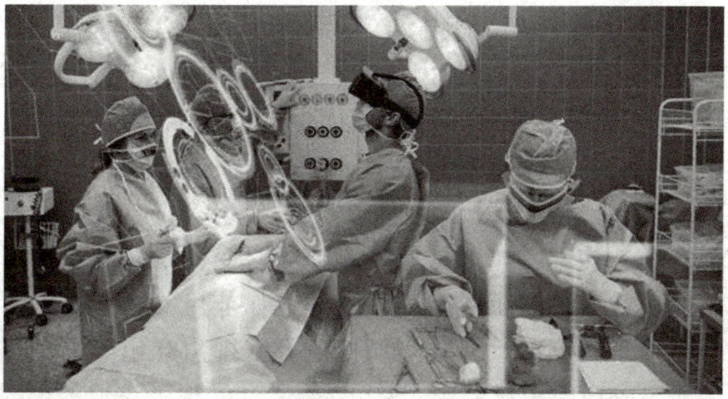

图 1.25　VR 医疗

1.4.7 娱乐领域

虚拟现实产业持续升温，硬件环节基本成熟，娱乐是虚拟现实行业应用的大方向，主要包括游戏和影视两大分支。

1. VR+ 游戏

虚拟现实在娱乐领域的发展应该是最早也是最成熟的，从 20 世纪 90 年代初开始，任天堂等游戏公司就已经在游戏中采用 VR 技术。近几年，VR 游戏发展速度平稳，内容也越来越丰富和多样化，也有了越来越多的开发者开始探索 VR。2016 年被称为虚拟现实的元年，也是因为以三大 VR 厂商带头的头戴显示设备突然进入民用领域，并且以三大设备为首的设备出货量均有明显的上升趋势。为了构建可持续的VR游戏生态，基本上每个VR设备厂商都提供了VR游戏内容下载平台，供玩家交流，比如 Steam VR 虚拟现实内容平台、暴风魔镜商城等。用户可以直接登录官方指定的平台下载 VR 游戏，直接在 VR 设备中操作使用，如图 1.26 所示。

图 1.26 VR 娱乐

2. VR+ 影视

VR+ 影视分两种，一种是以 VR 为主题的影视作品，比如由搜狐视频出品的电视剧《端脑》，讲述的是在由两个平行世界构成的宇宙系统中，通过不断玩游戏闯关升级探险的故事。另一种类型是以 VR 技术为支持，进行拍摄剪辑的电影。网易出品的《人工智能：伏羲觉醒》是一部都市轻科幻类型的电影，以都市、商战为主线，但融合了很多科幻元素。这部电影的 VR 版虽然只采用了 180° 的镜头拍摄，但足够让你感受到 VR 技术表现都市戏、感情戏的优势。

虚拟现实技术在影视领域的应用案例有很多，如虚拟演播室的原理其实就是一种典型的增强型虚拟现实技术的应用，实质是将计算机制作的虚拟三维场景与电视摄影机现场拍摄的人物活动图像进行数字化的实地合成，使人物与虚拟背景能够同时变化，从而实现两者融合，获得完美的合成画面。最新的技术应用极大拓展了舞台表现空间，如节目《逐梦空天，制胜未来》通过嘉宾表演和扩展现实的结合完成了人屏互动、环境切换以及多视角穿越等多种视觉呈现。通过精准的摄像机跟踪实时拍摄，并集成到虚拟场景中。3D 引擎集合呈现了完美的虚拟现实体验，打破常规视觉呈现，给人以现实与虚幻来回穿梭的错觉，如图 1.27 所示。

图 1.27　VR 类节目

近年来 VR 电影开始作为一种新的类型进入各大国际电影节，圣丹斯电影节、威尼斯电影节等都纷纷设置了 VR 单元和奖项，而来自中国的 VR 动画《拾梦老人》和《Free Whale》成功入围 2017 年的威尼斯电影节 VR 竞赛单元。VR 技术的不断发展，也逐步推进其变成一种影视行业全新的创作手段。威尼斯电影节的策展人 Liz Rosenthal 表示："VR 电影是一种全新的艺术形式，并且有来自全世界的 VR 作品，我们十分乐于见到这种新的表达方式。"

小　结

本章围绕虚拟现实的定义、特点、系统的分类以及应用领域展开讨论，随着虚拟现实技术在行业中的渗透，未来我们生活中将会有越来越多的应用场景与虚拟现实相结合。通过本章的学习，大家会对虚拟现实技术有更清晰的了解，对虚拟现实领域未来的发展有更深刻的认识。

思　考

1. 仔细思考，你之前在生活中接触过虚拟现实吗？是怎么接触的？
2. 虚拟现实的特点有哪些？你对哪个特点感受深刻？为什么？
3. 根据虚拟现实的技术和依托的硬件，可以进一步细分为哪些类别？
4. 谈谈你对虚拟现实行业应用的见解和想法。

第 2 章
虚拟现实系统的策划和产品设计流程

虚拟现实产品设计是以多种终端设备为载体，模拟真实物理世界来创建虚拟场景产品，通过多感体验、沉浸体验、交互体验使用户产生联想，沉浸在虚拟现实场景中，在用户体验过程中完成交互行为动作。为了加强用户的沉浸式体验，使用户可以完全沉浸在虚拟世界中，通常产品开发前期产品经理会对目标用户进行用户体验分析，对产品需求进行市场调研和竞品分析，以确保最终产品的设计符合用户需求，提高产品的可用性。

学习目标

- 了解虚拟现实系统的开发流程。
- 了解虚拟现实产品开发中需求分析主要特征。
- 了解原型开发必要性和常用的原型软件。
- 理解用户需求和产品需求。
- 掌握原型设计的方法。

2.1 虚拟现实产品设计

2.1.1 产品开发流程

一般一个项目的开发主要围绕一个产品或一个产品功能来进行，从产品经理的设计构想到最终产品的实现需要一个完整高效的开发流程才能顺利实现。软件开发中常提到的需求分析就是互联网公司中产品经理的最初构思，也是软件开发产品的核心战略目标，产品的所有功能均应围绕产品需求来展开。最终虚拟现实产品设计成败可以通过用户的体验感进行判断，因此实现良好的用户体验成为虚拟现实产品开发的关键。顾振宇先生在《交互设计原理和方法》一书中提出：用户体验评估和测试需要经历四个基本环节，需求发现、概念设计、系统设计、细节设计，其中需求发现是用户体验评估和测试的第一环节，也是核心所在。可见需求分析在整个产品开发过程中的重要性。

目前市场上的软件开发公司技术水平参差不齐，不同规模的公司产品开发流程有所不同，下面我们以功能比较完备的虚拟现实产品开发公司为例介绍产品开发完整流程，只有如此才能相对保证产品用户体验评估和测试的真实性和完整度，虚拟现实产品开发设计流程见表 2.1。

表 2.1　虚拟现实产品开发设计流程表

阶　　段	完 整 流 程	过 程 总 结
用户需求/产品需求	需求调研—需求确定—需求审核	需求文档
产品架构/交互设计	交互设计分析—交互设计原型/交互设计流程—数据埋点—产品经理确认交互原型—交互设计审核	交互原型设计
产品模型/视觉设计	三维模型—贴图素材—视听素材—视觉界面设计	产品视觉设计
开发/测试	引擎开发—设备测试	开发与测试
上线	用户体验测试—数据分析—评估	评估

2.1.2　产品开发需求分析主要特征

虚拟现实产品开发是利用三维模型软件将现实生活中的真实数据、物理环境真实表现出来，创建一个可交互的虚拟场景，通过计算机技术产生的电子信号，将其与各种输出设备结合使其转化为能够让人们感受到的现象。

产品开发的需求分析需要产品开发人员进行市场调研、竞品分析数据结果，准确理解目标用户的潜在需求，制定出产品架构和项目的功能具体要求，将用户的潜在需求表述转化成完整的需求定义。

根据软件开发需求分析的定义，虚拟现实的需求分析是开发人员通过调研和数据分析，将真实世界的业务流程转化到虚拟空间，需求设计既要满足真实世界的客观性，又要便于虚拟世界的实现，尽可能用简单易行的交互方式提升用户体验。从真实世界到虚拟世界的转化相对于传统的软件开发而言,需要更丰富的空间想象能力和交互设计能力。情况往往是,用户基于实际业务情况，提出某个交互体验的想法，但他们对虚拟现实技术并不了解，不能明确描述交互的功能点和方式，而虚拟现实开发人员虽然精通技术，但是不擅长用户的业务领域。因此，技术人员和用户之间对虚拟现实软件的主要功能存在着认知上的差异；另一方面，虚拟现实技术可以应用在各行各业，包括绘画、音乐等抽象领域，用户的需求描述复杂抽象，沟通上容易产生更大的不对称性，因此，在着手软件开发之前，需要由既精通技术又能较好表达用户想法的需求分析人员，对虚拟现实应用进行全面的需求分析，这也是开发之前的一个重要准备工作。

总结以上情况，虚拟现实开发主要特点如下：

（1）从真实世界到虚拟世界的转换，抽象和设计难度大。

（2）技术开发人员和需求提出者所处行业领域差别较大，沟通难度较高。

（3）需要有既懂开发又能与客户沟通的需求分析师，专门从事虚拟现实需求分析工作。

2.2　用户需求和产品需求

需求分析的主要目的是将用户基于自身业务的需要，将用户提出的一系列对虚拟现实应用想法转变为技术开发人员所需要的功能点描述，减少用户和开发人员之间沟通的障碍，因此主要包括基于用户的功能需求分析和基于开发者的系统需求分析。

2.2.1 基于用户的功能需求分析

用户需求主要来自用户，可以通过收集用户资料、访谈用户、开座谈会、跟班作业的方式获取业务信息。在与用户沟通之前，首先要通过互联网等方式尽可能多地收集用户资料，了解用户的信息、企业文化等，做好访谈前充分的准备工作，这样当用户在谈到某项需求时，能有初步的认知，并可以提出自己的想法，提高沟通的效率。

访谈用户就是与用户进行面对面沟通，一般来说，用户不会是一个人，而是一个团队、一个部门或者是一个公司，但是会从中选出一名用户代表来做主要的对接。首次访谈比较重要，用户代表会提出总体的创意思路和业务的大体流程，需求分析师在自己收集的资料基础上，尽可能多地就用户提出的业务框架进行交流。第一次访谈只能确定总体目标，根据访谈结果可与用户确定下一次访谈的时间或座谈会时间。

座谈会不是必须要实施的一个过程，但由于虚拟现实应用往往牵涉具体的业务流程，而业务之间总是由多个部门配合完成，因此座谈会又往往必不可少。座谈会是邀请相关的各部门代表集体参加的一种讨论活动，座谈会上谈论的需求往往更加具体，关注更多的细节，座谈会开始前，需求分析师应对上一次访谈工作做好总结,在座谈会上提出更多细节功能交互的问题,并做好记录。

虚拟现实是对真实流程的一次仿真和模拟，通过访谈和座谈会，需求分析师会对业务有更多的了解，但是还是存在于自己的脑海中，比较抽象，因此，一般都要通过跟班作业的过程去亲身参加用户单位虚拟的业务工作，由此可以直接体验用户希望实现的业务活动情况，如果用户可以配合让需求分析师亲身体验，将对需求分析工作有极大的帮助。

另外，设计原型之前首先要对市场现有相关应用进行调研，通过竞品分析，完成产品调研。例如当想开发某款游戏时，需要对市场现有的游戏进行竞品分析，对其功能、设计风格、设计内容、交互体验进行充分的调研，从中整理出自己作品的设计功能和用户需求，示例竞品分析见表2.2。

表2.2 主要竞品分析

竞品名称	用户体验分析
《渔夫的故事》	故事引人入胜，画风清新，VR体验流畅，套娃一般的玩法和叙事方式尤为新颖有趣
《Super Hot爆热》	用户在体验过程中，游戏时间流速会根据自己的动作实时变化，玩法新颖，同时能感受到黑客帝国中子弹时间一般的奇妙体验
《掉进兔子洞》	以爱丽丝梦游仙境为题材的第三人称解谜类游戏，选择对话时会进入第一人称视角，视角切换方式、丰富音乐和场景设计，代入感很强，增加了用户体验感
《Moss》	异世界冒险游戏，以一种巨人视角来看待迷你世界，讲述一个可爱的小老鼠去营救自己的祖父的故事，随着冒险的推进你和她的羁绊也会越来越深，画风可爱，深受女性用户青睐

2.2.2 基于开发者的系统需求分析

基于用户的功能需求分析是将用户的想法写实化，但仍然不适合提供给开发人员，对于开发人员而言，需要比用户需求分析更具有技术特性的需求描述，是应用软件系统设计的起点和基本依据。系统需求是对系统在功能、性能、数据、接口等方面进行的规格定义，基于用户的功能需求分析是通过自然语言进行的描述，随意性较大，容易发生歧义，而系统需求分析则要求以更加形式化语言进行表述，以保证开发人员理解的一致性，主要包括功能需求、数据需求等。

1. 功能需求

功能需求是有关软件系统的最基本的需求表述，用于说明系统应该做什么，涉及软件系统的功能特征、功能边界、输入输出接口、异常处理方法等方面的问题。也就是说，功能需求需要对软件系统的服务能力进行全面的详细的描述。在结构化方法中，往往通过数据流图来说明系统对数据的加工过程，它能够在一定程度上表现出系统的功能动态特征。也就是说，可以使用数据流图建立软件系统的功能动态模型。

2. 数据需求

数据需求用于对系统中的数据进行详细的用途说明与规格定义。虚拟现实中的数据主要包括三维场景中包含的静态模型和动画、交互点和仿真数据。当所要开发的软件系统涉及对数据库的操作时，还可以使用数据关系模型图（E-R 图）对数据库中的数据实体、数据实体之间的关系等进行描述。

3. 其他需求

其他需求是指系统在性能、安全、界面等方面需要达到的要求，如网络条件的要求，包括可以支持的同时在线人数、是否需要提供在线排队提示服务等；对操作系统的要求，是否支持移动端、是否需要浏览器访问、是否需要安装指定插件等；对用户硬件配置的要求，是否需要使用其他终端硬件等；对网络安全等级是否有要求；界面以什么风格为主等。

以上这些问题都应当作为需求分析的一部分，在系统功能、系统数据与用户沟通好之后，进一步商讨以上问题，从而确定系统开发的框架和主要研发技术。

通过基于面向用户的功能需求分析、面向技术人员的系统需求分析，整理需求框架，列出需求框架的描述，建立需求原型，交由用户提出意见，与用户的创意进行首次的对接交流，根据用户的意见进行完善，同时修改系统需求，如此迭代循环，形成完整的细节描述和需求原型，待用户确认后，形成完整的需求说明书，完成需求分析的全部工作。

2.3　交互原型设计

虚拟现实应用的开发和传统的软件开发虽然对系统需求都有明确的要求，但是由于虚拟现实应用是三维可视化的交互呈现，有些规格定义无法用伪代码等呈现，因此可交互原型就显得尤为重要。

2.3.1　什么是原型

需求原型可用来收集用户需求，对用户需求进行验证，由此可帮助用户克服对虚拟现实系统需求的模糊认识，并使用户需求能够更加完整地得以表达。一般情况下，开发人员将系统中最能够被用户直接感受的那一部分东西构造成为原型。这里指的原型都是可交互式的，用户可以通过单击原型中的热点进行页面的切换，这种方式比静态的需求文档更方便地将产品需求表达出来，更方便沟通。例如，用户对虚拟现实系统应该提出哪些方面的服务、交互的方式、UI 界面风格等，为了使用户能够更加直观地表述自己的需求意愿，可以先构造一个原型给用户体验。原型可以根据用户的评价不断修正，这也有利于挖掘用户的一些潜在需求，使得用户需求能够更加完整地得以表达。原型设计流程如图 2.1 所示。

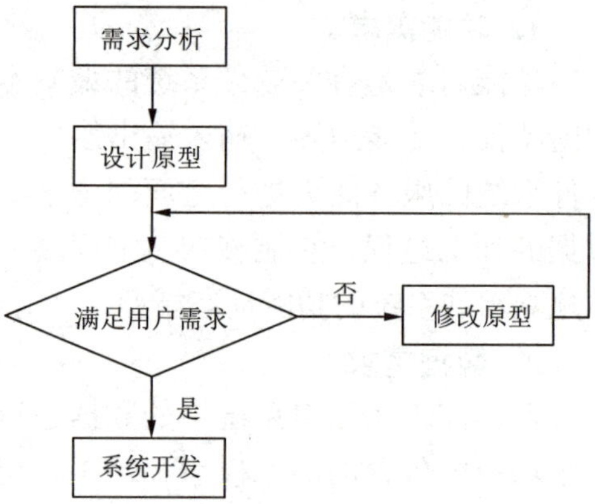

图 2.1　原型设计流程

原型可以建立在用户所提出的需求框架基础上，方便用户确认交互功能点是否满足最初的想法，同时让技术人员客观地明白系统的功能，完成软件开发。也就是说，需求原型可以方便由用户需求到系统需求的过渡。

2.3.2　原型开发的必要性

1．降低沟通的成本

当用户口述他们的想法时，需求分析师在大脑中会进行画面重构，但也不能保证构建的画面和用户希望呈现的一致，这种不一致性会造成一定的误解，当项目开发大半，呈现在用户眼前，得到的是否定的回答时，已经带来了成本的增加，因此，如果说需求分析是用户需求和开发人员之间的一道桥梁，那么原型就是架设桥梁的工具，可以帮助我们把这座沟通之桥建设好，节约开发的成本，提高工作效率。

2．原型可以拓宽设计者的思路

用户根据自己的业务领域，提出一些想法后，需求分析人员再从技术的角度提出可行的技术方案。虚拟现实是通过计算机模拟真实环境和事件给人虚拟的沉浸感。虚拟现实内容的创作是要将口头的文字、二维的图片转换成三维的交互式图像，传统的文字、框图的方式难以激发内容创作者的想象力，基于原型，可以在其基础之上形象化交互功能点，进一步完善需求，激发空间想象力，进一步完善脚本，得到更好的构思。

3．原型用于测试初期的想法

虚拟现实的开发想法一般有两种来源：一种是用户由于自己业务领域的需要主动提出，另一种是虚拟现实内容制作团队或公司出于对某个领域的认知，自己提出的一种产品概念，这种概念在通过原型这种可视化的交互工具初步制作成形后，可以进一步地去完善，也可以通过增加、删减设计元素来充实最初的原型，反复的迭代和优化可以让我们在具体开发之间，整理好软件的思路，降低返工的成本。

2.3.3　原型常用的开发工具

选择原型制作工具一般从易用性、协作效率、保真度、收费等几个方面考虑。常用的原型工具有 Axure、墨刀、Invision、Adobe XD 等。

1．Axure

Axure RP 是美国 Axure Software Solution 公司旗舰产品，是一个专业的快速产品原型工具，让负责定义需求和规格、设计功能和界面的专家能够快速创建应用软件或 Web 网站的线框图、流程图、原型和规格说明文档。作为专业的原型工具，它能快速、高效地创建原型，同时支持多人协作设计和版本控制管理。

优点：变化多端的操作，自带组件库并支持强大的第三方组件库，提供强大的交互支持，完整的教程及支持文档，支持原型预览。

缺点：学习曲线较高，性价比不高，专业需求度高。

适用人群：适用于追求强交互效果及细节的产品经理及设计师，需要具有一定经验或较强专业性。

2. 墨刀

墨刀，一款在线的移动应用原型与线框图工具。借助于墨刀，创业者、产品经理及 UI/UX 设计师能够快速构建移动应用产品原型，并向他人演示。

优点：易学易用，内置组件多，可以云端保存工作，通过分享链接即可分享原型给别人，支持 Sketch 文稿导入和自动标注。

缺点：不自由，首先这也与墨刀的产品定位有关，它清晰定位为移动端原型设计工具，因此在交互效果上、控件组合上、操作面板的选择上都不如 Axure 灵活，效果切换因为是采用连线的方式，有时候会让使用者脑子错乱。并且目前原型的交互效果系统自带的还比较少，但基本满足日常所有原型的使用。另外需要充费才能够使用更强大的共享创建功能。

适用人群：易上手，适合新人使用，可用来设计交互不太复杂的原型。

3. Adobe XD

Adobe XD 是一站式 UX/UI 设计平台，在这款产品上面用户可以进行移动应用和网页设计与原型制作。它是一款设计高保真原型设计界面的工具，在建立原型功能方面十分方便，同时能提供工业级性能的跨平台设计产品。设计师使用 Adobe XD 可以高效准确地完成原型框架图、高保真原型图和交互原型动画。

优点：Adobe XD 软件适合"高效高保真原型"输出，"交互原型"制作和图形图像软件"协作"，Adobe XD 可以打开其他 Adobe 工具（Photoshop 和 Illustrator）以及 Sketch 中的文件。它可以在 PC 环境中运行,并且对 Creative Cloud 用户免费。它专为设计而设计,并拥有坚实的基础架构。可以使用可重复使用的元素进行设计（和编辑），快速调整组和对象的大小，并创建通用的元素和结构、样式或网格。Adobe XD 提供了一个免费计划，提供有限的存储空间和活动项目。

缺点：尽管 Adobe XD 是一个可靠的工具,但它具有一些局限性。如果没有 Creative Cloud 计划，用户使用全部功能，需要每月单独收费 9.99 美元。软件设计可以绘制基本形状，但不能选择自定义形状。可以导出设计，但是如果没有插件就无法获得 CSS。

适用人群：界面设计师更多地将其作为原型演示工具，便于收集多方设计反馈。

除以上的原型设计软件外，还有 Proto.io、Mockplus、Fluid UI、Balsamiq Mockups、JustinMind 等原型工具。

2.3.4　原型开发的过程

在产品开发过程中应具备产品交互原型设计分析技能，其主要包括：交互情景场景分析、用户行为习惯和心智模型、竞品分析、交互流程设计、原型设计、设计原则、设计规范、原型制作。在原型设计中主要需完成交互设计流程和交互原型设计两大模块，其中流程设计是依托前期的产品需求开始的，产品需求是对产品功能的描述。例如，"传统家具制作工具的认识"就是本书第 8 章综合案例中一个功能，在需求文档中提出的某个功能在交互原型设计中需要设计师通过场景思维，还原成用户情景体验场景，以用户为中心，为用户绘制用户画像和情景剧本，才能在开发过程中减少冗余的工作量，提升产品可行性。

原型也是讲究方法步骤的，首先要提升原型设计的合理性，有利于沟通；其要减少原型设计所占用的时间，提升工作效率，因此掌握一些原型设计的方法和技巧相当必要。下面通过一个 App 原型交互案例的设计和一个虚拟仿真系统原型交互案例的设计为例，说明原型设计的一般步骤。

1．“宫廷乐宴”App 原型设计

图 2.2 所示为某高校数字媒体艺术专业学生毕业设计作品“宫廷乐宴”App 主题设计界面流程图，工具使用的是 XMind 9.0 思维导图软件，为了方便也可以在 Adobe XD 2019 中完成。

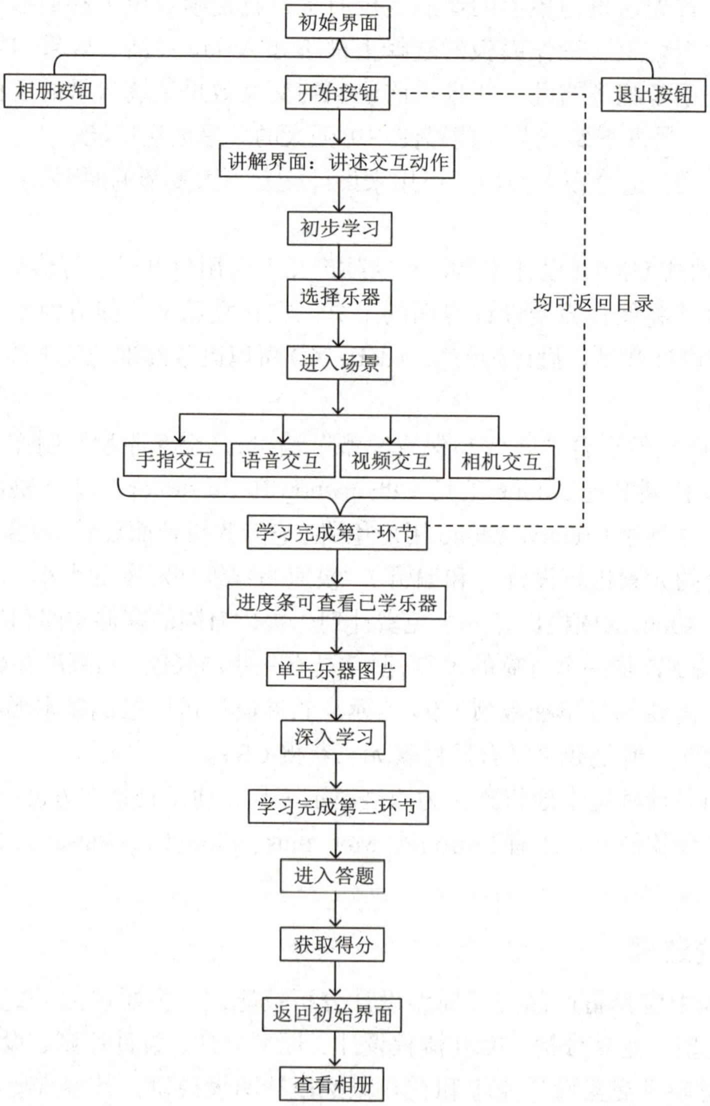

图 2.2　软件功能设计图

（1）根据用户调研确定虚拟现实内容的结构，确定软件的功能模块。

（2）选择原型软件 Adobe XD 2019，安装好软件后，创建原型文件画板，软件提供了多种选择，

虚拟现实软件开发平台比较广泛，移动端、PC 端、网页端均可，可以根据软件应用平台选择适合的画板，该案例选择了网页端来实现。创建画板如图 2.3 所示。

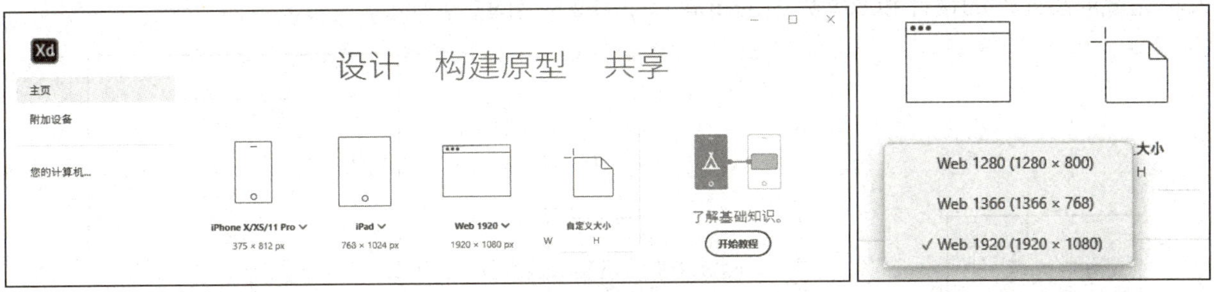

图 2.3　创建画板

（3）界面基础介绍。Adobe XD 2019 软件布局非常简单，主要分菜单栏、工具栏、画板、编辑参数等，首先在菜单栏重命名原型文件名为“游戏界面低保真原型图”，如图 2.4 所示。

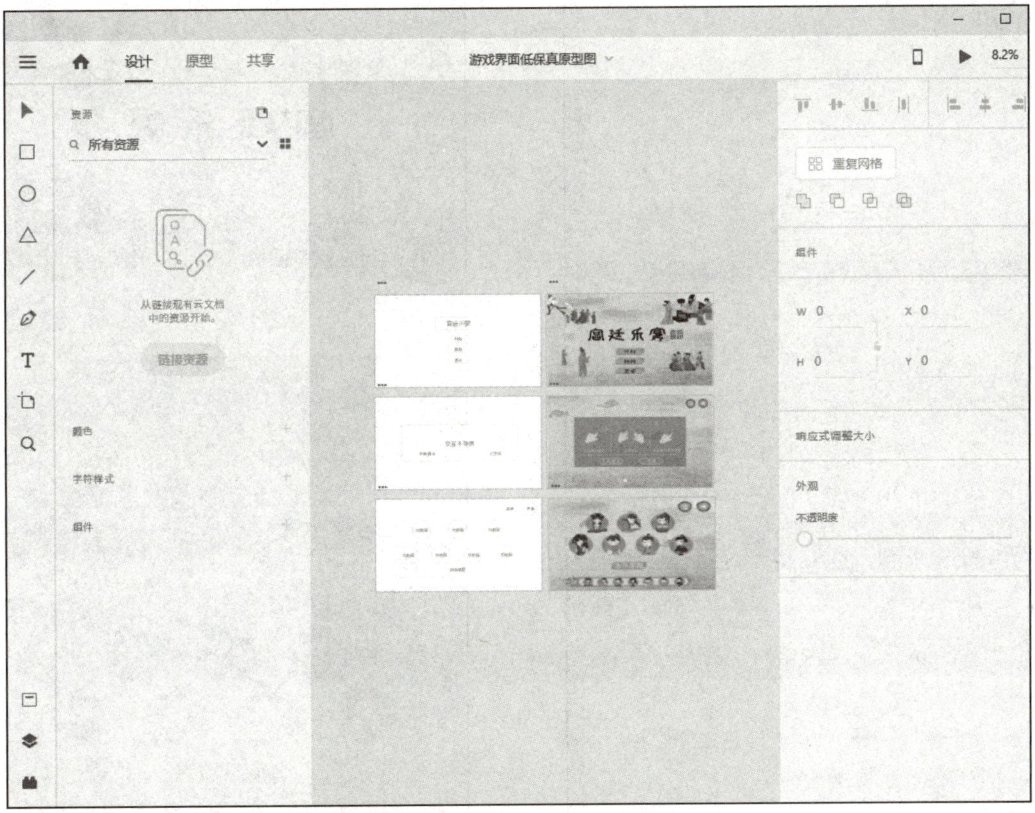

图 2.4　游戏界面低保真原型图

（4）选择“设计”菜单，利用鼠标框选画板，复制粘贴出多个界面完成界面布局。目前还没有针对虚拟现实而设计的三维原型软件，因此无论是二维场景还是三维场景，均应以选择图片的形式实现界面布局和低保真原型图的绘制，三维建模软件可以渲染出二维图片，方便在原型中应用。原型设计需要快速而方便地沟通，为了节省时间，二维图更方便传输。

（5）选择原型工具菜单完成原型的绘制，也可以在 Photoshop 软件中设计好界面再插入到原型中。选择矩形和文本工具，利用鼠标拖动的方式在开始界面中进行绘制，拖住矩形边框改变矩形大小完成原型元件的设计和原型界面的布局，如图 2.5 至图 2.9 所示。

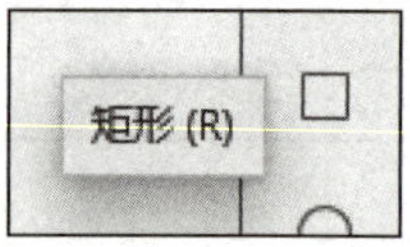

图 2.5　元件设计 1

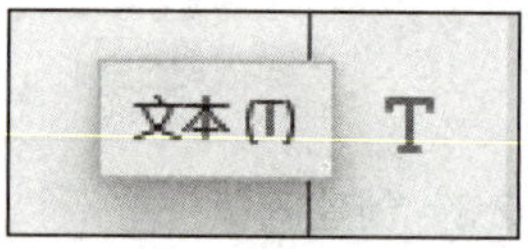

图 2.6　元件设计 2

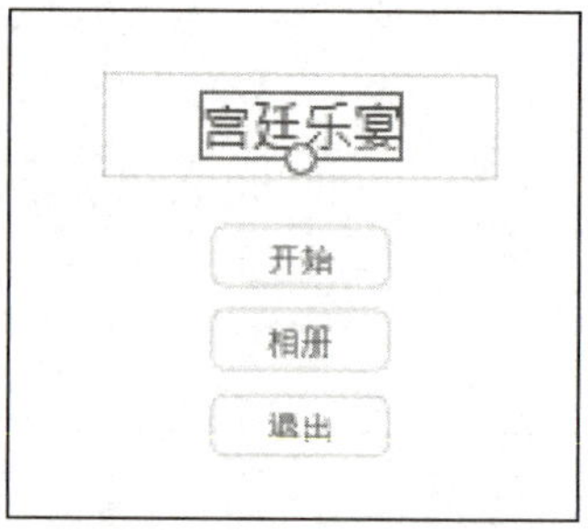

图 2.7　元件设计 3

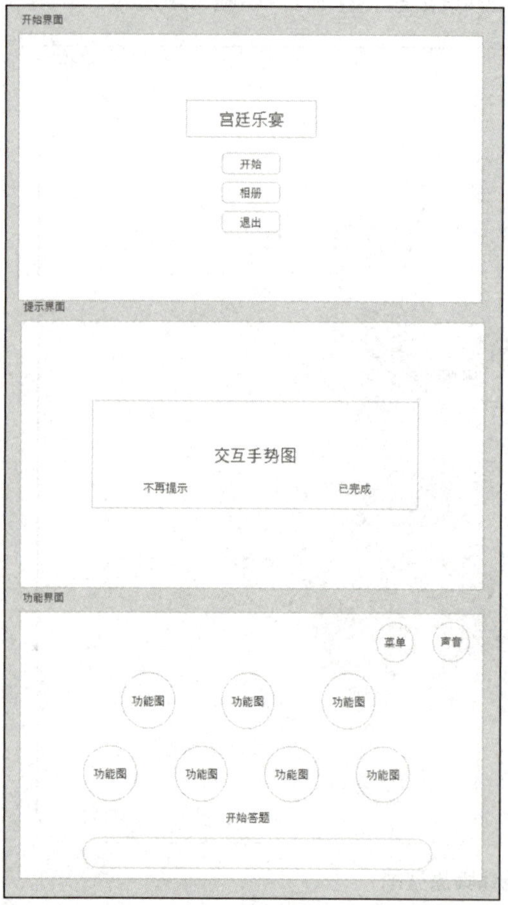

图 2.8　低保真图

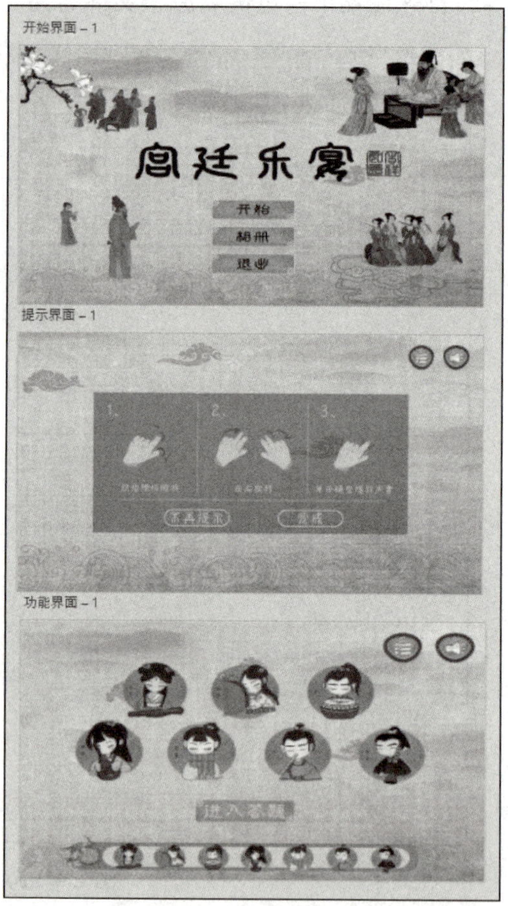

图 2.9　高保真图

（6）实现交互设计的具体步骤。在完成界面的布局后选择“原型”菜单，完成交互动画的设计。交互的触发方式和动作可以选择下拉列表进行选择，如图 2.10 所示。

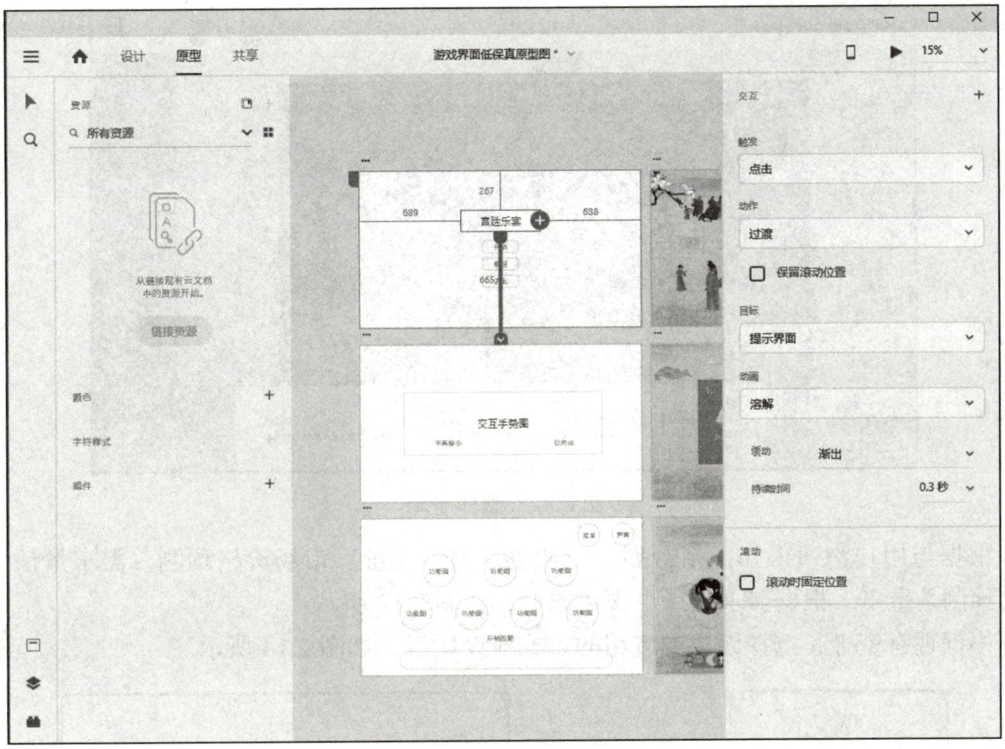

图 2.10　交互效果图

（7）完成交互设计后单击菜单栏保存，或导出为 PNG 图片，如图 2.11 所示。

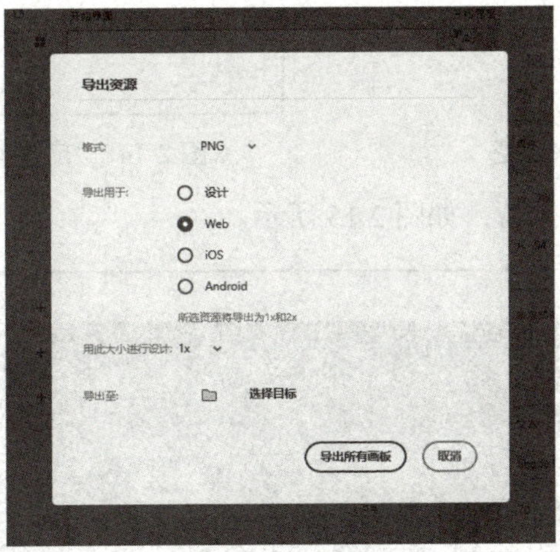

图 2.11　图片输出

2．虚拟仿真软件原型设计

下面以某制造型企业初创期虚拟仿真软件的需求分析为例。

（1）与某制造型企业的代表沟通，了解该企业初创期的运营过程，确定该软件分为企业选址、投资建厂、企业生产、突发事件处理等模块。

（2）根据用户需求确定 UI 系统的风格，包括按钮组件的布局等，如图 2.12 所示。

图 2.12　整体布局

（3）根据与用户沟通得知，制造型企业初创期时，选址、市场价格预测、需求量预测，以及订单数量预测是重点，根据需求设计可视化原型，如图 2.13 所示。

（4）根据现有资金，选择以买或者租的方式建设厂房，如图 2.14 所示。

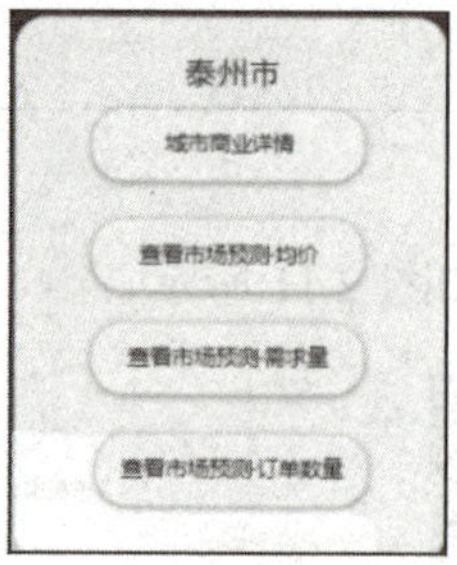

图 2.13　“区域选择”模块原型

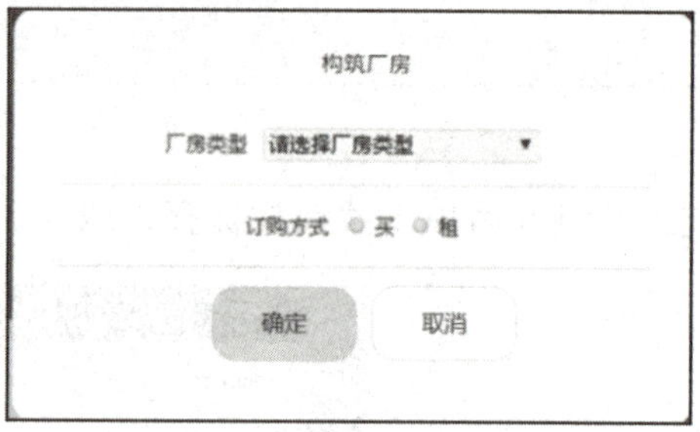

图 2.14　“厂房类型”模块原型

（5）通过原型模拟企业的运营，如图 2.15 所示。

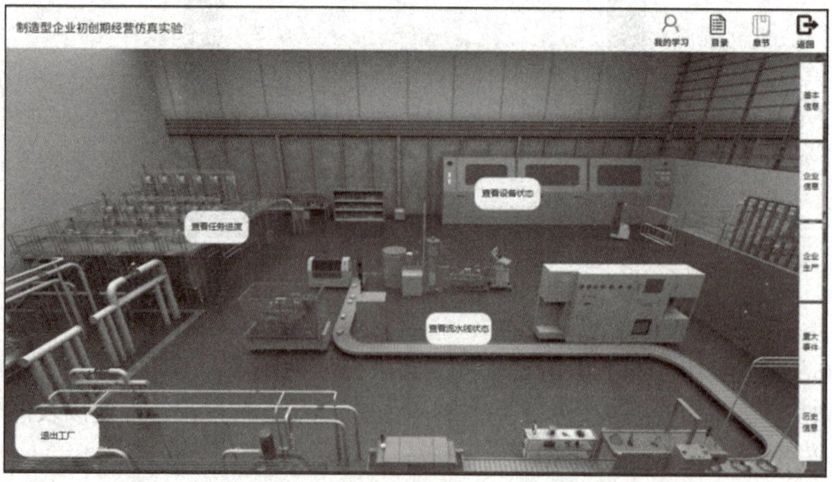

图 2.15　“企业运营”模块原型

（6）当发生重大事件时，模拟进行调节。以上步骤的每个页面均可以通过热点单击跳转，这样就避免了静态效果图的弱交互性，如图 2.16 所示。

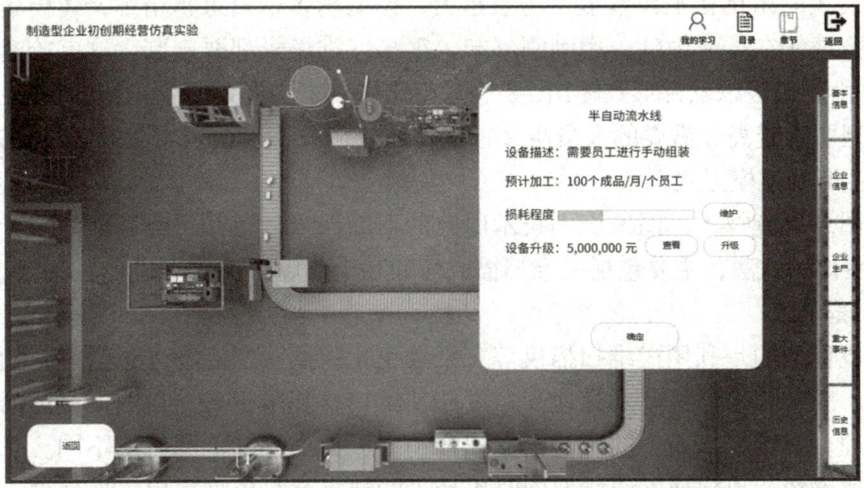

图 2.16　“重大事件模拟”模块原型

在制作原型时需要注意以下两点：

（1）要根据需求分析的结果选择合适的原型工具。原型工具多样，要遵循适合的才是最好的原则，比如一款轻量级的应用使用用墨刀和 Adobe XD 2019 就可以较好地完成。

（2）不应为了做原型而做原型。项目实际开发周期较长，一旦需求理解出现偏差而造成项目返工，会增加项目成本。借助原型，可以快速把设计师对用户想法的理解呈现出来，并由用户确认，方便后期的开发。但是目前的原型软件主要呈现的是二维效果，虚拟现实中几乎所有的场景都是 3D 形式，有些交互功能原型也比较难展示出来。这时就需要借助其他的工具将用户的需求可视化，比如做一个简单的 3D 功能 Demo 等，即不能完全依赖原型制作。

2.4　三维模型的制作

虚拟现实给大家呈现的是一个三维场景，这就需要一个逼真的三维数字模型，可见三维建模技术在虚拟现实应用中的重要性。虚拟现实的真实程度与三维建模技术紧密相关，一个高度逼真的三维场景会大大提高虚拟现实的沉浸感。

2.4.1　三维建模的常用方法

按照建模方式的不同，目前常用的建模技术有 3D 软件建模、三维扫描成像、基于图像的建模等。

1. 3D 软件建模

3D 软件建模是使用市场上主流的三维建模软件建模，比如 3ds Max、MAYA，又或者是专门用于构建人物模型的 Character Creator、Daz 3D；专业构建衣服模型的 Marvelous Designer 等。建模软件的优点是易学、上手简单，主要是通过软件自带的基本几何元素，如立方体、球体等，通过一系列几何操作，如平移、布尔运算等可构建复杂的三维模型，再通过材质、渲染等提高模型的可视化效果。

软件建模最大的困扰在工作量上。场景越大、模型越多、效果越精细，建模花费的人力和时间就越多。虚拟现实在行业中的应用刚刚兴起，很多三维场景都要定制，这就给建模带来了很大的工作量；另外由于最终以软件形式输出，要想运行流畅，对三维模型的优化也提出了很高的要求。场景越大、模型要求越高、需要的人员越多，工作时长越长，建模成本越高。即使这样，3D软件建模仍是目前主流的建模方式。

但是随着图形处理技术、图像识别技术研究的不断深入，近几年也逐渐涌现了一些利用图像算法生成三维图像的方法，主要包括三维扫描成像和基于图像建模的方法。

2. 三维扫描成像

三维扫描成像指的是利用三维扫描仪等三维数字化仪器对实际物体进行三维扫描从而进行三维建模的方法。三维扫描仪是一种高速高精度的三维扫描测量设备，目前最先进的是结构光非接触照相测量原理。三维扫描设备的价格根据扫描精度、扫描仪的范围有所不同。三维扫描仪最大的优点是扫描速度快、建模速度快，但同时也带来的缺点就是模型需要二次处理，自动扫描完成的模型需要三维模型处理软件做一定的修改，有时随着模型的精细程度高，模型量也较大，特别是当建模场景较大，如房子、工厂等模型时，三维扫描设备也难以完成，需要选择更强大的无人机扫描设备等，设备也更加昂贵。

3. 基于图像的建模

基于图像的建模和绘制（image-based modeling and rendering，IBMR）是当前计算机图形学界一个极其活跃的研究领域。同传统的基于几何的建模和绘制相比，IBMR技术具有许多独特的优点。基于图像的建模和绘制技术给用户提供了获得照片真实感的一种最自然的方式，采用IBMR技术，建模变得更快、更方便，可以获得很高的绘制速度和高度的真实感。IBMR的最新研究已经取得了许多丰硕的成果，并有可能从根本上改变人们对计算机图形学的认识和理念。由于图像本身包含着丰富的场景信息，自然容易从图像获得照片般逼真的场景模型。基于图像的建模的主要目的是由二维图像恢复景物的三维几何结构。由二维图像恢复景物的三维形体原先属于计算机图形学和计算机视觉方面的内容。与传统的利用建模软件或者三维扫描仪得到立体模型的方法相比，基于图像建模的方法成本低廉，真实感强，自动化程度高，因而具有广泛的应用前景。由于它的广阔应用前景，如今计算机图形学和计算机视觉方面的研究人员都对这一领域充满兴趣。

2.4.2 三维建模的工具

三维模型一般用三维建模工具生成，构建的模型可以是现实世界的实体，也可以是概念性的虚构物体。早在虚拟现实热潮来临之前，三维建模技术已经成熟地应用于各行业，主要包括影视动画、室内设计、广告设计、工业设计等。诸如3ds Max、UG、MAYA、Cinema 4D、OpenGL等都是常用的三维建模软件，每一款软件都有其特点，适合应用的领域也不同，开发者可根据需求扬长避短。

1. 3ds Max

3ds Max由Discreet公司开发，问世以后被Autodesk公司收购合并，3ds Max软件提供了高效的新工具、更快的性能以及简化的工作流，可帮助美工人员和设计师提高整体工作效率。它不仅性价比高、使用者众多、上手较容易，而且对计算机要求不高，可以从事三维建模和纹理、三维动画、三维渲染、动力学等方面的开发。该软件无论是从建模能力、动画能力还是渲染能力方面来看，都非常强大，是目前功能最强大、应用领域最广，它高端的渲染可制作出逼真的三维动画，在建筑设计、室内设计方面尤为突出，3ds Max 渲染的室内效果如图 2.17 所示。

图 2.17　3ds Max 渲染的室内效果图

2. MAYA

MAYA 也是三维动画软件，不仅可以进行三维与视觉效果的制作，并且还将最前端的建模、最逼真自然的毛发渲染以及布料模拟技术与之相互融合，所针对的应用对象是专业的角色动画、影视、广告、电影特效等，对开发者的技术要求较高，开发过程的难度较大。

3. Cinema 4D

Cinema 4D 作为一款三维软件，在电影、广告、工业设计等方面有着十分广泛的应用，以极高的运算速度和强大的渲染插件著称，其中最知名的应用便是影片《阿凡达》，由 Cinema 4D 制作了部分场景。

三款建模软件的优缺点对比见表 2.3。

表 2.3　三维建模软件的对比

三维建模软件	优　　点	缺　　点
3ds Max	集建模、渲染、动画制作于一体，操作简单，模型易于修改	内存占比较大
MAYA	建模效果优秀，渲染与动画良好	难度大，对底层支持要求高
Cinema 4D	运算速度极快和渲染插件功能强	功能烦琐，掌握周期较长

这几款三维建模软件功能强大，其中 3ds Max 主要拥有三个建模方式，这在三个模型中分别为 NURBS 建模、Surface Tools 建模与 Polygon 建模，在场景建模时，可以将模型面片优化来减小内存和降低建模的困难程度。然而 3ds Max 搭建的模型实际大小，会比参数化实体搭建的模型小得多，其设计的模型都能以 .fbx 格式输出，且能与 Unity 平台兼容。因此，本书案例中涉及的三维模型都是通过 3ds Max 构建。

2.4.3 三维建模案例

下面以构建一个笔记本电脑为例（见图 2.18），简单描述以下三维建模的过程。

1. 分析用途

该模型需要完成导入 Unity 中翻开机盖并开机的动画。在完成基础分析后将模型分成三部分：笔记本电脑上半部、机身连接处、笔记本电脑下半部。

2. 模型制作

（1）设置单位

将单位设置为厘米，如图 2.19 所示。

图 2.18 笔记本电脑

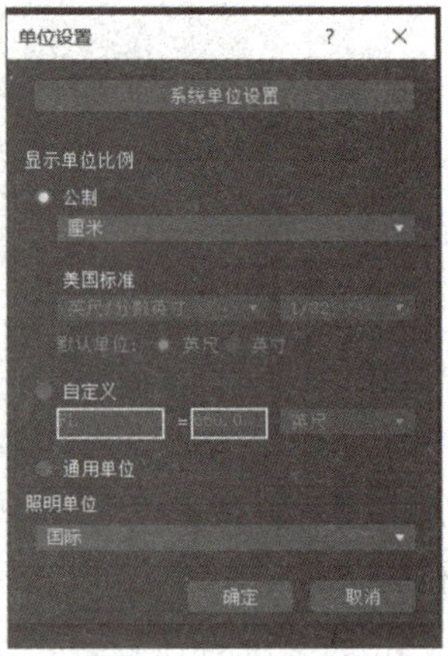

图 2.19 单位设置

（2）制作屏幕部分

① 选择长方体，拖动并设置长方体的长、宽、高以及分段数，长宽比例按照真实尺寸设置，各个分段数通常为 1，如图 2.20 所示。

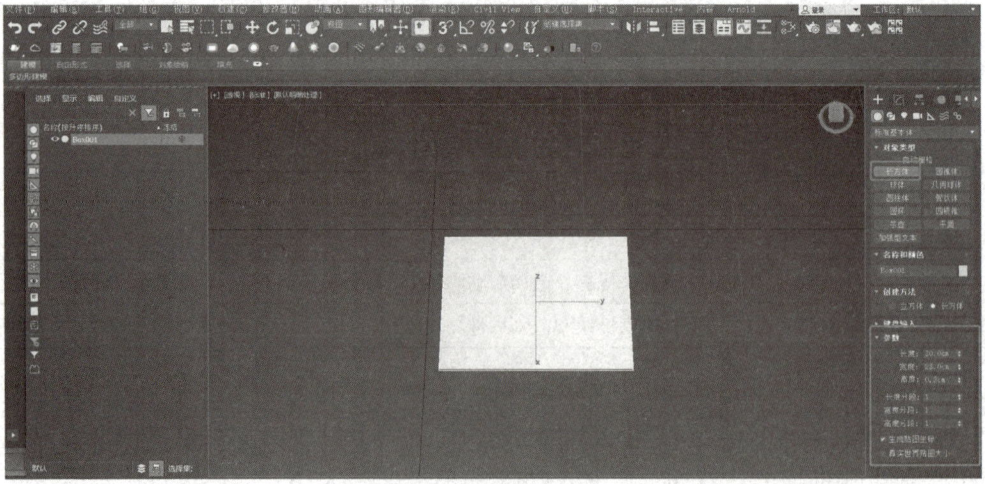

图 2.20 设置分段数

② 将长方体转化为可编辑多变形，选择“编辑多边形”→“多边形”选项，如图 2.21 所示。

图 2.21　编辑多边形

③ 选择当前面，在“可编辑多边形”组中单击“插入”按钮，生成新的面，如图 2.22 所示。

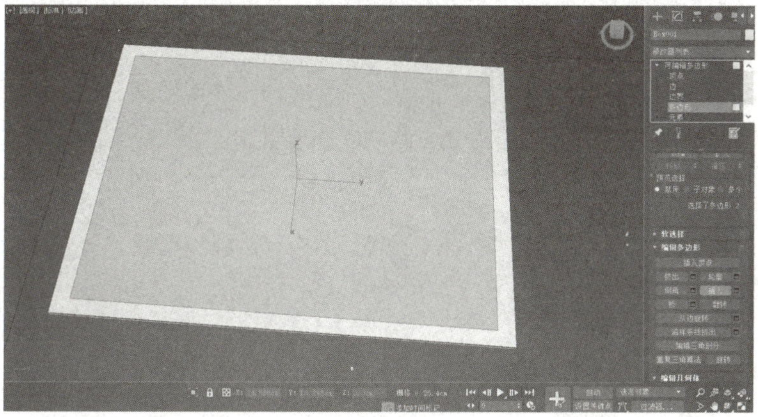

图 2.22　插入

④ 单击“可编辑多边形”组中的“挤出”按钮将笔记本电脑显示器部分做出凹凸感，如图 2.23 所示。

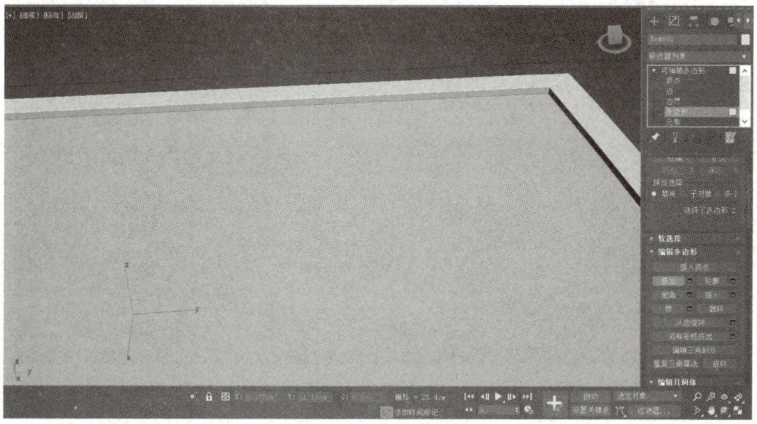

图 2.23　挤出

⑤ 考虑到该模型是用于 PC 端，可以精致一些，给显示器添加一些切角，单击选择线模式，并选择要做切角的线，如图 2.24 所示。

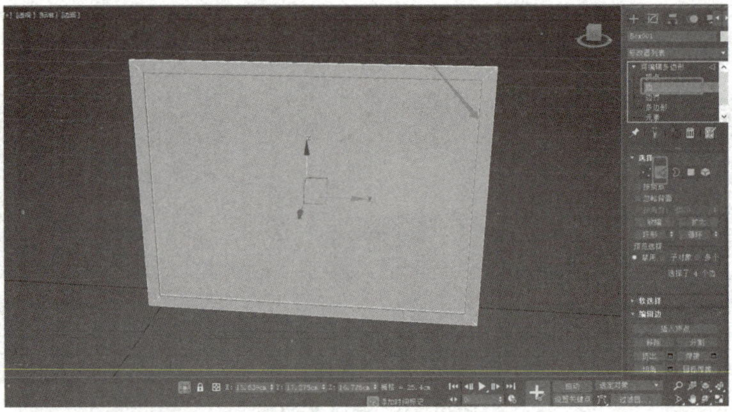

图 2.24　选择切角线

⑥ 单击“编辑边”组中的“切角”按钮进行切角操作，如图 2.25 所示。

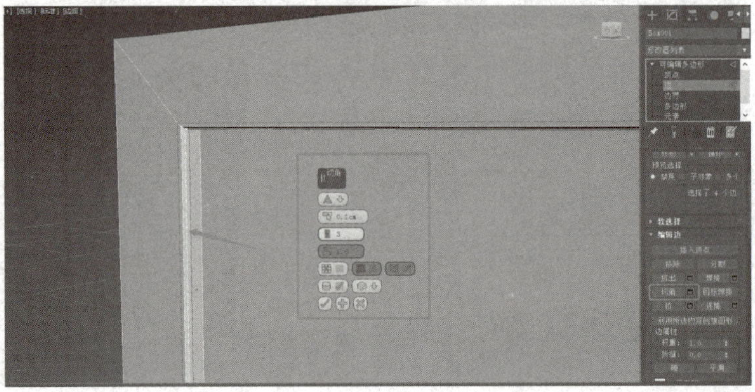

图 2.25　切角

⑦ 完成后再次选择多边形编辑模式，全选所有面进行平滑操作，屏幕部分制作完成，如图 2.26 所示。

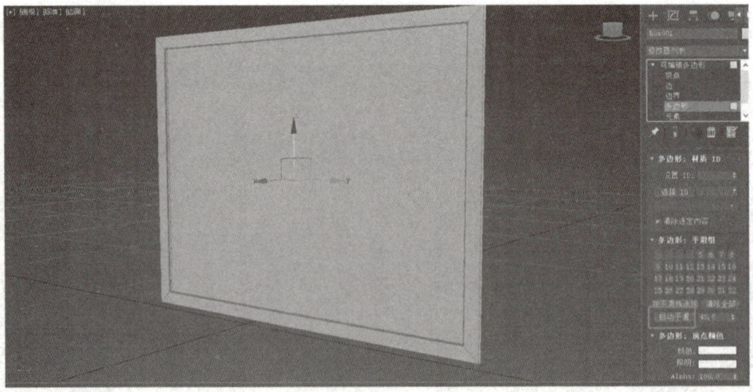

图 2.26　平滑

（3）贴图制作

该模型需要完成开机动画，所有显示屏需要独立的材质，所以需要两个材质球，一个材质是 UVW 贴图，另一个是 UVW 展开。

① 选择多边形编辑模式，选择要进行贴图的面，如图 2.27 所示。

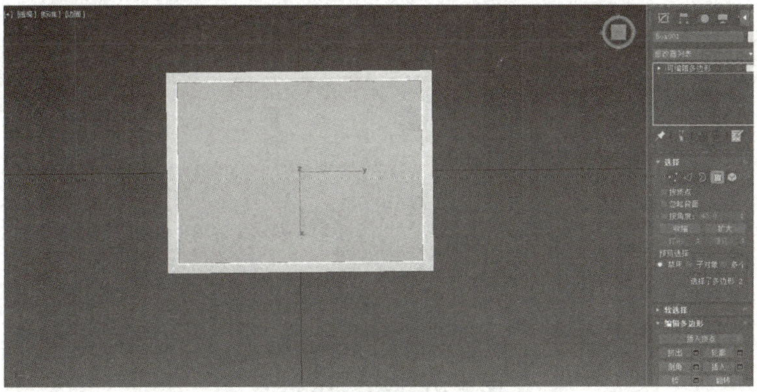

图 2.27　选择贴图的面

② 按【M】键打开“材质编辑器”窗口，如图 2.28 所示。

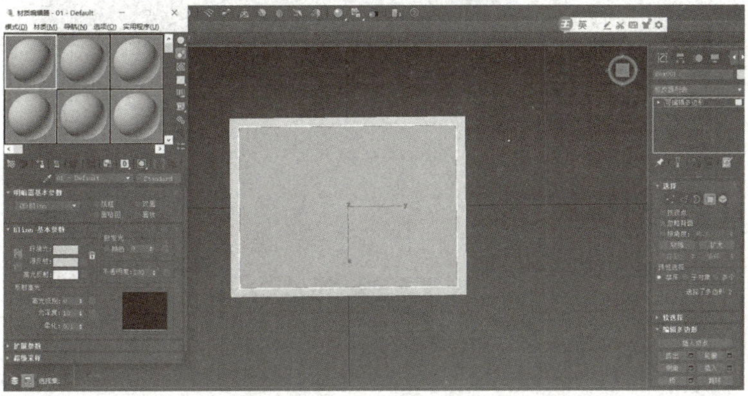

图 2.28　材质编辑器

③ 选择其中一个材质球，在“Blinn 基本参数”组中给漫反射通道添加一个位图，如图 2.29 所示。

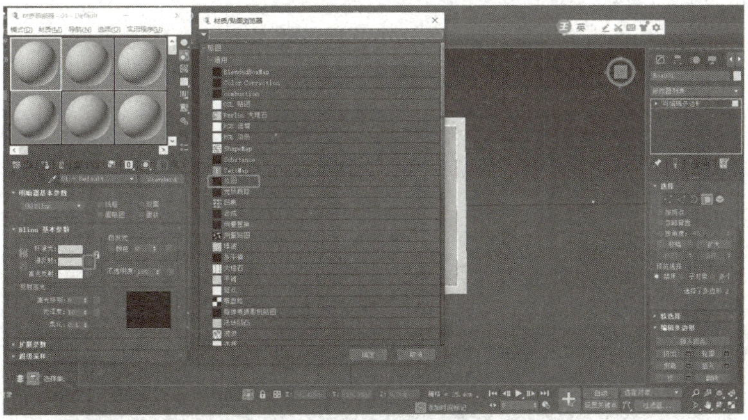

图 2.29　设置漫反射

④ 在打开的“选择位图图像文件”对话框中选择一张对应的贴图，如图 2.30 所示。

图 2.30　选择对应贴图

⑤ 将设好的材质赋给指定的面，如图 2.31 所示。

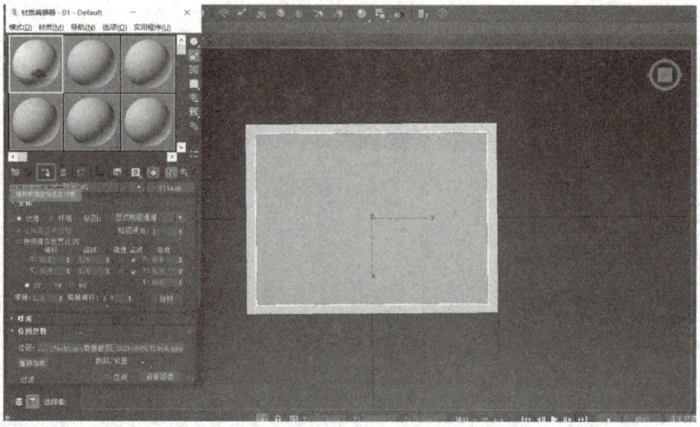

图 2.31　赋材质

⑥ 完成效果与理想状态的情况不太一样，需要调整该模型的 UV。选择需要调整 UV 的面，并选择“UVW 贴图”，如图 2.32 所示。

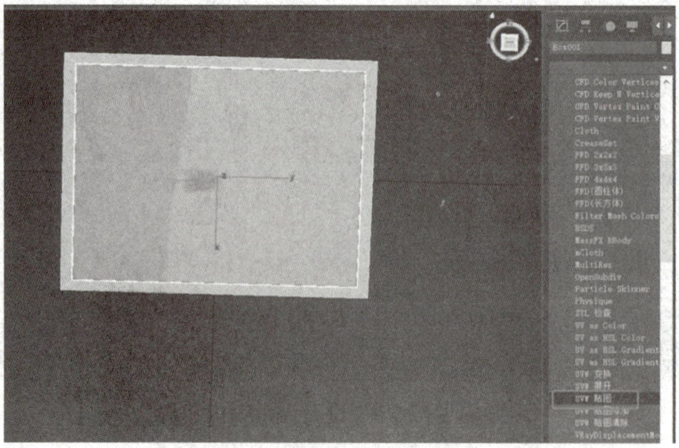

图 2.32　选择 UVW 贴图

⑦ 贴图类型选择“长方体”选项，得到理想的画面，并重新将模型转化为可编辑多边形，如图 2.33 所示。

图 2.33　选择 UVW 贴图类型

⑧ 选择“UVW 展开”中的“多边形”模式，并全选所有面，接着单击“打开 UV 编辑器”按钮，如图 2.34 所示。

图 2.34　打开 UV 编辑器

⑨ 选择所有面，单击“贴图”→“展平贴图”命令，将贴图进行展开，如图 2.35 所示。

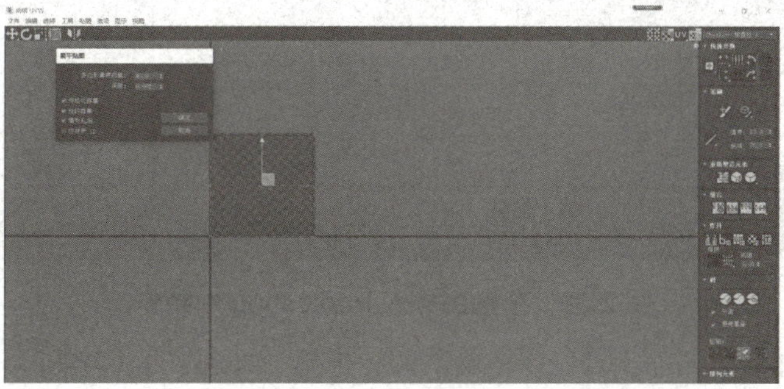

图 2.35　展平贴图

⑩ 单击“工具”→“渲染 UVS”命令，渲染 UVW 模板，如图 2.36 所示。

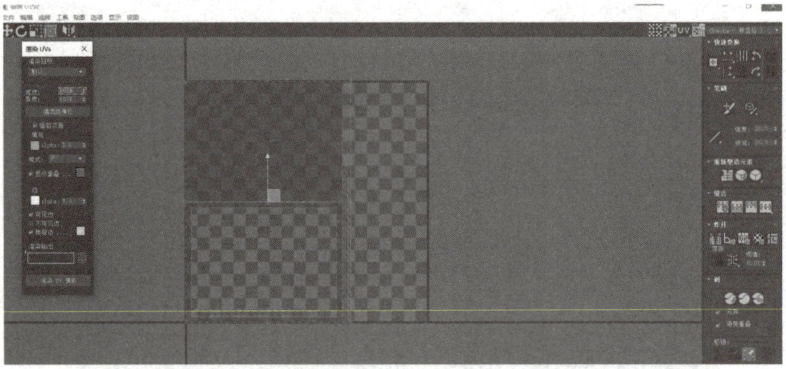

图 2.36　渲染 UVW 模板

⑪ 将展开的贴图保存为 BMP 格式，如图 2.37 所示。

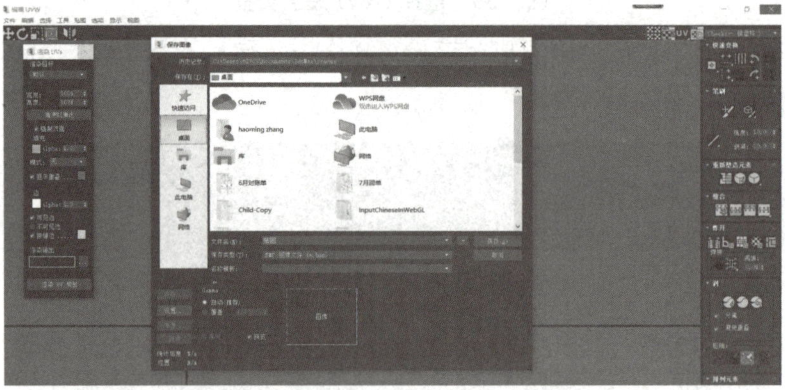

图 2.37　保存贴图

⑫ 将保存好的图片导入 Photoshop 或者其他绘图软件中进行贴图制作，如图 2.38 所示。

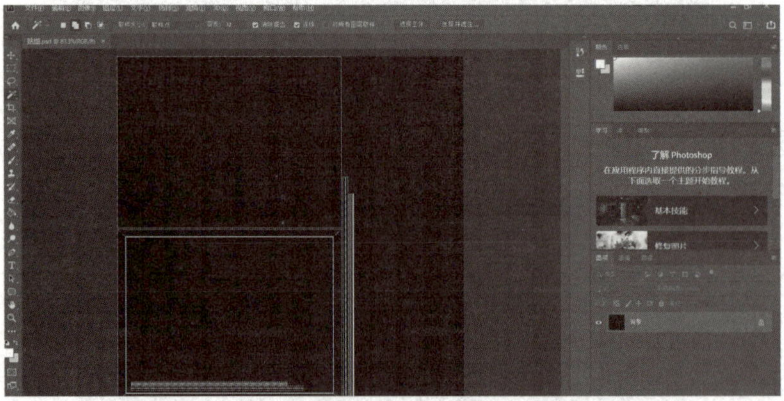

图 2.38　将贴图导入 Photoshop 中制作

⑬ 制作好的贴图如图 2.39 所示。

⑭ 完成后将贴图导入 3ds Max 中的一个新的材质球中，如图 2.40 所示。

图 2.39　制作贴图

图 2.40　重新制作材质球

⑮ 将材质球赋给对应的面，最终效果如图 2.41 和图 2.42 所示。

⑯ 笔记本键盘有两种方式构建，如果对细节要求很高，可以用若干个正方体组合而成；如果对细节要求不高，可以采用贴图的方式完成。具体方法是新建一个长方体，调整到键盘大小，参考屏幕 UVW 贴图的方式完成。键盘完成后与屏幕组合，整合为一台笔记本电脑，效果如图 2.43 所示。

图 2.41　最终效果 1

图 2.42　最终效果 2

图 2.43　最终效果 3

2.4.4 三维建模注意事项

在进行 3ds Max 建模之前，首先需要确定制作的物体是用在什么地方，不同的场景下建模以及贴图的方式通常有明显的差别。场景分为：

1．视频以及渲染图的场景的制作

一般制作视频和渲染图时对模型的制作要求，通常不需要采用对齐工具，并且为了画面整体的质量，通常采用 V-Ray 等渲染器，图 2.44 所示为渲染后的效果图。

图 2.44　渲染效果图

2．PC 端等高质量漫游场景、次世代游戏场景

一般制作时要求用捕捉等工具，建模的时候要求布线均匀，不能有明显的问题，贴图通常使用基础材质球，图 2.45 所示为次世代建模。

3．Web 端以及手游场景

一般制作时要求面数尽可能低，模型细节通常采用贴图绘画的方式，图 2.46 所示为手游建模。

图 2.45　次世代建模

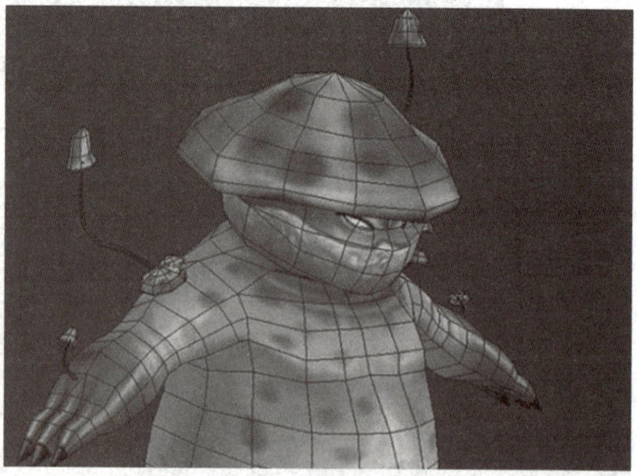

图 2.46　手游建模

建模时，需要注意模型的比例和单位，在协调开发时常常会因为未设置单位而导致最终模型的比例出现问题。

2.5　主流开发引擎介绍

目前虚拟现实的内容开发主要依托三维虚拟现实游戏引擎，包括国外的 Unity 3D 引擎、Unreal 引擎，国内的 Cocos 引擎、VRP 引擎等。开发者将已完成的三维场景和动画导入到这些引擎中，在引擎中通过代码与接口实现与场景以及虚拟现实外设的交互，最终完成虚拟现实应用的开发。

2.5.1　Unity 3D 引擎

Unity 是实时 3D 互动内容创作和运营平台，是一个让开发者轻松创建诸如三维视频游戏、建筑可视化、实时三维动画等类型互动内容的多平台综合型游戏开发工具，包括游戏开发、美术、建筑、汽车设计、影视在内的所有创作者，借助 Unity 将创意变成现实。

Unity 平台还可以为用户提供一整套完善的软件解决方案，可用于创作、运营和变现任何实时互动的 2D 和 3D 内容，支持平台包括手机、平板计算机、PC、游戏主机、增强现实和虚拟现实设备，也就是说，几乎所有平台的游戏都可以用 Unity 3D 来制作，风靡一时的手机游戏《神庙逃亡》就是利用 Unity 3D 开发制作的。

Unity 引擎的灵活性使开发者能够为超过 20 个平台创作和优化内容，这些平台包括 iOS、安卓、openHarmonyWindows、Mac OS、索尼 PS4、任天堂 Switch、微软 Xbox One、谷歌 Stadia、微软 Hololens、谷歌 AR Core、苹果 AR Kit、商汤 SenseAR 等。

Unity 不仅提供创作工具，还提供运营服务来帮助创作者。这些解决方案包括：Unity Ads 广告服务、Unity 游戏云一站式联网游戏服务、Vivox 游戏语音服务、Multiplay 海外服务器托管服务、Unity 内容分发平台（UDP）、Unity Asset Store 资源商店、Unity 云构建等。

2.5.2　虚幻引擎

虚幻（Unreal）引擎系列是世界知名授权最广的游戏引擎之一，从《战争机器》到《质量效应》再到《无主之地》，无数大作出自虚幻引擎之手。自 1998 年初首次推出虚幻引擎 1 至今，虚幻引擎不断发展，经历过虚幻引擎 2、虚幻引擎 3 的时代。如今，虚幻引擎 4 已经成为整个游戏业界应用范围最广、整体应用程度最高的一款引擎。虚幻引擎 4 有一套完整的引擎开发构架，包含实时物理引擎与编辑器，拥有强大的资源管理功能，可以快速、直观地查找资源并对其管理，同时具备照片级逼真的渲染功能、动态物理与效果、栩栩如生的动画、健壮的数据转换接口等，支持多种格式的文件进行导入，对一些主流软件（Daz 3D、MAYA）都有对应插件，是一个开放且可扩展的平台，能带来无限的创作自由。

虚幻引擎 4 的性能强大，渲染精度高，制作的作品可以达到高仿真程度，拥有电影版的画质，目前有很多知名游戏都是使用虚幻引擎 4 进行开发，例如，《绝地求生》，《堡垒之夜》，《方舟》，《龙族幻象》和新发布的虚幻引擎 4 重置版《剑灵》，这么多大公司选择按收益百分比向 EPIC 支付费用就可见引擎功能的强大。虚幻引擎 4 不仅在游戏领域有如此高的评价，随着不断的更新换代，引擎在动画、仿真等产业依旧有着亮眼的表现。

虚幻引擎 4 的底层代码为 100% 开源，对于精通 C++ 语言的人有更多的自主权，除 C++ 语言，虚幻引擎 4 自身拥有可视化编程系统——蓝图系统，蓝图系统只需要编程者通过可视化的节点用鼠标拖动来编程，大大降低了编程门槛，简化了编程难度、加快了编程速度。蓝图系统也是虚幻引擎 4 的最大特色，也因为蓝图系统使得虚幻引擎 4 对于设计者的开发非常友好，可以让基本的游戏功能实现起来比以往任何时候都更容易，方便用户快速测试自己的想法。

通过研究发现，Unity 3D 与虚幻引擎 4 是当下国际上两款主流的游戏引擎，虚幻引擎 4 画面的渲染效果能达到 3A 游戏水准，但虚幻引擎 4 要使用 C++ 开发。相对于要用写代码的方式完成交互开发的新手来说，虚幻引擎 4 的开发难度比 Unity 3D 高，学习周期长，开发效率相对较低，不容易上手。上面两款游戏开发引擎的功能方向和硬件支持对比见表 2.4。

表 2.4　虚幻引擎 4 与 Unity 3D 对 VR 硬件的支持对比

VR硬件	Samsung Gear VR	Google Daydream	Steam VR HTC VIVE	Microsoft HoloLens
虚幻引擎4	√		√	
Unity 3D	√	√	√	√

一般来说，一款三维游戏或者三维虚拟现实软件，选用 Unity 3D 或者虚幻引擎 4 会从视觉效果、开发成本、开发时间、使用习惯几个层面去考虑，如果对画面有很高的要求，那肯定是虚幻引擎 4 优先；反之，如果对视觉要求不高，又习惯了使用 Unity 3D 开发，那 Unity 3D 就是性价比较高的引擎。

2.5.3　Cocos 引擎

Cocos 引擎是国内自研游戏引擎的代表，成立于 2010 年，由触控科技于 2015 年 2 月推出了游戏开发一站式解决方案，包含了从新建立项、游戏制作到打包上线的全套流程。开发者可以通过 Cocos 引擎快速生成代码、编辑资源和动画，最终输出适合于多个平台的游戏产品。特别强调的是，Cocos 引擎是我国自主研发的一款以内容创作为核心的游戏开发工具，而且在全球范围内越来越多的开发者正在用它来制作游戏和虚拟仿真。70% 以上 2D 游戏都是用 Cocos 开发，如知名的《刀塔传奇》《捕鱼达人》《开心消消乐》等。

Cocos 引擎的系列产品包括全球流行的开源引擎框架 Cocos2d-x、第二代游戏编辑器 Cocos Creator 等产品。Cocos2d-x 是一个开源的移动 2D 游戏框架，采用 Cocos2d-x 开发的项目可以很容易地建立和运行在 iOS、Android 等操作系统中。

Cocos Creator 是一款以内容创作为导向的新型游戏开发工具，它完整集成了组件化的 Cocos2d-x Web 版本，可发布游戏到 Web、iOS、Android、PC 客户端等平台。Cocos Creator 2D 毋庸置疑已成为各种小游戏平台上首屈一指的游戏引擎，而 Cocos Creator 3D 则是 Cocos Creator 基础之上全面升级而来的纯 3D 游戏编辑器产品。2021 年，Cocos 秉承着一贯的低成本、低门槛、高性能、跨平台等产品特性，正式发布了 Cocos Creator 3.0 版本，使用了面向未来的全新引擎架构，为引擎带来高性能、面向数据及负载均衡的渲染器，不但合并了原有 2D 和 3D 两套产品的所有功能，延续了 Cocos 在 2D 产品上轻量高效的优势，而且为 3D 重度游戏提供高效的开发体验，是开发者创作 3D 游戏用户的新选择。

Cocos 不但在游戏领域，在智能汽车、在线教育、元宇宙等领域都在为行业客户提供解决方案和多元化产品，目前已经和 Unity 3D、虚幻引擎 4 并列为三大游戏引擎之一。

小　结

本章围绕虚拟现实应用的策划和设计展开论述，强调了需求分析的重要性以及需要关注的重点。实际开发中，为了给用户更好地传达设计思想，使用交互原型来展示整体的设计思路。此外，本章以一个 3D 模型的开发为例，快速讲解了三维软件建模的基本过程，一方面方便读者了解建模的过程；另一方面也为以后的工作打下良好的基础。

思　考

1. 什么是需求分析？虚拟现实系统的需求分析和一般软件系统的需求分析有哪些相同点和不同点？
2. 需求分析时，和客户的沟通一般可采取哪些方法？
3. 原型设计一般有哪些工具？
4. 简述三维建模的一般过程。
5. 三维建模时要特别注意哪些问题？

第二部分

实践篇

第 3 章 Unity 3D 开发环境的搭建

Unity 3D 经过多年的发展，已成为全球应用非常广泛的实时内容开发平台，为游戏、汽车、建筑工程、影视动画等领域的开发者提供了强大且易于上手的工具，可用来创作和运营 3D、2D、VR 和 AR 等应用。

学习目标

- 熟悉 Unity 3D 软件，从该软件的发展历史探索游戏发展的历程。
- 能够根据开发团队的规模和项目的需求，下载安装合适的 Unity 版本。
- 认识 Unity 3D 软件的布局，能新建项目和场景。

3.1 Unity 3D 的介绍

Unity 3D（简称 Unity）是一款创作引擎和游戏开发的工具，其公司全称为 Unity Technologies，是一家软件公司，成立于 2004 年。Unity 作为一款实时 3D 互动内容创作的平台（引擎），支持 2D、3D、VR、AR、MR 等应用或游戏的开发，可以协助开发者将创意变成现实。

3.1.1 Unity 3D 的历史

（1）2005 年，Unity 1.0 在 Apple Inc.’s Worldwide Developers Conference 大会上，作为 Mac 端的扩展工具 Unity 发布，起初它只能应用于 Mac 平台，主要针对 Web 项目和 VR 的开发。

（2）2006 年，Unity 获得了 Apple Design Awards 的 Best Use of Mac OS X Graphics 奖项，此时 Unity 仍然只是 PC 游戏的开发工具。

（3）2008 年，Unity 3D 的公司名称更名为 Unity Technologies，开始推出 Windows 版本，同时顺应移动游戏的潮流，支持 iOS 和 Wii。

（4）2009 年是 Unity 新的扩张的开始，Unity 陆陆续续开始支持各种游戏平台，当年注册人数达到了 3.5 万，荣登 2009 年游戏引擎的前五名。

（5）2010 年，Unity 开始支持 Android，继续扩散影响力。

（6）2011 年，开始支持 PS3 和 Xbox360，完成全平台的构建。

（7）2013 年，Unity 全球用户超过 150 万，全新版本的 Unity 4.0 引擎已经能够支持包括 Mac OS X、安卓、iOS、Windows 等在内的十个平台发布。

（8）2016 年，Unity 宣布融资 1.81 亿美元，此轮融资也让 Unity 公司的估值达到 15 亿美元左右。

（9）2020 年，Unity 宣布收购加拿大技术服务公司 Finger Food，拓展工业应用版图。同年宣布和腾讯云合作推出 Unity 游戏云，从在线游戏服务、多人联网服务和开发者服务三个层次打造一站式联网游戏开发。

从 Unity 的发展来看，Unity 起步比 Unreal 晚，但 Unity 更早地关注商业化，抓住了移动互联网和游戏领域的发展时机，促使 Unity 走向成功。

3.1.2　Unity 3D 的现状

Unity 涉及的开发领域十分广泛，全世界所有 VR 和 AR 内容中 60% 均为 Unity 驱动，包括教育、工业、动漫、游戏等，Unity 的实时渲染技术可以应用到汽车的设计、制造人员培训、制造流水线的实际操作、无人驾驶模拟训练、市场推广展示等环节；全球顶级的 50 家 AEC 公司和 10 家领先汽车品牌中，已有超过一半的公司正在使用 Unity 的技术；基于 Unity 引擎创作的游戏更是数不胜数，暴雪、EA、Ubisoft 等国外大厂，腾讯、网易、盛大、完美世界等国内知名大厂，全球超过 1 900 万的中小企业以及个人开发者都在使用 Unity 进行游戏的创作；Unity 也密切关注着教育行业的发展，致力于将行业先进技术与高校课程建设相结合，展开各种形式的校企合作，如 Unity 全球授权教育合作伙伴（Unity Authorized Training Partner）、课程体系共建、校园大使计划、高校人才联盟计划等。近几年，我国大力推动虚拟仿真实验的建设，其中，90% 的虚拟仿真实验都是基于 Unity 引擎完成的。

Unity 3D 在当下之所以火热，是因为拥有丰富的个性化功能。Unity 游戏开发引擎的七大特色见表 3.1。

表 3.1　Unity 游戏开发引擎的七大特色

特　色	说　明
综合编辑	具备视觉化编辑、详细的属性编辑器和动态的游戏预览特效
图形引擎	Direct3D、OpenGL和自有的APIs
着色器	Shadow对游戏画面控制力好，可制作出惊人的画面效果
地形编辑器	支持地形创建和树木与植被贴片、水面特效
物理特效	通过程序模拟牛顿力学模型，使用变量预测各种不同情况下的效果
音频和视频	音效系统基于OpenAL程式库
集成2D游戏开发工具	利用2D游戏换帧动画图片可以快速开发2D游戏

Unity 3D 是包含跨平台的全面整合的专业虚拟 3D 和游戏开发工具。该软件在制作虚拟现实和三维游戏方面上手简单、操作一目了然，有着极其强大的互动性，方便快捷，并且地形渲染器的功能十分优秀。同时这款游戏引擎具有兼容性的特点，对程序员开发十分友好，不仅能够发布到 iOS 和 Windows 系统的计算机，而且还能发布到两种系统的手机以及 Web、Xbox 等好几种不同的平台。不仅支持 JavaScript 脚本、C# 脚本还支持 Boo Script 脚本，而且自带 MonoDevelop 编译器还可以在开发非网页的独立版使用插件。综合以上原因，本书以 Unity 3D 游戏开发引擎为主要工具讲解虚拟现实应用的开发过程。

3.1.3 Unity 3D 的版本

Unity 有很多类型的版本，从 Unity 官网上可看到，最早的 Unity 版本是 2012 年 12 月 4 日发布的 Unity 3.5.7。Unity 版本升级比较快，目前最新的版本是 Unity 6.1。

Unity 为不同规模的团队和企业提供了针对性的解决方案，并且所有解决方案不与用户进行最终作品的分成。这些方案包括 Unity 个人版（Unity Personal）、Unity 加强版（Unity Plus）、Unity 专业版（Unity Pro）。

1. Unity Personal 版

免费 Unity 版本，不需要开发者付费就可以直接使用，仅供个人学习。过去 12 个月整体财务规模未超过 10 万美元的个人用户可以使用该版本。免费版不能自定义启动画面、无法删除游戏启动时的 Unity 图标、不能使用编辑器黑色皮肤，基本可以使用 Unity 的大部分功能。虽然简化了一些功能，却适合新手使用。同时该版本也可以使用 Unity IAP（各大平台内购 API）、Unity Ads（Unity 广告系统）和 Asset Store（游戏资源商店）。开发者在 Asset Store 中付费购买的插件与素材资源，可以直接在游戏中使用。

2. Unity Plus 版

收费版本，2020 年 1 月以后价格更正为每月 40 美元，适合高要求的个人开发者及初步成立的小企业。过去 12 个月整体财务规模未达到 20 万美元以上的企业适合购买该版本。Unity Plus 可以自定义游戏启动动画、可以删除游戏启动时的 Unity 图标、拥有专业的黑色版 UI 界面、专业的性能指标反馈、25GB 的云存储空间，以及其他服务。

3. Unity Pro 版

收费版本，2020 年 1 月以后价格更正为每月 150 美元，适合企业团队和专业开发者。过去 12 个月整体财务规模达到 20 万美元以上的企业适合购买该版本；Unity Pro 具有 Unity Plus 的所有功能，另外，还享有官方 Unity 专家的一对一支持和 Unity 源码的访问，以及复杂需求的代码实现。

在选择 Unity 版本的时候要注意以下事项：

（1）Unity 可以多个版本共存，只要不放在同一目录下。

（2）最好下载 Unity Hub，用于管理 Unity 的各种版本。

（3）Unity 分为长期支持版、补丁程序版和 beta 版，可根据需要选择。

（4）在做项目之前，最好先统一 Unity 的版本，以免出现后期不兼容的问题。

（5）p1 是补丁版本，f1 是普通版本。

3.2 Unity 3D 的下载与安装

3.2.1 Unity 3D 的下载

Unity 3D 版本更新快，一台计算机上可同时安装多个版本，一般建议在下载 Unity 3D 之前，先下载 Unity Hub。Unity Hub 是一个连接 Unity 的桌面端应用程序，目的是简化用户的使用和制作流程。Unity Hub 是访问 Unity 生态系统、管理 Unity 项目、许可证和附加组件的中心化位置。用 Unity Hub 最主要的一个原因是进行 Unity 版本的管理，当计算机上有很多不同版本开发的 Unity 项目时，可以通过 Unity Hub 选择相应的 Unity 版本打开项目。

打开 Unity 3D 的中文官网（见图 3.1）下载 2019.3.5 版本，本书后续案例均在该版本上开发。

图 3.1　Unity 官网首页

Unity 开发并不需要太高的配置，但是这类与图像显示类相关的软件都需要消耗一些计算机资源，建议 CPU 在 i5 以上；内存 8 GB 以上，越大越好；一般的显卡就可以做 Unity 开发，但如果后期做 VR 开发，对显卡要求较高。

3.2.2　Unity 3D 的安装

在 Unity 官网上找到 2019.3.5 版本，单击右侧“从 Hub 下载”按钮会弹出提示框（见图 3.2），建议可先安装 Unity Hub。

图 3.2　Unity 版本

按照指引一步步完成安装程序，如图 3.3 所示。

Unity Hub 安装成功后，会进入“个人版许可证”激活环节。阅读使用须知，如果符合申请个人版的条件，单击“同意并获取个人版许可证”按钮，如图 3.4 所示。

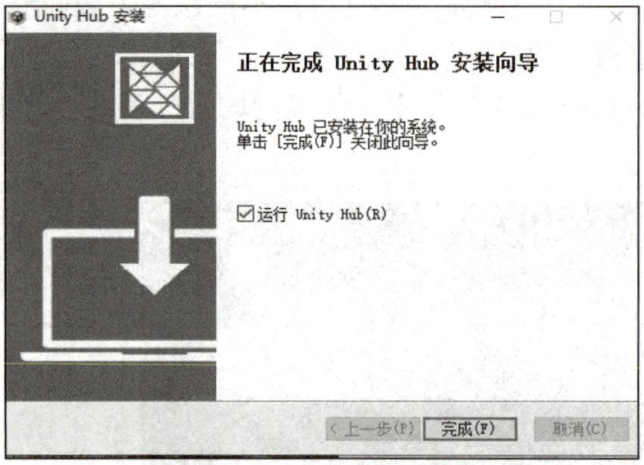

图 3.3　Unity Hub 安装向导

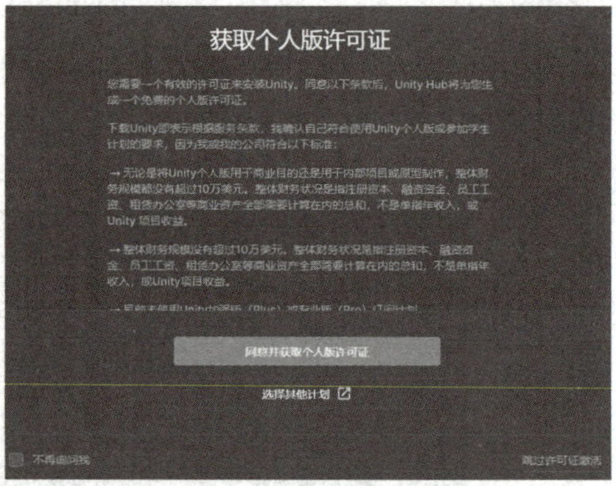

图 3.4　获取个人版许可证

安装成功后的界面如图 3.5 所示，可以在左上角看到该 Unity Hub 的版本号。下面简单介绍一下 Hub 的主界面，左边是导航栏，包括新建项目、安装，以及学习、社区等。右侧是左侧导航栏所对应的内容。当前没有任何项目，所以右侧为空。

图 3.5　Hub 的主界面

单击左侧的“安装”选项卡，可以进入右侧的安装界面，“全部”表示当前已安装的版本；“正式发行版”是已安装的长期稳定支持版；“预发行版”是已安装的内部测试的版本；“选择位置”是如果有已经下载的多个版本，可以选择安装的位置打开；“安装编辑器”是选择希望安装的版本，如图 3.6 所示。

图 3.6　Hub 主界面选项

单击“安装编辑器”按钮，打开“安装 Unity 编辑器”对话框，会看到有“正式发行版”“预发行版”“存档”三个版本（见图 3.7），正式发行版中可供选择版本较少，可以单击“存档”选项，单击提示中的“下载存档”链接会跳转到下载 Unity 编辑器的官网，选择自己需要的版本进行下载，下载前会要求登录，登录后找到 2019.3.5 版本，根据自己的操作系统下载软件，安装过程如图 3.8 至图 3.13 所示。

图 3.7　下载其他版本

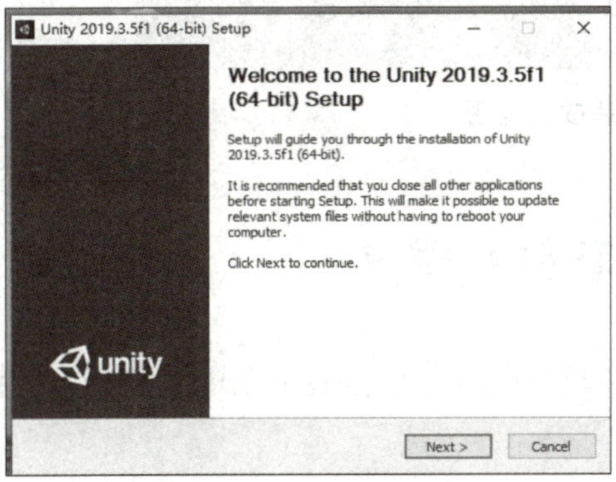

图 3.8　安装首页

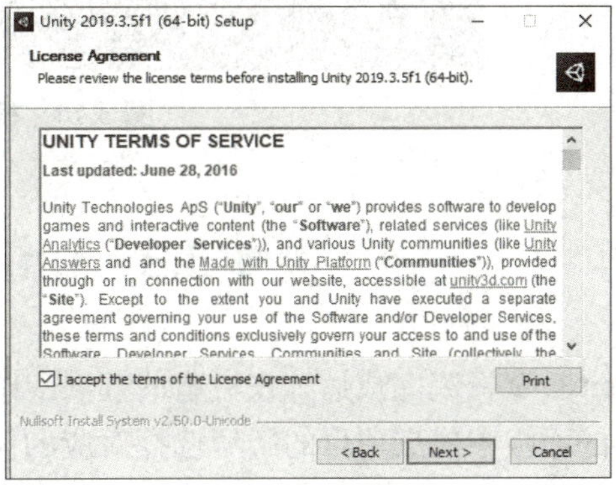

图 3.9　服务须知

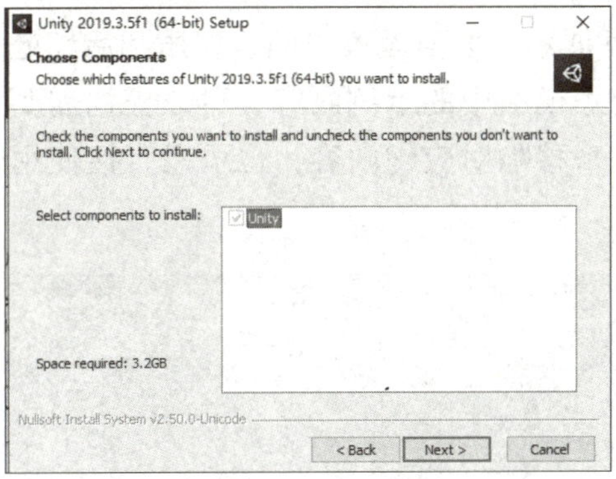

图 3.10　组件选择

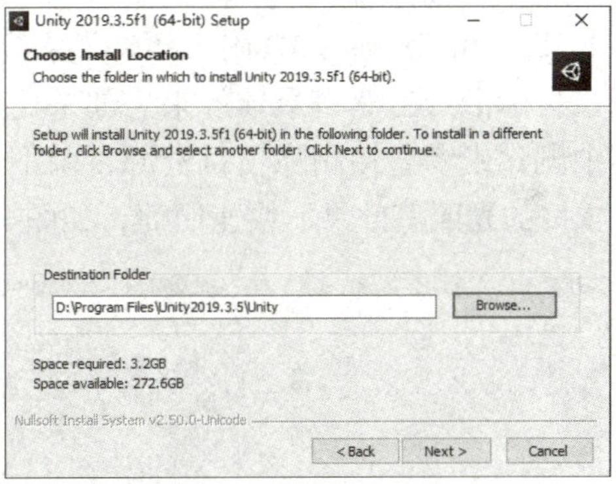

图 3.11　安装路径选择

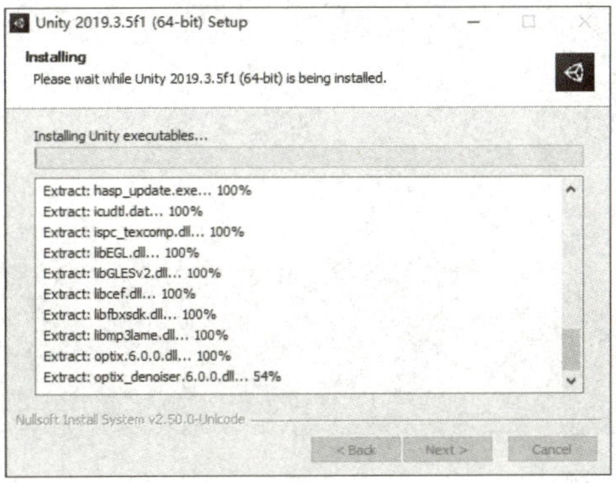

图 3.12　安装过程

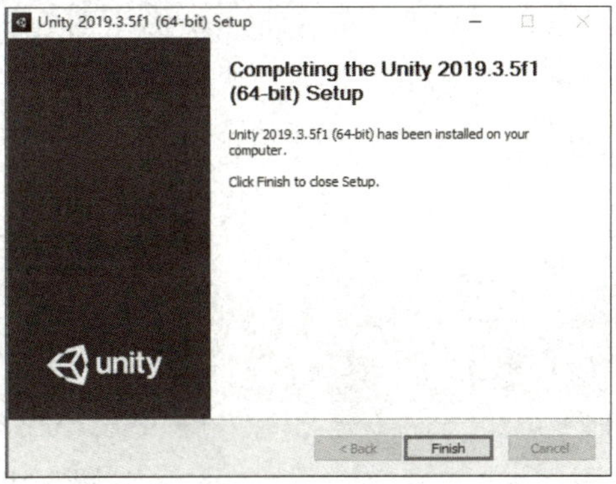

图 3.13　安装成功界面

安装完成后，单击左侧“安装”栏，单击右侧的“选择位置”按钮，找到刚才安装的根目录，在根目录下找到 Editor 文件夹，双击 Unity.exe 文件作为编辑器打开，可以看到 2019.3.5 版本已经安装在 Unity Hub 中，如图 3.14 所示。

图 3.14　检测版本安装成功与否

3.3　Unity 3D 软件布局

Unity 3D 安装完成后，在左边的选项卡中选择“项目”选项，单击右上角的“新项目”按钮，在弹出的面板中根据项目的类型选择对应的模板。

（1）2D：新建一个 2D 的游戏或应用。

（2）3D：新建一个 3D 的游戏或应用。

（3）3D with Extras：3D 附带额外设置。该模板下展示了如何设置光照、材质和后期处理，从而实现在目标平台上获得最佳效果。如果用户不想使用模板中的示例内容，可以根据需要，在层级窗口中删除或者直接删除项目资源目录下的文件夹来移除对应的内容，也可以直接使用模板中已经设置好的光照等效果，快速便捷，如图 3.15 所示。

图 3.15　Unity 软件布局

（4）High Definition RP：高清晰渲染管线（HDRP），HDRP 利用基于物理的光照技术、线性光照、HDR 光照和可配置的混合平铺 / 聚类延迟 / 前向光照架构，可以为用户提供必要的工具来创建符合高图形标准的游戏、技术演示、动画等。和 3D with Extras 模板一样，用户可以根据自己的需求修改和删除效果，或者直接使用。在 3D with Extras 和 High Definition RP 模板下，由于提供了大量的光照和材质等资源，因此加载时速度较慢，与计算机配置也有比较大的关系。

这里选择 3D 模板，并在右边的设置栏中输入项目名称，并修改项目存储的位置，单击“创建项目”按钮，完成创建过程，如图 3.16 所示。

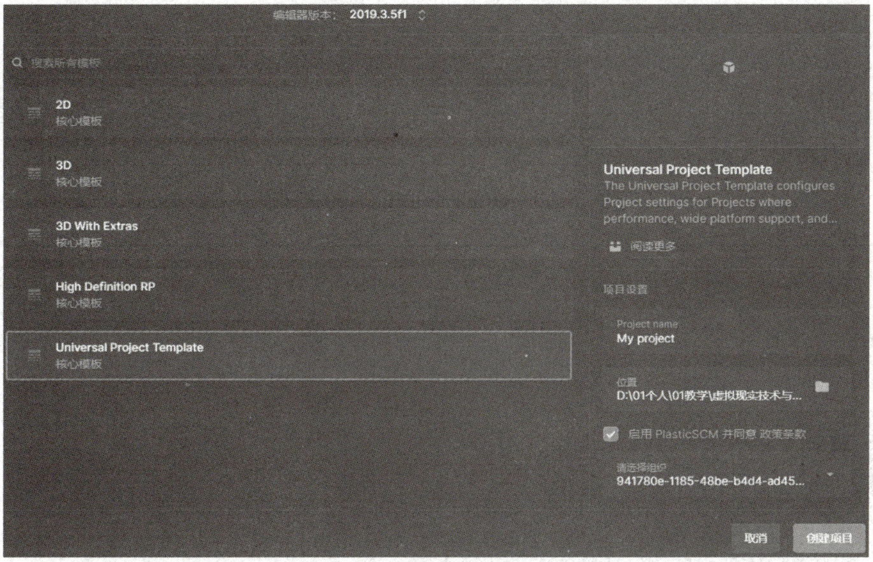

图 3.16　创建新项目

图 3.16 中右下角的“启用 PlasticSCM 并同意政策条款”复选框是 Unity 自研的版本控制软件，可以在 Unity Hub 中对托管项目进行高效管理，创建者可以在新建项目时选择是否将该项目托管到 PlasticSCM，选中该复选框即可，托管到 PlasticSCM 的项目更方便团队协同开发。

经过模板资源的导入后，可以看到新建的项目界面，如图 3.17 所示。

打开 Unity 3D，可以看到界面被分成了多块区域，这也是 Unity 的默认布局（见图 3.18），用户可以依据自己的开发习惯，选择自己喜欢的布局风格。

单击右上角 Layout 下拉按钮，弹出下拉列表，常用的布局模式有 2 by 3，4 Split，Tall，Wide。图 3.19 就是 2 by 3 的布局。左侧上下两个比较大的区域分别是场景面板（制作区）和游戏预览区域（显示区），由于可以实时看到游戏的效果，也是较为常用的布局之一。

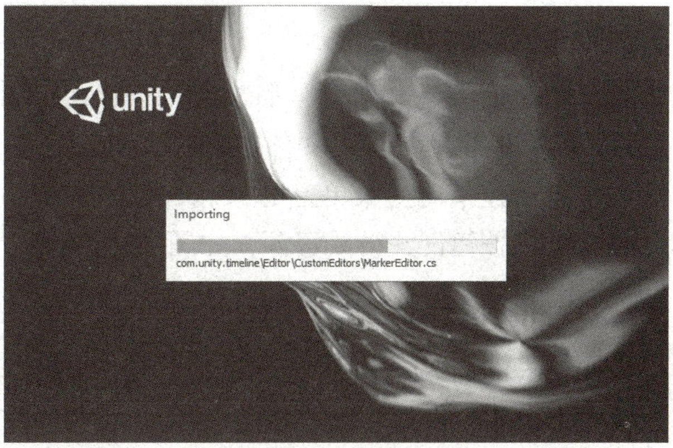

图 3.17　项目创建启动界面

图 3.18　Unity Default 默认布局

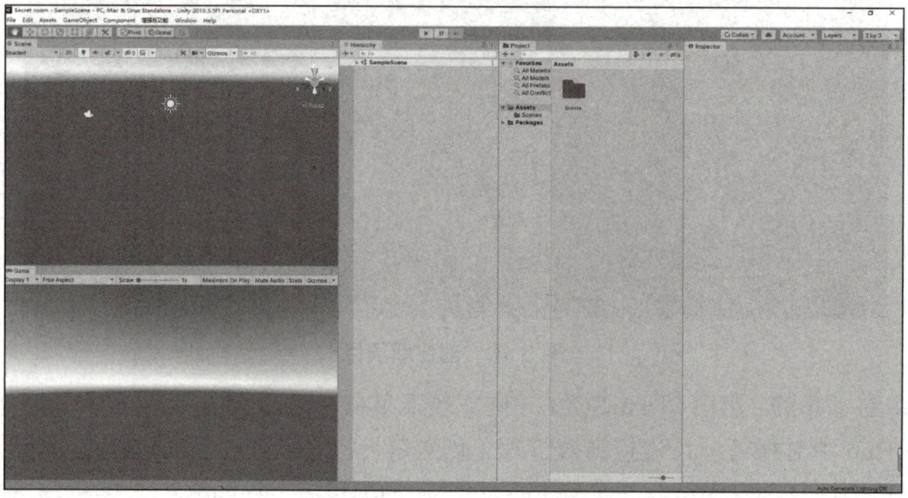

图 3.19　Unity 2 by 3 布局

3.3.1　Project 面板

Project 面板是“项目”面板，用于存放游戏的所有资源，对应游戏的资源目录结构，也就是项目文件夹中的 Assets 目录，如场景、脚本、音频等。

可以通过单击主菜单上的 Assets 创建资源，也可以通过单击 Project 面板上的 Create 按钮创建游戏资源，如图 3.20 所示。

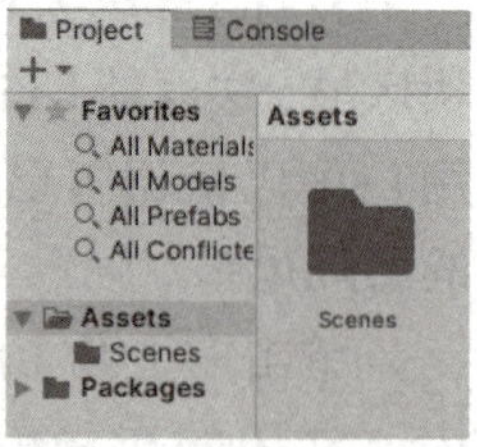

图 3.20　项目面板

3.3.2　Hierarchy 面板

Hierarchy 面板是“层次”面板，用于显示当前场景中所有游戏对象（GameObject）的层级关系，如一些 3D 模型、组件实例等。

可以通过主菜单创建游戏对象，也可以通过单击 Hierarchy 面板上的 Create 按钮创建游戏对象，如图 3.21 所示。

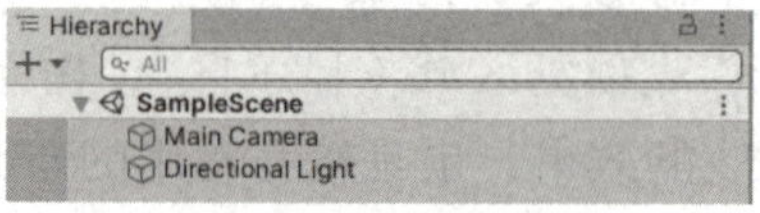

图 3.21　层次面板

3.3.3 Inspector 面板

Inspector 面板是“检视”面板（见图 3.22），用于显示当前选中的资源或游戏对象的附加组件和属性信息，并可以在此面板中对组件和属性进行修改，例如位置、大小、重力等，可将其理解为属性编辑器。在默认布局下，Inspector 面板在最右侧。

一个对象默认有 Transform、Cube（Mesh Filter）、Mesh Renderer、Box Collider、Default-Material 五个组件。除 Transform 组件外，其他组件都可以删除。

打开 Transform 组件前的下拉按钮，可以看到 Position、Rotation、Scale 三种参数的设置，分别对应当前选择对象的位置、旋转角度和缩放比例，如图 3.23 所示。

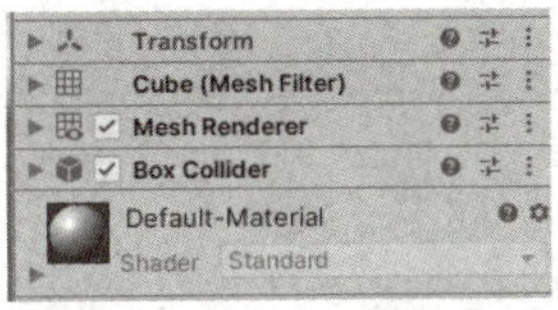

图 3.22　检视面板

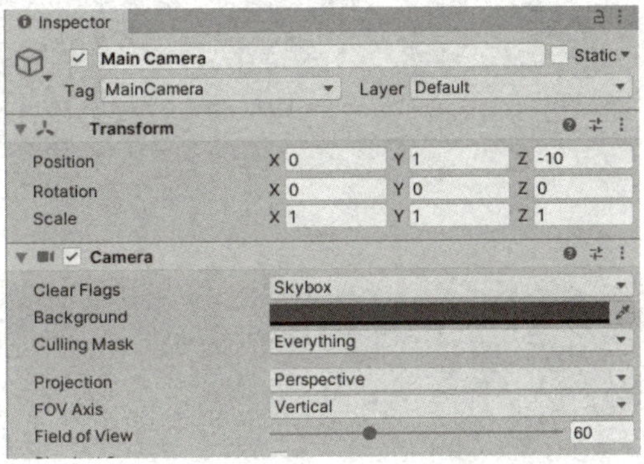

图 3.23　Transform 组件

为了统一所有模型的初始坐标，先设定首次新建对象的坐标 Position X、Y、Z 值均为 0。

3.3.4 Scene 面板

Scene 面板是项目中的一个“场景”面板（见图 3.24），可以理解为制作窗口，开发人员开发项目可以看到的可视化界面。在 Scene 面板中按住【Ctrl】键，可以一个一个单位移动、缩放、旋转物体；选中物体的同时按住【Alt】和鼠标左键，可以环视目标物体；按住【F】键可以聚焦到指定物体。

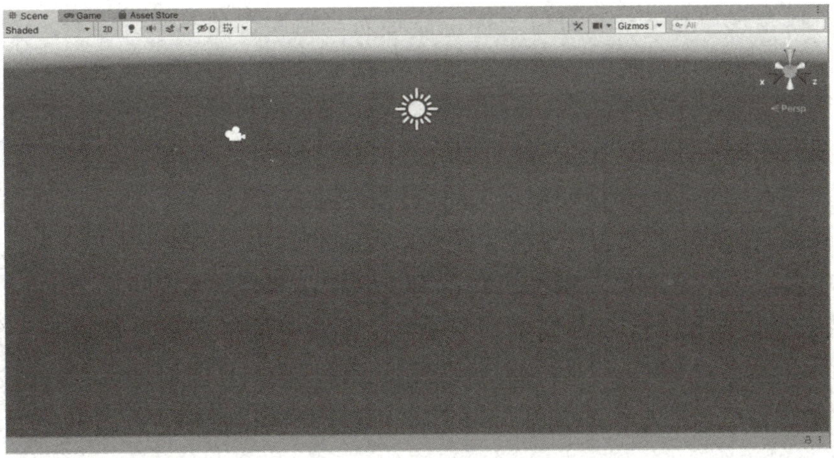

图 3.24　Scene 面板

“场景”面板上的2D按钮用来切换场景的 2D 或 3D 视图。3D 视图一般用来构建三维场景，2D 视图一般用来构建 GUI 系统或者创建 2D 游戏。场景面板的右上角是世界坐标系。

3.3.5 Game 面板

Game（游戏）面板是场景的实时预览窗口（见图 3.25），是从用户角度可以看到的项目制作效果。在“游戏”面板中不能直接通过拖动来移动、旋转、缩放物体，也不能在 Game 面板中直接选中物体。

图 3.25　Game 面板

（1）Game 视图可以通过 Unity 的“播放”“暂停”按钮来控制，进行测试。

（2）Game 视图左侧可以通过Free Aspect对显示器的分辨率进行设置，分辨率会随着 Game 面板的形变而自动改变，以填满整个 Game 面板，可以将分辨率设定为 1 920 × 1 080 像素等常见的分辨率配置（见图 3.26）。

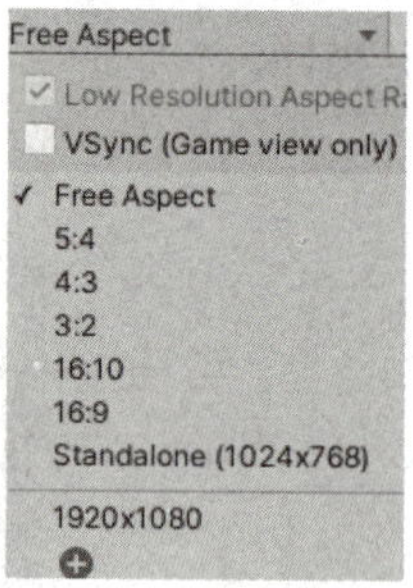

图 3.26　分辨率设置

（3）Game 视图左侧 Scale 的值Scale 1x类似放大镜的效果，Scale 值为 1 时，画布视角和 Scene 窗口一样，值越大，画面视角越大。这种情况下并不是缩放摄像机，而是缩放像素，所以在放大情况下图像可能显示不清。

（4）Game 视图右侧的Maximize On Play按钮可以将播放视口最大化显示。

（5）Game 视图右侧的Mute Audio按钮用来关闭或打开播放时的声音。

（6）Game 视图右侧的Stats按钮用于显示游戏运行时的状态。

Unity 中的项目、场景、对象和组件之间都有着紧密的关联。我们平时玩的一款游戏或者一个虚拟现实应用都属于一个项目，游戏中的每个副本就属于一个场景；对象相当于游戏中的每一个装备、NPC、人物等，而组件就是每个装备所具有的属性。通过这种类比的方式，可以快速理解这几个概念之间的关系，为今后新建一个项目做好准备。

小　结

本章介绍了 Unity 3D 开发环境搭建，包括 Unity 为不同规模的团队和企业提供的各种针对性的解决方案，重点讲述了 Unity 3D 软件的布局、常用的功能区、项目与场景之间的关系等，为下一章认识菜单和常用工具做准备。

思　考

1. Unity 3D 软件开发对计算机有什么要求?
2. 什么情况下需要使用 Unity 3D 的 Pro 系列版本?
3. Unity 3D 中，项目和场景是什么关系，一个项目中可以有几个场景?
4. Unity 3D 软件有哪几个面板视图，分别有什么功能?

第 4 章

Unity 3D 基础操作——神奇的密室

Unity 3D 是一款基于 3D 的跨多平台的游戏引擎，随着电子设备不断更新发展，现在进行虚拟现实的开发已经变得更快更容易。Unity 3D 可以在多种平台开发并运行，通过 Unity 3D 的常用工具栏、材质球的创建、灯光的使用和烘焙，可以完成 3D 虚拟场景的创建，为之后添加交互脚本奠定基础。

学习目标

- 掌握 Unity 3D 的常用工具以及快捷键的使用。
- 掌握世界坐标系和自身坐标系的使用。
- 能够根据需要创建不同类型的材质球。
- 掌握场景的布光方式，熟练使用常见的几种烘焙方式。
- 掌握摄像机的使用，能够使用摄像机实现小地图的功能。

4.1 Unity 3D 的基础操作

4.1.1 菜单栏

该案例使用 Unity 2019.3.5 版本，Unity 菜单栏包含八个菜单（见图 4.1），分别是 File、Edit、Assets、GameObject、Component、增强版功能、Window、Help。这些菜单又有自己的子菜单。

图 4.1　菜单栏

（1）File（文件）:该菜单主要与新建 / 保存项目、新建 / 保存场景以及项目的导出生成 / 退出有关。

（2）Edit（编辑）：该菜单中除了对指定对象剪切、复制、粘贴等常规操作外，还可以修改项目的设置。

（3）Assets（资源）：资源菜单主要用来创建资源和导入 / 导出资源。创建资源包括创建脚本、动画控制器等。也可以将项目中的场景作为资源导出或者导入外部的模型资源等。通过该菜单新增的资源都将显示在“项目”面板中，但不在“层次”面板中。

（4）GameObject（游戏对象）：创建游戏场景中的游戏对象，例如一些 Unity 自带的 3D 模型、UI 控件等。通过该菜单新增的游戏对象都将显示在“层次”面板中，但不在“项目”面板中。

（5）Component（组件）：组件是在游戏对象中实现某些功能的集合，组件可以添加给游戏对象，从而丰富游戏对象的属性，增加游戏对象的功能。

（6）增强版功能：针对性地解决开发中的问题。主要包括代码与数据加密、崩溃与异常的收集、一站式联网游戏服务、用户认证系统等。

（7）Window（窗口）：该菜单可以用于设置 Unity 的布局、打开 Unity 的官方商城，也可以管理项目的动画和音效等。

（8）Help（帮助）：Unity 提供了一些系统帮助功能，包括帮助手册、检查版本更新等。

应用示例　新建一个密室场景 Scene1，并在场景中添加一个 cube 后，保存该场景和项目。

步骤如下：

（1）选择 File → New Scene 命令，新建一个场景。Unity 中每个新建的场景，都自带一个 Main Camera（主摄像机）和一个 Directional Light（方向光）。

（2）选择 GameObject → 3D Object → Cube 命令，在层次面板中新增了一个 Cube，检视面板中可以查看 Cube 相关的属性值。

（3）双击 Cube，聚焦该物体。

（4）场景构建完成，按【Ctrl+S】组合键或者选择 File → Save 命令，均可以弹出保存场景的对话框，输入场景的名称 Scene1。在新建项目时，项目自带一个初始案例场景，并放在 Scenes 文件夹中，建议自建的场景都放在该文件夹中，分类存放。同样，今后将会有动画、模型、音效等文件夹用于存放各类不同的资源。

小贴士

新建对象的方法很多，除了通过菜单选择对象外，也可以在层次面板空白处右击，在弹出的快捷菜单中选择 3D Object → Cube 命令新建；也可以单击层次面板左上角的“+”按钮，在弹出的子菜单中选择待添加的对象，如图 4.2 所示。

4.1.2　坐标系

1. 世界坐标系

仔细查看场景面板，右上角有一个 X 轴、Y 轴、Z 轴构成的坐标系，这个称为全局坐标系，又称世界坐标系。世界坐标系可以理解为现实生活中的东、南、西、北、上、下六个方向。在场景中世界坐标系是不会改变的。而且向场景中添加物体时，都是以世界坐标系的方式显示在场景中。

世界坐标系的三个轴，X 轴为红色，正向表示右边；Y 轴为绿色，正向表示上边；Z 轴为蓝色，正向表示前边，选中某轴时，该轴会显示黄色。

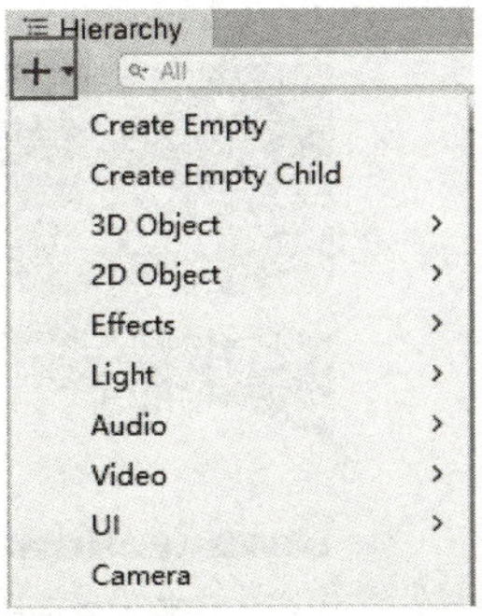

图 4.2　新增对象

2. 自身坐标系

自身坐标系是以物体自身为参照，确定自身的 X 轴、Y 轴、Z 轴，即前、后、左、右、上、下 6 个方向。物体的自身坐标系可通过“旋转”物体改变。

3. 世界坐标系的观察模式

世界坐标系的下方有一个 Persp，这是世界坐标系的观察模式。Persp 是 perspective 的缩写，表示透视模式，特点是近大远小。选择世界坐标系上三个轴，可观察到 Right、Left、Front、Back、Top、Bottom 六个视角的场景。

单击 Persp，变为 ISO（正交模式），将透视模式变为正交模式，特点是近小远大，正交模式下也有 Right、Left、Front、Back、Top、Bottom 六个视角的场景。

应用示例 通过一个 3D 教室，给大家看看在透视模式和正交模式下，不同视角的场景效果。

（1）场景全览（见图 4.3 和图 4.4）。

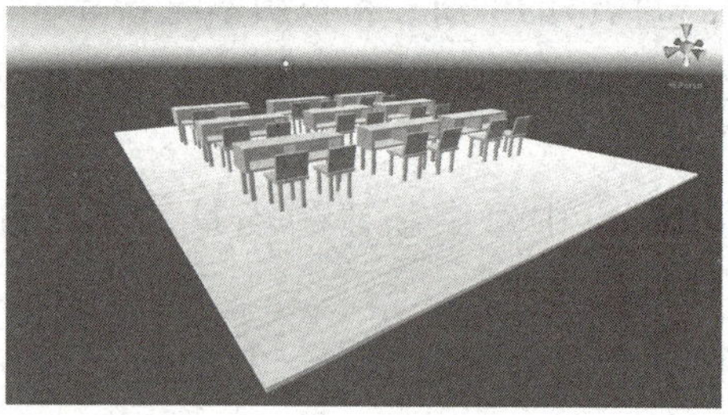

图 4.3 透视图

图 4.4 正交视图

（2）前视图（见图 4.5 和图 4.6）。

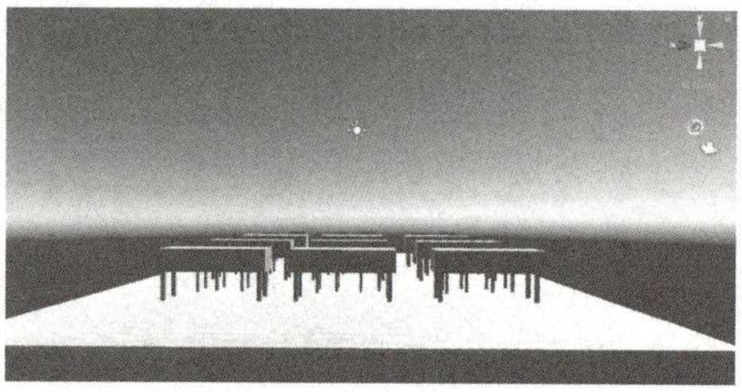

图 4.5 前视图（透视模式）

图 4.6 前视图（正交模式）

（3）后视图（见图 4.7 和图 4.8）。

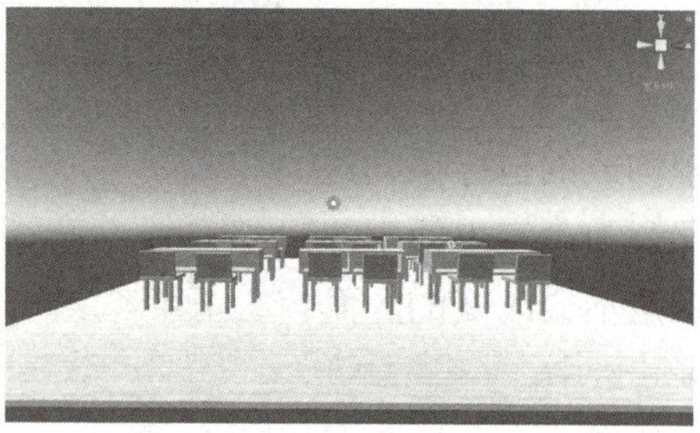

图 4.7 后视图（透视模式）

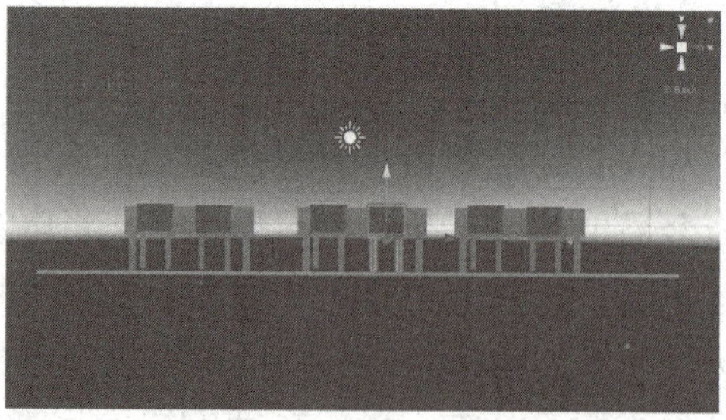

图 4.8 后视图（正交模式）

（4）左视图（见图 4.9 和图 4.10）。

图 4.9　左视图（透视模式）

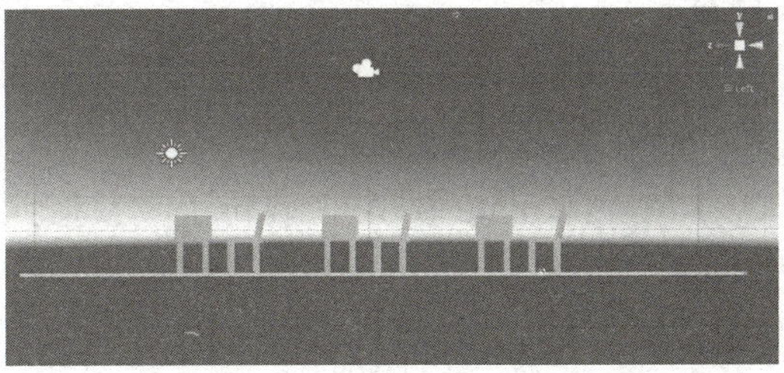

图 4.10　左视图（正交模式）

（5）右视图（见图 4.11 和图 4.12）。

图 4.11　右视图（透视模式）

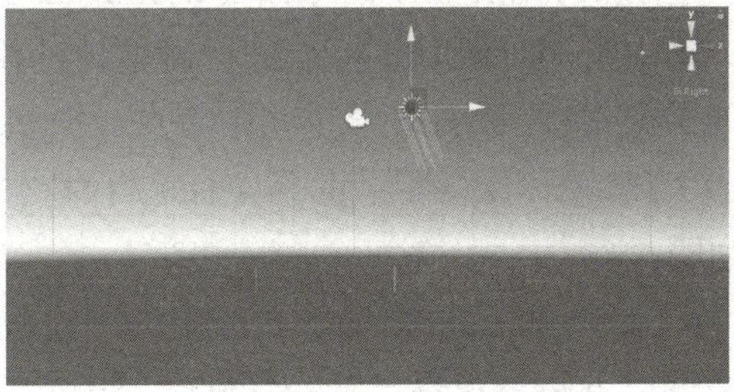

图 4.12　右视图（正交模式）

（6）顶视图（见图 4.13 和图 4.14）。

（7）底视图（见图 4.15）。

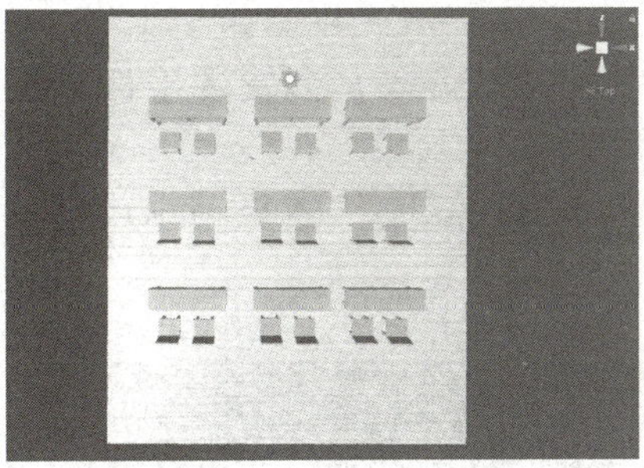

图 4.13　顶视图（透视模式）

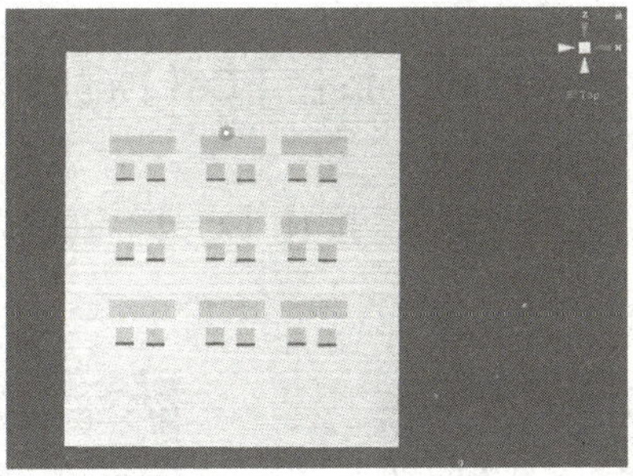

图 4.14　顶视图（正交模式）

图 4.15　底视图

底视图只有一个 Cube 修改后的地板，因此无论从正交模式还是透视模式显示效果都一样。

小贴士

理解 Unity 的透视模式和正交模式，以及不同模式下的各个视角，对于场景中各个对象的有序排列至关重要。特别是可以通过正交模式对比不同物体的高度、长度和宽度，通过各个视角的反复观察，可以最终获得令人满意的准确场景。

4.1.3　常用工具栏

Unity 3D 的常用工具栏主要由手形工具、移动工具、旋转工具、放大缩小工具等组成，如图 4.16 所示。

（1）（Hand Tool）：手形工具，平移场景，方便观察角度。

（2）（Move Tool）：移动工具，选中任意一个轴或一个面，移动对象的位置。

（3）（Rotate Tool）：旋转工具，按照选中的轴旋转对象。

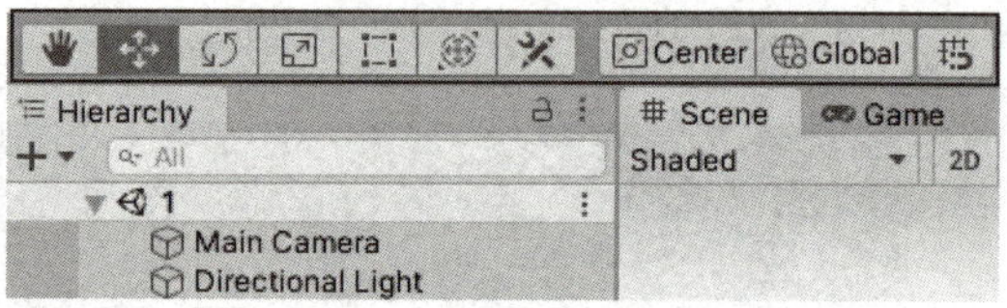

图 4.16　常用工具栏

（4）（Scale Tool）：放大缩小工具，按照选中的轴放大或者缩小对象。

（5）（Rect Tool）：拖动对象的锚点来确定对象的 X、Y 的值。多用在 GUI 设计中。

（6）（Move Rotate or Scale selected objects）：同时移动、旋转或放大缩小对象。

（7）（Available Custom Editor Tools）：可用的编辑工具。当没有选中任何对象时为灰色不可用，选中某一对象时，可以进行碰撞体的修改。

（8）Pivot / Center：支点 / 中心点。模型中心点的切换，在两个以上物体的时候设置尤为明显。

（9）Global / Local：世界坐标 / 自身坐标。物体在坐标系之间的切换，对于旋转后的物体移动尤为明显。

（10）：捕捉根据场景面板中的网格线精准移动物体，在世界坐标系打开时可用。

通过以下两个观察任务，仔细理解中心点和变换坐标系的功能。

应用示例　观察 Pivot / Center 功能的使用。

（1）在前一个场景（4.1.1 节任务中新建的场景 Scenel）中，新建一个 Sphere，当前场景中有一个 Cube，一个 Sphere。

（2）移动 Sphere，不要让两个对象叠加。

（3）默认是 Pivot 模式，先选择 Cube，按住【Ctrl】键的同时选择 Sphere，会发现坐标轴在 Sphere 的中心，如图 4.17 所示。

（4）修改为 Center 模式，先选择 Cube，按住【Ctrl】键的同时选择 Sphere，会发现坐标轴在 Cube 和 Sphere 的中心，如图 4.18 所示。

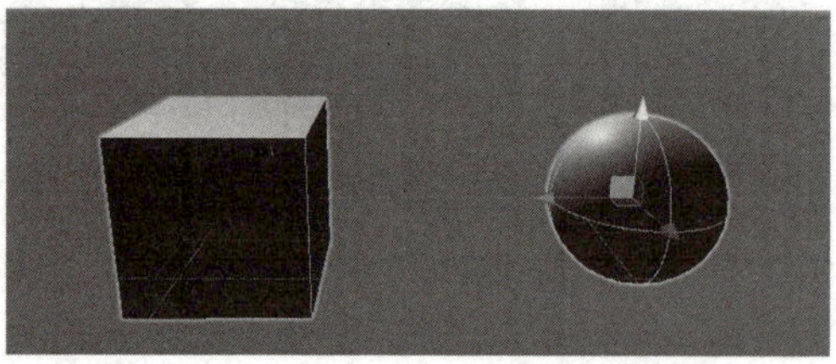

图 4.17　Pivot 模式

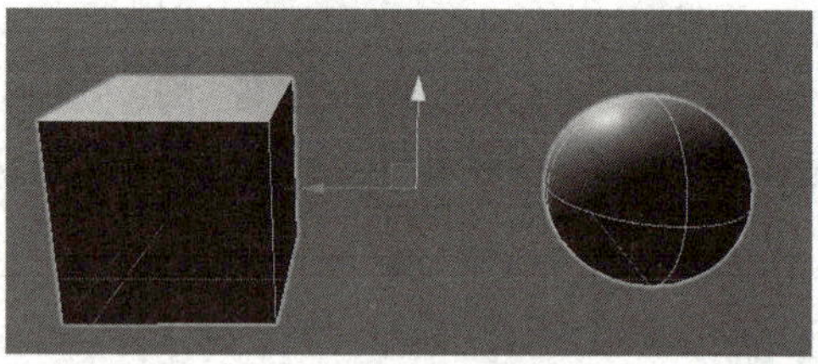

图 4.18　Center 模式

应用示例　观察 Global / Local 功能的使用。

（1）新建一个物体（Cube），如图 4.19 所示，物体的自身坐标和世界坐标是一致的。

（2）选中该物体，沿着 Y 轴旋转 20°，Z 轴旋转 20°，分别在 Global 模式和 Local 模式下进行观察。

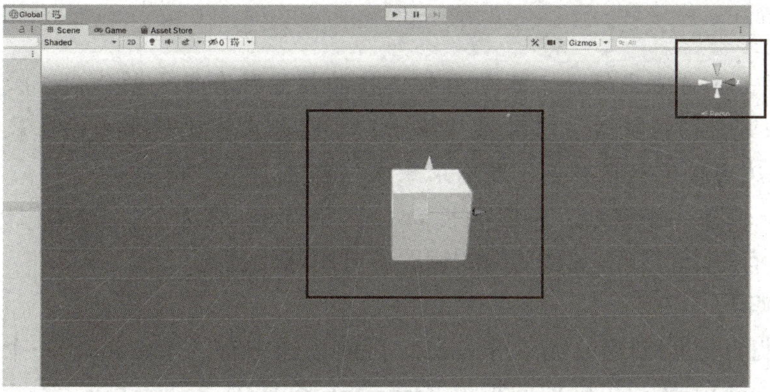

图 4.19　自身坐标和世界坐标一致

（3）Global 模式下，物体虽然旋转了一定角度，但是自身坐标系仍与世界坐标系保持一致，移动物体时，物体仍按着世界坐标系的朝向移动，如图 4.20 所示。

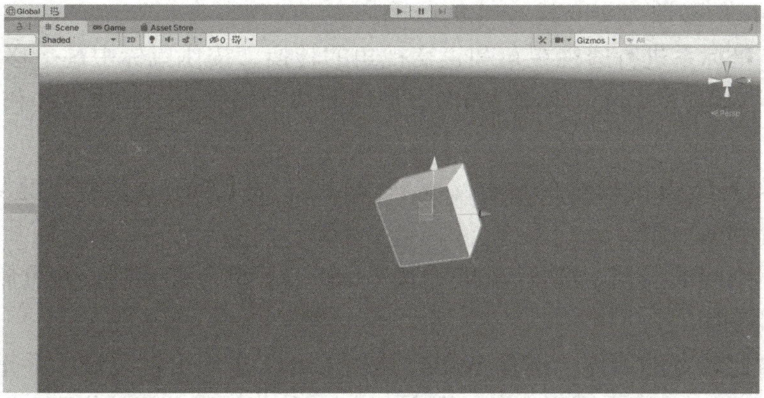

图 4.20　Global 模式

（4）Local 模式下，当物体被旋转了一定的角度后，自身坐标系也随着物体本身的方向改变而改变，与世界坐标系不再统一，移动物体时，物体按照自身坐标系移动，不再按照世界坐标系移动，如图 4.21 所示。

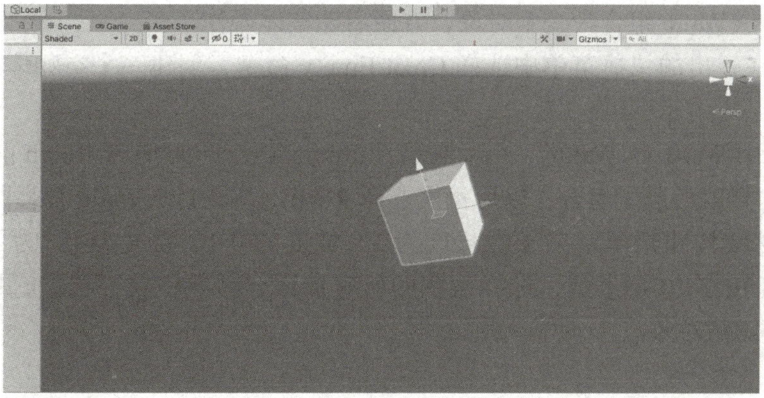

图 4.21　Local 模式

小贴士

理解世界坐标系和自身坐标系，在今后物体移动设置时有很大的作用。除以上常用工具外，Unity 3D 还有一些常用的快捷键：滑动鼠标滚轮，可以放大缩小场景；按住鼠标中键，可以平移选中的对象；在层次面板中双击对象，可以聚焦该对象。

应用示例 构建一个密室，密室的长为 10，宽为 5，高为 2.8，墙面厚度为 0.1。密室内有一张桌子，桌子上有一个打开密室移动门的钥匙（可用球代替）。

视频

常用工具栏

步骤如下：

（1）打开之前创建的场景 Scene1，目前场景中有一个 Cube，一个 Main Camera 和一个 Directional Light。在检视面板的 Transform 组件中，设置 Cube Position 的 X、Y、Z 值均为 0，Scale 的值分别为 x=10，y=0.1，z=5。

（2）在层次面板中，单击 Cube，重命名为 Wall1。

（3）制作侧面比较窄的墙体：选中 Wall1，按【Ctrl+D】组合键复制，并重命名为 Wall2，并修改 Scale 的参数为 x=0.1，y=2.8，z=5。

（4）通过世界坐标系进行透视视角和正交视角的转换，按住鼠标中键平移场景，滑动中键放大缩小场景去观察 Wall2 的位置，移动 Wall2，使墙面移动到侧面的一边，并和地面保持合适的垂直对接。

（5）制作侧面另一边比较窄的墙体：选择 Wall2，按【Ctrl+D】组合键复制，并重命名为 Wall3，移动 Wall3 到另一侧。

（6）制作房屋中间的隔挡：选择 Wall3，按【Ctrl+D】组合键复制，并重命名为 Wall4，移动至房屋中间制作成隔挡。

（7）制作侧面比较宽的墙体：选择 Wall4，按【Ctrl+D】组合键复制，并重命名为 Wall5，并修改 Scale 的参数为 x=10，y=2.8，z=0.1，移动 Wall5，使其放于准确的位置上。

（8）制作侧面另一边比较宽的墙体：选择 Wall5，按【Ctrl+D】组合键复制，并重命名为 Wall6，调节至合适的位置。

（9）以上步骤，已完成了密室外围的构建（见图 4.22），但是需要通过世界坐标系的透视视角和正交视角仔细观察，确保模型每个面都准确地贴合对接面。

下面将 Wall1 ～ Wall6 组合为一个对象，方便后期整体操作。

（10）右击，在弹出的快捷菜单中选择 Creat Empty 命令，创建一个空物体，并将空物体重命名为 Room。

（11）同时选中 Wall1 ～ Wall6，一起拖动至 Room 下，此时展开 Room 前的三角可以看到 Wall1 ～ Wall6，这样就形成了组合，以后每次选择 Room，Wall1 ～ Wall6 都会同时被选中。

接下来，将继续构建桌子，桌子的长度为 1，宽度为 0.8，高度为 1。为了方便编辑，可以把密室全部隐藏，按住【Ctrl】键，选择密室的所有墙面，并在检视面板中，取消第一行的复选框，即可在场景中隐藏对象。

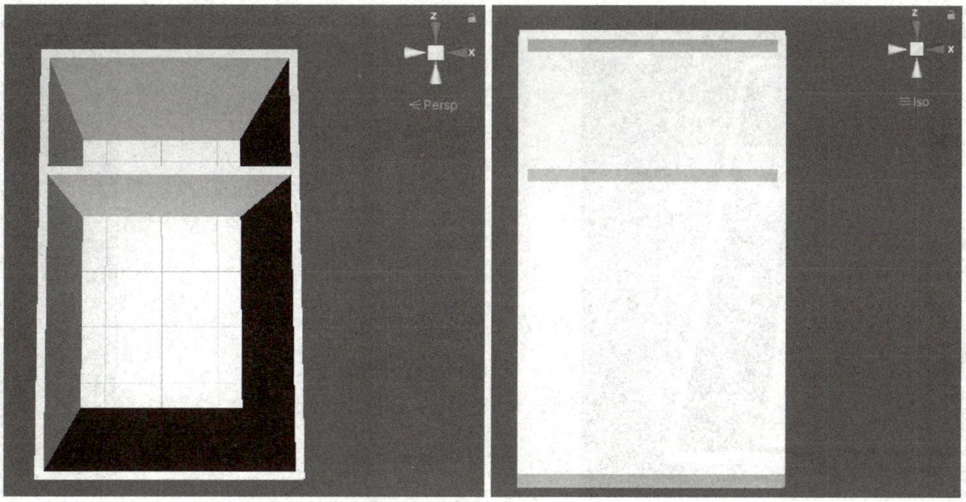

图 4.22　密室完成效果

（12）制作桌面：在层次面板中，右击新建一个 Cube，命名为 table-main，设置 Scale 值为 x=1，y=0.1，z=0.8。

（13）复制 table-main，重命名为 table-leg1，修改 Scale 值为 x=0.1，y=1，z=0.1，调节桌腿和桌面的相对位置，剩下三条桌腿依此类推。

（14）桌子完成之后，透视图和左侧二维视图的效果如图 4.23 所示。参照之前将 Room 组合为一个对象的方式，新建一个空物体，命名为 desk，并将以上构建的桌子相关组件都拖入 desk 对象中，使桌子也组合为一个完整的对象，如图 4.24 所示。

图 4.23　桌子透视图

图 4.24　桌子左视图

（15）在桌子上，新增一个 Sphere，X，Y，Z 均缩小到 1/10，并重命名为 touch。

（16）取消全部隐藏，再次调节桌子和密室的相对位置，最后整体透视图和正交视图效果如图 4.25 和图 4.26 所示。

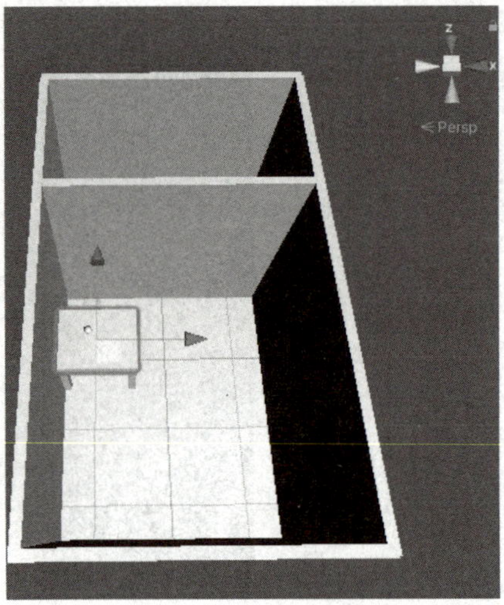

图 4.25　整体透视图

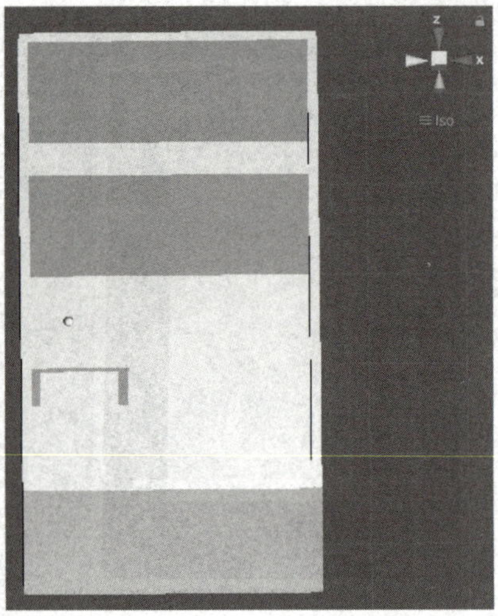

图 4.26　整体正交视图

小贴士

三维场景都有默认单位，Unity 的单位默认为 m，3ds Max 的默认单位是 mm，如果将 3ds Max 中的模型导入 Unity 中，需要考虑单位统一的问题。

4.2　材质与着色器

4.2.1　材质球的创建

现实中，每个物体都有材质，人凭着自身经验，通过双手触摸就可以分辨出当前物体的材质，一般常见的材质有塑料、金属、钢铁等。虚拟世界也和真实世界一样，为了让仿真的三维对象尽可能真实，也要模拟真实世界的材质。从概念上来说，材质一般会和纹理、贴图产生混淆，但其实三者的区别很大。

1. 材质的相关概念

（1）纹理。纹理是最基本的数据输入单位，游戏领域基本上用的都是位图。此外还有程序化生成的纹理 Procedural Texture（过程式纹理）。

（2）贴图。3D 影视动画以及游戏制作过程中的一个环节，即用 Photoshop 等平面软件制作材质平面图，覆于利用 MAYA、3ds Max 等 3D 制作软件建立的立体模型上的过程，称为贴图。

（3）材质。一般而言，材料与碰撞、质量甚至物理无关。它仅用于定义照明如何影响该材质的对象。首先，任何一个物体如果要有一些特殊的视觉效果，需要为其赋予材质（Material），而材质很多情况下是要有贴图（Texture）的，着色器（Shader）可以对贴图进行处理，使其被加工为最终符合要求的材质。

（4）渲染。渲染是三维建模和虚拟现实中一个重要的概念，所有我们能看到的东西都是需要进行渲染的。比如，场景模型、角色、道具、特效等。根据最终运行的平台不同，渲染方法大致分为移动端渲染和 PC 端渲染；根据具体的实际情况，可分为客户端渲染和服务器端渲染。

2. 创建材质球

掌握三维建模的人对材质的创建一定不陌生，在 Unity 中首先需要创建一个材质球，再将准备好的贴图放入材质中，设置漫反射的颜色等参数，最后将材质球直接拖动到使用对象上即可。创建材质球的方法如下：

（1）在项目面板，在 Assets 下的空白处右击，在弹出的快捷菜单中选择 Creat → Material 命令，新生成一个材质球。

（2）单击材质球，可以修改材质球的名称。

（3）选中材质球，在右侧检视面板中可以修改材质球的参数，如图 4.27 所示。

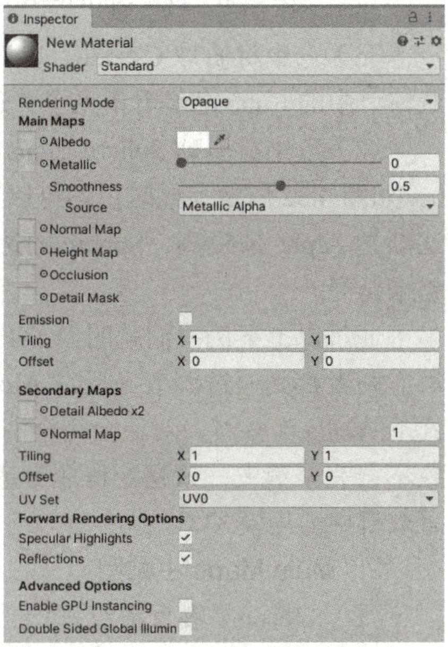

图 4.27　材质球检视面板

在材质球的右侧检视面板可以看到一系列与材质相关的参数，下面 4.2.2 节就常用的参数进行详解。

4.2.2　材质球的具体参数

1. Rendering Mode 渲染模式

Rendering Mode 渲染模式是标准着色器中的第一个材质参数，分为以下四种类型：

（1）Opaque：不透明。这是默认选项，适合没有透明区域的普通固态物体，如桌子、地面等。

（2）Cutout：镂空。用于创建有镂空或者有透明区域的物体。可以通过调节 Alpha Cutoff 的值设置透明区域的显示。常用来制作树叶、破洞布料等材质。

（3）Fade：隐现。通过调节 Alpha 通道的值，使物体逐渐隐去。可用于制作一个逐渐消失的 NPC 等。

（4）Transparent：透明。通过调节 Alpha 通道的值，设置物体的透明度，如玻璃（见图 4.28）。

应用示例　区分 Fade 和 Transparent 两种渲染模式的效果。

（1）新建一个场景，在场景中添加一个 Cube 和一个 Sphere。

（2）新建两个材质球，一个命名为 C-Fade，另一个命名为 Sphere-Trans。

（3）设置 C-Fade 材质球渲染模式为 Fade，打开 Main Maps 下的 Albedo，设置漫反射颜色为红色，如图 4.29 所示。设置完成后，将材质球拖动给场景面板上的 Cube。

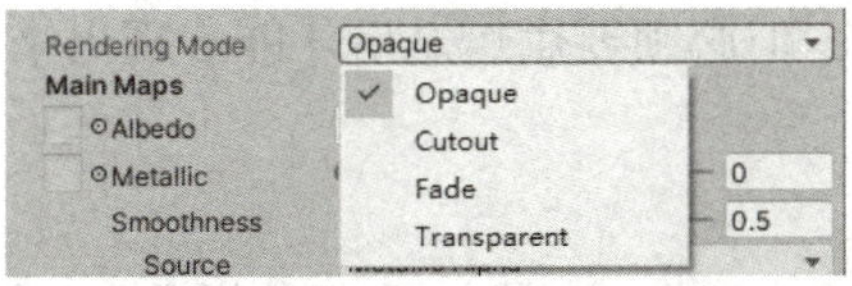

图 4.28　渲染模式设置

图 4.29　设置 C-Fade 的 Albedo

（4）设置 Sphere-Trans 材质球渲染模式为 Transparent，打开 Main Maps 下的 Albedo，设置漫反射颜色为绿色，如图 4.30 所示。设置完成后，将材质球拖动给场景面板上的 Sphere。

（5）此时游戏窗口中的两个对象没有区别（见图 4.31），下面开始修改两个材质球的参数。

图 4.30　设置 Sphere-Trans 的 Albedo

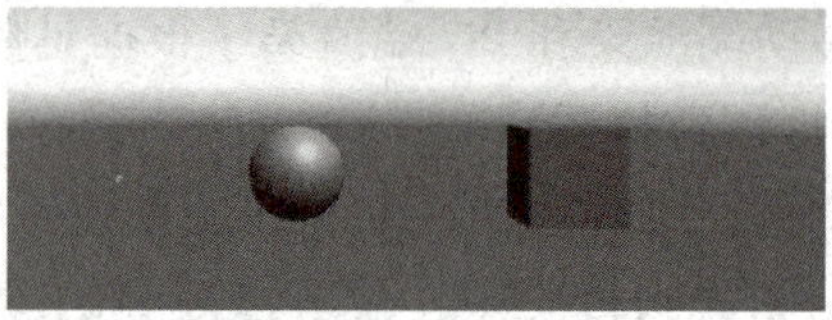

图 4.31　观察效果

（6）选中材质球 C-Fade，打开漫反射调节框，设置 Alpha 为 0，如图 4.32 所示，此时发现游戏窗口中的 Cube 已经看不见了，逐渐把 Alpha 值提高，Cube 又会渐渐显示出来。

（7）选中材质球 Sphere-Trans，打开漫反射调节框，同样设置 Alpha 为 0，如图 4.32 所示，此时仍然可以在游戏窗口看到 Sphere，只是非常透明，逐渐把 Alpha 值提高，Sphere 的透明度会越来越低，因此 Sphere 会显示得越来越亮。

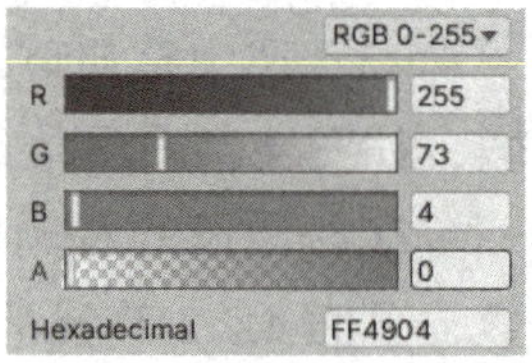

图 4.32　设置 Alpha 值

通过以上案例我们就明白了 Fade 和 Transparent 两种渲染模式的区别，虽然两者都是通过调节漫反射 Alpha 通道的值得到主要效果，但是 Fade 模式下 Alpha 为 0 时，对象会完全消失；Transparent 模式下 Alpha 为 0 时，对象不会完全消失，只是变得非常透明。了解这两种模式的区别后，我们就知道应对什么对象需要采取哪种渲染模式了。

2. Main Maps 主贴图

（1）Albedo：漫反射纹理图，也可以设置颜色和透明度、纹理颜色、调和颜色，可使用对应的贴图设置相应的效果；另外，Albedo 的 Color-Alpha 值操作材质的透明度，比较适合做物体渐渐淡出的动画效果。当 Alpha 值降低了以后，表面的高光和反色也会变淡。

（2）Metallic：金属性，值越高，反射效果越明显。可使用对应的金属贴图设置相应的效果。Metallic 下的 Smoothness 值可以影响反射时表面的光滑程度，值越高，反射效果越清晰。

（3）Normal Map：法线贴图，用于设置物体表面的纹理，增加法线贴图后，修改后面的值，可以看到凹凸效果的变化。

（4）Height Map：高度图，通常是灰度图。

（5）Occlusion：环境遮罩贴图，是一种模型的表面应该接受多少间接反射的图片，一个表面凹凸不平的物体，在其凹下的地方应该接受较少的间接光照，遮挡图是一张灰度图，白色表示完全的间接照明，黑色表示完全不接受间接照明。

（6）Detail Mask：细节遮罩贴图。当某些地方不需要细节图，可以使用遮罩图进行设置。

（7）Emission：自发光属性，开启后类似于一个光源，但必须要烘焙之后才能表现出来。

（8）Tilling：贴图的重复次数。

（9）Offset：贴图的偏移量。

图 4.33 为 Main Maps 的主要参数。另外还有 Secondary Maps，是二级细节贴图，可以让主贴图更加精细，展示第一组贴图中没有显示的材质细节效果。用户可以通过 Detail Albedo × 2 和 Normal Map 给材质添加一个次级的漫反射贴图和法线贴图，如图 4.34 所示。

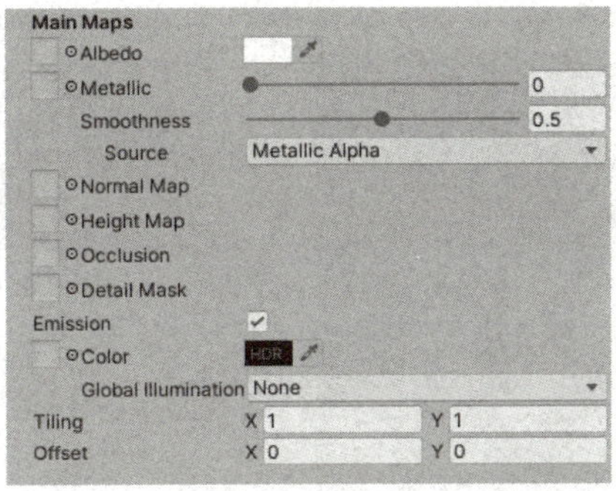

图 4.33　Main Maps 主贴图设置

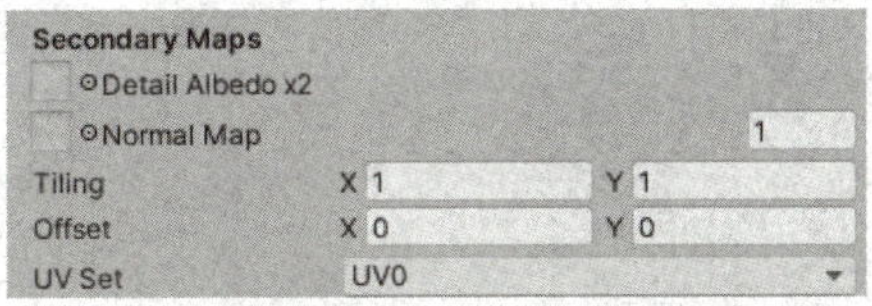

图 4.34　Secondary Maps 设置

应用示例　给密室 Scene1 场景中添加材质，素材在资源包中复制，给地面、墙面、玻璃门等物品添加材质。

视频　材质（上）

视频　材质（下）

1）给地面和桌子赋材质

（1）从素材资源包中将 Texture 文件夹复制到本项目的文件夹下。

（2）新建一个材质球，命名为 floor，设置渲染模式为 Opaque。

（3）选中材质球，单击 Main Maps 下 Albedo 前的设置按钮，选择名为 floor 的贴图，完成材质球的设置。

（4）将建好的材质球拖到场景中的地板和桌子上，可以看到地板和桌子材质发生了变化。

2）给墙面赋材质

（1）墙面材质球的渲染模式也是 Opaque。

（2）墙面不用贴图，只要修改漫反射的颜色即可。单击 Albedo 旁边的颜色面板，设置漫反射的值，如图 4.35 所示。

（3）给四面墙壁都赋上材质。

3）给开关门赋材质

（1）新建一个名为 door 的材质球，这个门是一个透明玻璃材质，因此选择 Transparent 渲染模式。

（2）单击 Main Maps 的 Albedo 后的 color 设置按钮，根据自身需要设置 Alpha 的值，这里我们设置为 20，可以发现，Alpha 值越低，透明度越低。

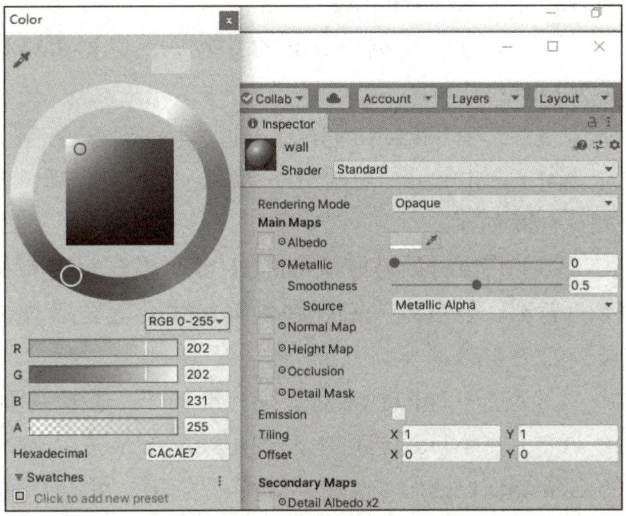

图 4.35　设置漫反射的值

4）新建一个圆柱形柜，并赋材质

（1）在场景中的拐角处新建一个圆柱形柜子，命名为 locker1，通过正交视角和透视角的转换，调节圆柱形柜子和场景的位置，新建后的圆柱形柜子效果如图 4.36 所示。

（2）新建一个名为 locker 的材质球，设置渲染模式为 Opaque。

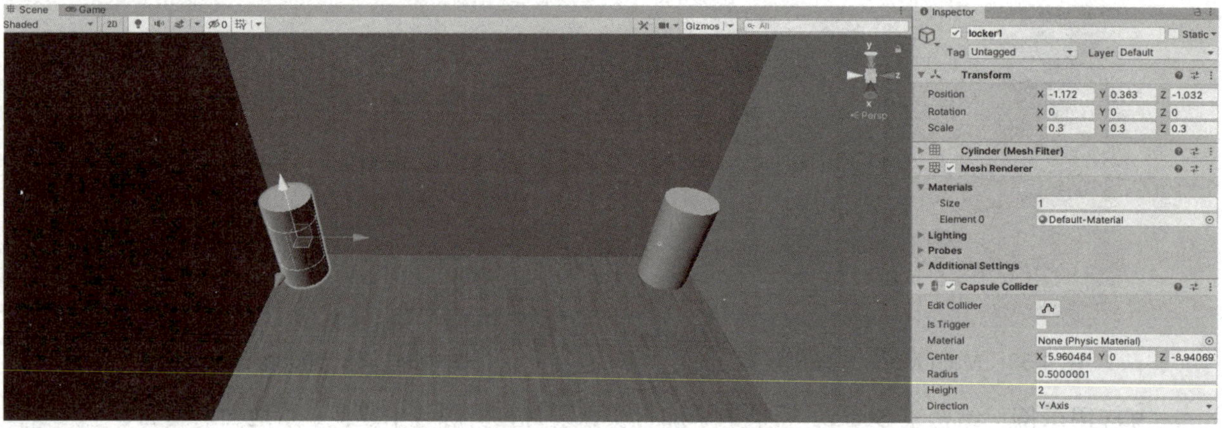

图 4.36　新建 locker1

（3）选中材质球，单击 Main Maps 的 Albedo 前的设置按钮，选择名为 locker-albedo.png 的贴图，设置漫反射。

（4）单击 Metallic 前的设置按钮，选择名为 locker-metallic.png 的图片，设置金属度贴图，可适当调节 Smoothness 的值，使其看上去效果更自然。

（5）设置 Nomal Map，设置凹凸贴图，素材中有两张以 nomal map 命名的贴图，一张是竖纹，一张是横纹，大家可以分别试一试凹凸的效果。

（6）将材质赋予 locker1。

5）在圆柱形柜子上新建一个装饰球，并赋材质

（1）在场景中的两个圆柱形柜子上方各建一个球体，命名为 ball1，通过正交视角和透视角的转换，调节装饰球和场景的位置。

（2）新建一个名为 ball 的材质球，设置渲染模式为 Opaque。

（3）选中 Emission 后的复选框，设置自发光效果。

（4）单击 Color 后的 HDR，设置自发光的颜色，如图 4.37 所示。

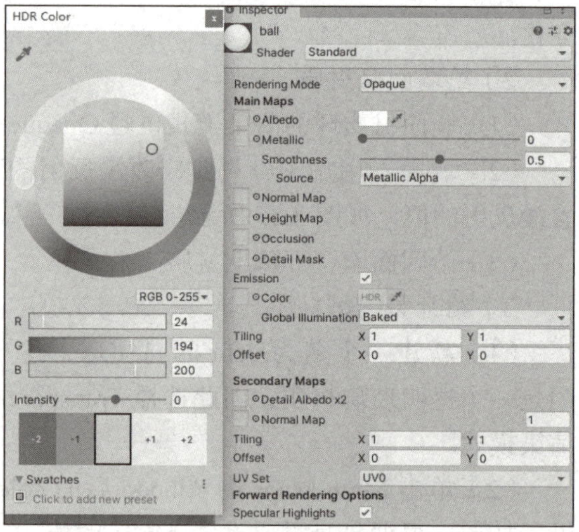

图 4.37　设置自发光

（5）将该材质球赋予 ball1 对象，发现已经有材质的表现，但自发光必须在烘焙后才会完全表现出来，如图 4.38 所示。

（6）选中 ball1、密室、圆柱形柜子，在检视面板右上方选中静态 Static 复选框。

（7）在 Window 菜单下选择 Rendering → Light Settings 命令，打开 Lighting 窗口，选择最下方的 Generate Lighting 按钮，等待一会儿，可以看到自发光的球周围也受到一点光线影响，效果如图 4.39 所示。

6）复制多个圆柱形柱子和装饰球

（1）将装饰球 ball1 拖到圆柱形柱子 locker1 下。

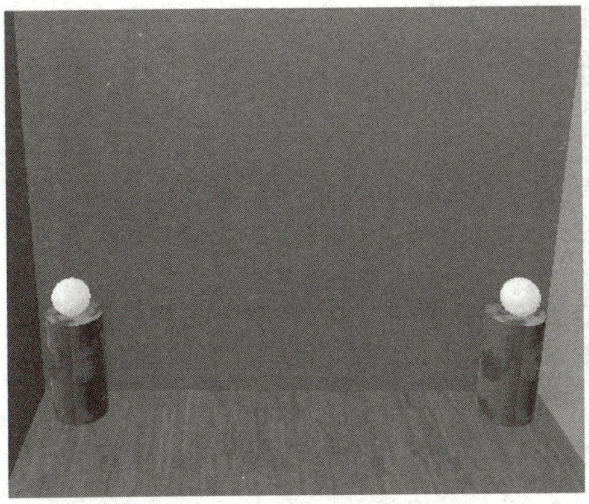

图 4.38　赋材质后的效果

图 4.39　自发光的效果

（2）另外将 lock1 复制三个，分别命名为 lock2 ～ lock4，放在房间的四个角。

（3）按照之前的方法重新烘焙一次，最终效果如图 4.40 所示。

7）新建一个圆柱体的花盆放在圆柱形柜子旁边，并赋予材质

（1）花盆的大小与圆柱形柜子相似，选中 locker1，按住【Ctrl+D】组合键进行复制，命名为 flowerpot1，并适当缩小，如图 4.41 所示。

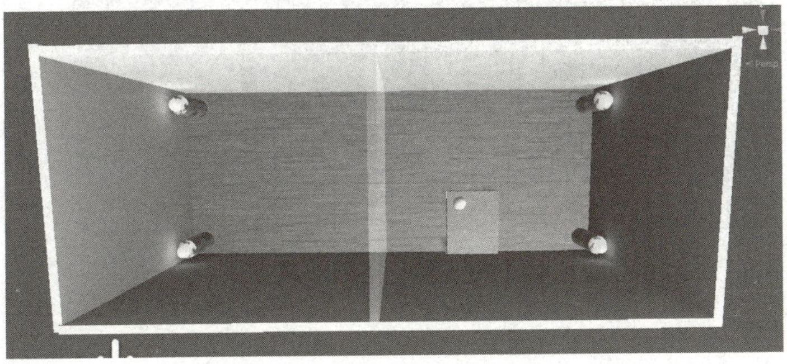

图 4.40　重新烘焙后的效果

图 4.41　新建 flowerpot1

（2）在层次面板中选中 flowerpot1，右击创建一个 plane，命名为 leaf1，新建的平面参数设置如图 4.42 所示。

（3）通过正交视图和透视图调节 leaf1 和 flowerpot1 的位置，leaf1 就处于 flowerpot1 的正上方。

（4）新建一个名为 leaf 的材质球，设置渲染模式为 Cutout，对贴图进行裁剪。

（5）单击 Albedo 前的设置按钮，在弹出的资源框里选择名为 cutout 的贴图，这是一个树叶的贴图。

（6）将材质赋给场景中的 leaf1 模型，可以看到面片显示出了树叶的样子，此时，可以根据美观度，适当调整面片的大小、位置，以及材质球 Alpha Cutoff 的值，效果如图 4.43 所示。

注意： 此时，旋转 3D 场景，从背后视角看树叶时发现一点儿都看不见树叶，这是由于树叶的模型用的是 Plane，Unity 中的 Plane 是单面渲染，即单面显示，因此一般制作时，会在 Plane 的相对面再建一个 Plane，这样就可以正反面都显示。

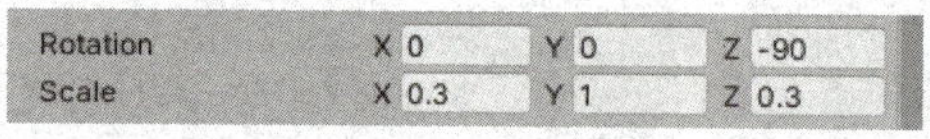

图 4.42　leaf1 的参数

图 4.43　调整 Alpha Cutoff 后的效果

（7）选择 leaf1，按住【Ctrl+D】组合键复制，修改名称为 leaf2，绕 Z 轴旋转 180°　。这时，再观察，正反面都能看到叶子了，层次面板的结构如图 4.44 所示。

（8）选择 flowerpot1，按住【Ctrl+D】组合键复制三个，分别是 flowerpot2 ～ flowerpot4。复制后，最终效果如图 4.45 所示。

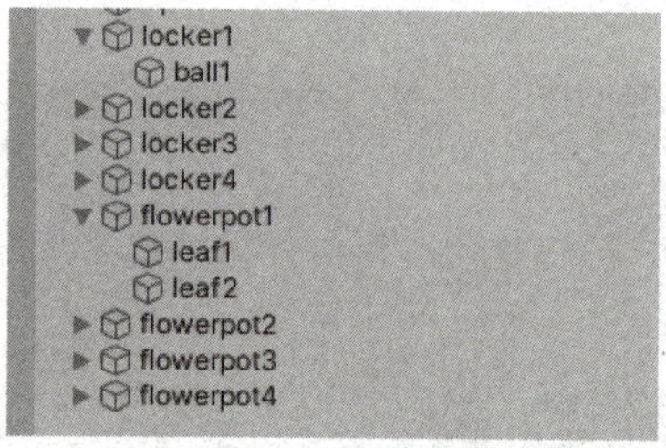

图 4.44　层次面板

图 4.45　柜子和花盆的效果

8）给桌子上的球体新建一个材质

（1）新建一个材质球，命名为 red。

（2）在 Albedo 后，颜色设置为红色。

（3）将材质球赋给场景中的 Sphere 球体，最终场景效果如图 4.46 所示。

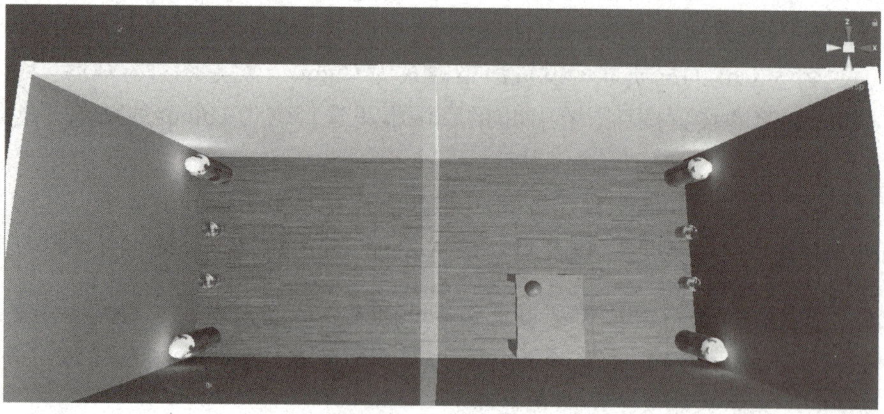

图 4.46　最终效果图

4.2.3　着色器

1. 着色器原理

着色器，是通过代码模拟物体表面，本质是 GPU 中运行的一段代码，用于控制显卡的图形渲染过程。我们也可以把着色器理解为把贴图加工成材质的工具。着色器可以定义如何在屏幕上绘制每个像素的程序。CPU 运行的程序通常用汇编语言，或 C++、JAVA 等高级语言编写。GPU 采用的是不同于 CPU 的并行计算结构，需要一种适用于 GPU 的编程语言，于是就有了着色器语言。例如，HLSL（基于 Direct3D 图形库），GLSL（基于 OpenGL 图形库），Cg（NVidia 与微软合作研发），该语言可以向 GPU 提供直接指令以进行快速处理。

在 Unity 中，所有的渲染都需要通过着色器来完成。Unity 内建超过 80 种着色器，开发人员可以使用内建着色器实现各种画面效果，还可以方便地对其进行扩展，能够实现从简单的顶点光照，到高光、透明、反射等游戏中常用的材质效果。同时，Unity 也允许开发者编写自己的着色器。Unity 使用自定义 ShaderLab 开发语言来组织着色器，针对不同平台进行编译。着色器的脚本具有数学计算和算法，用于根据照明输入和材质配置来计算渲染的每个像素的颜色。

3D数据文件-----3D显示程序-----显示驱动程序-------顶点变换与灯关计算------光栅栏-----帧缓存------显示3D图形

材质定义了物体表面的显示效果，但每个材质必须绑定一个着色器。材质绑定的着色器决定了该材质的渲染方式，以及可配置属性的类型和数量。

新建一个材质后，首先要做的就是为这个材质添加一个着色器。具体的做法是选中材质，在检视视图的着色器下拉列表中选择着色器。指定好着色器后，需要配置材质的各个属性，并在检视视图下方预览材质效果。

2. 着色器类型

Unity 中定义了多种着色器类型，默认的是 Standard 标准着色器，可用于渲染“真实世界”的对象，如石头、木头、玻璃、塑料和金属。除此之外，FX 光照玻璃效果着色器、GUI/UI 用户界面着色器、Mobile 移动平台使用的简单着色器、Nature 植被和地形着色器、Skybox 天空和背景环境着色器、Sprites 2D 精灵系统着色器、Unlit 忽略一切光照和阴影效果的着色器，以及 Partials 粒子着色器等，如图 4.47 所示。

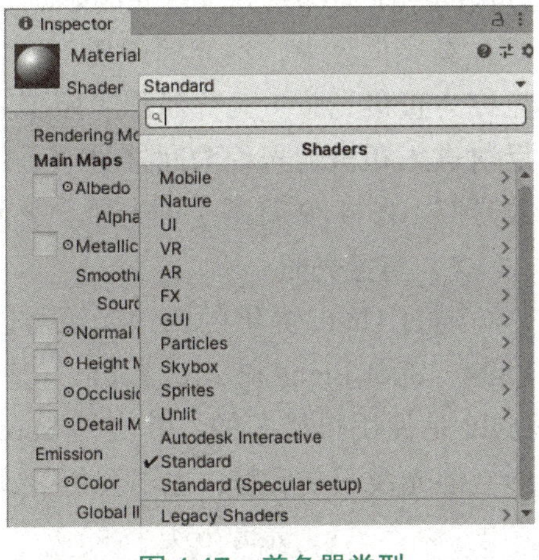

图 4.47　着色器类型

一般使用最多的就是标准着色器，它吸收了许多不同类型着色器的特点功能，能满足大部分着色器的需求。虽然标准着色器的可配置属性很多，但只有设置过的属性才会启用相应的功能，因此可以根据具体需求，对着色器进行设置。

如果今后想自己编写一个着色器，则需要做好以下准备工作：

（1）具有 3D 计算机图形学的基础知识，能够理解完整的 3D 图形学流水线，包括模型变换、颜色、纹理、光照、阴影、渲染路径等知识，才能够深入理解着色器的本质。

（2）掌握 GLSL、Cg 或者 HLSL 中的一门着色器语言，用于编写着色器代码。

4.3 光照系统

光照系统又称照明系统。从字面意思理解，光照系统就是给场景带来光源，用于照亮场景。一个五彩缤纷的游戏场景肯定要比一个漆黑一片的游戏场景更具吸引力，想让游戏场景变得更漂亮，光照系统是必不可缺的。

从应用的角度来说，光照系统一般分为实时光照和非实时光照。实时光照指的是场景光照情况会随着光源的变化而变化，需要实时计算，对硬件要求高，适用在主机端；非实时光照一般是将场景光照数据以烘焙贴图的方式保存，移动光源不会改变光照效果，对硬件要求不高，因此一般应用在移动端。

4.3.1 实时光照

实时光照从字面理解，即对灯光的任何调整会实时更新场景中的所有光照。Unity 中的可以实时动态调节的光照有两种类型，分别是直接光照和实时全局光照。在讲实时光照之前，请大家先观察图 4.48 和图 4.49。

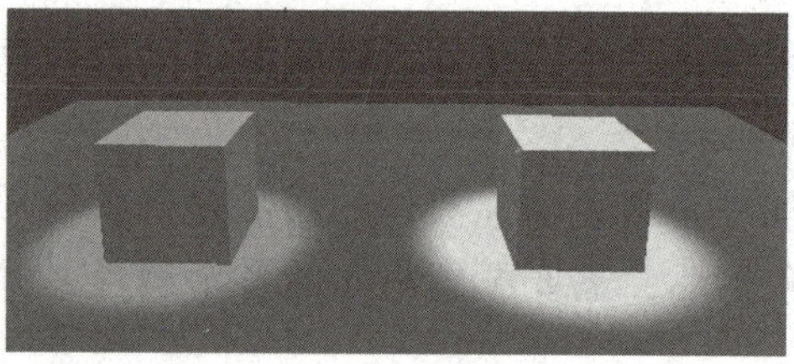

图 4.48　直接光

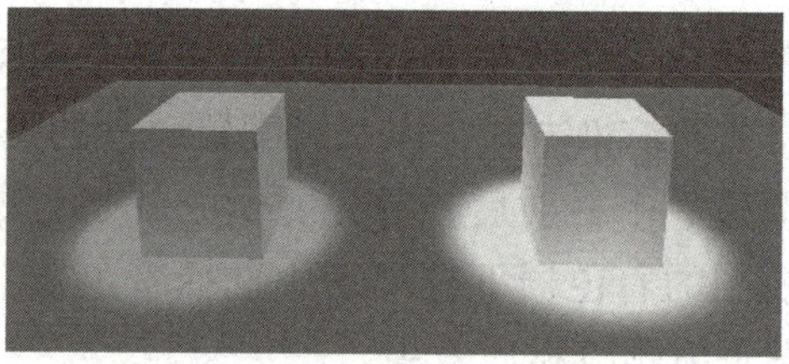

图 4.49　全局光

通过观察发现，图 4.48 中两个方块只有顶面受到灯光影响，侧面都是黑的。而图 4.49 中两个方块的几个面都受到了灯光的影响。这就是直接光和全局光的效果区别。

真实世界中，由光源照射到物体，经过物体 A 的反射（包括漫反射和镜面反射）进入相机的光称为直接光照（又称局部光照）。经过物体 A 的反射到物体 B、C、D，再通过物体 B、C、D 等反射进入相机的光称为间接光照。同时包含直接光照和间接光照的称为全局光照。图 4.48 就是直接光照，图 4.49 就是全局光照。下面介绍直接光照和全局光照的制作方法。

1. 直接光照

通过 Unity 提供的四种光源可以直接获得直接光照效果。光源分别是 Directional Light、Point Light、Spot Light 和 Area Light。基本上是目前游戏开发的主流光照，Directional Light 和 Area Light 是使用得最多的，其次是 Spot Light，常常用于人造光源和特效光源。直接光照可以产生阴影，但光线不会反射，也不会折射，但可以穿透半透明材质物体。

视频

直接光照

1）光源分类

（1）Directional Light：方向光，灯光放在无穷远处，影响着场景里所有的物体。可用于模拟太阳、自然光，方向光任何地方都能照射到，就和太阳一样，如图 4.50 所示。

（2）Point Light：点光源，灯光从它的位置朝各个方向发出光线，影响其范围内的所有对象，可用于模拟灯泡、爆炸等效果，如图 4.51 所示。

图 4.50　Directional Light

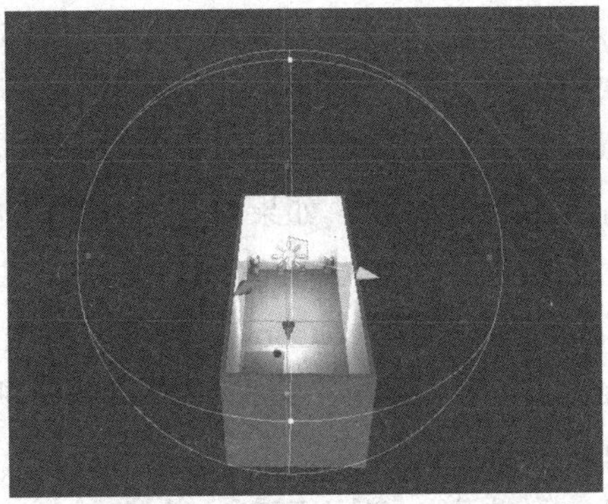

图 4.51　Point Light

（3）Spot Light：聚光灯，光线按照聚光灯的角度和范围所定义的一个圆锥区域照射所有物体，只有在这个区域内的对象才会受到光线照射。可用于模拟聚光灯、手电筒、汽车的灯光等效果，如图 4.52 所示。

（4）Area Light：区域光，该光的特点是直接使用无效，必须在灯光烘焙后才有效。为了看到的效果更明显，这里设置光线为绿色，如图 4.53 所示。

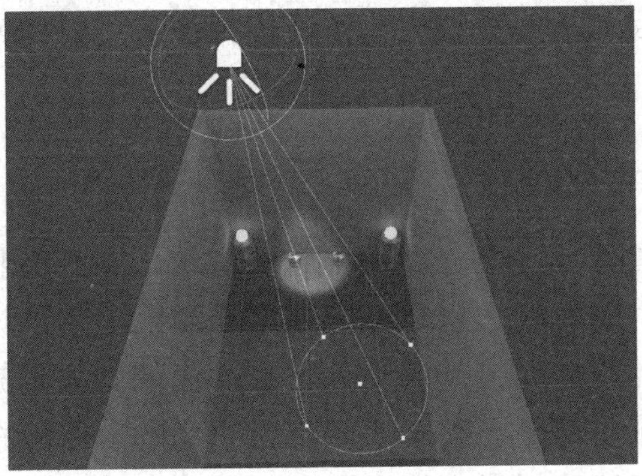

图 4.52　Spot Light

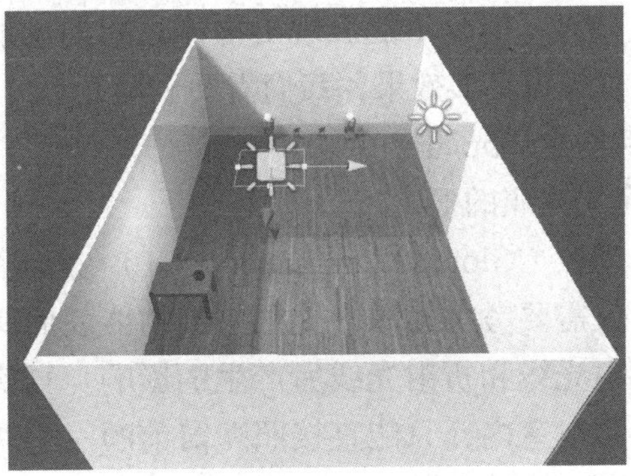

图 4.53　Area Light

彩图

Area Light

2）光源的添加

Unity 提供两种添加灯光方式，第一种是单击菜单 GameObject → Light 命令，可以看到四种光照类型的选择，选择其中一种即可；另一种方法是从选定对象右侧的检视面板，通过 Add Component 添加。另外，Unity 默认是每一个新建的场景都自动生成一个 Directional Light 方向光。

添加某种类型的光源后，可以看到光源的右侧检视面板上多了一个 Lighting 面板，下面对主要的参数做出详解：

（1）Type：当前灯光对象的类型，可以在这里修改光源的类型，一共有四种类型。

（2）Color：颜色，单击颜色条，可以修改光线照的颜色。

（3）Intensity：强度，光线的明亮程度。

（4）Indirect Multiplier：间接光强度。

（5）Shadow Type：阴影类型，分为 No Shadows（无阴影）、Hard Shadows（硬阴影）和 Soft Shadows（软阴影）。无阴影表示在这个光源照射下，没有任何影子；硬阴影表示在这个光源照射下，有影子，但是边缘没有锯齿，有棱有角；软阴影指的是在这个光源照射下，影子模模糊糊的，有锯齿。硬阴影和软阴影只适用于编译桌面目标程序，而且软阴影使用起来更耗计算机资源。

（6）Cookie：遮罩。功能类似于在灯光前面加了一个透明的、上面带有贴图的照片，使光线在不同的地方有不同的亮度。如果灯光是聚光灯或方向光，这必须是一个 2D 纹理。如果灯光是一个点光源，它必须是一个立方图（Cubemap）。

（7）Cookie Size：缩放 Cookie 投影。只用于方向光。

（8）Draw Halo：绘制光晕，如果勾选此项，光线带有一定半径范围的球形光晕，就像我们看太阳时，有时会看到的光晕。

（9）Flare：耀斑，多用于特效。

（10）Rending Mode：渲染模式，分为 Auto（自动）、Important（重要）和 Not Important（不重要）；自动指的是根据附近的灯光的亮度和当前的质量设置（Quality Settings）在运行时确定；重要指的是灯光是逐个像素渲染，只用在特别重要场景对象上；不重要指的是灯光总是以最快的速度渲染。

（11）Culling Mask：消隐遮蔽。有选择地使组对象不受光的效果影响。下拉框显示的场景中的所有图层，可以用来指定消隐遮蔽的图层。

以上四种光源的类型，除区域光以外，调整其他三种光源都可以直接影响照射物体的光照，这就是直接光，但是不能表现出物体之间的反射光线和折射光线，为了让虚拟场景的灯光富有层次感，尽量模拟真实效果，我们需要全局光。

2. 实时全局光照

1）全局光照的概念

全局光照（Global Illumination，GI），是计算机图形学中复杂的光照计算方法，在计算物体光照时，不仅需要考虑光源直接照射到物体表面所产生的影响，也要考虑间接光照，也就是说物体之间的反射光线和折射光线所产生的影响。真实世界中，间接光照无处不在。比如，太阳光通过窗户直接照射室内，只能直接照亮窗前的一小块区域。但是，整个房间都是明亮的，原因在于房间中的地面、墙壁和其他物体都会反射光线，这些间接的反射光线照亮了整个房间。使用全局光照的场景要比没有使用的场景真实和有层次得多，没有光照直接照射的地方，也会有一定的亮度。

全局光照虽然可以获得更好的视觉效果，但它的计算过程非常复杂，需要消耗大量的计算资源，很难用在电子游戏和其他实时图形或程序里面。为了克服全局光照的计算瓶颈，Unity 提供了两种实现全局光照的方法，一种是 Realtime Global Illumination（实时全局光照），另一种是 Baked Global Illumination（烘焙全局光照）。前者是对实时光照进行预计算的方式，能够提供不错的全局光照效果。能得到更精确的模型之间的反射光信息，但是不能在游戏运行时实时地变动相应的光源信息，如颜色、方向。需要注意的是，两者都只考虑场景中的静态物体。

2）添加实时全局光照的方法

以密室为例，进行实时全局光照的添加。

第一步，为了更加方便看到阴影效果，可以给 room 加一个房顶，但是两边透一点光，如图 4.54 所示。

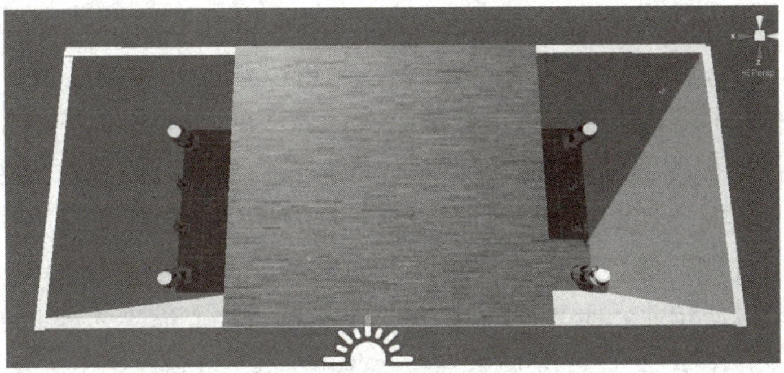

图 4.54　阴影效果

第二步，场景中还是只有方向光一种光源。选择被照射的物体，勾选物体的静态属性 Static，在这个场景中将地面、桌子、球等几个对象都选中，并设置静态。

第三步，打开菜单下的 Window → Rendering → Lighting Settings 命令。

第四步，在弹出的 Lighting 窗口中勾选 Realtime Global Illumination 复选框，如图 4.55 所示。

第五步，选择 Lightmapping Settings 组，设置 Lightmapper 为 Progressive GPU，使用 GPU 渲染，速度比 CPU 明显快很多，如图 4.56 所示。

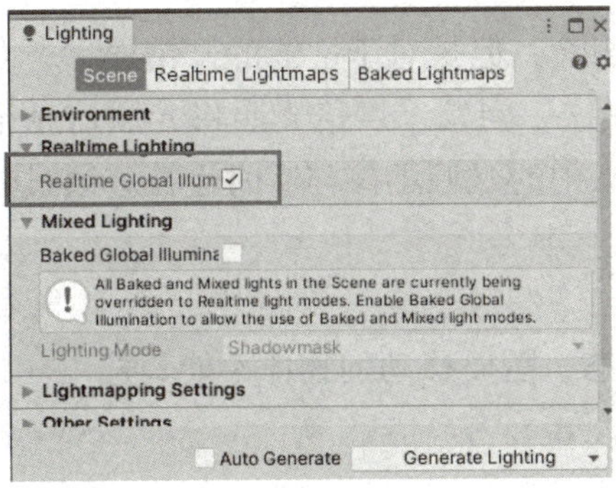

图 4.55　勾选 Realtime Global Illumination

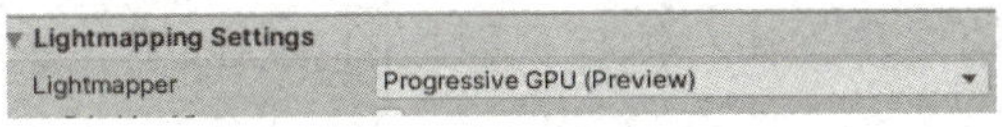

图 4.56　设置 GPU 渲染

第六步，单击右下角 Generate Lighting 按钮，设置完成。

设置完成后，场景会自动计算，可以观察 Unity 界面的右下角，会显示计算的状态 

，场景越复杂，灯光越多，计算速度越慢。计算完成后会新生成一个文件夹，文件夹里都是计算全局光照信息后的贴图，实时全局光照完成后，效果如图 4.57 和图 4.58 所示。

图 4.57　添加实时全局光照后

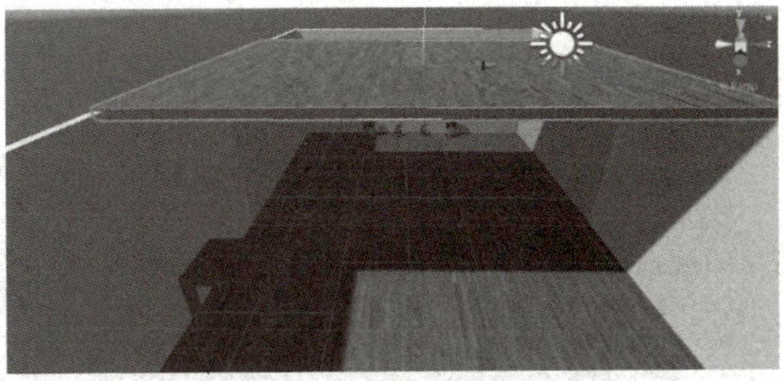

图 4.58　添加实时全局光照之前

图 4.57 为添加实时全局光照后的效果，图 4.58 是添加实时全局光照之前的效果，差别还是比

较明显的，图 4.57 灯光更富有层次感，光照较柔和，图 4.58 光照较硬。

添加实时全局光照后，选择场景中的方向光，仍可以修改光源的类型、颜色、参数等。在这之前 Indirect Multiplier（间接光强度）这个数值是无法修改的，现在可以修改了。

实时全局光照不但以光照贴图的方式保留了光照信息，而且可以修改参数，实时看到变化，因此全局烘焙光照仍算是实时光照的一种。但无论是直接光照还是实时全局光照，性能消耗都很大，每次调整灯光，都会对性能造成很大影响，因此，如果对于大多数静态物体、在运行中不需要调整光源信息的对象，就可以使用非实时光。Unity 提供了烘焙全局光照来实现非实时光，也就是将场景光照数据以烘焙贴图的方式保存，移动光源不会改变光照效果，对硬件要求不高，一般应用在移动端。

4.3.2 烘焙光照

我们知道，在真实生活中，物体在移动时，光影也在移动。在虚拟现实中，为了更逼真地模拟真实，光照效果也应该尽量仿真，但实际这么做会大大增大计算机的运算开销。而一般的虚拟现实场景中的物体都是静止的，场景中大部分物体的位置不会在运行时改变，对应的阴影也不会改变。因此针对这样的情况，最好使用光照贴图（Lightmap）的技术，事先烘焙（Bake）好效果，从而大大节省性能的消耗。

视频

烘焙光照

1. 烘焙光照的概念

实时光照可以被随意改变、移动、添加或者删除，但是对于性能的开销很大，对硬件设备要求较高。因此考虑用户情况，可采用烘焙光照解决这一问题。烘焙光照将光照信息记录成光照贴图，运行时 Unity 将光照贴图与场景模型匹配，场景中的光源不参与实时运算。通过这样的方式可以降低对游戏硬件的消耗，一般适用于移动端。

2. 添加烘焙光照的方法

第一步，添加灯光，受到光照影响的物体都要勾选静态，需要移动的物体不能勾选。

第二步，在右侧检视面板的 Mode 下，选择类型为 Baked。

第三步，选择 Window → Rendering → Lighting Settings 命令。

第四步，仅勾选 Baked Global Illumination 复选框，如图 4.59 所示。

第五步，单击右下角 Generate Lighting 按钮，设置完成。

烘焙完成后，光照数据会以光照贴图的形式保留（见图 4.60），因此删除灯光后不影响光照效果，再次调整灯光参数也不会影响场景灯光效果。这种方式处理的光照和实时光照相比，对设备的性能要求更低；和实时全局光照相比，实时全局光照在光线的层次上更加细腻，而且可以实时调节效果。

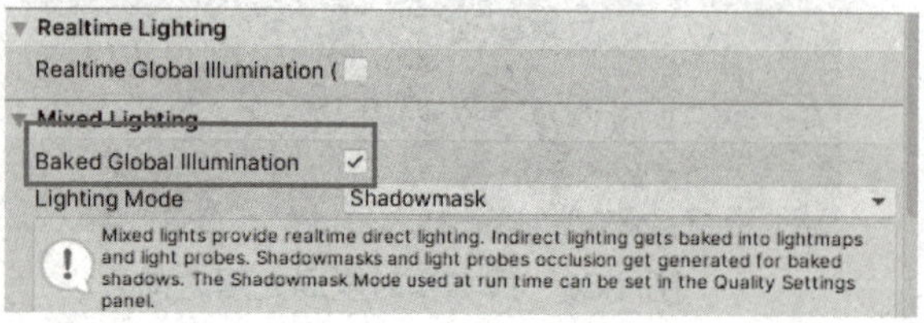

图 4.59　勾选 Baked Global Illumination

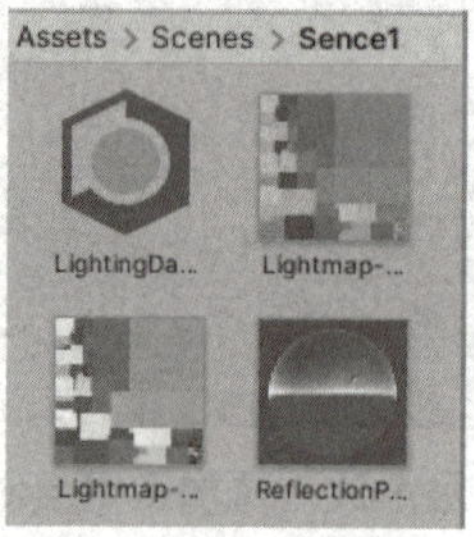

图 4.60　光照贴图

4.3.3　混合光照

视频

各种光照的综合使用

上文中，我们提到烘焙光照将所有光照数据以光照贴图的形式保存在项目中，节省了资源,出于性能的考虑,许多 Unity 开发的项目都依赖烘焙光照,但烘焙光照不能实时调节，因此实际项目开发中，经常需要实时光照与烘焙光照混合使用。例如很多游戏中，三维场景是固定的，游戏对象是移动的，这时三维场景可以使用烘焙光照，所有移动的对象使用实时光照。

混合光照有两种设置方法，第一种是给场景中的不同光源设置不同的光源模式，再同时烘焙，操作步骤如下：

第一步，在场景中添加一个 Spot Light，灯光照射的目标是桌面上的球体，球体在场景中是要移动的物体，因此 Spot Light 模式为 Realtime，灯光设置为蓝色，如图 4.61 所示。

第二步，方向光要照亮整个场景，因此类型是 Baked，同时勾选地板、墙面等建筑，设置为静态，灯光颜色为淡橘色，如图 4.62 所示。

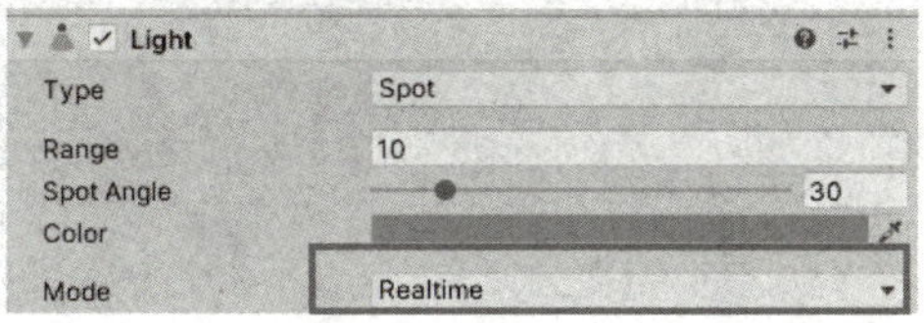

图 4.61　灯光模式设置为 Realtime

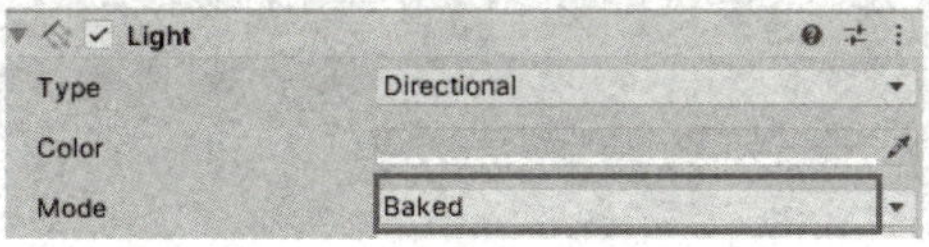

图 4.62　灯光模式设置为 Baked

第三步，打开菜单下的 Window → Rendering → Lighting Settings 命令，在打开的窗口中同时勾选 Realtime Global Illumination 和 Baked Global Illumination 复选框，如图 4.63 所示。

第四步，单击右下角 Generate Lighting 按钮，设置完成，烘焙后效果如图 4.64 所示。

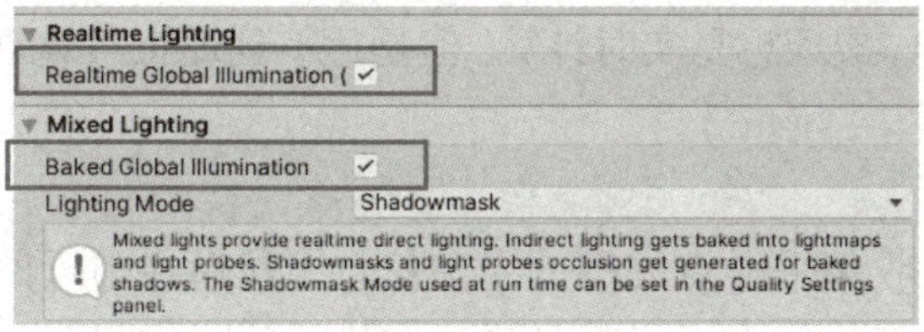

图 4.63　烘焙参数设置

图 4.64　烘焙后效果

场景烘焙完成后，调节 Spot Light 或者移动 Sphere，Sphere 上的光照都会实时改变，但是修改方向光的参数，场景不会有任何变化，这样就做到了实时光照和烘焙光照共同作用的效果。

第二种混合烘焙的设置方法是直接设置光源类型是 Mixed，操作步骤如下：

第一步，为了效果明显，删除场景中的方向光。

第二步，给场景中的 Spot Light 设置如下参数（见图 4.65），让场景中只有这一个光源，方便观察效果，使灯光的方向打向桌上的小球。

第三步，除了小球以外，全部设置为静态，因为小球是要移动的，要用实时光照。

第四步，打开菜单下的 Window → Rendering → Lighting Settings 命令，只勾选 Baked Global Illumination 复选框，如图 4.66 所示。

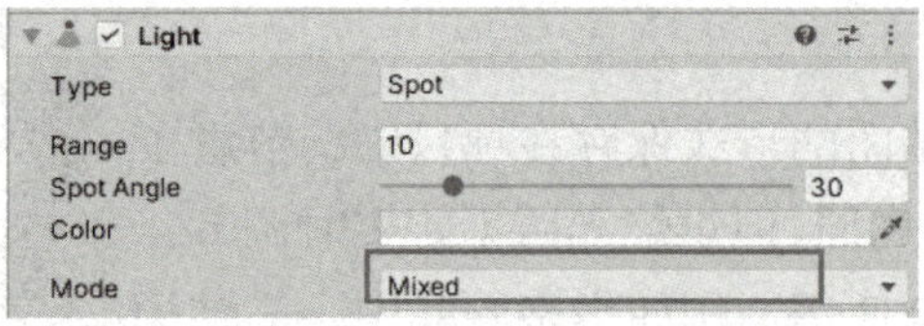

图 4.65　混合模式设置

图 4.66　设置烘焙光照

烘焙完成后，最终效果如图 4.67 和图 4.68 所示，移动光源发现墙面仍然会有光照的影响，这是因为墙面为静态，混合烘焙时，受到的是烘焙光照的影响，光照数据全部在烘焙贴图中，即使光线离开，仍然有光照显示；而小球不在灯光下就没有光照，这是因为小球没有勾选静态，采取的实时光照的方式，有光源才能显示光照信息。

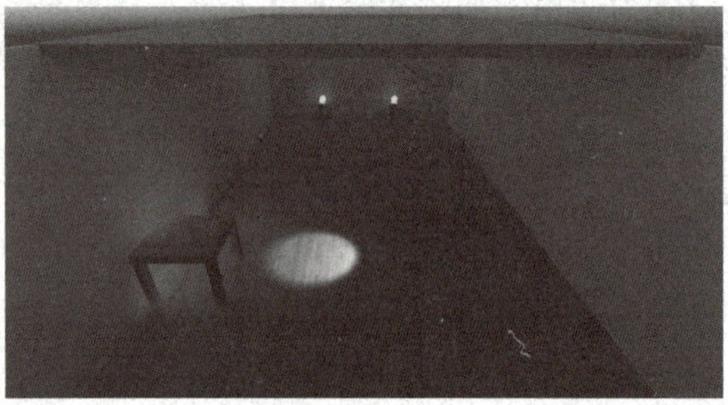

图 4.67　光线离开后

图 4.68　光照照射下

4.3.4　灯光探头组

光照贴图都是应用于静态物体，如果一个非静态物体在烘焙好的 Lighting map 场景中移动，当它挡住某个物体的光照的时候，烘焙好的这个物体依然显示光，而这个非静态物体表面也没有光照，很突兀。这样不能很好地融合到烘焙好的场景中，最理想是实时计算，但是达不到理想的效果，针对这种提出灯光探头（Light Probes）。

1. 灯光探头

灯光探头的原理是在场景中放上若干采样点，收集采样点周围的光暗信息，然后在附近的几个点围成的区域内进行插值，将插值结果作用到动态物体上。也就是说，在烘焙的时候将当前探头接收到的灯光数据记录下来，当动态物体经过时可以接收到这些记录了的灯光信息的影响，这样也从一定意义上使烘焙的物体与动态的物体产生了互动。新建灯光探头应用时要注意以下细节：

（1）没有必要在光影无变化的区域内布置多个采样点。

（2）在动态物体的活动空间来进行部署，没必要全部空间都部署。

（3）在一个节点上，添加 Light Probes Group（灯光探头组）组件，来进行部署灯光探头。

视频

灯光探头组

2. 创建灯光探头组

在场景中添加灯光探头组，使场景烘焙后，场景中非静态物体移动时，一样可以被光照贴图影响。

（1）隐藏屋顶面板和 Spot Light。

（2）新建四个 Spot Light，分别是 red spot、blue spot、green spot、yellow spot，并排

列于顶面，透视图和侧视图如图 4.69 和图 4.70 所示。

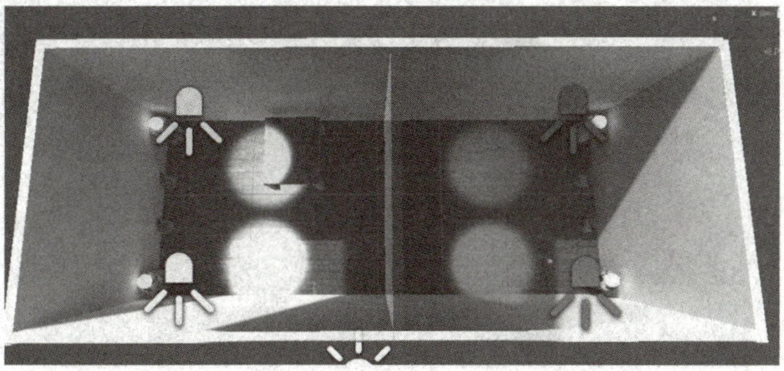

图 4.69　添加四个 Spot Light（透视图）

图 4.70　平面图

彩图

添加四个 Spot Light

（3）新建一个 cube，用于场景中灯光测试，新建的四个探照灯默认是实时光照，在实时光照下移动 cube，发现 cube 每到一个探照灯下，会受当前探照灯的光照影响。

（4）将四个探照灯都从实时模式改为 Baked 模式，如图 4.71 所示，然后根据之前讲的方式进行静态烘焙。

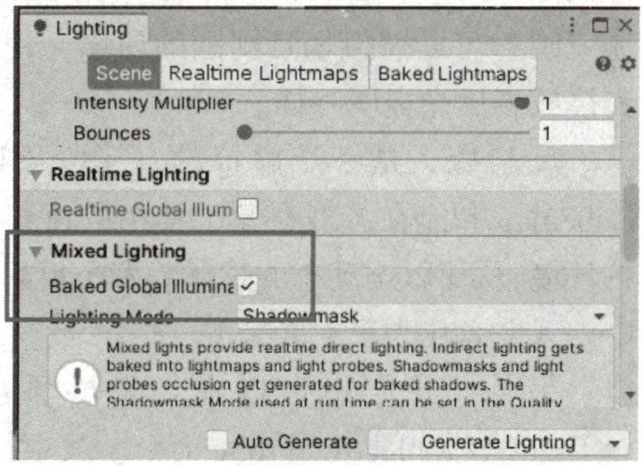

图 4.71　修改烘焙模式

（5）烘焙后，再移动 cube，发现无论 cube 移动到哪个探照灯下，都不会受探照灯的影响。

下面通过新建灯光探头组，使烘焙的效果通过灯光探头组应用到动态的物体上。注意灯光探头组，一定要围绕着光源排列和包裹。

（1）在层次面板空白处右击，在弹出的面板上选择 Light，并选择 Light Probe Group，在右侧的检视面板中新建 Light Probe Group。

（2）在 Light Probe Group 的右侧单击图标 Edit Light Probes，进入灯光探头组的编辑模式，可以对探头直接进行增加、删除、复制、移动的操作。此时，可以选中黄色的探头。

（3）选择探头，按【Ctrl+D】组合键可以进行探头复制，复制后，可以按照自身坐标轴移动探头。

（4）编辑完成后，单击“编辑”按钮，退出编辑模式，最终效果如图 4.72 和图 4.73 所示。

（5）再次进行烘焙。

（6）烘焙后，将四盏探照灯删除，场景中依然有烘焙贴图留下的光照信息，再次移动 cube，会发现 cube 移动到哪个光照贴图下，就会被对应的贴图颜色影响。

这样既通过烘焙生成光照贴图信息，节约了性能，又可以让动态物体走到灯光贴图上出现实时的光照效果，使交互场景更加真实。关于灯光探头组还有两个注意事项：

① 一个场景中创建一个灯光探头组即可，即使创建多个，小探头依然是联系在一起的。

② 探头的排布原则是光线变化多的地方密集一些。

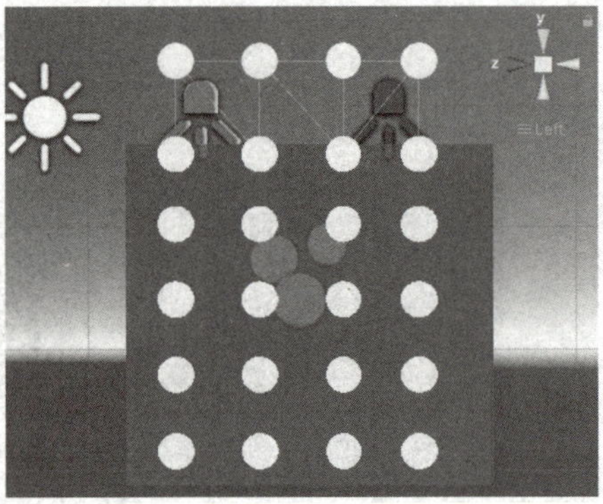

图 4.72　左视图

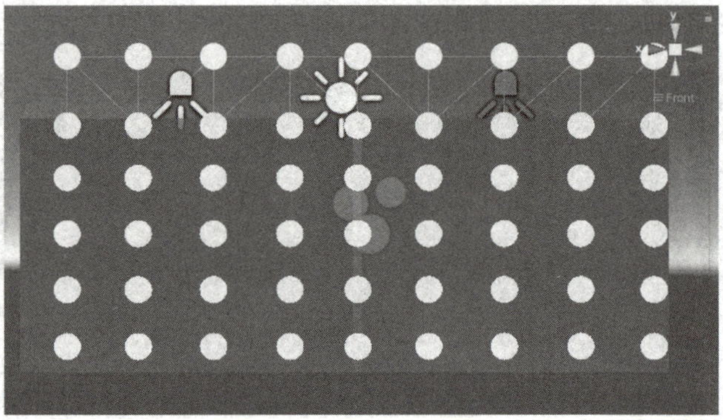

图 4.73　前视图

4.3.5　反射探头

在学习反射探头前，需要先理解 Cubemap 的含义。Cubemap，即立方体纹理，包含六张图像，每张图像对应立方体的一个面，在 Unity 中，可以使用 Cubemap 来实现天空盒子以及环境映射，环境映射可以模拟场景周围的环境，使用了环境映射材质的物体可以反射出周围的环境，就像反光镜或者反光金属一样。

反射探头是一个虚拟的盒子，可以捕获周围环境的光反射信息，并将捕获的信息存储为 Cubemap 和能在游戏对象上使用的反射材质，这样类似天空盒一样记录从它这个位置得到的周边的环境，从而影响动态的物体。多个反射探头，可以根据周围环境的变化而得到逼真的效果。图 4.74 中，天空盒作为反射光来源。

另外，我们也可以在场景中添加反射探头，具体方法是依次选择菜单栏 GameObject → Light → Reflection Probe 命令。反射探头常用功能如下：

（1）▲：编辑反射探头，用于编辑反射探头的作用区域，移动反射探头的位置。

（2）Type：反射类型，分为 Baked（烘焙）、Custom（自定义）、Realtime（实时）。

① Baked：烘焙类型，场景中静态的对象自动生成一个静态 Cubemap，即在灯光烘焙时被烘焙成固定的效果，这种类型性能消耗低，缺点是无法实时反映动态的效果，但由于对性能消耗低，适用于 PC 端。

② Custom：自定义类型，即用户自己制定需要的反射盒子，优缺点和 Baked 差不多，只是反射效果和场景没有了关系，而是取决于用户设置的反射贴图。

③ Realtime：实时类型，场景中所有的对象（静态和动态）都会被烘焙成 Cubemap，以固定的频率更新烘焙结果，优点就是动态的物体也能反射出来，缺点就是性能消耗非常大，用在网页端和手机端比较多。

（3）Runtime Settings：运行时设置。

① Importance：设置反射探头对于游戏对象的重要性，如果多个探头都影响游戏对象，可以根据重要性的优先级进行设置。

② Intensity：用于设置应用与材质纹理的强度。

③ Box Projection：打开或关闭立方体投影反射 UV 的映射。

以上是在开发中用得比较多的关于反射探头的操作。为了观察反射效果，可以在密室中制作一个较大的完全光滑的金属球，参数如图 4.75 所示。

视频

反射探头

（1）新建一个较大的 Sphere。

（2）新建一个材质球，并设置一定的金属度和光滑度，将该材质赋予新建的 Sphere。

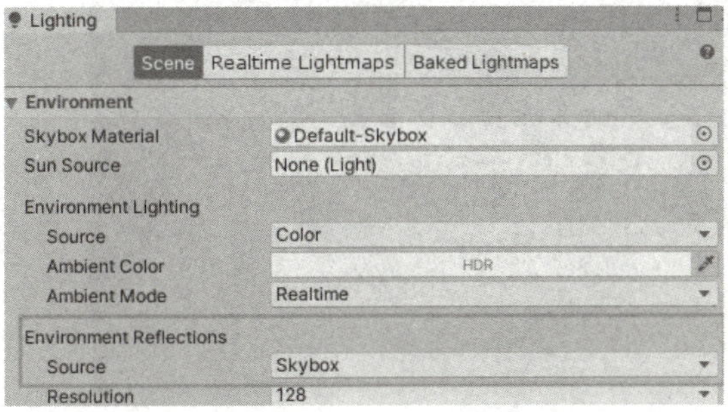

图 4.74　默认的反射探头

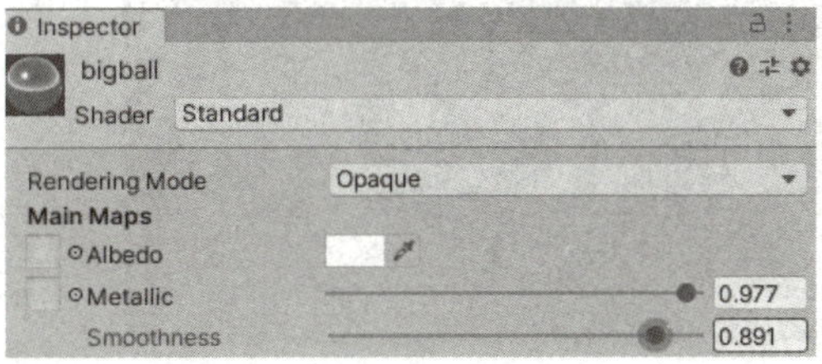

图 4.75　参数设置

（3）在场景中增加一个反射探头，选择 GameObject → Light → Reflection Probe 命令，在检视面板中选择，设置反射探头的区域，可以覆盖整个场景，如图 4.76 所示。

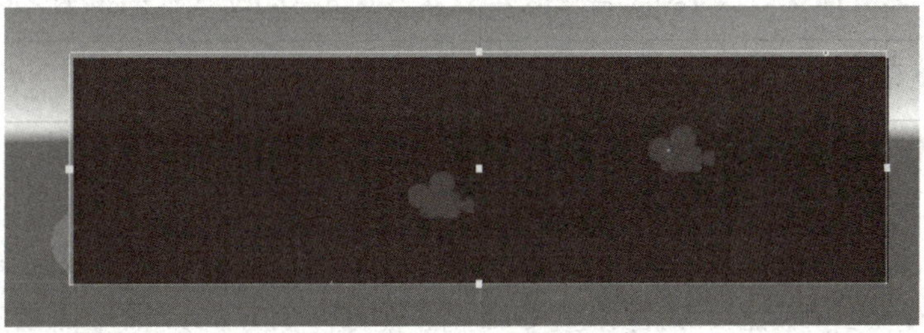

图 4.76　添加反射探头

（4）设置反射探头的类型为 Realtime。

（5）为了让反射效果看起来更明显，可以将场景的墙面设置为不同的颜色。

此时，场景未进行实时全局光照烘焙，使用反射探头和未使用反射探头的效果对比如下，图 4.77 为使用反射探头的效果，可以看到墙面的反射；图 4.78 为未使用反射探头的效果。

图 4.77　使用反射探头的效果

图 4.78　未使用反射探头的效果

接着，用之前的方法对实时全局光照进行烘焙，图 4.79 为使用反射探头的效果，可以看到墙面的反射，也可以看到天空盒的反射，因为烘焙了全局光，光线更自然；图 4.80 为烘焙之后未使用反射探头的，可以看到该球体只反射了天空盒，并未反射墙面。烘焙前后，未使用反射探头的两张图效果对比还是比较明显的。

图 4.79　烘焙后使用反射探头的效果

图 4.80　烘焙后未使用反射探头的效果

通过以上例子，我们可以清楚看到，反射探头对场景光线的逼真度仿真上有很大的作用，场景越复杂，反射探头的作用越明显，能充分表现环境光线的细节。以上是以实时的反射探头为例，如果是 Baked 类型的反射探头，操作也是类似，只是反射探头的效果需要在场景烘焙后才能表现。

4.3.6　其他常用参数

以上介绍了 Unity 光照系统中关于实时光和非实时光的概念和设置方法。下面介绍 Unity 光照系统的一些其他常用功能。

单击 Window → Rendering → Lighting Settings 命令，打开灯光系统设置面板，这里除了上文中提到的烘焙功能外，还可以让开发者调整 GI 进程中的各个方面，根据需要来自定义场景或优化质量、性能和存储空间，例如设置环境光、雾效、光晕等。Lighting 窗口有三个选项卡：Scene、Global maps、Object maps。一般开发中用的比较多的是 Scene 窗口。

在 Scene 窗口下，打开 Environment 卷展栏，这是环境照明部分，包含天空盒（Skybox），环境光（Environment Lighting）和环境反射（Environment Refletions）的设置，如图 4.81 所示。

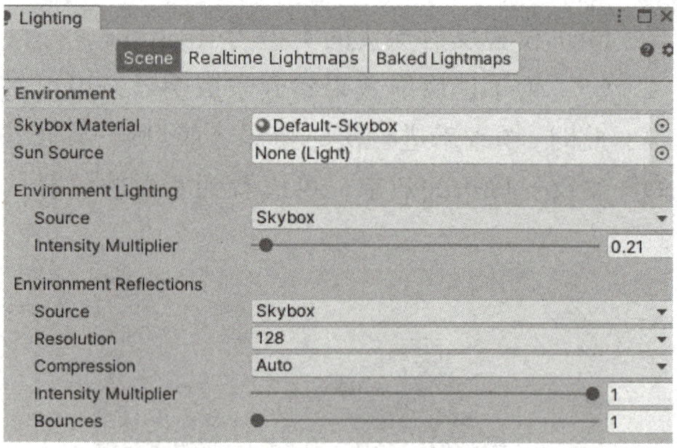

图 4.81　Environment 面板

（1）Skybox Material：天空盒材质。天空盒可以看作是一个内部着色的大的正方体，包裹着整个场景。默认的是 Unity 自带的天空盒，也可以制作或者下载其他天空盒。

（2）Sun Source：太阳光源。确定太阳光来自哪个 Light。

（3）Environment Lighting：环境光设置，下设有 Source 和 Intensity Multiplier 两个参数。

① Source：环境光的来源，有三种，分别是 Skybox、Gradient、Color（见图 4.82），Skybox 是

环境光，由天空盒决定；Gradient 可以选择天空、地平线、地面的颜色进行混合；Color 是由一个颜色作为环境光。烘焙前，这个选项对所有对象都有影响；烘焙之后，只对非静态的对象有影响。

② Intensity Multiplier：漫反射环境光的亮度。值是 0 ～ 8 之间，默认为 1。

（4）Environment Reflections：用来全局设置反射参数，以下有五个参数：

① Source：反射源。包括 Skybox 和 Custom。Skybox 是将天空盒作为反射源；Custom 是用一个 cube map 作为反射源，如图 4.83 所示。

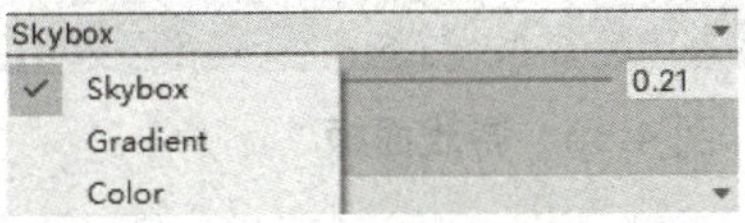

图 4.82　设置环境光来源

图 4.83　设置反射光来源

② Resolution：反射贴图的分辨率。

③ Compression：设置反射贴图是否被压缩，分为 Auto（自动）、Uncompressed（不压缩）和 Compressed（压缩）。

④ Intensity Multiplier：控制天空盒和自定义的反射贴图对场景的影响大小，默认为 1。

⑤ Bounces：控制反射次数。如果为 1 的话，镜子里面看到的就是黑色。镜面需要看到反射的话，需要设置为 2，次数越大烘焙越慢。

应用示例　通过设置环境光，观察室内对象的变化。

打开之前的场景，复制一张桌子，除了这个桌子外，其他对象都勾选“静态”；选择 Realtime Global Illumination，烘焙后，可看到整个场景被提亮；选择 Window → Rendering → Lighting Settings 命令，在 Environment Lighting 卷展栏的 Source 中将 Skybox 修改为 Color，可随意设置，这里设置为蓝色。观察场景，发现整个环境光的颜色有轻微变化，而新建的非静态的桌子变化最大，蓝色光照亮。这个例子就是环境光的应用。

4.4　摄像机

Unity 中有两个窗口面板，一个是 Scene 窗口，这是开发人员的编辑窗口；另一个是 Game 窗口，这是用户看到的窗口，Scene 窗口可以随机调节，Game 窗口只能按照既定的视角或者应用程序提供的视角移动。这就好像看电影，观众只能观看导演给定的视角范围的画面。而导演是通过摄像机将画面输出给观众，同样，在 Unity 中，也是通过 Camera 摄像机组件将 Scene 窗口中的场景输出到 Game 窗口中，用户才可以在 Game 窗口中看到。

打开之前新建项目，Unity 自带的 SampleScene 的场景，此时观察 Game 窗口，除了天空盒什么都没有，接着，我们新建一个 Cube，Cube 自动生成在场景面板（见图 4.84）的中心，此时观察游戏面板（见图 4.85），也显示出了这个刚建的 Cube。

但是和场景面板中看到的角度不一致，此时如果想直接在游戏面板中调节角度，是做不到的，只能回到场景面板调节，调节的方法有两种：第一种是选中 Cube，调节 Cube 的位置，使游戏面板的显示改变；第二种是选中 Camera，调节 Camera 的位置，使游戏窗口的显示改变。

图 4.84　场景面板

图 4.85　游戏面板

4.4.1　摄像机的重要参数

为了能给用户呈现较好的画面，我们需要了解摄像机的一些主要参数，通过反复调参，达到适合的画面。

选中摄像机，在右侧的检视面板上，有 Transform 组件和 Camera 组件，Transform 组件显示的是当前选中的摄像机的坐标，可以通过移动、旋转的工具编辑摄像机的位置，就跟我们日常生活中的拍照一样，以此改变 Game 视口看到的画面。同时，选中摄像机时，会在场景面板的右下角出现一个监视器，是实时显示摄像机的画面。

下面我们对 Camera 的常用参数进行解释：

（1）Clear Flags：清除标记。每个相机在渲染时会存储颜色和深度信息。当使用多个相机时，每个相机都将自己的颜色和深度信息存储在缓冲区中，同时积累大量的渲染数据。当场景中的任何特定相机要进行渲染时，可以通过清除标记以清除缓冲区信息的不同集合。Unity 提供了四种清除方式：

① Skybox：这是一个默认的设置，是在屏幕上空的部分显示当前相机的天空盒。天空盒本身也是一个组件，可以添加在 Camera 对象上。除天空盒组件外，在渲染设置（Render Settings）中的 Edit 下，也有一个 Render Settings，当没有设置天空盒时，Unity 会默认使用这里的天空盒设置。

② Solid Color：和天空盒一样，屏幕上任何空的部分设置为纯色。

③ Depth only：仅深度。这个选项会保留颜色缓冲，但会清空深度缓冲。

④ Don't Clear：不清除任何缓冲。

再次打开 SampleScene 场景，将之前新建的 Cube 通过放大、旋转等调节后，设置成地板大小，并在地板的左上角和右下角各放置一个球体和圆柱体，场景面板画面如图 4.86 所示。

图 4.86　场景面板效果

视频

Clear Flags 设置

调整 Main Camera 的位置，使 Game 视角下只能看到圆柱体。这里有两个方法调节，第一个是通过移动旋转，一点点移动摄像机的位置，并在右下角的监视器同时观察，直到达到效果；第二种方法就相对便捷，是在场景面板中通过调整视角，使画面呈现为我们想要的样子，选中摄像机，再选择 GameObject → Align With View 命令，可以快速让摄像机按照我们调节的场景面板的视角显示。最终场景和游戏面板效果如图 4.87 和图 4.88 所示。

图 4.87　场景面板效果

图 4.88　游戏面板效果

我们观察此时的画面，屏幕上空的部分显示的就是天空盒，这是因为默认状态下，Camera 的 Clear Flags 是天空盒。我们将天空盒改为 Solid Color，并设置为蓝色，效果如图 4.89 和图 4.90 所示。

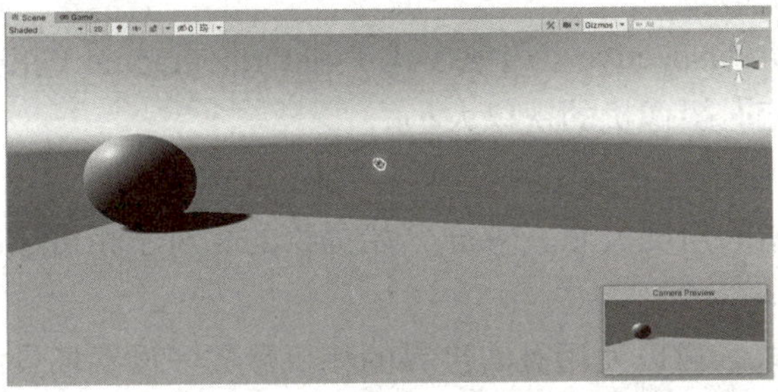

图 4.89　场景面板效果

图 4.90　游戏面板效果

接着我们新建一个 Camera，这个 Camera 深度默认是 –1，调整 Scene 面板，使新建的 Camera 只能看到圆柱体，然后选择 GameObject → Align with View 命令，最后效果如图 4.91 和图 4.92 所示。

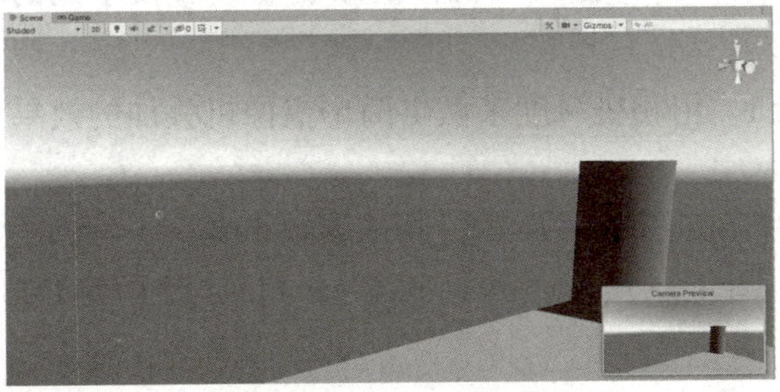

图 4.91　场景面板效果

图 4.92　游戏面板效果

这时，我们会思考一个问题。Main Camera 的球体去哪里了，为什么显示的是后建的 Camera 的视角，是因为所建相机的顺序决定的吗？其实这是因为每个相机都有一个 Depth 值，也就是相机的深度，由相机深度决定。当只有一个摄像机时，这个属性没有意义。当有大于两个摄像机时，就牵扯到多个摄像机的前后层叠问题了。Depth 值越大，越靠上，也就是越靠外，也就是可以遮挡

图 4.93　摄像机深度设置后的效果

值较小的摄像机的画面。新建场景时，自带的摄像机深度为 –1，后建的摄像机默认深度都是 0，所以，当前场景中虽然有 Main Camera 和 Camera，但是却显示了 Camera 的视角。

下面将 Camera 的 Clear Flags 设置为 Depth only，效果如图 4.93 所示。

我们发现，圆柱体嵌入了摄像机的视角中，据 Depth only 字面意思来说，这个时候 Camera 摄像机的未渲染部分的显示内容取决于深度，未渲染部分显示什么由深度小于本摄像机的内容来决定，而在本例子中小于 Camera 深度的就是 Main Camera 的内容，即一个蓝色背景的球体。

（2）Background：在镜头中的所有元素描绘完成且没有天空盒的情况下，将选中的颜色应用到剩余的屏幕。

（3）Culling Mask：包含或忽略相机渲染对象层。即指定相机渲染或者不渲染哪些图层。需要先通过添加图层的方式将场景中的对象指定在某个图层。

（4）Projection：切换摄像机的投影模式，分为 Perspective（透视模式）和 Orthographic（正交模式），正交模式下会有一个 Size 值，可以设置正交时摄像机的视口大小。

（5）FOV Axis：视场角的轴向。

（6）Field of View：相机的视角宽度，以及纵向的角度尺寸。Near 开始描绘的相对于相机最近的点；Far 开始描绘的相对于相机最远的点。

（7）Physical Camera：物理摄像机。选择该模式，可以使用真实世界的相机参数来设置场景中的虚拟相机，会增加如 Focal Lengh（焦距）、Sensor Type（传感器类型）等参数。

（8）Clipping Planes：从相机到开始渲染和停止渲染之间的距离。

（9）Viewport Rect：标准视图矩形，用四个数值来控制摄像机的视图将绘制在屏幕的位置和大小，使用的是屏幕坐标系，数值在 0 ～ 1 之间。即在场景面板右下角相机视图。

（10）Depth：深度。绘图顺序中的相机位置，具有较大值的相机将被绘制在具有较小值的相机的上面。

应用示例　打开神奇的密室项目，开发场景 1，用相机深度来做出两个摄像机叠加的效果，具体步骤如下。

（1）找到 Main Camera，设置 Main Camera 的视角如图 4.94 所示，其他参数不变。

（2）添加一个 Camera，设置 Camera 的视角如图 4.95 所示，并且其 Clear Flags 设置为 Depth only。

（3）此时发现，从可视画面上看，两个画面似乎并未有深度叠加，其实是因为叠加的 Main Camera 画面被 Camera 渲染的画面中的墙面遮挡了，所以需要剔除遮挡。

（4）墙面对象在 room 中，在层次面板选择 room，在右侧的检视面板中，能看到一个 Layer 图层，默认为 Default，选择 Add Layer 选项，在新增的管理面板中新增 room 图层，如图 4.96 所示。

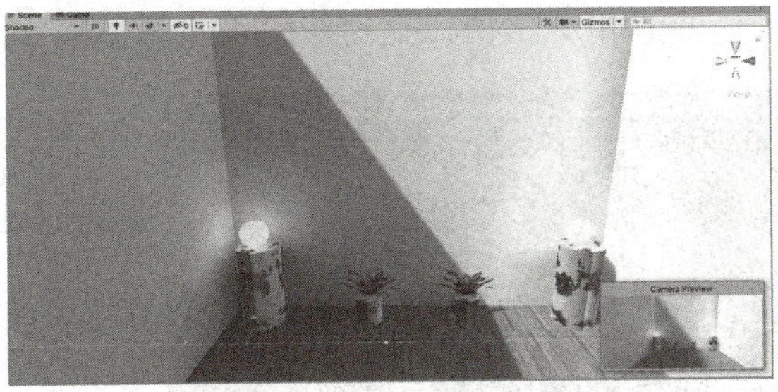

图 4.94　初始效果

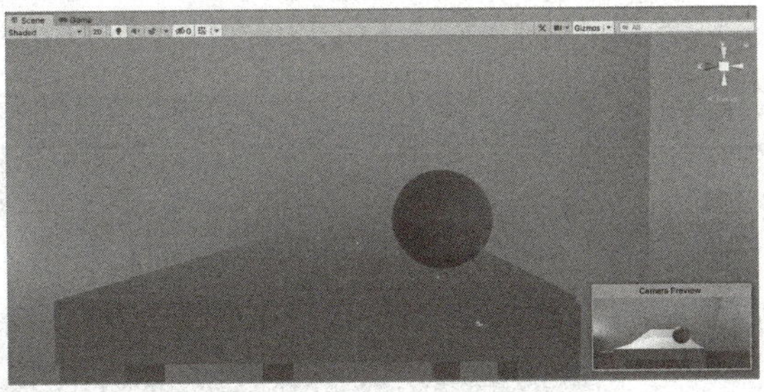

图 4.95　设置 Clear Flags 后的效果

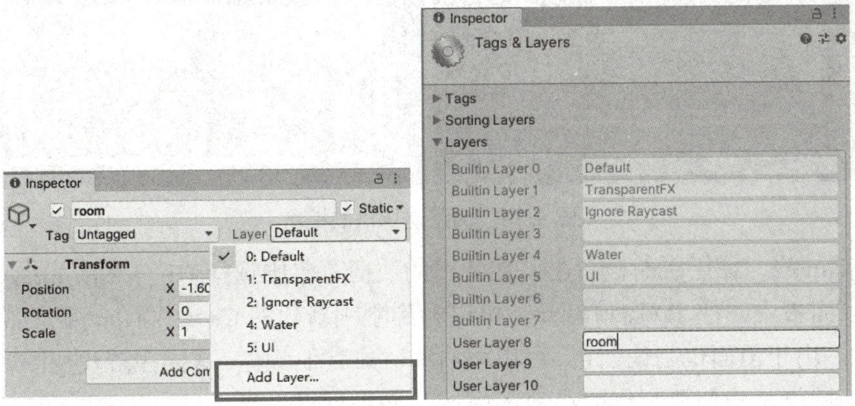

图 4.96　添加图层

（5）选择 room 对象，设定其图层为 room。

（6）找到后建的 Camera，选择 Culling Mask，修改前会显示 room 图层，修改后不显示 room 图层，参数设置如图 4.97 所示。

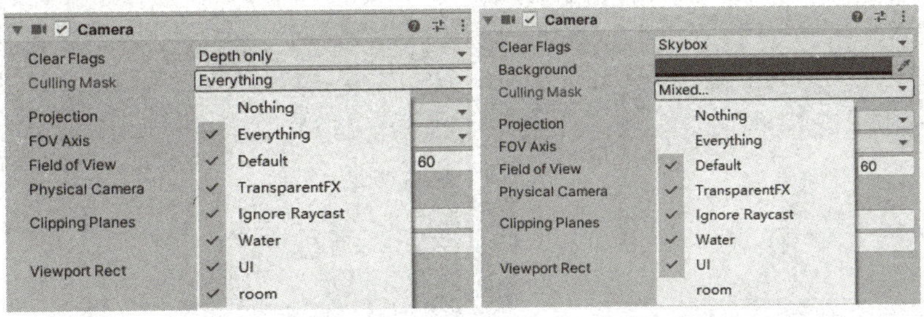

图 4.97　修改显示图层的参数

（7）此时，我们再观察游戏面板，效果如图 4.98 所示，两个摄像机的场景恰好融合在了一起。

图 4.98　摄像机叠加后的效果

4.4.2　小地图显示

（1）新建一个 Camera，在层级面板中双击 Camera 聚焦，调整 Camera Rotation 的 X 轴为 90°，使其形成一个场景的俯视图，为了方便观察，可切换成 2 by 3 模式，修改摄像机 Projection 为 Orthographic，调节 Size 的值，直到如图 4.99 所示。

视频

小地图的显示

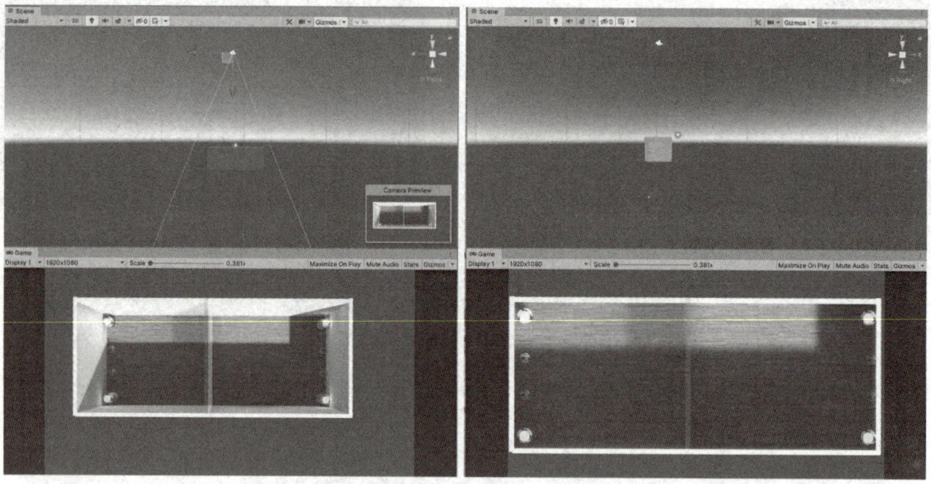

图 4.99　调整摄像机的视角

（2）隐藏 Camera，在层次面板右击，在弹出的快捷菜单中选择 UI → Raw Image 命令。

（3）在场景面板中，把 2D 窗口打开，可以看到刚刚新建的 Cavas 画布，我们将左下角的白方块移动到右上角，由于前面也是偏白色，可以将白块改成其他颜色，这样在游戏视图就会比较明显。

（4）红色区域就是我们要制作的小地图区域，如果觉得太小，可以用将红色区域放大，如图 4.100 所示。

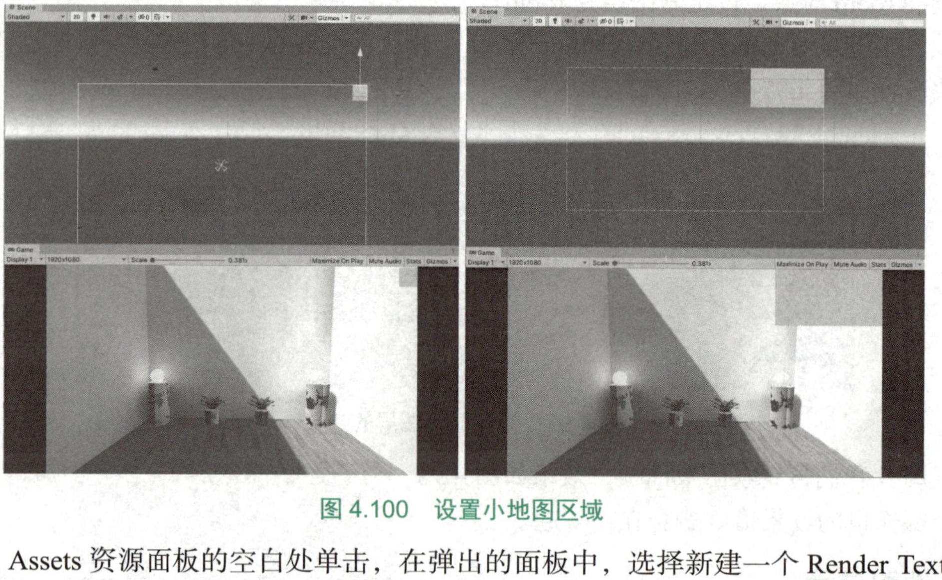

图 4.100　设置小地图区域

（5）在 Assets 资源面板的空白处单击，在弹出的面板中，选择新建一个 Render Texture，重命名为 map Render Texture。

（6）在层级面板中找到 Cavas 下的 Raw Image，在右侧的检视面板中 Raw Image 组件中设置刚才新建的 Render Texture 为 Texture，如图 4.101 所示。

（7）打开之前新建的 Camera，在 Camera 组件中设置参数，如图 4.102 所示。

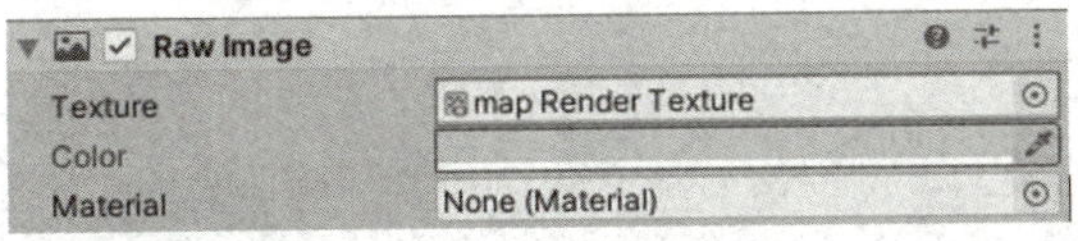

图 4.101　设置 Raw Image

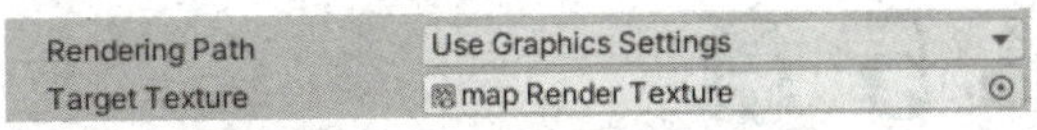

图 4.102　设置 Camera 组件

（8）此时发现，小地图中已经可以显示 Camera 的内容，但是背景却是粉红色，这时回到 Cavas 下的 Raw Image，在右侧的检视面板 Raw Image 组件中把 Color 改为白色即可。

（9）小地图设置完成，现在移动 Camera 的视角，小地图也会跟着移动，如图 4.103 所示。

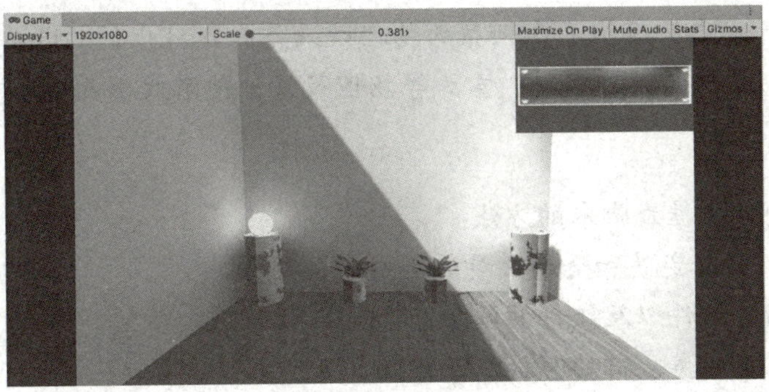

图 4.103　小地图设置完成的效果

如果右上角的小地图的分辨率比较低，可以单击 Assets 资源面板上的 map Render Texture，在右侧的检视面板中修改 Size 为 1 024 × 1 024。

小　结

通过本章学习，大家应该对 Unity 3D 的世界坐标系和自身坐标系有了明确的认识，能够合理布局一个 3D 场景，并对场景中的模型进行材质的创建，结合 Unity 提供的光照系统进行场景的烘焙，获得一个理想的画面视觉效果。本章最后为场景添加摄像机和小地图功能，使应用更全面、交互更丰富。

思　考

1. 摄像机有几种投影模式？分别有什么区别？
2. Unity 中的材质有哪几种渲染模式？思考实体一般选择哪种渲染模式？
3. 为玻璃创建一个材质球。
4. 什么是直接光照、间接光照以及全局光照？
5. 虚拟场景中的光照系统应当如何设计可以更具真实感？

第 5 章 Unity 3D 交互功能开发——与密室互动

虚拟现实或游戏开发中，模拟真实世界的物理效果是必不可少的。Unity 通过物理引擎高效、逼真地模拟刚体碰撞、车辆驾驶、布料、重力等物理效果，使游戏画面更加真实而生动。

学习目标

- 掌握 Unity 中创建并挂载脚本的方法。
- 掌握公共变量、私有变量和全局变量的区别与使用。
- 掌握 Unity 常用的组件以及组件的添加。
- 掌握 Unity 中常用的类、类的属性以及方法。
- 掌握 Unity 中的碰撞器和触发器的使用。
- 掌握 Unity 中动画系统的使用。

5.1 认识脚本

该案例选用 Unity 2019.3.5 版本，在虚拟现实开发中，脚本是必不可少的一部分。Unity 3D 早期版本支持 C#、JS 以及 BOO 三种语言，后来先取消了对 BOO 语言的支持，接着发现全球使用 JS 语言的开发人员较少，而且 JS 语言的开发效率较低，因此，最终只剩下 C# 一种脚本编程语言。

5.1.1 C# 语言

在 Unity 3D 中，C# 脚本的运行环境使用了 Mono 技术，Mono 是指 Novell 公司致力于 NET 开源的工程，利用 Mono 技术可以在 Unity 3D 脚本中使用 .NET 所有的相关类。但 Unity 3D 中 C# 的使用与传统的 C# 有一些不同。

1. Unity 中 C# 语言的特点

1）脚本中的类都继承自 MonoBehaviour 类

Unity 3D 中所有挂载到游戏对象上的脚本中包含的类都继承自 MonoBehaviour 类。MonoBehaviour 类中定义了各种回调方法，例如 Start、Update 和 FixedUpdate 等。通过在 Unity 中创建 C# 脚本，系统模板已经包含了必要的定义。

2）使用 Awake 或 Start 方法初始化

用于初始化的 C# 脚本代码必须置于 Awake 或 Start 方法中。

Awake 和 Start 方法的不同之处在于：Awake 方法是在加载场景时运行，Start 方法是在第一次调用 Update 或 FixedUpdate 方法之前调用，Awake 方法在所有 Start 方法之前运行。

3）类名必须匹配文件名

C# 脚本中类名必须和文件名相同，否则当脚本挂载到游戏对象时，控制台会报错。

4）只有满足特定情况时变量才能显示在属性查看器中

只有公有的成员变量才能显示在属性查看器中，而 private 和 protected 类型的成员变量不能显示，如果要使属性项在属性查看器中显示，必须是 public 类型的。

5）尽量避免使用构造函数

不要在构造函数中初始化任何变量，而应使用 Awake 或 Start 方法来实现。

2. 编辑器的选择

选择 Edit → Preferences → External Tools 选项，可以设置脚本编辑器，Unity 内置了 MonoDevelop，它支持所有平台，在安装器运行时，Windows 用户可以安装 Visual Studio 来取代它，如图 5.1 所示。

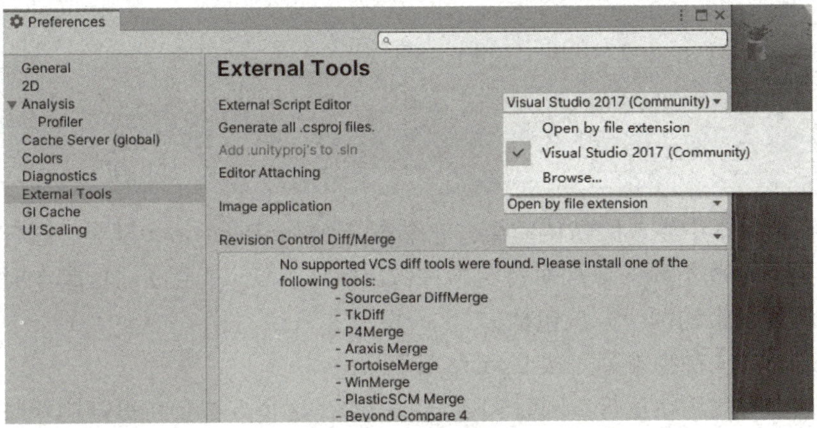

图 5.1　编辑器面板

5.1.2　控制台

Unity 3D 的 default 布局上有 Console 面板，这是一个控制台，用来显示测试信息和报错，如果不小心把这个面板关闭，可以选择 Window General → Console 命令或者直接按【Ctrl+Shift+C】组合键调出该面板（见图 5.2）。Console 面板左侧主要有以下几个功能：

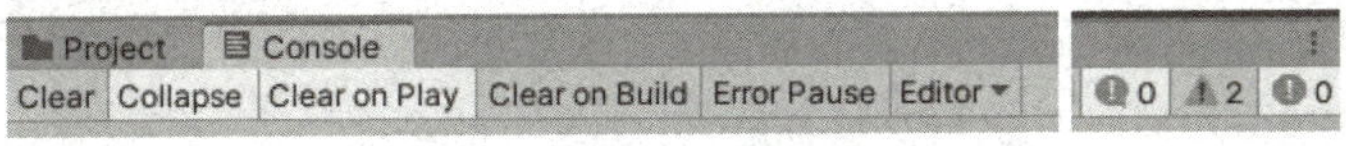

图 5.2　控制台面板

（1）Clear：清除所有信息。

（2）Collapse：折叠重复信息。

（3）Clear on Play：运行时清理所有 Console 信息。

（4）Clear on Build：编译时清除 Console 信息。

（5）Error Pause：出错则暂停。

（6）：显示输出日志。

（7）⚠：显示警告信息。

（8）❶：显示出错信息。

5.1.3 创建脚本并运行

1. 创建脚本

在项目面板中新建一个 Scripts 文件夹，右击新建 C# 文件，命名为 Test，双击文件夹，默认用 Visual Studio 编辑器打开，打开后看到如下代码：

```
using System.Collections;
using System.Collections.Generic;
using UnityEngine;
public class Test: MonoBehaviour
{
    void Start()
    {
    }
    void Update()
    {
    }
}
```

这是 Unity 在新脚本中生成的默认的类。它继承了 MonoBehaviour 基类，这样脚本才能够在游戏中运行，同时还有一些特殊的方法对特定事件做出响应。Unity 会在运行脚本时以特定顺序调用多个方法。新建脚本自带的两个方法包括：

① Start()：这个方法在脚本第一次 Update 时调用。

② Update()：当游戏正在运行，同时脚本是可用的，这个方法会在每帧刷新时调用。

输入如下指令：

```
public class Move: MonoBehaviour
{
    void Start()
    {
        Debug.Log("Start方法测试");
    }
    void Update()
    {
        Debug.Log("Update方法测试");
    }
}
```

我们可以先在脚本中输入以上代码，再按照下文挂载脚本的方式操作，体会 Start() 和 Update() 方法的含义。

2. 挂载脚本

（1）在层次面板中找到需挂载脚本的对象，上文中的“Test.cs”并无特定执行对象，可指定给场景中任意物体，这里选择场景中的摄像机。

（2）从检视面板单击 Add Component → Script 选项，如图 5.3 所示找到待添加的代码即可。

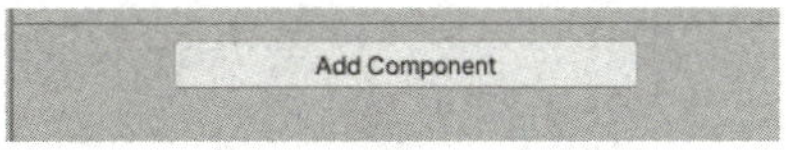

图 5.3　添加组件功能

（3）运行脚本。

在项目面板中看到输出的“Start 方法测试”和“Update 方法测试”，如图 5.4 所示。

图 5.4　输出“测试”

运行脚本后，打开 Console 面板，观察发现“Start 方法测试”这句话只在最初脚本运行的时候执行过一次，而“Update 方法测试”这句话则持续刷新，我们可以从 Console 面板的右侧图标  看到实时计数情况。

将脚本指定给对象的方法很多，也可以直接从资源包中选择脚本，直接拖动到对象身上。

5.1.4　公共变量、私有变量、静态变量

我们知道，变量根据其作用域，一般分为全局变量和局部变量。二者定义范围不同，全局变量定义于函数外部，局部变量定义于函数内部。全局变量作用于整个程序，而局部变量仅限于函数体内。

请大家观察以下代码：

```
public class Test: MonoBehaviour
{
    private int A=1;
    private int B=2;
    void Start()
    {
        int C=3;
        int D=4;
        }
}
```

其中的 A 和 B 是全局变量，在本脚本的其他函数中都可以调用，而 C 和 D 是局部变量，只能在本函数中调用，其他函数不能调用。

Unity 除了全局变量和局部变量的概念外，还有公共变量、私有变量和静态变量的概念。

1. 公共变量

1）公共变量说明

在函数外面定义的变量叫作公共变量，也叫作成员变量，用 Public 定义，公共变量能够通过 Unity 的检视面板进行访问，而且可以实时改动，通过调用脚本可以访问。

2）公共变量应用

（1）可以通过检视面板访问变量值，如下所示：

```
public class TestHello : MonoBehaviour
{
```

```
public string Word= "你好";
void Start()
{
}
// Update is called once per frame
void Update()
{
    Debug.Log(Word);
}
}
```

以上代码定义了一个 Word 的字符串变量，并赋值为“你好”。代码完成后保存，因为该代码不需要挂载到特定对象上，所以将代码拖动到场景中任一对象上即可。由于是 public 定义的公共变量 Word，可以在检视面板中看到并修改 Word 变量值，如图 5.5 所示。

图 5.5 修改变量值

运行程序，可以看到 Console 面板输出“你好”二字。

（2）可在程序运行时修改检视面板的值，实时看到反馈。

操作方法：停止程序运行，在检视面板直接修改“你好”为“Hello”，修改后再次运行程序，会发现 Console 面板输出为“Hello”。

（3）外部引用，创建如下 2 个脚本 TestA.cs 和 CallA.cs，在 TestA.cs 脚本中定义一个变量 A，值是 1，在 CallA.cs 脚本中调用 TestA.cs 脚本中的变量 A 并赋值给 B，并在 Console 中显示 B。

```
public class TestA : MonoBehaviour
{
    public int A=1;
    void Start()
    {
    }
}
```

将该“TestA.cs”脚本赋给场景中的摄像机 Camera。

```
public class CallA : MonoBehaviour
{
    public GameObject One;
    public int B;
    void Start()
    {
        B = One.GetComponent<TestA>().A;
        Debug.Log(B);
    }
}
```

将 CallA.cs 赋给场景中除摄像机以外的对象，比如 Directional Light，此时需要指定引用的对象（这个涉及获取对象的方法，下文会有具体讲解），设置完成后，单击运行，如图 5.6 和图 5.7 所示。

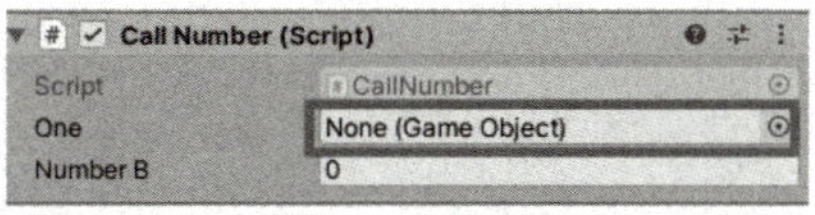

图 5.6　赋值前

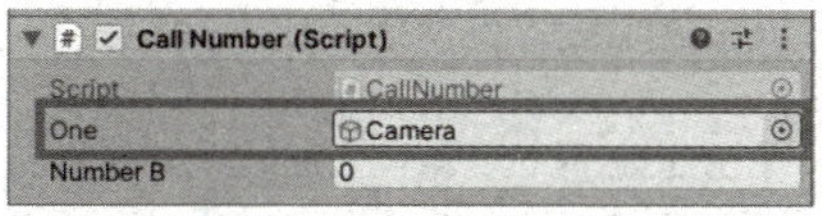

图 5.7　赋值后

运行后，在 Console 面板可以看到输出了 A 的值 1，这就是通过 public 定义的变量外部引用的方法。

（4）需要让外部引用，但又不希望暴露给 Unity，可通过 [HideInInspector] 控制 public 对 Unity 的暴露或隐藏。

新建一个脚本 TestHide.cs，如下所示：

```
using UnityEngine;
using System.Collections;
public class TestHide:MonoBehaviour{
    [HideInInspector]
    public int A = 1;
}
```

将代码挂给任意对象，发现无法在右侧的检视面板中进行访问修改值。

2. 私有变量

1）私有变量说明

私有变量，用 private 定义，不能在检视面板中进行访问，而且只能在当前脚本中使用，无法调用。如果没有声明是 public 还是 private，系统默认是 private。

2）私有变量应用

不想让外部引用，但又希望暴露给 Unity，可通过 [SerializeField] 控制 Private 对 Unity 的暴露或隐藏。

新建一个脚本 TestB.cs，如下所示：

```
using UnityEngine;
using System.Collections;
public class TestB:MonoBehaviour
    {
        [SerializeField]
        private int B = 2;
    }
```

将代码挂给任意对象，在右侧的检视面板中可以进行访问并修改值，如图 5.8 和图 5.9 所示。

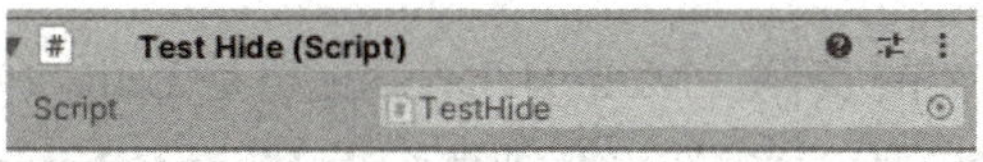

图 5.8　挂载脚本组件

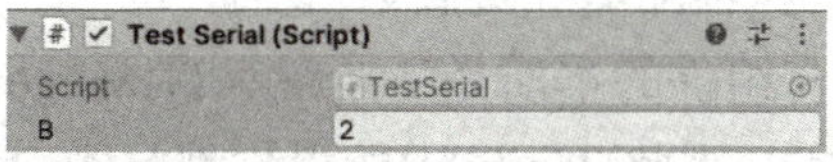

图 5.9　挂载脚本并修改值

3. 静态变量

在 C# 脚本中可以通过 Static 关键字来创建静态变量，这样就可以在不同脚本间调用这个变量，用户可通过“脚本名 . 变量名”的方法调用。

```
public class TestC: MonoBehaviour
{
    public static int C=3;
    void Start()
    {
    }
}
public class CallC : MonoBehaviour
{
    public int A;
    void Start()
    {
        A = TestC.C;
        Debug.Log(A);
    }
}
```

此例和 public 的外部引用示例很像，实际有很大区别。在 public 的外部引用示例中需要将代码赋给不同的对象，而通过 static 定义后的变量可以只挂载调用对象的脚本，即可通过“脚本名 . 变量名”访问到所需要的值。本案例中只需要将 CallC.cs 赋给场景中任意对象，单击运行后，即可在 console 面板中输出值 3。TestC.cs 不用挂载，只需要编辑完成后放在项目文件夹中即可。

5.2 组件

5.2.1 组件概述

1. 组件的概念

组件（Component），顾名思义，就是游戏物体的组成部件。这和我们对现实生活的认识是一致的。比如一台主机，是由 CPU、显卡、主板、内存条等组成的。这些部件就是主机的“组件”。

Unity 3D 就是一个“组件式”的游戏引擎，它使用各种各样的组件“拼装”了游戏物体，最终再把游戏物体拼装成游戏。

2. 游戏对象和组件的关系

游戏对象(GameObject)上可以包含多个组件。每个游戏对象都有一个 Transform Component(创建游戏对象时就默认有了)。也可以自行添加组件，添加不同的组件可以使游戏对象有各种功能，脚本也是组件。

3. 组件和类的关系

所有组件的本质是一个继承自 MonoBehaviour 类的实例。MonoBehaviour 类是 Unity 中所有脚本的基类。因此，Unity 中的组件都是类，反之，一个类要成为组件也必须要继承 MonoBehaviour 类。当我们把组件挂载到游戏物体身上运行时，就是把继承自 MonoBehaviour 的类拖到游戏对象的身上，实际也是把此脚本的一个实例放到了游戏对象这个容器当中。这个脚本的实例化过程不是在拖动时发生的，是在游戏运行之初进行的。因此，可总结为如下几点：

（1）脚本是一个继承自 MonoBehaviour 的类。

（2）组件这个说法是相对于游戏对象来讲的，组件其本质是脚本的一个实例。每个组件都有自己对应的属性。

4. 添加组件的方法

先在层次视图中选择某个游戏对象，然后通过以下三种方式之一为该对象添加其他组件：

方法一：通过 Component 菜单将其他组件添加到该游戏对象中。

方法二：通过检视器中的 Add Component 按钮添加其他组件。

方法三：在脚本中利用 AddComponent 函数添加一个组件。

5. 组件的分类

在设计游戏对象时，可以根据游戏本身的需要为游戏对象添加各种功能支持，比如渲染、碰撞、刚体、粒子系统等。Unity 给我们提供了不同类别的组件，包括用于设置外形和外表的 Mesh 网格组件、用于设置物理碰撞效果的 Physics 物理组件、用于设置特效的 Effects 效果组件等，表 5.1 是 Unity 提供的常用组件介绍。

表 5.1　常用的组件

组 件 类 型	功　能
Mesh网格组件	用于设置外形和外表，包括Mesh Filter（网格过滤器）、Text Mesh（文件过滤器）、Mesh Renderer（网格渲染器）
Effects效果组件	用于设置特效，包括Halo（光晕）效果、Lens Flare（镜头炫目）、Line Renderer（线段渲染器）、Particle System（粒子系统）、Trail Renderer（拖尾渲染器）、Projector（投影器）
Physics物理组件	用于模拟3D物体的物理效果，包括Box Collider（盒状碰撞器）、Capsule Collider（胶囊碰撞器）、Character Collide（角色碰撞器）、Character Joint（角色关节）、Rigidbody（刚体）、Mesh Collider（网格碰撞器）、Terrain Collider（地形碰撞器）等
Physics 2D物理组件	用于模拟2D物理效果，包括Area Effector 2D（2D区域效果器）、Box Colleder 2D（2D盒状碰撞器）、Circle Collider 2D（2D圆形碰撞器）等
Navigation导航组件	用于实现动态物体自动寻路功能，包括Nav Mesh Agent（导航网格代理）、Nav Mesh Obstacle（导航网格障碍）、Off Mesh Link（分离网格连接）
Audio音频组件	用于设置声音源和声音效果，包括Audio Listener（音频）、Audio Source（音频源）、Audio Reverb Zones（混响区）、Audio Low Pass Filter (PRO only)：音频低通滤波器等
Rendering渲染组件	设置渲染效果，包括Camera（摄像机）、Canvas Renderer（画布渲染器）、Light（灯光）、Light Probe Group（灯光探头组）、Skybox（天空盒）等
Layout布局组件	用于设置UI的布局，包括Canvas（画布）、Canvas Group（画布组）、Grid Layout Group（网格布局组）、Horizontal Layout Group（水平布局组）、Layout Element（布局元素）、Vertical Layout Group（垂直布局组）等
Event事件组件	用于控制各类质检，包括Event System（事件系统）、Event Trigger（事件触发器）、Graphic Raycaster（图形光线投射器）、Touch Input Module（触摸输入模块）等
UI元素组件	设置UI用户界面，包括Button（按钮）、Image（图片）、InputField（输入框）、Mask（遮罩）等
Scripts脚本组件	显示已创建的脚本组件
New Script新建脚本组件	新增脚本
Miscellaneous其他类型组件	包括Animation（动画）、Animator（动画控制器）、Terrain（地形）、Wind Zone（风区组件）等

5.2.2　访问游戏对象和组件

1．访问游戏物体成员组件（标准的成员组件）

访问游戏物体成员组件是指在脚本中对自身成员组件变量的访问，可通过成员变量的方式进行直接访问。

以访问自身 Transform 组件为例，gameObject.transfrom、this.gameObject.transform、this.transform 相同，this 表示当前脚本，gameObject 表示当前脚本链接的物体。

```
gameObject.transform.Translate(Vector3.back*0.01f,Space.World);
```

2．游戏物体间相互访问

使用 Transform 公共变量直接引用物体。在一个脚本中通过定义 Transform 公共变量，然后把其他物体拖到此公共变量，从而实现对此物体的引用。新建脚本 Move.cs，代码如下所示：

```
public class Move: MonoBehaviour
{
    public GameObject A_transform;
    void Start()
    {
    }
    void Update()
    {
    }
}
```

可将代码挂载给场景中的小球，右侧检视面板如图 5.10 所示，可以直接将引用对象拖到 A_transform 位置处，也可以单击 A_transform 后的设置图标，可以看到场景中所有的对象，选择指定对象即可。

图 5.10　挂载脚本

3．使用 GetComponent<>() 语句访问自定义的组件

Unity 中可以使用组件获取语句 GetComponent<>() 访问自定义组件，如自己编写的脚本。假定有两个脚本，分别为 MoveA.cs 和 Speed.cs，Speed.cs 中有个变量 B_Speed，如果脚本 MoveA.cs 需要获取 B_Speed 的值，则可以在 MoveA.cs 中定义一个新的变量 A_Speed，然后使用组件获取语句 GetComponent<>(); 来获取 Speed.cs 中变量 B_Speed 的值。具体操作如下：

（1）新建脚本 Speed.cs，设置 B_Speed 的值为 0.01f，具体代码如下：

```
public class Speed : MonoBehaviour
{
    public float B_Speed = 1f;
    void Start()
    {
    }
    void Update()
    {
    }
}
```

（2）将该脚本 Speed.cs 拖到层次面板中除小球以外的任何一个对象身上，这里可以拖到 Main Camera 上。

（3）新建脚本 MoveA.cs，定义一个变量 A_speed 来获取 Speed.cs 中 B_speed 的值，代码如下所示：

```
public class MoveA : MonoBehaviour
{
    public GameObject A_gameObject;
    float A_speed;
    void Start()
    {
        A_speed = A_gameObject.GetComponent<Speed>().B_Speed;
    }
    void Update()
    {
        this.gameObject.transform.Translate(Vector3.back*A_speed,Space.World);
    }
}
```

（4）选中小球，将 MoveA.cs 拖动到小球上，在检视面板中，将 Main Camera 拖到指定位置，此时需要给 A_gameObject 赋值，也就是 Speed.cs 这个脚本挂载的对象，这样才能通过访问游戏对象，获取 B_Speed 的值，在第（2）步中，我们将 Speed.cs 赋给了 Main Camera，因此这里 A_gameObject 的值为 Main Camera，如图 5.11 和图 5.12 所示。

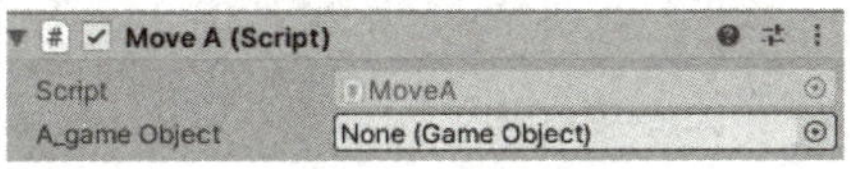

图 5.11　赋值前

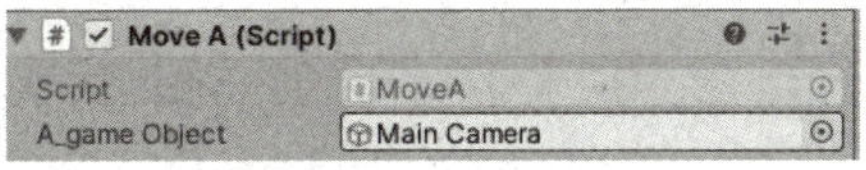

图 5.12　赋值后

4. 使用 Find() 函数引用物体（根据物体名称或路径）

通过 GameObject.Find() 函数来访问其他物体，通过使用物体的名称或路径来查找或定位场景中的其他物体。使用时，Find() 函数尽量放在 Start() 函数中，避免在每一帧中都对其执行，以提高程序的运行效率。

例：在场景中新增一个 Cube，通过 Find() 函数引用该 Cube 并使其移动，Speed.cs 脚本不变，新增 MoveB.cs，MoveB.cs 和 MoveA.cs 关于小球的运动代码完全一致，只是新增了通过 Find() 函数获取 Cube 物体并让其运动的代码，具体代码如下：

```
public class MoveB : MonoBehaviour
{
    public GameObject A_gameObject;
    float A_speed;
    public GameObject B_gameObject;
    void Start()
    {
        A_speed = A_gameObject.GetComponent<Speed>().B_Speed;
        B_gameObject=GameObject.Find("Cube");
    }
    void Update()
```

```
        {
        this.gameObject.transform.Translate(Vector3.back*A_speed, Space.World);
         B_gameObject.gameObject.transform.Translate(Vector3.back * A_speed, Space.
World);
        }
    }
```

和上个例子一样，Speed.cs 挂载在摄像机上，MoveB.cs 仍然挂载在小球上，A_gameObject 为摄像机，运行场景，会发现场景中原有的小球和新增的 Cube 一起获得了 Speed.cs 脚本中的速度值向后运动。

5. 使用标签的方式引用物体（根据物体标签名）

在场景中选择任意对象，打开右侧的检视面板，可以看到如图 5.13 所示的部分，这是每个对象的标签属性，默认为未定义标签 Untagged。

单击 Tag 右侧的下拉按钮，可以新增标签并指定给场景中的对象，我们在场景中新增了一个 Sphere，并指定为 Sphere 标签，根据标签查找对象的语句为 GameObject.FindGameObjectWithTag()。新增 MoveC.cs，MoveC.cs 和 MoveA.cs、MoveB.cs 关于小球、Cube 的运动代码完全一致，只是新增了获取 Sphere 物体并让其运动的代码，具体代码如下：

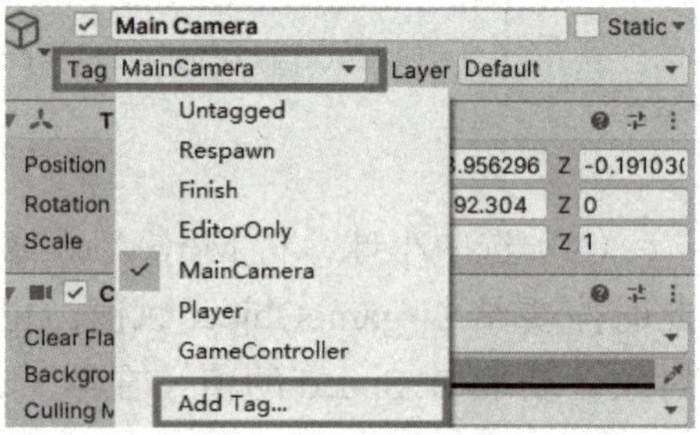

图 5.13　添加标签

修改 MoveC.cs：

```
    public class MoveC : MonoBehaviour
    {
        public GameObject A_gameObject;
        float A_speed;
        public GameObject B_gameObject;
        public GameObject C_gameObject;
        void Start()
        {
            A_speed = A_gameObject.GetComponent<Speed>().B_Speed;
            B_gameObject=GameObject.Find("Cube");
            C_gameObject=GameObject.FindGameObjectWithTag("Sphere");
        }
        void Update()
        {
              this.gameObject.transform.Translate(Vector3.back*A_speed, Space.World);
              B_gameObject.gameObject.transform.Translate(Vector3.back * A_speed,
Space.World);
               C_gameObject.gameObject.transform.Translate(Vector3.back * A_speed,
Space.World);
        }
    }
```

和前两个例子一样，Speed.cs 挂载在摄像机上，MoveC.cs 仍然挂载在小球上，A_gameObject 为摄像机，B_gameObject 为 Cube，C_gameObject 为新增的 Sphere，运行场景，会发现场景中原有的小球和新增的 Cube 一起获得了 Speed.cs 脚本中的速度值向后运动。

5.3　关键的类

5.3.1　MonoBehaviour 类

MonoBehaviour 是所有脚本的基类，使用 javascript 的话，每个脚本都会自动继承自 MonoBehaviour，但使用 C# 就必须显式从 MonoBehaviour 继承。

1．MonoBehaviour 类常用的可继承的成员变量

MonoBehaviour 类中有许多可以被子类继承的成员变量，这些成员变量可以在脚本中直接使用，主要的成员变量见表 5.2。

表 5.2　MonoBehaviour 类中的成员变量

成员变量	说　明
enabled	启用行为被变更，禁用行为不更新
transform	附件游戏物体的Transform组件（如附件不为空）
rigidbody	附件游戏物体的Rigidbody组件（如附件不为空）
Camera	附件游戏物体的Camera组件（如附件不为空）
light	附件游戏物体的Light组件（如附件不为空）
animation	附件游戏物体的Animation组件（如附件不为空）
renderer	附件游戏物体的Renderer组件（如附件不为空）
Audio Source	附件游戏物体的AudioSource组件（如附件不为空）
guiText	附件游戏物体的GuiText组件（如附件不为空）
collider	附件游戏物体的Collider组件（如附件不为空）
particleEmitter	附件游戏物体的particleEmitter组件（如附件不为空）

2．MonoBehaviour 类的九大生命周期

函数说明

① Awake 函数:在加载场景时运行,即在游戏开始之前初始化变量或者游戏状态,只执行一次。

② OnEnable 函数：在激活当前脚本时调用，每激活一次就调用一次该方法。

③ Start 函数：在第一次启动时执行，用于游戏对象的初始化，在 Awake 函数之后执行，只执行一次。

④ Fixed Update 函数：固定频率调用，与硬件无关，可以在菜单 Edit → Project Setting → Time → Fixed Timestep 选项中修改。

⑤ Update：几乎每一帧都在调用，取决于计算机硬件，不稳定。

⑥ LateUpdate：在 Update 函数之后调用，一般用作摄像机跟随。

⑦ OnGUI 函数：调用速度是上面的两倍，一般用于老版本的 GUI 显示。

⑧ OnDisable 函数：和 OnEnable 函数成对出现，只要从激活状态变为取消激活状态，就会执行一次（和 OnEnable 互斥）。

⑨ OnDestroy 函数：当前游戏对象或游戏组件被销毁时执行。

应用示例 理解 Awake() 方法的使用

只要把脚本挂在场景内的物体上，同时这个物体必须是激活的，那么不管这个脚本是否被激活，代码都会被执行。

具体步骤如下：

第一步，在场景中新增一个 Cube。

第二步，在 Assets 面板空白处右击，新增一个 C# 脚本，脚本名称为 A_Awake.cs，代码如下：

```
public class A_Awake : MonoBehaviour
{
    private void Start()
    {
    }
    void Awake()
    {
        Debug.Log("Awake");
    }
}
```

第三步，将脚本 A_Awake.cs 拖动给层次面板中的对象 Cube。

第四步，此时运行程序，控制台会输出“Awake”。

第五步，将 A_Awake.cs 脚本组件前的复选框取消，再次运行程序，控制台依旧会输出“Awake”。

一般将脚本拖动给指定对象后，要想脚本执行，必须勾选脚本组件前的复选框，但是 Awake() 方法和是否勾选复选框无关，只要将脚本挂载给对象，运行场景，即执行脚本。

5.3.2 GameObject 类

1. GameObject 类常用成员变量

变量说明

① activeSelf：该游戏对象的局部激活状态。返回该游戏对象的局部激活状态，设置是使用 GameObject.SetActive。注意游戏父对象可以是不激活的，因为父对象没有激活，它（被激活）会返回 True。返回值的本身不受父对象的影响。

② tag：游戏对象的标签。标签在使用之前必须在标签管理器里面先声明。标签管理器位于检视面板下。每个对象的默认标签都是 Untagged，通过 Add Tag 按钮可以声明新的标签。

③ transform：附加于这个游戏对象上的变换。（如果没有则为空）

④ activeInHierarchy：场景中游戏对象的激活状态。功能是返回 GameObject 实例在程序运行时的激活状态，它只有当 GameObject 实例的状态被激活时才会返回 true。而且它会受到其父类对象激活状态的影响，如果父类至最顶层的对象中有一个对象未被激活，activeInHierarchy 就会返回 false。同时受到自身和父对象的影响。

⑤ layer：游戏对象所在的层。层的范围是在 [0…31] 之间（Unity 支持的层数最大为 32）。层可以用于摄像机的选择性渲染或者忽略光线投射等。每个对象的默认都在 Default，通过 Add Layer 按钮可以添加新的层。

应用示例　使标签为 Cube 的对象移动一段距离

具体步骤如下：

第一步，在场景中新建一个 Cube。

第二步，选中该 Cube，在右侧的检视面板的标签管理上选择 Add Tag 按钮，新增 Cube 标签，单击 Save 按钮保存，如图 5.14 所示。

第三步，设置 Cube 的标签为 Cube。

第四步，在 Assets 面板空白处右击，新增名为 TagA.cs 的脚本，代码编写如下：

```
public class TagA: MonoBehaviour
{
    public GameObject Cube_tag;
    void Update()
    {
        if (Cube_tag .tag== "Cube")
        {
            this.gameObject.transform.Translate(2,2,2);
        }
    }
}
```

第五步，将脚本 TagA.cs 拖动给层次面板中的对象 Cube。

第六步，在检视面板上找到上一步拖入的脚本，将场景中的 Cube 拖到指定对象的位置，如图 5.15 所示。

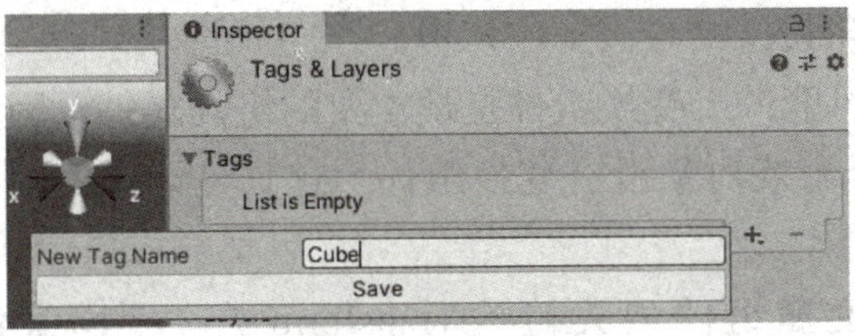

图 5.14　添加标签

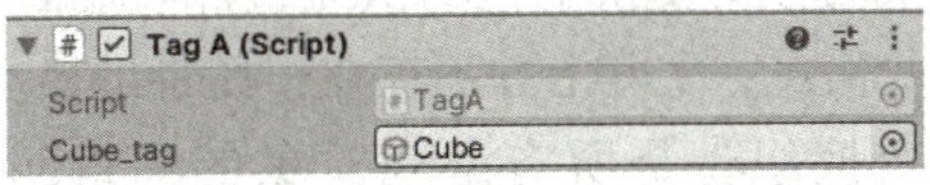

图 5.15　给 Cube 赋值

单击 Unity 上的运行按钮，场景运行时 Cube 有一个明显的移动。

2. GameObject 类常用成员方法

方法说明

① FindWithTag() 方法：返回一个用 tag 做标识的活动的对象，如果没有找到则为 null。

② GetComponent() 方法：获取游戏对象的组件。

③ SetActive() 方法：这个方法可以使指定的游戏物体显示或者隐藏。

应用示例　设置场景运行时，Cube 不可见

具体步骤如下：

第一步，仍然使用上一个实例的 Cube，标签仍然是 Cube。

第二步，在 Assets 面板空白处右击，新增一个 C# 脚本，脚本名称为 TagB.cs，代码如下所示：

```
public class TagB: MonoBehaviour
{
    public GameObject Cube_tag;
    void Start()
    {
        if (Cube_tag.tag == "Cube")
        {
            this.gameObject.SetActive(false);
        }
    }
}
```

第三步，将上个示例的 TagA.cs 禁用，禁用方式有两种：一种是在检视面板上找到 TagA.cs 脚本组件，取消勾选复选框；第二种是单击 TagA.cs 脚本组件后的 ⋮ 按钮，在弹出的下拉列表中选择 Remove Component 命令，移除该脚本组件，如图 5.16 所示。（如果本实例是新建的，这步可忽略）

第四步，将脚本 B_Layer.cs 拖动给层次面板中的对象 Cube。

第五步，在检视面板上找到上一步拖入的脚本，将场景中的 Cube 拖到指定对象的位置。

第六步，单击 Unity 上的运行按钮，场景运行时 Cube 消失。

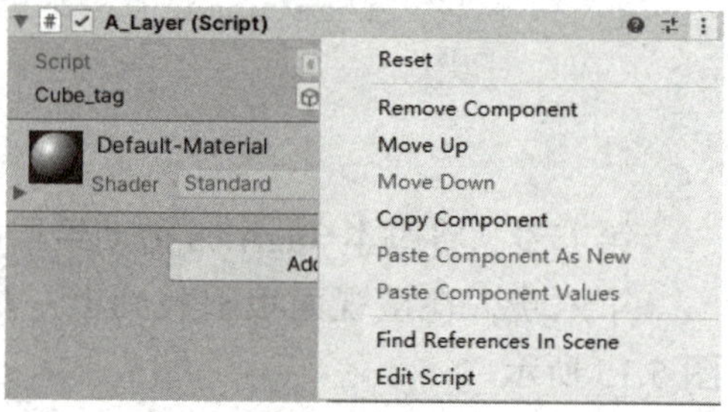

图 5.16　移除组件

5.3.3　Transform 类

Transform 组件又称变换组件，在游戏世界 / 场景视图（Scene View）中，它定义了游戏对象的位置、旋转和缩放。在 Unity 中创建一个没有变换组件的游戏对象是不可能的。变换组件是最重要的组件之一，因为所有游戏对象的变换属性均由此组件启用。如果一个游戏对象没有变换组件，它只是计算机内存中的一些信息，实际上并不存在于场景世界。

变换组件是所有游戏对象的关键组件，与变换组件相关的是 Transform 类。下面我们对 Transform 类进行介绍。

1. Transform 类成员变量

成员变量说明

① Transform 类是 Unity 脚本编辑的一个基础且重要的类。

② position：在世界空间坐标中 transform 的位置。

③ localPosition：相对于父级的变换位置。如果该变换没有父级，那么等同于 Transform.position。

④ eulerAngles：世界坐标系中的旋转（欧拉角）。

⑤ localEulerAngles：相对于父级的变换旋转角度。

⑥ right：世界坐标系中的右方向。（世界空间坐标变换的红色轴，也就是 X 轴）

⑦ up：世界坐标系中的上方向。（在世界空间坐标变换的绿色轴，也就是 Y 轴）

⑧ forward：世界坐标系中的前方向。（在世界空间坐标变换的蓝色轴，也就是 Z 轴）

⑨ rotation：世界坐标系中的旋转（四元数）。

⑩ localRotation：相对于父级的变换旋转角度。

⑪ localScale：相对于父级的缩放比例。

⑫ parent：父对象 Transform 组件。

⑬ worldToLocalMatrix：矩阵变换的点从世界坐标转为自身坐标（只读）。

⑭ localToWorldMatrix：矩阵变换的点从自身坐标转为世界坐标（只读）。

⑮ root：对象层级关系中的根对象的 Transform 组件。

⑯ childCount：子对象数量。

⑰ lossyScale：全局缩放比例（只读）。

应用示例　在控制台输出自身坐标位置

具体步骤如下：

第一步，在场景中新增一个 Cube。

第二步，在Assets面板空白处右击，新增一个C#脚本，脚本名称为A_ Pos.cs，核心代码如下所示：

```
void Start()
    {
        Debug.Log("世界坐标系为: "+transform.position);
        Debug.Log("自身坐标系为: " + transform.localPosition);
    }
```

第三步，将脚本 A_ Pos.cs 拖动给层次面板中的对象 Cube。

第四步，在检视面板上找到上一步拖入的脚本，将场景中的 Cube 拖到指定对象的位置。

第五步，单击 Unity 上的运行按钮，在 Console 面板上可以看到 Cube 的位置坐标。

2. Transform 类成员方法

方法说明

（1）Translate，用来移动物体的方法。几种写法如下：

```
● public void Translate(float x, float y, float z, Transform relativeTo);
● public void Translate(Vector3 translation, [DefaultValue("Space.Self")]
Space relativeTo);
```

把物体向 translation 方向移动，relativeTo 表示这个移动的参考坐标系。Unity 的参考坐标系有两种：

① Space.world：世界坐标系，在场景面板的右上角■，世界坐标系是按照笛卡尔坐标系定义出来的绝对坐标系，任何物体自身旋转后，都不会影响世界坐标系。

② Space.self：自身坐标系，是对象自身的位置，会受到自身旋转角度改变而改变。

如果一个物体按自身坐标系向上移动，可写成：

```
gameObject.transform.Translate (Vector3.up,Space.self)
```

如果移动速度太快，可以在 Vector3 乘以一个系数，系数如果是小数，需要加一个 f，代表浮点数的缩写。Vector3 表示三维向量数组，表示 3D 的向量和点。用于在 Unity 中传递 3D 位置和方向，也包含做些普通向量运算的函数，主要包括以下常用函数（见表 5.3）。

表 5.3　Vector 常用函数

方　法	含　义
Vector3.forward	Vector(0,0,1)的缩写
Vector3.back	Vector(0,0,-1)的缩写
Vector3.up	Vector(0,1,0)的缩写
Vector3.down	Vector(0,-1,0)的缩写
Vector3.left	Vector(1,0,0)的缩写
Vector3.right	Vector(-1,0,0)的缩写
Vector3.one	Vector(1,0,1)的缩写
Vector3.zero	Vector(0,0,0)的缩写

（2）Rotate，用来旋转物体的方法，几种方法如下：

```
public void Rotate(Vector3 eulers, [DefaultValue("Space.Self")] Space relativeTo)
```

默认以自身坐标系为参考，分别以 X 轴、Y 轴、Z 轴进行旋转。

如果一个物体绕世界坐标系的三个轴各旋转 45°，则可写成：

```
gameObject.transform.Rotate (45,45,45,Space.world)
```

（3）RotateAround，对于一个固定的点，围绕它进行旋转，方法如下：

```
public void RotateAround(Vector3 point, Vector3 axis, float angle);
```

视频

Transform 类

如果物体做圆周运动，则可写成：

```
B_gameObject.gameObject.transform.RotateAround(this.gameObject.transform.position,Vector3.left,1);
```

应用示例　使场景中的小球按照自身坐标系向右运动

方法一：使用 Transform 类，新建脚本 MoveSphere1.cs，具体代码如下所示：

```
public class MoveSphere1 : MonoBehaviour
{
    public Transform A_transform;
    void Start()
    {
    }
    void Update()
    {
        A_transform. transform.Translate(Vector3.right * 0.5f, Space.World);
    }
}
```

以上代码中，定义了一个 Transform 类型的变量，命名为 A_transform，指代的是场景中的小球 Sphere。将脚本拖动给场景中要运动的小球，并设置 A_transform 为 Sphere（可以将层次面板上的 sphere 拖动到右侧检视面板 A_transform 上）。运行场景，会发现小球沿着自身坐标轴向右运动，大家也可以调节数值和方向，看看不同的效果。

更简便的写法为：删除 public Transform A_transform;，将 A_transform. transform.Translate (Vector3.right*0.5f, Space.World); 修改为 this. transform.Translate(Vector3.right * 0.5f, Space.World);"，使用时仍然需要先将脚本赋给 Sphere，但由于没有定义 transform 对象，所以不用在检视面板赋值了。这样写比较简便，表示对自身的引用，也只可以在当前代码指定当前对象运动时可以使用，如果是当前代码指定其他对象的运动则必须在程序段开头进行命名。

方法二：使用 GameObject 类，新建一个 MoveSphere2.cs 的脚本，具体代码如下所示：

```
public class MoveSphere2 : MonoBehaviour
{
    public GameObject B_gameObject;
    void Start()
    {
    }
    void Update()
    {
            B_gameObject.gameObject.transform.Translate(Vector3.right * 0.5f,
Space.World);
    }
}
```

以上代码中，定义了一个 GameObject 类型的变量，命名为 B_gameObject，仍然指代的是场景中的小球 Sphere。将脚本拖动给场景中要运动的小球，并设置 B_gameObject 为 Sphere。运行场景，会发现小球沿着世界坐标轴向右运动。

5.3.4 Rigidbody 类

Rigidbody 类的功能是用来模拟 GameObject 对象在现实世界中的物理特性，包括重力、阻力、质量、速度等。对 Rigidbody 对象属性的赋值代码通常放在脚本的 OnFixedUpdate 方法中。

1. Rigidbody 类成员变量

成员变量说明

① Mass：质量，kg，数值类型为 float，默认值为 1。大部分物体的质量属性接近于 0.1 才符合日常生活感官感受，超过 10，则失去了仿真效果。

② Drag：空气阻力，其数值类型为 float，初始值为 0，用来表示物体因受阻力而速度衰减的状态。

③ Angular Drag：角旋转阻力，其数值类型为 float，初始值为 0.05，用于模拟物体因旋转而受到的各方面影响的现象。

④ Use Gravity：用于确认物体是否受重力影响，如果不勾选该项，则物体不受地心引力影响，不再下坠，但该物体还受其他物理效果影响。

⑤ Is Kinematic：物体不受任何物理效果影响，即使我们通过脚本给它赋予很大的力，也不会移动，只能通过 Transform 来改变其位置。这通常用于玩家的移动，即不使用力来移动物体，也希望物体进行物理计算的情况，这种运动方式称为"动力学（Kinematic）运动"。

如果该属性设置为 true，表示该物体运动状态不受外力、碰撞和关节的影响，而只受到动画以及附加在物体上的脚本影响，但是该物体仍然能改变其他物体运动状态，例如游戏中倒下的敌人始终不动，就是利用这个不受外力影响的属性，但它也能反馈给其他与他碰撞到的物体一个反作用力，前提是与他碰撞的物体身上要有 Rigidbody 组件，否则无法产生力的效果（当刚体开启 IsKinematic 时，刚体不再参与物理引擎的力计算，如果和他碰撞的物体还没有力，自然就不能计算出碰撞结果）。

⑥ Interpolate：插值，表示该物体运动的插值模式，默认状态下是被禁用的。选择该模式时，物理引擎会在物体的运动帧之间进行插值，使得运动更加自然。另外插值导致了物理模拟和渲染的不同步，进而产生物体轻微抖动现象，建议可以对主要角色使用插值，而其他的则禁用此功能，以达到折中的效果。

⑦ Collision Detection：碰撞检测模式，默认状态是 Discrete。在没有发生碰撞检测的情况下，碰撞物体会穿过对方，产生所谓的穿透现象。碰撞模式有不连续模式（Discrete），连续模式（Continuous）和动态连续模式（Continuous Dynamic），动态连续模式适用于高速运动的物体，连续模式仅仅可以用于球体、胶囊和盒子碰撞者的刚体，而且会严重影响物体的运动表现，因此大部分采用不连续模式。

⑧ Constraints：是否约束该物体在 X、Y、Z 方向的移动或旋转。

Rigidbody 组件可以使游戏对象在物理系统的控制下运动，例如，发射一颗子弹。如果子弹没有命中任何物体，最后子弹会因为重力落下，此时就可以利用 Rigidbody 组件实现，但是使用该组件一般在 FixedUpdate 函数中执行，因为物理仿真一般都在固定频率下进行计算（FixedUpdate 函数是固定频率调用的，与硬件配置没有关系）。

应用示例　设置物体重力为 0

具体步骤如下：

第一步，新建一个场景，在场景中新增一个 Plane，作为地面，再新建一个 Cube，并上升一定的高度（这是为了观察 Cube 受到重力和不受到重力的区别）。

第二步，选中 Cube，在检视面板单击 Add Component 按钮，在搜索框输入 RigidBody，添加刚体组件。

第三步，刚体组件默认勾选了 Use Gravity 复选框，此时运行场景，Cube 会受重力影响做自由落体运动，下落到地面后停止。

第四步，新建脚本 A_Rig.cs，代码如下所示：

```
public class A_Rig : MonoBehaviour
{
    public Rigidbody A_rig;
    void Start()
    {
        A_rig.useGravity = false;
    }
```

第五步，将脚本 A_Rig.cs 拖动给层次面板中的对象 Cube。

第六步，在检视面板上找到上一步拖入的脚本，给 A_Rig 赋值，将场景中的 Cube 拖到指定对象的位置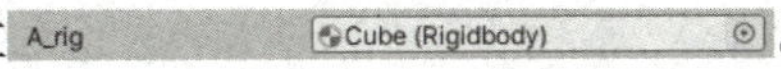

。

第七步，单击 Unity 上的运行按钮，运行场景，可以看到 Cube 悬停在空中，不会因为重力作用下降。

2. Rigidbody 类成员方法

方法说明

① AddForce 方法：给物体加一个瞬时的力，物体受这个力运动，有两种写法：

```
● AddForce(Vector3 force, [DefaultValue("ForceMode.Force")] ForceMode mode);
● AddForce(Vector3 force);
```

② AddTorque 方法：给物体添加一个扭矩（这个方法用得较少）。

③ Sleep 方法：使物体进入休眠状态，至少会休眠一帧（一般在 Awake 里调用）。

④ WakeUp 方法：使物体从休眠状态转为唤醒状态。

⑤ MovePosition(Vector3) 方法：刚体受到物理约束的情况下，移动到指定点。Vector3 要使用“当前位置 + 方向”的方式，可以用 Transform.position 来获取当前位置。

⑥ velocity 方法：设置刚体速度可以让物体运动并且忽略静摩擦力，这会让物体快速从静止状态进入运动状态。

应用示例　使 Cube 向 Sphere 移动

视频

Rigidbody 类

下面分别用 Rigidbody.AddForce() 方法、Rigidbody.MovePosition() 方法，以及 Transform.Translate() 方法实现，可以对比不同的效果。

（1）调用 Rigidbody.AddForce() 方法，给 Cube 增加一个向 Sphere 方向移动的力，从而向 Sphere 方向运动。具体步骤如下：

第一步，在场景中新增一个 Plane 作为地面，新建一个 Cube 作为移动的物体，新建一个 Sphere 作为被碰撞体，Cube 和 Sphere 均放在 Plane 上，并且 Sphere 在 Cube 的正前方，也就是蓝色轴的正方向，如图 5.17 所示。

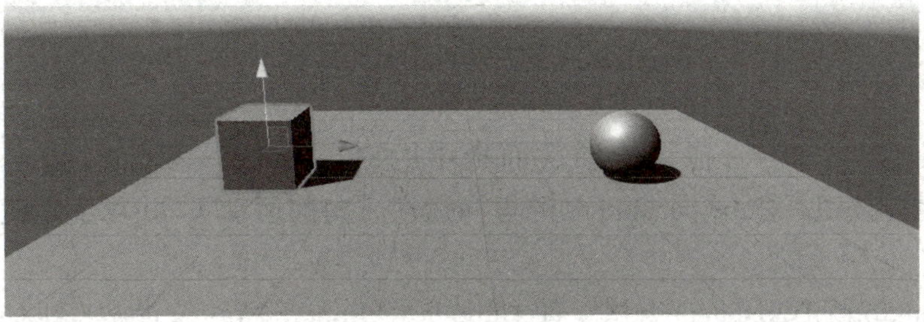

图 5.17　场景布局

第二步，选中 Cube 和 Sphere，分别在检视面板单击 Add Component 按钮，在搜索框输入 RigidBody，添加刚体组件，此时运行场景，Cube 和 Sphere 均停止不动。

第三步，新创建脚本 B_Rig.cs，代码如下所示：

```
public class B_Rig : MonoBehaviour
{
```

```
        public Rigidbody B_rig;
        void Update()
        {
            B_rig.AddForce(Vector3.forward);
        }
    }
```

第四步，将脚本 B_Rig.cs 拖动给层次面板中的对象 Cube。

第五步，在检视面板上找到上一步拖入的脚本，给 B_Rig 赋值，将场景中的 Cube 拖到指定对象的位置。

第六步，单击 Unity 上的运行按钮，运行场景，可以看到 Cube 有微小的运动，这和力的大小有关。

第七步，为了让运动更明显，增大力的值，修改代码为 B_rig.AddForce(Vector3. right*10)。

第八步，再次运行场景，Cube 向前运动，当 Cube 撞到 Sphere 时，有明显的碰撞效果，当离开 Floor 边缘时下落。

（2）调用 Rigidbody.MovePosition() 方法，使 Cube 向 Sphere 所在方向移动。

具体步骤如下：

第一步，创建一个 Plane 和带有刚体的 Cube、Sphere，Cube 作为待移动的物体，Sphere 是被碰撞体，并且 Sphere 在 Cube 的正前方。

第二步，创建脚本 C_Rig.cs，代码如下所示：

```
public class C_Rig : MonoBehaviour
{
    public Rigidbody C_rig;
    public Transform Cube_transform;
    void Update()
    {
    C_rig.MovePosition(Cube_transform.position+Vector3.forward);
    }
}
```

脚本中新建了一个刚体对象 C_rig，一个 Transform 对象 Cube_transform，它们指向的都是待移动的物体 Cube。

第三步，将脚本 C_Rig.cs 拖动给层次面板中的对象 Cube，将 Cube 指定给 C_rig 和 Cube_transform，单击运行按钮，Cube 向 Sphere 的方向运动（向前运动），并发生碰撞，当离开 Floor 边缘时下落。

（3）调用 Transform.Translate() 方法，使 Cube 向着 Sphere 所在位置做直线移动。

第一步，新建 Plane、Cube 和 Sphere，位置布置同以上两种方法，但是 Cube 和 Sphere 无须加刚体组件。

第二步，创建脚本 D_NoneRig.cs，代码如下所示：

```
public class D_NoneRig : MonoBehaviour
{
    public Transform aa;
    void Update()
```

```
        {
            aa.transform.Translate(Vector3.forward*0.1f,Space.Self);
        }
    }
```

第三步，将 D_NoneRig.cs 挂载到 Cube 上，选中 Cube，在右侧面板将 Transform 设置为 Cube。

运行场景后，我们发现 Cube 是朝着 Sphere 的方向移动，但是碰到 Sphere 后并没有发生物理的碰撞效果，而是直接穿过 Sphere，当离开 Floor 边缘后也没有受到重力作用下落。

下面来思考 Transform.Translate() 方法和 Rigidbody.MovePosition() 的区别：

前者移动的物体会“穿透”场景中其他的物体模型，移动的物体不会受重力影响（到达场景边缘外，不会下落）。

后者会与场景中的模型物体发生碰撞，会受重力影响（到达场景边缘外会下落）。

5.3.5　Input 类

Unity 的外部输入资源有键盘、鼠标、移动设备的触摸、游戏杆等很多种类。Input类就是用来管理这些的输入值。

1. Input 管理器

打开 Unity 界面，打开菜单 Edit → Project Settings 命令，在其中找到 Input Manager 选项，如图 5.18 所示。

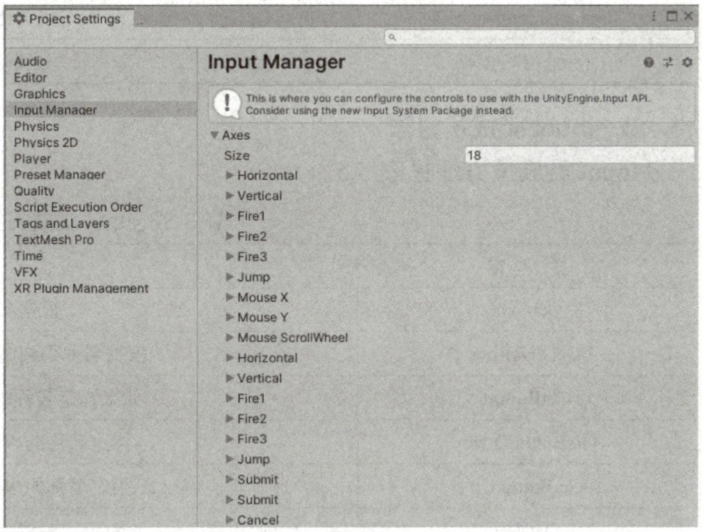

图 5.18　Input Manager 设置

2. Input 类成员变量

Input 类成员变量见表 5.4。

表 5.4　Input 类成员变量

变　　量	说　　明
compensateSensors	是否需要根据屏幕方向补偿感应器
gyro	返回默认的陀螺仪
mousePosition	鼠标位置的像素坐标（只读）
anyKey	是否有按键按下（只读）
anyKeyDown	当有任意按键按下的第一帧返回true（只读）
inputString	得到当前帧的键盘输入字符串（只读）
acceleration	得到设备当前在三维空间中的线性加速度（只读）
accelerationEvents	得到上一帧的加速度数据列表（只读）（分配临时变量）
accelerationEventCount	得到上一帧的加速度参数数据长度
touches	当前所有触摸状态列表（只读）（分配临时变量）

续表

变　量	说　明
touchCount	当前所有触摸状态列表长度（只读）
multiTouchEnabled	系统是否支持多点触摸
location	设备当前的位置属性（仅支持手持设备）（只读）
compass	罗盘属性（仅支持手持设备）（只读）
deviceOrientation	操作系统提供的设备方向（只读）
imeCompositionMode	设备IME组合模式
compositionString	用户通过IME输入的组合字符串
compositionCursorPos	当前IME组合字符串的光标位置
imeIsSelected	当前是否启用了IME输入键盘

3. Input 类成员方法

Input 类成员方法见表 5.5。

表 5.5　Input 类成员方法

变　量	说　明
GetAxis	根据名称得到虚拟输入轴的值
GetAxisRaw	根据名称得到虚拟坐标轴的未使用平滑过滤的值
GetButton	如果指定名称的虚拟按键被按下，那么返回true
GetButtonDown	指定名称的虚拟按键被按下的那一帧返回true
GetButtonUp	指定名称的虚拟按键被松开的那一帧返回true
GetKey	当指定的按键被按下时返回true
GetKeyDown	当指定的按键被按下的那帧返回true
GetKeyUp	当指定的按键被松开的那帧返回true
GetJoystickNames	返回当前连接的所有摇杆的名称数组
GetMouseButton	指定的鼠标按键是否按下
GetMouseButtonDown	指定的鼠标按键按下的那一帧返回true
GetMouseButtonUp	指定的鼠标按键松开的那一帧返回true
ResetinputAxes	重置所有输入，调用该方法后以后所有方向轴和按键的数值都变为0
GetAccelerationEvent	返回指定的上一帧加速度测量数据（不分配临时变量）
GetTouch	返回指定的触摸数据对象（不分配临时变量）

方法说明

① GetKey(KeyCode key)：检测键盘上的某个键是否被一直按住，如果该键一直按住，其返回值为 true，否则为 false。参数 key 表示键盘上的某个键。

② GetKeyDown(KeyCode key)：检测键盘上的某个键是否被按下，如果该键被按下，其返回值为 true，否则为 false。参数 key 为键盘上的某个键。

③ GetKeyUp(KeyCode key)：检测键盘上的某个键是否被按下之后抬起，如果该键被按下之后抬起，其返回值为 true，否则为 false。参数 key 表示键盘上的某个键。

④ GetMouseButtonDown(intbutton)：检测鼠标上的某个键是否被按下，如果该键被按下，其返回值为 true，否则为 false。参数 0 表示鼠标左键，1 表示鼠标右键，2 表示鼠标中键，3 表示鼠标上键，4 表示鼠标下键（其中 3 和 4 键不经常用，因为有的鼠标上没有这两个键）。

应用示例　按 A 键向右移动

单击键盘上的 A 键，Cube 参考世界坐标系向后运动，具体步骤如下：

第一步，在场景中新增一个 Plane，作为地面，再新建一个 Cube，放在 Plane 上。

第二步，新建脚本 MoveKey.cs，代码如下所示：

```
    void Update()
        {
            if (Input.GetKey(KeyCode.A))
            {
                    this.gameObject.transform.Translate(Vector3.back*0.01f,Space.
World);
            }
        }
```

第三步，将脚本 MoveKey.cs 拖动给层次面板中的对象 Cube。

第四步，运行该场景，单击键盘按键，可以看到 Cube 按世界坐标轴 Z 轴（反方向）运动。

视频

Input 类—第一人称视角

应用示例　添加第一人称移动漫游视角

给第 4 章 Scene1 场景中添加第一人称的视角，单击 W、S、A、D 键，可以向前后左右四个方向运动，单击鼠标的左键，可以旋转第一人称的视角，具体步骤如下：

第一步，打开第 4 章的场景 Scene，新建 Capsule，将 Capsule 适当缩小。

第二步，将 Main Camera 置于 Capsule 下为子物体，转换到 ISO 正交视角，调整 Capsule 和 Main Camera 的位置，使 Main Camera 放置在 Capsule 的正上方，这样做是为了使摄像机和即将移动的 Capsule 处于一个位置，如图 5.19 所示。

图 5.19　摄像机放置

第三步，新建脚本 MoveWASD.cs，代码如下所示：

```
    public GameObject Eye;            //定义旋转对象
    void Start()
    {
    }
    void Update()
     {
        if (Input.GetKey(KeyCode.W))
        {
              this.gameObject.transform.Translate(Vector3. right * 0.01f, Space.
Self);
          }     // right表示的是移动对象向右移动，对应的是对象红色轴的正方向
          if (Input.GetKey(KeyCode.S))
          {
                this.gameObject.transform.Translate(Vector3.left* 0.01f, Space.
```

```
Self);
            }       // left表示的是移动对象向左移动，对应的是对象红色轴的负方向
            if (Input.GetKey(KeyCode.A))
            {
                this.gameObject.transform.Translate(Vector3.forward * 0.01f, Space.
Self);
            }       // forward表示的是移动对象向前移动，对应的是对象蓝色轴的正方向
            if (Input.GetKey(KeyCode.D))
            {
                  this.gameObject.transform.Translate(Vector3.back * 0.01f, Space.
Self);
            }      // back表示的是移动对象向后移动，对应的是对象蓝色轴的负方向
            if (Input.GetMouseButton(0))
            {
                if (Input.GetAxis("Mouse X") != 0)      //当鼠标在X轴上有移动时
                {
                      this.gameObject.transform.Rotate(new Vector3(0, Input.GetAxis
("Mouse X") * Time.fixedDeltaTime * 200, 0));                //父物体的旋转速度
                }
                if (Input.GetAxis("Mouse Y") != 0)    //当鼠标在Y轴上有移动时
                {
                      Eye.transform.Rotate(new Vector3(-Input.GetAxis("Mouse Y") *
Time.fixedDeltaTime * 200, 0, 0));                  //子摄像机的旋转速度
                }
            }
        }
```

第四步，将 MoveWASD.cs 挂载给场景中的 Capsule，把 Main Camera 赋给 Eye，如图 5.20 所示。

第五步，运行场景，看不到 Capsule，但是单击 W、S、A、D 键后，视角会向四个方向移动，单击，视角会旋转，这是由于 Capsule 和 Main Camera 在一条直线上，藏在了摄像机的后面。

图 5.20　给变量赋值

5.3.6　Time 类

Time 有一个时间管理器，单击 Edit → Project Settings 命令，弹出 Project Settings 窗口，如图 5.21 所示。

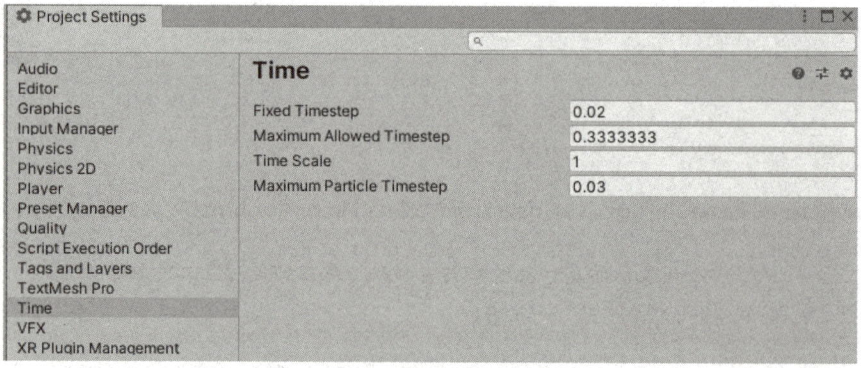

图 5.21　设置帧频

1. 主要参数说明

① Fixed Timestep：物理固定帧率。即 FixedUpdate 响应事件的刷新帧率。

② Maximum Allowed Timestep：物理固定帧率更新的最大时间值。

③ Time Scale：时间缩放。

2. 常用方法

Time 类分为只读和可读可写，常用的只读方法包括 Time.time、Time.deltaTime、Time.fixedTime 等，可读可写方法包括 Time.fixedDeltaTime、Time.timeScale 等。

① Time.time：表示从游戏开始到现在的时间，会随着游戏的暂停而停止计算。

② Time.deltaTime：表示从上一帧到当前帧时间，以秒为单位。

③ Time.fixedTime：表示以秒计游戏开始的时间，固定时间以定期间隔更新直到达到 time 属性。

④ Time.fixedDeltaTime：表示以秒计间隔，在物理和其他固定帧率进行更新，可以通过图 5.21 中的 Fixed Timestep 自行设置。

⑤ Time.timeScale：时间缩放，默认值为 1，若设置 <1，表示时间减慢，若设置 >1，表示时间加快，可以用来加速和减速游戏，非常有用。

下面以 deltaTime 为例重点解释。

deltaTime 又叫作增量时间，Unity 的 Update 函数是每帧执行一次，deltaTime 就是记录两帧之间的时间，因此一秒内 Update 执行的次数就是总帧数。

transform.Translate(0,0,20)：表示的是 Z 轴上每帧前进 20 米，假定一秒有 60 帧，那么这个语句执行后，会发现速度非常快，这时可以修改为 transform.Translate(0,0,20* Time.deltaTime)：这时就是每秒运行 20 米。大家可以给之前物体移动或旋转的例子修改时间参数，看看不同的效果。

5.4 物理引擎

5.4.1 碰撞器

1. 碰撞器的类型

碰撞器又名 Collider，是一个独立的组件，Unity 中新建的对象大部分都自带碰撞器，碰撞器可以通过删除组件的方式删除，也可以通过不勾选复选框的方式禁用。Unity 自带多种碰撞器类型，主要是根据外形予以区别。

（1）Box Collider：盒子碰撞器，盒子碰撞器是一个立方体外形的基本碰撞体，该碰撞体可以调整为不同大小的长方体，可用作门、墙，以及平台等，也可以用于布娃娃的角色躯干或者汽车等交通工具的外壳，当然最适合用在盒子或箱子上，盒子碰撞器组件如图 5.22 所示，盒子碰撞器显示如图 5.23 所示。

盒子碰撞器的一些参数如下所示：

① Is Trigger：触发器，勾选该项，该碰撞体可用于触发事件，并将被物理引擎所忽略。

② Material：材质。

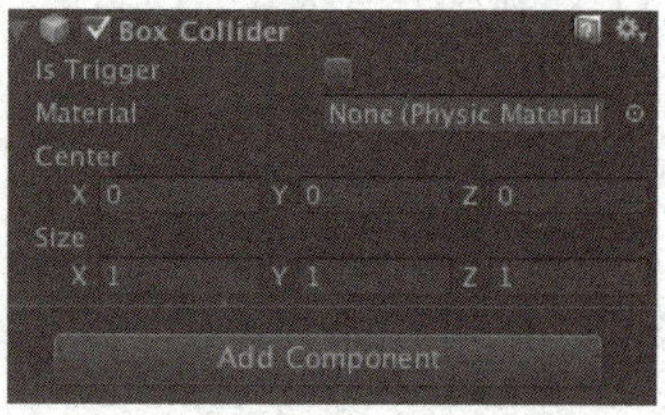

图 5.22　Box Collider 组件

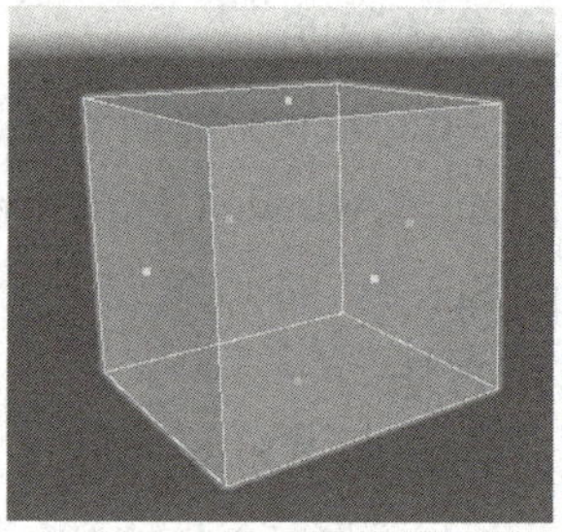

图 5.23　Box Collider 显示

③ Center：中心，碰撞体在对象局部坐标中的位置。

④ Size：大小，碰撞体在 X、Y、Z 方向上的大小。

（2）Sphere Collider：球体碰撞器，球体碰撞器是一个基于球体的基本碰撞体，球体碰撞体的三维大小可以均匀地调节，但不能单独调节某个坐标轴方向的大小，该碰撞体适用于落石、乒乓球等游戏对象，球体碰撞器组件如图 5.24 所示，球体碰撞器显示如图 5.25 所示。

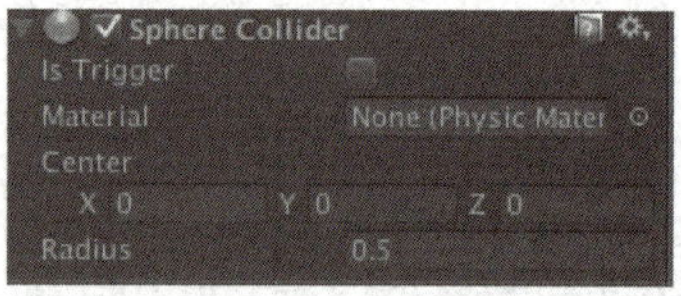

图 5.24　Sphere Collider 组件

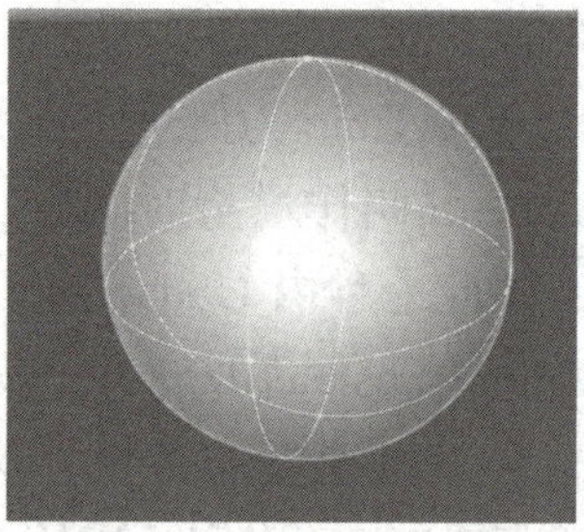

图 5.25　Sphere Collider 显示

（3）Capsule Collider：胶囊碰撞器，胶囊碰撞器由一个圆柱体和与其相连的两个半球体组成，是一个胶囊形状的基本碰撞体，胶囊碰撞体的半径和高度都可以单独调节，可用在角色控制器或与其他不规则形状的碰撞结合来使用，胶囊碰撞器组件如图 5.26 所示，胶囊碰撞器显示如图 5.27 所示。

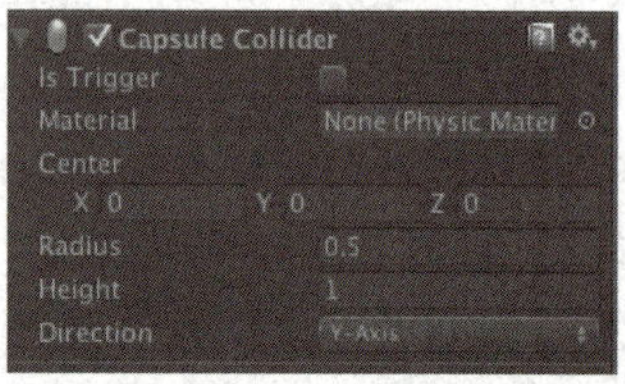

图 5.26　Capsule Collider 组件

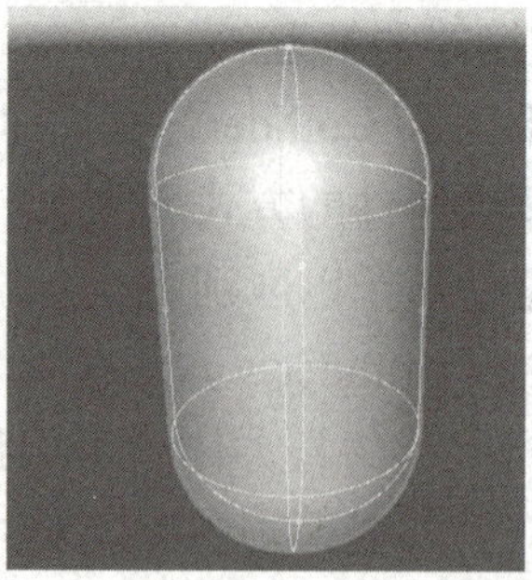

图 5.27　Capsule Collider 显示

胶囊碰撞器的一些参数如下所示：

① Height：高度，该项用于控制碰撞体中圆柱的高度。

② Direction：方向，在对象的局部坐标中胶囊的纵向方向所对应的坐标轴，默认是 Y 轴。

视频

车轮碰撞器

（4）Wheel Collider：车轮碰撞器，车轮碰撞器是一种针对地面车辆的特殊碰撞体，它有内置的碰撞检测、车轮物理系统以及滑胎摩擦的参考体（见图 5.28）。

车轮碰撞器一般不直接添加到车轮游戏对象上，而添加到交通工具（如汽车）对象的子对象中新建的空对象上，然后将次空对象的位置调整到与车轮位置相同即可。具体方法：

第一步，在场景中新建一个空物体专门去放置汽车，包括车身和车轮，选择 GameObject → Creat Empty 命令，对象名称为 car。

第二步，选择 car，新建一个子对象 Cube，可以将 Cube 的长度适当放大，作为车身结构。

第三步，选择 car，选择 GameObject → Creat Empty 命令，新建一个空物体 wheels，作为承载四个车轮碰撞器的容器。

第四步，为空物体 wheels 添加一个刚体，添加方法是选择 wheels，单击 Add Component → Physics → Rigidbody 选项。

第五步，在空物体下新建左前轮碰撞器。新建方法是选中空物体 wheels，再建一个空物体，命名为 fontleft，选中 fontleft，在右侧检视面板选择 Add Component → Physics → Wheel Collider 选项，添加完成后，可以选择该碰撞器的父物体，也就是 wheels，旋转车轮碰撞器的方向，使车轮碰撞器的方向与车身平行。

第六步，复制第五步的车轮碰撞器，并调整互相之间的距离，最终效果图如图 5.29 所示。

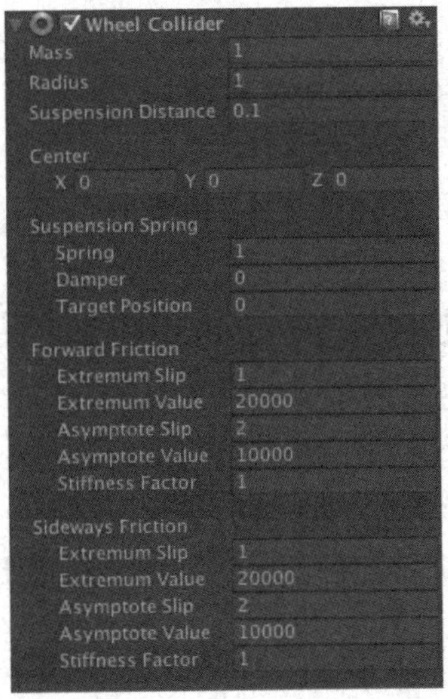

图 5.28 Wheel Collider 组件

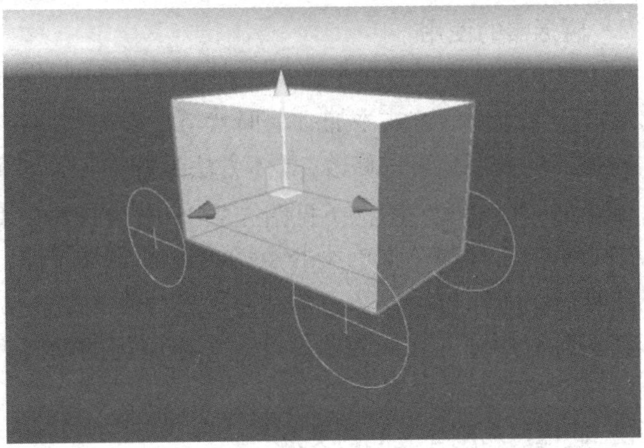

图 5.29 Wheel Collider 显示

车轮碰撞器的一些具体参数如下所示：

① Suspension Distance：悬挂距离，该项用于设置车轮碰撞体悬挂的最大伸长距离，按照局部坐标来计算，悬挂总是通过其局部坐标的 Y 轴延伸向下。

② Center：中心，该项用于设置车轮碰撞体在对象局部坐标的中心。

③ Suspension Spring：悬挂弹簧，该项用于设置车轮碰撞体通过添加弹簧和阻尼外力使得悬挂达到目标位置。

④ Forward Friction：向前摩擦力，当轮胎向前滚动时的摩擦力属性。

⑤ Sideways Friction：侧向摩擦力，当轮胎侧向滚动时的摩擦力属性。

⑥ Character Controller：角色控制器，角色控制器主要用于对第三人称或第一人称游戏主角的控制，并不使用刚体物理效果。

（5）Mesh Collider：网格碰撞器，网格碰撞器通过获取网格对象并在其基础上构建碰撞，在与复杂网格模型上使用基本碰撞相比，网格碰撞器要更加精细，但会占用更多的系统资源，网格碰撞器组件如图 5.30 所示，网格碰撞器显示如图 5.31 所示。

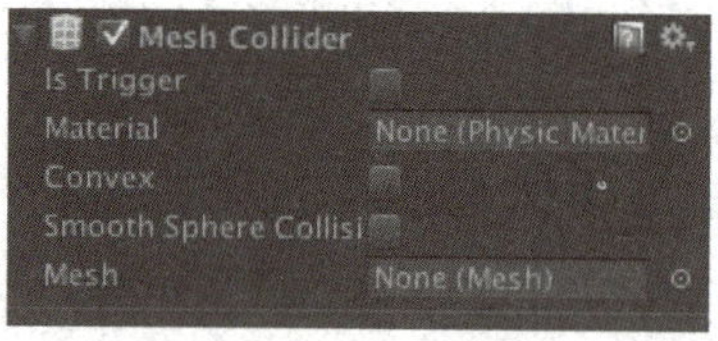

图 5.30　Mesh Collider 组件

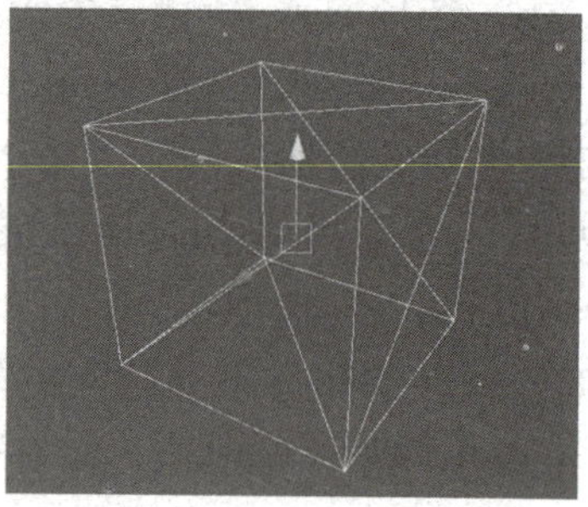

图 5.31　Mesh Collider 显示

网格碰撞器的一些具体参数如下所示：

① Smooth Sphere Collisions：平滑碰撞，在勾选该项后碰撞会变得平滑。

② Mesh：网格，获取游戏对象的网格并将其作为碰撞体。

③ Convex：凸起，勾选该项，则网格碰撞器将会与其他的网格碰撞器发生碰撞。

2．碰撞器的使用

在 Unity 里新建任意一个对象，都会自带碰撞器组件，但是如果模型是从外部导入的，则需要自己通过添加组件的方式添加一个形状与被添加物体相似的碰撞器。

碰撞器的大小也可以修改，具体方法是选中一个对象的碰撞器组件，有一个 Edit Collider 功能，单击该功能右侧的 图标（见图 5.32），会发现该对象轴为有绿色的边框，且每个面都有一个绿色的中心点，选择每个面的中心点向内或者向外拉伸，可以修改碰撞器的大小，这直接影响了该对象的碰撞范围。

在实际应用中，比如需要设计一个感应门的功能，可以先扩大碰撞体的面积，使碰撞物体在进入区域内就激活碰撞器。

3．碰撞器和刚体之间的关系

碰撞器和刚体都是 Unity 提供给开发者模拟物理引擎方面的功能，刚体组件和碰撞器组件不同的组合，会出现多种情况，大家可以按照以下步骤观察效果。

视频

碰撞器和刚体之间的关系

在场景中新建一个 Cube，将高度降低，长度和宽度增大，做成地面，命名为 Floor，Floor 上默认挂载了盒子碰撞器；新建一个 Cube，观察右侧的检视面板，默认挂载了一个盒子碰撞器组件且处于激活状态，将该 Cube 放在 Floor 上，如图 5.33 所示。

第一种情况：直接运行场景，Cube 平稳地在 Floor 上。

第二种情况：禁用任意一个对象的盒子碰撞器，Cube 平稳地在 Floor 上。

第三种情况：将 Cube 和 Floor 的盒子碰撞器全部停止启用，Cube 平稳地在 Floor 上。

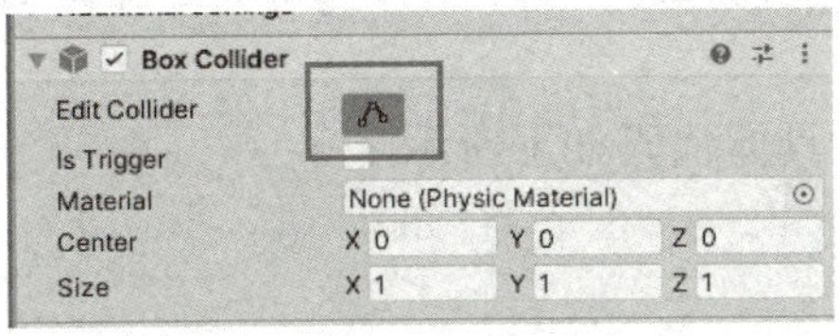

图 5.32　碰撞范围修改

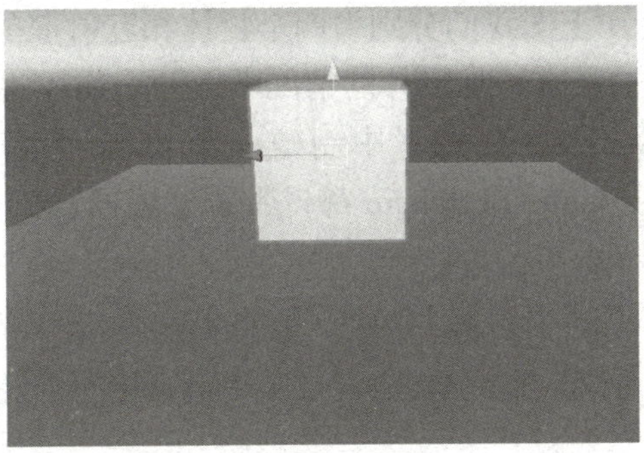

图 5.33　场景布局

第四种情况：给 Cube 挂载一个刚体组件，Cube 和 Floor 的盒子碰撞器均被启用，运行场景，Cube 仍平稳在 Floor 上。

第五种情况：给 Cube 挂载一个刚体组件，将 Cube 和 Floor 的盒子碰撞器其中之一停止启用或两者均停止启用，运行场景时，会发现 Cube 穿透了 Floor，受重力影响，一直下落。

第一到第三种情况没有模拟物理效果，Cube 没有重力，所以不管如何修改盒子碰撞器的状态，Cube 和 Floor 并不会实际发生碰撞。第四到第五种情况给 Cube 添加了刚体组件，并开启了重力效果，因此当物体和地面都有碰撞体的时候，相当于真实世界两个物理碰撞，地面阻挡了物体向下坠落；当两个碰撞物体的碰撞器效果被取消时，两个物体的碰撞效果没有实现，因此 Cube 会受重力影响穿透 Floor 下落。

以上的五种效果只是刚体和碰撞器在一起的一部分情况，二者的关系如图 5.34 所示。

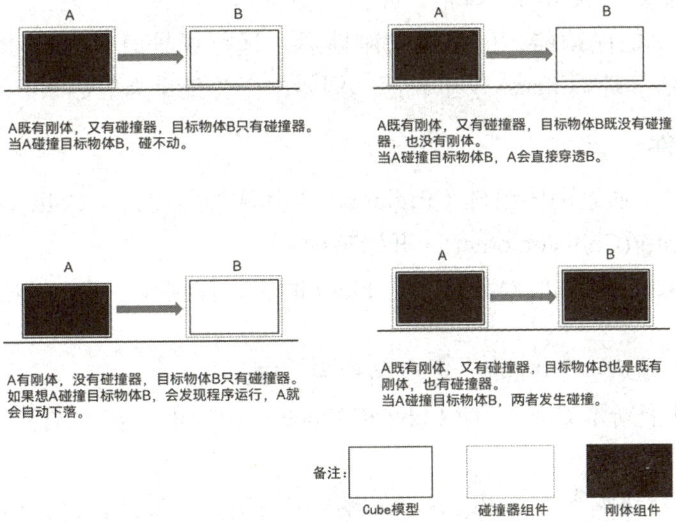

彩图

刚体和碰撞器之间的关系

图 5.34　刚体和碰撞器之间的关系

（a）：如果碰撞对象是刚体，被碰撞对象不是刚体，就不会被碰翻。

（b）：如果被碰撞体只有刚体，没有碰撞器，则会直接落到地面以下。

（c）：如果碰撞物体有刚体和碰撞体，被碰撞体没有刚体和碰撞器，会直接穿透。

（d）：两个物体都是碰撞体和刚体时，就会有碰撞被撞翻的效果。

针对上图我们分别举四个物体相互碰撞的例子，方便大家理解。

例 1：在不加刚体的情况下，两个物体碰撞后可以发生穿透效果。

第一步，在场景中新建一个 plane 平面，用于放置 Cube 和 Sphere，然后新建一个 Cube 和 Sphere，Cube 和 Sphere 都自带了碰撞器，Cube 和 Sphere 需在一个方向上，Cube 会朝着 Sphere 的方向移动；

第二步，新建 MoveCube.cs，并将代码赋给 Cube，具体代码如下所示；

```
public class MoveCube : MonoBehaviour
{
    void Start()
    {
    }
    void Update()
    {
        this.gameObject.transform.Translate(Vector3.left*0.1f,Space.Self);
    }
}
```

此时发现，虽然有碰撞器，但是 Cube 碰到 Sphere 后，没有发生碰撞，而是直接穿透 Sphere。

例 2：还是例 1 的代码，但是给移动的物体 Cube 加了刚体，被碰撞的物体 Sphere 不加刚体，当 Cube 撞上 Sphere 后，发生了碰撞，但是 Cube 撞不动 Sphere，Sphere 仍然原地不动。这是因为刚体加在了 Cube 身上，Cube 表现出了物理属性，但是 Sphere 没有刚体，所以无法被碰倒或移动。

例 3：仍然是例 1 的代码，将 Cube 和 Sphere 都加上刚体，当 Cube 移动碰上 Sphere 时，两者之间会发生碰撞，当增大 Cube 的 Mass 值，碰撞会更剧烈。

例 4：当禁用 Cube 的碰撞器，但是添加刚体后，运行场景时，Cube 会直接下落，这是由于 Cube 没有碰撞器，无法和地面 Plane 发生碰撞，但是由于受到重力的因素，会直接下落。

5.4.2 碰撞检测事件

游戏物体的碰撞可以通过刚体组件（Rigidbody）和碰撞器组件（Collider）来进行检测。

1. OnCollisionEnter(Collision other)：开始碰撞

应用示例　当 Cube 碰到的对象名字是 Floor 时，在控制台上输出“Enter”。

具体步骤如下：

第一步，在场景中新增一个 Plane，修改名称为“Floor”。

第二步，在 Floor 上新增 Cube，使 Cube 和 Floor 有一定的距离，给 Cube 加一个刚体组件，确认 Use Gravity 已勾选。

视频

碰撞检测事件

第三步，新建脚本 A_Collg.cs，在脚本中新增一个方法，代码如下所示：

```
void OnCollisionEnter(Collision other)
    {
        if (other.gameObject.name=="Floor")
        Debug.Log("Enter");
    }
```

第四步，将脚本 A_Collg.cs 拖动给层次面板中的对象 Cube。

第五步，单击 Unity 上的运行按钮，运行场景，可以看到 Cube 受重力影响自由落体运动下落与地面发生碰撞后，控制台显示 “Enter”。

注意： OnCollisionEnter 方法的形参对象指的是碰撞双方中没有携带 OnCollisionEnter 方法的一方。

2. OnCollisionExit（Collision other）：碰撞结束

应用示例　当碰撞结束，在控制台上输出 “Exit”。

修改上一示例的脚本 A_Collg.cs，新增以下代码（OnCollisionExit 方法中的语句），表示当结束碰撞时，控制台上输出 Exit；为了让对象结束碰撞，就要再发出一个指令，让碰撞的对象（Cube）离开被碰撞的对象（Floor），即 Update 中的语句。

```
public Rigidbody a_rig;
void Start()
{
    }
void Update()
{
        if (Input.GetKey(KeyCode.W))
        {
            a_rig.AddForce(Vector3.up*100);
        }
}
void OnCollisionExit(Collision other)
      {
        if (other.gameObject.name == "Floor")
            Debug.Log("Exit");
    }
  }
```

场景运行后，物体首先会受重力自由落体，当碰到地面后，按 W 键，给物体施加一个力（用了 AddForce() 方法），使物体向上运动，当 Cube 离开名为“Floor”的地面后，在 Console 面板输出“Exit”。

3. OnCollisionStay(Collision other)：持续碰撞

应用示例　当碰撞体 Cube 和 Sphere 持续和被碰撞体接触碰撞时，控制台输出 “Stay”。

具体步骤如下：

第一步，在场景中新增一个 Plane，修改名称为 “Floor”。

第二步，在 Floor 上放置一个 Cube 和一个 Sphere，两者之间有一些距离，如图 5.35 所示。

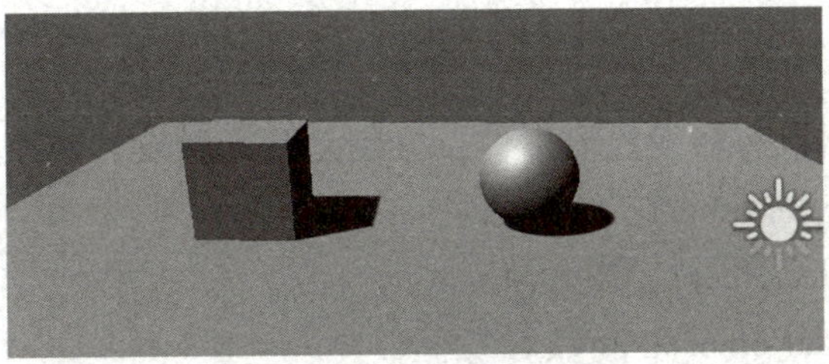

图 5.35　两者摆放示意图

第三步，给 Cube 添加刚体，Sphere 不用添加刚体。

第四步，新创建脚本 B_Collg.cs，按 D 键使 Cube 向右边移动，持续撞到 Sphere 后，控制台输出“Stay”，代码如下所示：

```
    if (Input.GetKey(KeyCode.D))
            {
                    this.gameObject.transform.Translate(Vector3. forward * 0.01f,
Space.World);
            }
    void OnCollisionStay(Collision other)
          {
            if (other.gameObject.name == "Sphere")
                Debug.Log("Stay");
        }
```

通过观察控制台的 Stay 语句的输出数量发现，当按 D 键时，由于碰撞一直发生，因此 Stay 的语句不断增多，如图 5.36 所示。

通过以上三个示例，我们总结两个物体发生碰撞的条件如下：

① 主动发生碰撞的物体必须带有刚体组件。

② 发生碰撞的两个对象必须有碰撞器。

③ 刚体不能勾选 IsKinematic 复选框。

④ 碰撞体不能够勾选 IsTrigger 复选框。

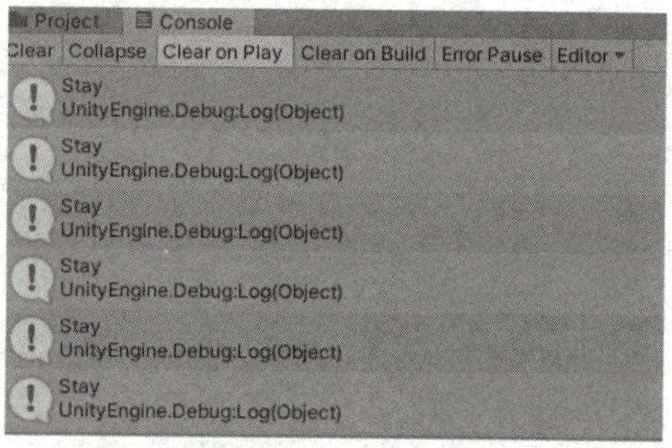

图 5.36 输出面板显示

5.4.3 触发器

触发器名为 Trigger，不是某个组件，它只是碰撞器身上的一个属性，碰撞器是它的载体，当碰撞器的 IsTrigger 属性被勾选时，碰撞器就转变成了触发器。

Trigger 是虚体，正常情况下是可以穿插的。而碰撞器表示一个实体，是有体积的，碰撞体之间在正常情况下是无法穿插的。如果既要检测到物体的接触又不想让碰撞检测影响物体移动或要检测一个物件是否经过空间中的某个区域，这时就可以用到触发器。比如说墙，一般就是一个碰撞器，人物无法穿墙；而一个传送门，就是一个触发器，人物可以走进去。再比如，汽车被撞飞、皮球掉在地上又弹起，一般会使用碰撞器去实现；人站在靠近门的位置门自动打开，一般用触发器去实现。

5.4.4 触发检测事件

1. 相关方法

和碰撞器一样，触发器也有触发检测事件，分别是开始触发、结束触发和持续触发。

① OnTriggerEnter(Collider other)：开始触发。

② OnTriggerExit(Collider other)：结束触发。

③ OnTriggerStay(Collider other)：持续触发。

以上三个方法的形参对象 other 指的是碰撞双方中没有携带 OnTriggerEnter() 方法的一方。

应用示例　检测 Cube 是否经过感应区域，成功经过区域显示“On”，离开区域，显示“Off”。具体步骤如下：

第一步，在场景中新建一个 Plane，一个 Cube 和一个 Sphere。

第二步，给 Cube 添加一个刚体。

第三步，选中 Sphere，取消勾选其 Mesh Renderer 组件，目的是使 Sphere 看上去隐藏，做出感应区域的效果。

第四步，在检视面板上找到 Sphere Collider 组件，单击 Edit Collider 后的图标，当球体的碰撞区域呈绿色线框显示时，用鼠标拖动线框上的绿色中心点，目的是放大球体的感应区域，如图 5.37 所示。

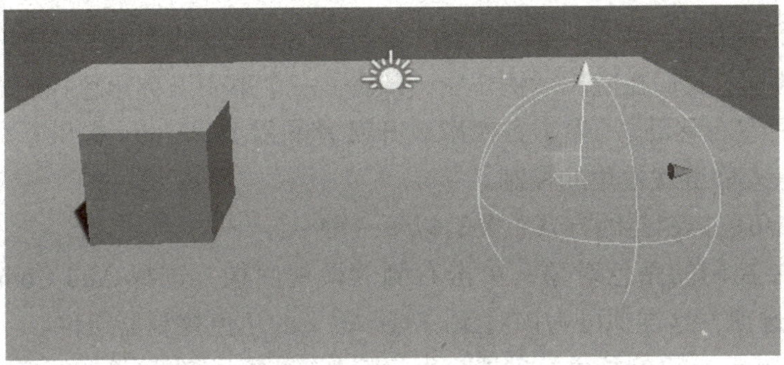

图 5.37　感应区域显示

彩图

感应区域显示

第五步，勾选 Is Trigger 后的复选框，使碰撞器组件执行触发器的功能。

第六步，新建 A_Tri.cs 脚本，核心代码如下方所示：

```
    void Update()
        {
            if (Input.GetKey(KeyCode.D))
            {
                this.gameObject.transform.Translate(Vector3.right * 0.01f, Space.
World);
            }
        }
        void OnTriggerEnter(Collider other)
        {
            if (other.gameObject.name == "Sphere")
                Debug.Log("On");
        }
        void OnTriggerExit(Collider other)
        {
            if (other.gameObject.name == "Sphere")
                Debug.Log("Off");
        }
```

第七步，将脚本挂载给 Cube，单击运行按钮，注意观察，当 Cube 进入触发器区域时，控制台显示“On”，离开时，显示“Off”。由于之前 Sphere 网格组件未激活，因此看不到 Sphere 球体，就好像 Cube 穿透了一个隐形区域。

注意：以上代码中 Cube 按某键移动的方向代码可根据自身环境的构建做出调整。

2. 注意事项

当 Is Trigger=false 时，碰撞器根据物理引擎引发碰撞，产生碰撞的效果，可以调用 OnCollisionEnter/Stay/Exit 函数。

当 Is Trigger=true 时，碰撞器被物理引擎所忽略，没有碰撞效果，可以调用 OnTriggerEnter/Stay/Exit 函数。

5.4.5 角色控制器

大家对游戏一定不陌生，有第一人称的游戏，比如《CS》，也有第三人称的游戏，比如《魔兽世界》。在讲 Input 类时，我们在应用示例 2 中，自建了一个第一人称角色控制器（单击 W、S、A、D 键，视角可以前后左右移动），为了方便游戏开发者的需要，Unity 提供了角色控制器，可以用于对第三人称或第一人称游戏主角的控制。

在 Unity 中添加角色控制器的方式主要有以下三种：

第一种：选中要控制的角色对象，单击右侧的检视面板，选择 Add Component → Physics → Character Controller 选项，这样即可为该对象添加自定义的角色控制器组件。

第二种：使用 Unity 自带的角色控制器，直接将其拖放到游戏对象上即可。

第三种：通过写角色控制的脚本，再以组件的方式拖放到游戏对象上。

本节以第一种方式进行讲解，给指定对象添加 Character Controller 组件，添加完成后，如图 5.38 所示。

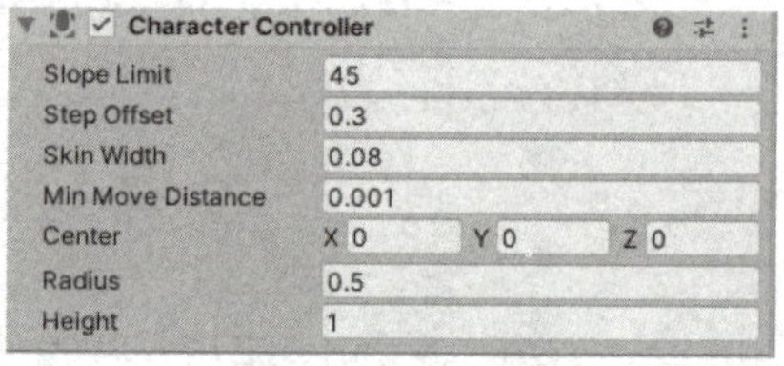

图 5.38　角色控制器

（1）Slope Limit：坡度限制，该项用于设置所控制的角色对象只能爬上小于或等于该参数值的斜坡。

（2）Step Offset：台阶高度，该项用于设置所控制的角色对象可以迈上的最高台阶的高度。

（3）Skin Width：皮肤厚度，该参数决定了两个碰撞体可以相互渗入的深度，较大的参数值会产生抖动的现象，较少的参数值会导致所控制的游戏对象被卡住，较为合理地设定是该参数值为 Radius 值的 10%。

（4）Min Move Distance：最小移动距离，如果所控制的角色对象的移动距离小于该值，则游戏对象将不会移动。

（5）Center：中心，该参数决定了胶囊碰撞体在世界坐标中的位置。

（6）Radius：半径，胶囊碰撞体的长度半径。

（7）Height：高度，该项用于设置所控制的角色对象的胶囊碰撞体的高度。

（8）Interactive Cloth：交互布料，交互布料组件可在一个网格上模拟类似布料的行为状态。

（9）Skinned Cloth：蒙皮布料，蒙皮布料组件与蒙皮网格渲染器一起用来模拟角色身上的衣服，如果角色动画使用了蒙皮网格渲染器，那么可以为其添加一个蒙皮布料，使其看起来更加真实、生动。

5.5　Mecanim 动画系统

在游戏或者虚拟现实中，需要模拟大量现实中的动作，比如基础的人物行走、开心时的跑、机器设备的运转等，这些都是动画。Unity 有一个庞大的动画系统，让开发者既可以直接在 Unity 中进行动画创作，也可以将外部制作的动画导入到 Unity 中进行剪辑并使用动画控制器进行控制。有了动画系统，就可以在游戏或者虚拟现实中加入动作元素。

5.5.1　Animation

1. Animation 介绍

Animation 翻译过来是动画的意思，在 Unity 中有两处提到了 Animation，第一处是 Animation 动画组件，选择任意对象，在 Add Component → Miscellaneous → Animation 选项，这是添加一个 Animation 组件，可以在这个组件中选择添加动画源；第二个是 Animation 动画短片，选择菜单 Window → Animation → Animation 命令，这可以用来编辑动画、动画播放方式等，还可以通过关键帧的方式制作对象移动、旋转的动画。二者区别很大，第二种 Animation 动画短片可以作为动画源放在第一种 Animation 动画组件中。下面介绍两种 Animation 的创建方法。

2. Animation 动画组件和 Animation 动画的创建方法

1）创建 Animation 动画组件

在 Unity 中添加该组件的方式是：选择对象，在检视面板上单击 Add Component → Miscellaneous → Animation 选项，完成组件添加，如图 5.39 所示。

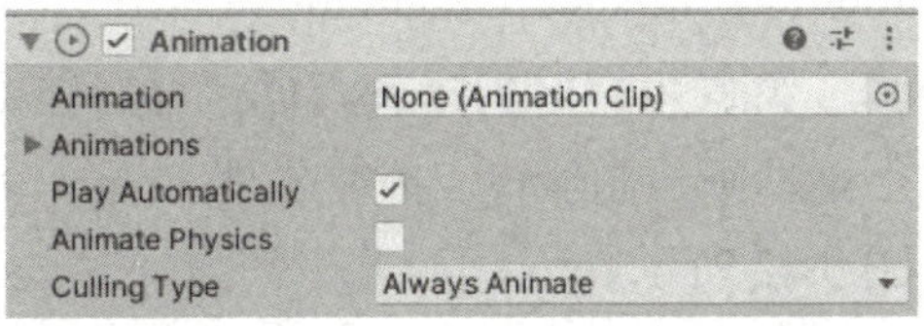

图 5.39　添加 Animation 组件

该组件中的主要参数如下所示：

① Animation：当前播放的动画。

② Animations：所有可以播放的动画。

③ Play Automatically：是否自动播放。

④ Animate Physics：动画是否和物理世界进行交互。

⑤ Culling Type：动画在不可见时是否还继续播放，优化选项默认即可。

2）创建 Animation 动画短片

Animation 组件第一个参数是 Animation，这个参数要求放置 Animation Clip，即动画短片，可以单击按钮，从当前项目的资源包中选择对应的动画，如果没有合适的动画短片，可以通过新建动画的方式给项目新增动画短片，Unity 有两种新增动画片段方式：

视频：Animation 两种制作方法

方法 1：通过菜单 Animation 新建。

第一步，打开第 4 章创建的 room 场景，在场景中新建一个 Sphere，放置在地面上，调整到合适大小，做一个弹跳的小球。

第二步，在菜单 Window → Animation 命令下，选择新建一个 Animation，如图 5.40 所示。

第三步，单击 Create 按钮，在弹出的对话框中，新建一个 Animations 文件夹，保存当前动画为 Sphere Bounce1.anim。

第四步，选中将要制作运动动画的小球 Sphere，检查小球检视面板的右上角是否勾选静态，如勾选，请取消。单击◉按钮，使动画编辑器处于录取状态，将关键帧移动至 0：30 处，移动小球到最高处；将关键帧移动至 1 ： 00 处，移动小球到初始位置，完成后，取消动画的录制状态，动画录制完成，如图 5.41 所示。

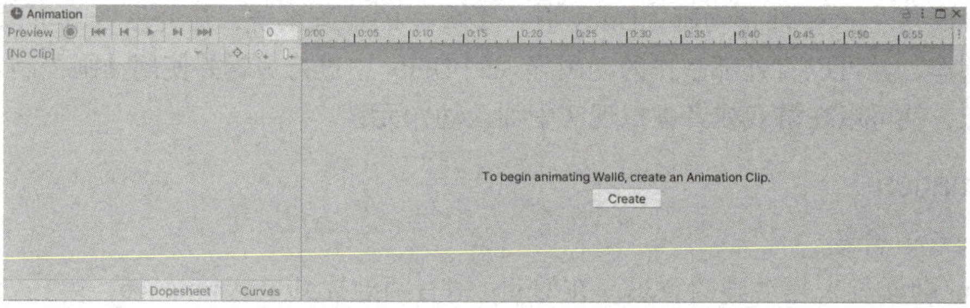

图 5.40　创建 Animation

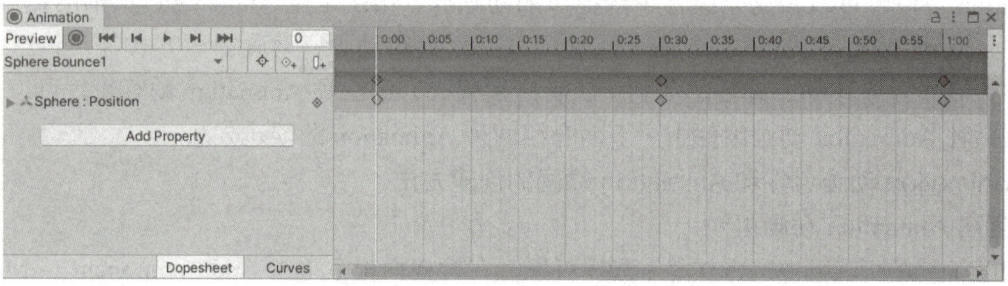

图 5.41　编辑关键帧

第五步，回到动画存储的文件下观察，通过这种方式创建的动画短片自动生成两个文件，一个是动画控制器，扩展名是 .controller，另一个是可再次修改的动画短片，扩展名是 .anim，如图 5.42 所示。

第六步，此时运行场景，可以看到小球按照之前动画设置运动，且不止运动一次，是往复运动，如果不想让小球反复运动，可以在 Assets 面板上单击 Sphere Bounce1.anim 文件，在右侧的检视面板上取消勾选 Loop Time 后的复选框，如图 5.43 所示。

图 5.42　创建的动画文件

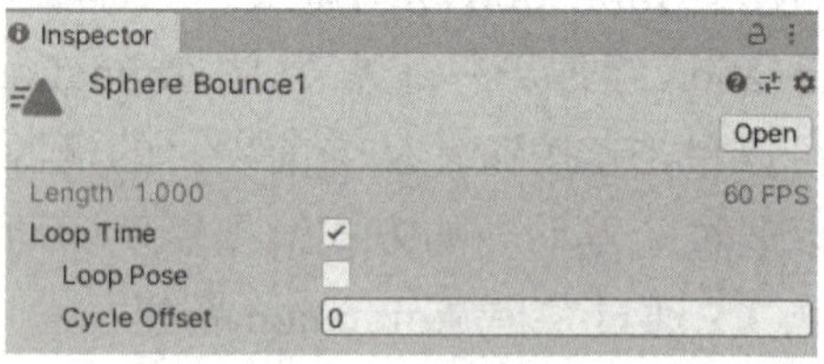

图 5.43　动画参数修改

观察：停止运行场景，选择小球，在组件面板上看到了一个 Animator（动画控制器组件）（见图 5.44），此时如果把该组件移除再运行场景，可以发现小球已经不再做往复运动。

如果此时给小球新增一个 Animation 组件，并选择刚才制作的 Sphere Bounce1.anim 作为动画片段，运行场景，发现小球是静止的，并没有运行动画。这是什么原因呢？

其实当创建 Animation 的时候，系统会判断该物体身上有没有 Animation 组件，如果没有就会自动创建一个 Animator 组件在对象上，对象的运动就由 Animator 去控制。如果此时删除了这个 Animator 再添加 Animation 去播放的动画，会发现不起作用。一般可以通过在给物体制作动画之前就给它添加一个 Animation 组件，然后再去制作动画，具体方法如下：

方法 2：通过 Assets 面板新建动画短片。

第一步，在场景中新增一个 Cube，给 Cube 新增一个 Animation 组件。

第二步，在 Assets 面板空白处右击，弹出快捷菜单，单击 Create → Animation 命令，新增一个动画短片，修改名称为 Cube Bounce2。

第三步，选择场景中的 Cube，在动画录制面板选择录制按钮，和方法 1 一样，单击 Creat 按钮，在弹出的对话框中保存即将制作的动画，可以覆盖之前 Cube Bounce2 动画（两者为一个动画）。

第四步，按照方式 1 设计 Cube 的关键帧动画。

第五步，选中 Cube，在 Animation 组件上将刚才新建的 Cube Bounce2 动画拖进动画片段处。

第六步，运行场景，发现 Cube 可以按照动画运动，但只能运动一次。如果想让 Cube 反复运动，可以在 Assets 面板上单击 Cube Bounce2.anim 文件，在右侧的检视面板上，在 Wrap Mode 下选择 Loop 模式，如图 5.45 所示。

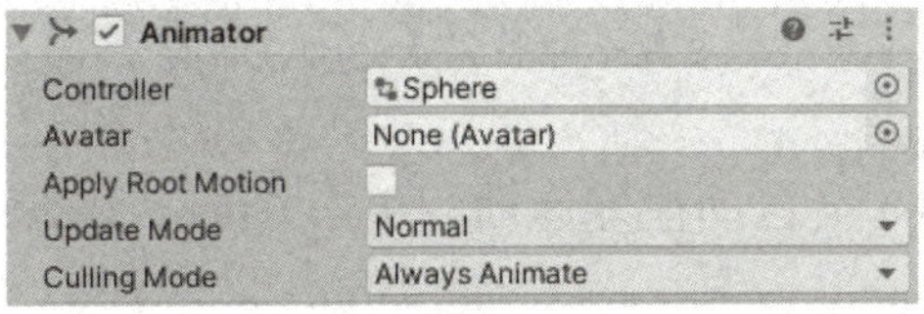

图 5.44　修改 Animator 组件

图 5.45　修改循环模式

方法 1 和方法 2 区别在于：

① 方法 1 会生成一个 Animation 和一个 Animator Controller 两个文件；方法 2 只生成一个 Animation 文件。

② 在方法 1 下如果删除动画控制器，不论是否添加 Animator 组件，都不会有动画的功能；方法 2 必须要在新建动画之前，给对象新建一个 Animation 组件。

③ 方法 1 默认情况下都是循环播放动画；方法 2 只播放一次动画，但两者都可以再次设置播放方式。

3. 通过代码使用 Animation 动画短片

在创建完 Animation 动画短片之后，可以通过在 Animation 组件中应用或者在动画控制器中使用的方式调用动画短片，另外也可以通过代码的方式控制动画的播放。

常用方法

（1）Animation.Play()：动画播放。如果参数省略，则是播放默认动画。

（2）Animation.Stop()：停止动画播放。

（3）Animation.CrossFade()：在一定时间内淡入名称为 animation 的动画并且淡出其他动画。

（4）Animation.warpMode：从动画剪辑中读取循环模式，分别有四种模式：

① WrapMode.Default：从动画剪辑中读取循环模式（默认是 Once）。

② WrapMode.Once：当时间播放到末尾的时候停止动画的播放。

③ WrapMode.Loop：当时间播放到末尾的时候重新播放，从开始播放。

④ WrapMode.ClampForever：播放动画。当播放到结尾的时候，动画总是处于最后一帧的采样状态。

应用示例　场景运行时，动画播放，单击时，动画停止播放。

具体步骤如下：

第一步，选择上文中方法 2 新建的 Cube。（这个 Cube 在上文中已经完成了动画的创建）

第二步，新增一个 A_Animation.cs 脚本，核心代码如下：

```
public Animation ani;
      void Start()
      {
        ani = GetComponent<Animation>();
      }
    void Update()
    {
    }
    private void OnMouseDown()
    {
        ani.Stop("Cube Bounce2");     //Stop函数中的参数是即将停止的动画名称
}
```

第三步，将以上代码挂在 Cube 上，运行场景，Cube 会自动往复运动，单击 Cube，Cube 的运动动画将停止。

4. 动画的裁剪

视频

动画的裁剪

Unity 除制作动画短片的功能外，也提供了动画裁剪的功能，也就是可以将外部已经制作好的动画导入到 Unity 中，并根据需要进行裁剪，具体方法如下：

第一步，将第 2 章中制作的笔记本电脑打开动画 Computer 或者本章素材包中的素材 Computer.fbx 导入到 Projects 项目资源中，在该资源的右侧有个展开的三角箭头，单击箭头展开，可以看到该资源所用的素材，Take001 就是完整的开关笔记本的动画，如图 5.46 所示，下面将动画进行裁剪，剪辑成打开笔记本和关闭笔记本两个动画。

图 5.46　笔记本动画素材展示

第二步，把 Computer 拖动到场景的桌子上。笔记本电脑在 3ds Max 中建模时，设置的单位是厘米，Unity 默认的单位是米，笔记本电脑导入到场景后，如果有点小，可以在 Transform 组件的 Scale 处整体适当放大（见图 5.47）。

第三步，大小调整好后，发现材质丢失，选中 Computer，在右侧检视面板下有个 Model，这里可以调节与模型相关的数值（见图 5.48）。

单击 Model 右侧的 Select，可以展开四个选项卡，单击 Materials 选项卡，可以看到此时材质都是丢失的，单击 Location 后选择 Use External Materials(Legacy)，单击右下方 Apply 按钮（见图 5.49），当材质导入完成后，笔记本电脑的材质都显示完成，贴图完成后的效果如图 5.50 所示。

图 5.47　笔记本模型

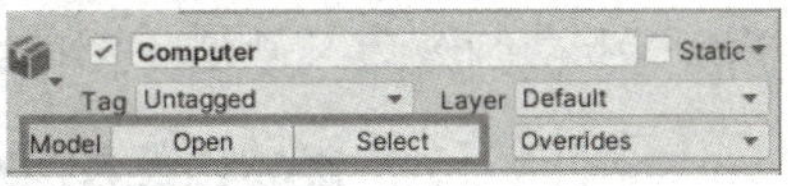

图 5.48　外部模型修改

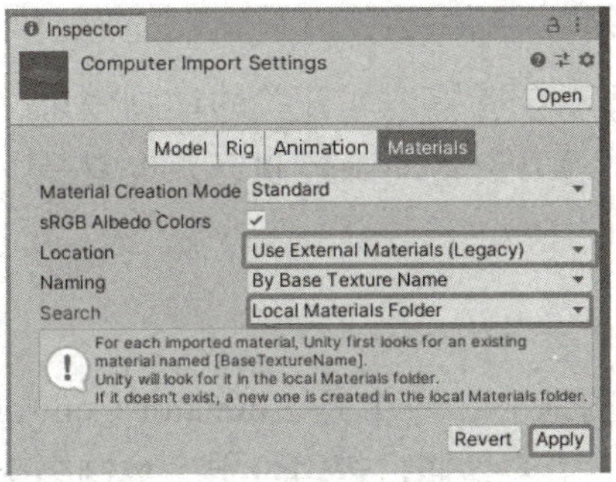

图 5.49　修改材质来源

图 5.50　贴图完成后的效果

第四步，选中 Computer，在右侧检视面板选择 Model，在展开的四个选项卡中，选中 Animation 选项卡，可以看到有一个名为 Take001 的动画，有一条类似刻度尺的标尺，这是动画以帧为单位的长度，下面可以将动画进行裁剪。

第五步，通过最下方的预览窗口，单击播放按钮▶查看动画的播放，方便动画的剪裁（见图 5.51）。通过观察，这是一个笔记本电脑打开关闭的动画。

图 5.51　动画预览窗口

第六步，为了将该动画切成两个分段动画，即一个打开笔记本电脑的动画，一个关闭笔记本电脑的动画，通过预览窗口仔细观察，打开的过程在 50 帧结束，关闭的动画从 51 帧开始。

第七步，单击 Clip 处的+按钮新建一个动画，可在▲后新增改动画名称为 Open，帧数调整 Start 为 0，End 为 50（见图 5.52）。

第八步，再次单击 Clip 处的+按钮，修改该动画名称为 Close，帧数调整为起始 51，结束 100（见图 5.53）。

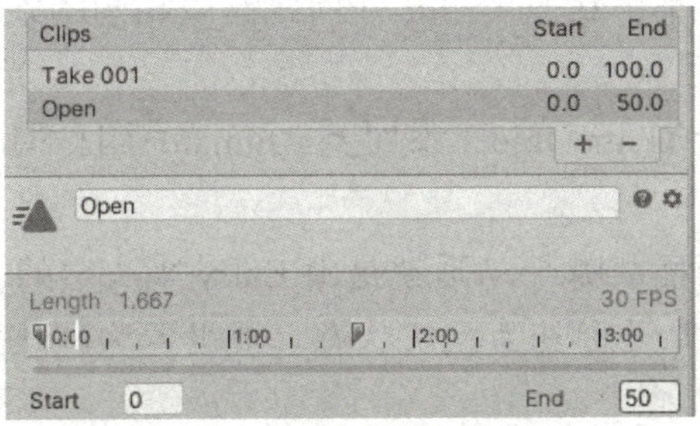

图 5.52　新增 Open 动画

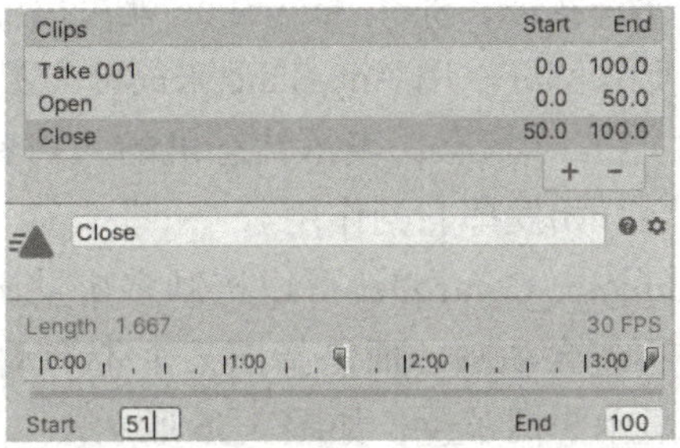

图 5.53　新增 Close 动画

设置完毕后，可以分别单击 Open 和 Close 动画，并单击右下角▶播放按钮，观察动画的运行，已经将一个完整的开关笔记本动画剪辑成了一个打开笔记本动画和一个关闭笔记本动画了。

第九步，确认设置完成后，单击右下角的 Apply 按钮 Apply，此时回到 Assets 面板，可以看到之前的 Take001 动画旁边又新增了 Open 和 Close 两个动画，表示裁剪完成，如图 5.54 所示。

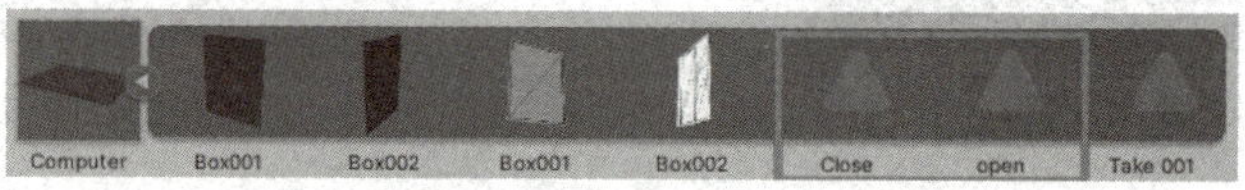

图 5.54　完成动画剪裁

在动画裁剪之前或裁剪之后，我们运行场景，发现都不会有笔记本开关的动画效果，这是因为动画只是一个动画源，想要场景运行时候有动画效果，需要设置动画控制器，也就是下面要讲的内容。

5.5.2　Animator Controller

和 Animation 一样，Unity 中有两处和 Animator 相关的地方，一个是 Animator Controller，另一个是 Animator 组件。Animator Controller 是动画控制器，主要是通过逻辑设定去控制多个动画状态，负责在不同的动画间切换，包括多个动画的播放、切换及叠加系列复杂的效果，而每一个动画状态则是 .anim 动画文件，属于制作动画效果的必备原件。以上一节导入的笔记本打开关闭动画为例，我们之所以运行场景看不到动画效果，是因为没有对应的动画控制器。下面就来看看动画控制器的新建方法。

1．新建 Animator Controller

Unity 中新建 Animator Controller 的方法：

（1）第一种，在 Assets 面板空白处右击，在弹出的快捷菜单中选择 Creat → Animator Controller 命令，此时可以新建一个 Animator Controller。

（2）第二种，当新建一个 Animation 时，可以同时生成一个 Animator Controller（注意观察右侧的检视器），如图 5.55 所示。

2．Animator Controller 的状态

在 Assets 面板上，找到原地跳跃的小球的 Animator Controller 并双击，可以打开 Animator 编辑器，看到彩色的长方形节点，这是 Animator Controller 的三个状态：Any State，Entry 和 Exit。

（1）Any State 状态，表示任意状态的特殊状态。例如，如果希望角色在任何状态下都有可能切换到死亡状态，那么 Any State 就可以做到。当发现某个状态可以从任何状态以相同的条件跳转到时，那么就可以用 Any State 来简化过渡关系。

（2）Entry 状态，表示状态机的入口状态。为某个 GameObject 添加上 Animator 组件时，这个组件就会开始发挥它的作用。

Animator Controller 可以控制多个动画的播放，而播放哪个动画就是由 Entry 来决定的。Entry 本身并不包含动画，而是指向某个带有动画的状态，并设置其为默认状态。被设置为默认状态的状态会显示为橘黄色，如图 5.56 所示。

Entry 在 Animator 组件被激活后无条件跳转到默认状态，并且每个 Layer 有且仅有一个默认状态。

（3）Exit 状态，表示状态机的出口状态，以红色标识。如果动画控制器只有一层，那么这个

状态可能并没有什么用。但是当需要从子状态机中返回到上一层（Layer）时，把状态指向 Exit 即可，如图 5.57 所示。

（4）自建状态，可以在 Animator 编辑器空白处右击，新建一个自建状态，自建的状态会以灰色显示，选中某个自定义状态，并在检视面板中观察它具有的属性，如图 5.58 所示。

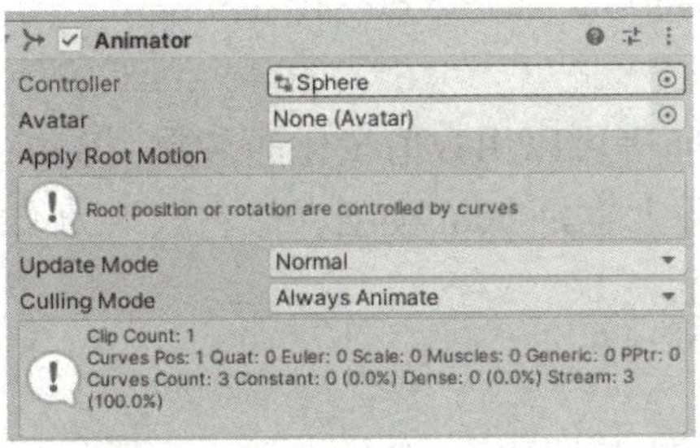

图 5.55　添加 Animator Controller

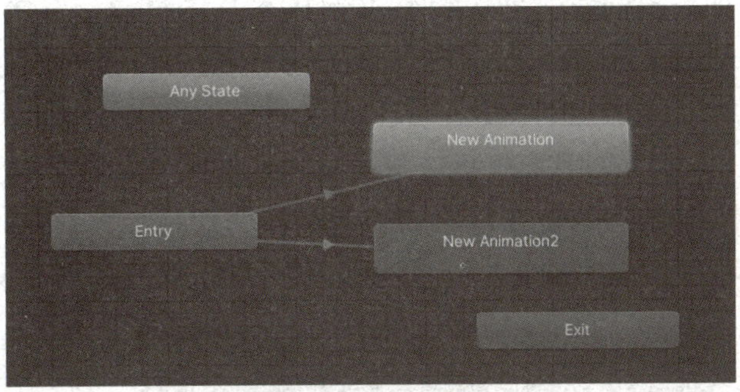

图 5.56　Entry 状态

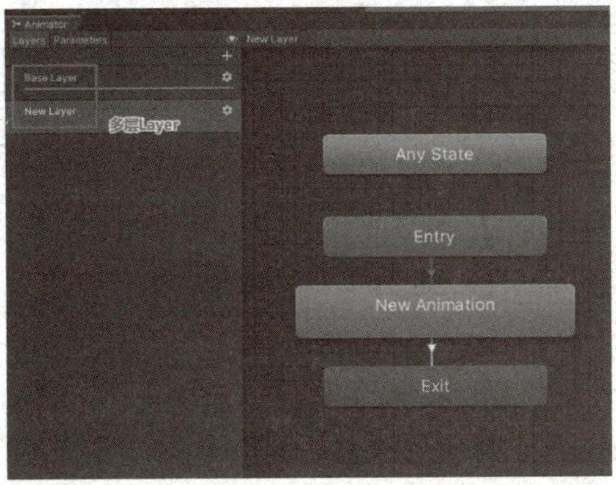

图 5.57　Exit 状态

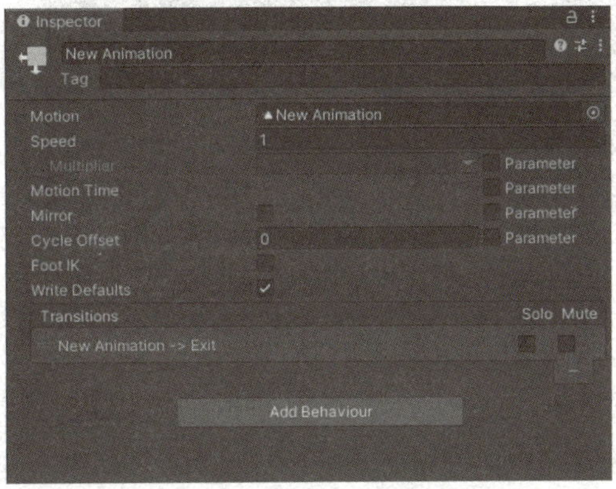

图 5.58　自建状态

在自建状态上右击，可以弹出多个操作，如图 5.59 所示。

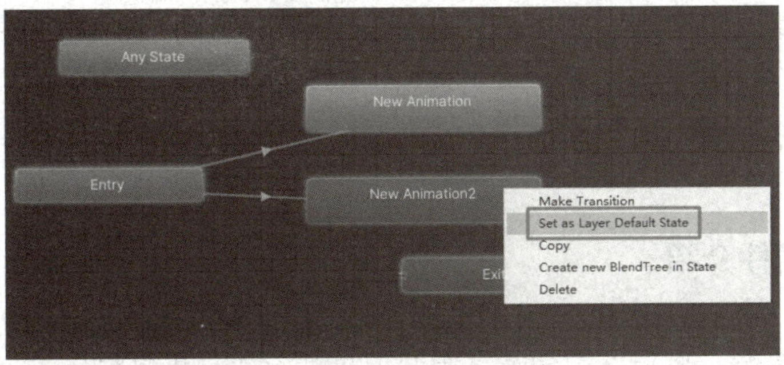

图 5.59　添加状态

彩图

添加状态

① Make Transition：动画过渡。

② Set as Layer Default State：设置为默认动画。

③ Copy：复制状态。

④ Create new BlendTree in State：以该动画片段创建新的混合树。

⑤ Delete：删除。

3. Animator Controller 的其他参数

（1）状态间的过渡关系（Transitions）

如果要创建一个从状态 A 到状态 B 的过渡，直接在状态 A 上右击，在弹出的快捷菜单中选择 Make Transition 命令，并把出现的箭头拖动到状态 B 上单击即可，如图 5.60 所示。

（2）添加控制参数

Float、Int 用来控制一个动画状态的参数，比如速度方向等可以用数值量化的参数，Bool 用来控制动画状态的转变，比如从走路转变到跑步，Trigger 本质上也是 bool 类型，但它默认为 false，且当程序设置为 true 后，它会自动变回 false，如图 5.61 所示。

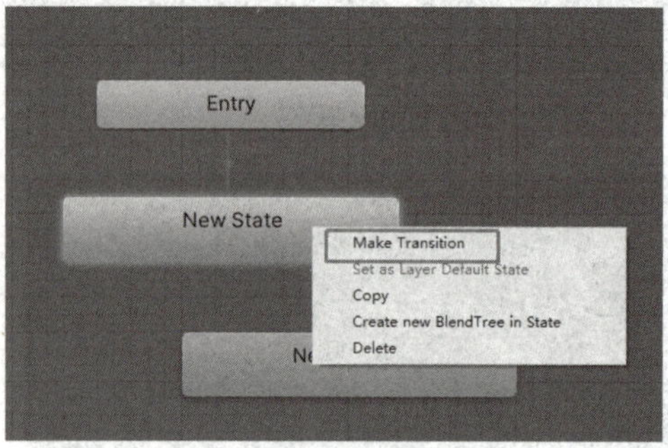

图 5.60　创建状态间的过渡

图 5.61　添加控制参数

（3）编辑切换状态的条件

单击白色连线，在检视面板中可以进行设置，在 Conditions 栏下可以添加条件，如图 5.62 表示当参数 AnimState 为 0 时会执行这个动画 Sphere Bounce1 到 New State 的过渡。

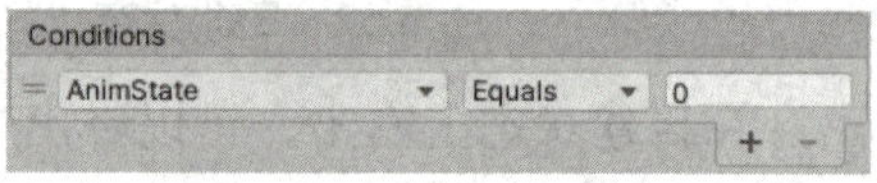

图 5.62　添加过渡条件

除这种常规操作外，在开发中，对于外部导入的动画还有一种常用的方法就是直接将动画源拖到目标物体上，这样可以直接新增一个动画控制器，这时，场景一运行就会看到动画效果，如果需要修改动画的控制，可以再回到控制器中去修改节点的值。以上一节笔记本打开关闭动画为例，可以将外部动画导入场景后，可以直接将动画源拖到对象身上，这样就可以新增一个该动画的控制器，这样运行场景时，就可以看到笔记本开关的动画了。

5.5.3　Animator 组件介绍

Animator 组件是 Animator Controller 的组件，可以用来管理动画片段的切换和出发等动作。在 Animator 没有出现的时候，有些公司写的动画状态机其实就是代码版的 Animator。Animator 其实就是把 Animation 统一管理和逻辑状态管理的组件，而 Animation 就是每一个动画。

1. 新建 Animator 组件

Animator 组件（见图 5.63）可以通过给对象添加组件的方式添加，但是这种情况下 Animator 的 Controller 参数默认为空，所以需要手动将事先准备好的 .controller 文件拖动到该参数位置。

Animator 组件是 Unity 中制作动画系统的常用功能组件，特别当导入外部动画后，主要都是通过该组件去控制动画的播放状态。

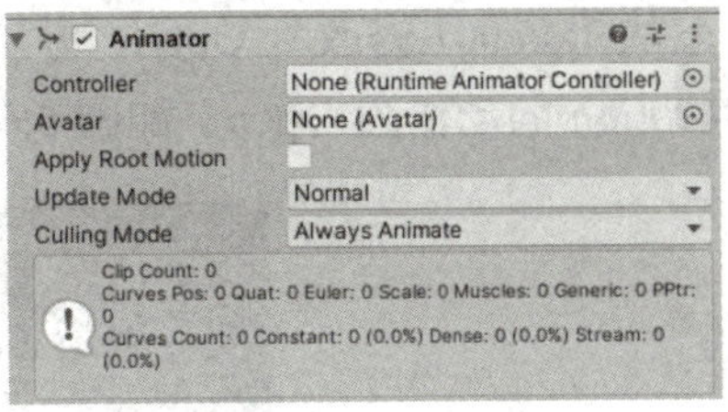

图 5.63　Animator 组件

Animator 组件主要参数如下：

① Controller：关联到物体的 Animator 控制器。

② Avatar：物体的 Avatar。

③ Apply Root Motion：是使用动画本身还是使用脚本来控制角色的位置。

④ Update Mode：动画的更新模式，分为三种模式，Normal 表示同步更新，动画速度与运行速度相匹配，运行速度慢，动画慢；Animate Physics，在动画之间是有物理的相互作用时，用此模式；Unscaled Time 是动画忽略当前的运行速度时使用。

⑤ Culling Mode：动画的裁剪模式，也分为三种模式，Always Animate 表示总是启用动画，不进行裁剪；Cull Update Transforms 表示更新裁切；Cull Completely 表示完全裁切。

应用示例　运行场景，播放开关笔记本动画。

视频

Animator 组件实例

具体步骤如下：

第一步，打开 5.5.2 导入的计算机开关动画场景，继续使用之前剪裁的动画片段。

第二步，选择场景中的 Computer，新增 Animator 组件，此时 Controller 参数为空。

第三步，在 Assets 面板选择外部导入的动画资源“Computer”，展开右侧的小三角，找到 Take001.anim 并赋给场景中的 Computer，此时会在 Assets 面板中生成一个 Computer. Controller，如图 5.64 所示。

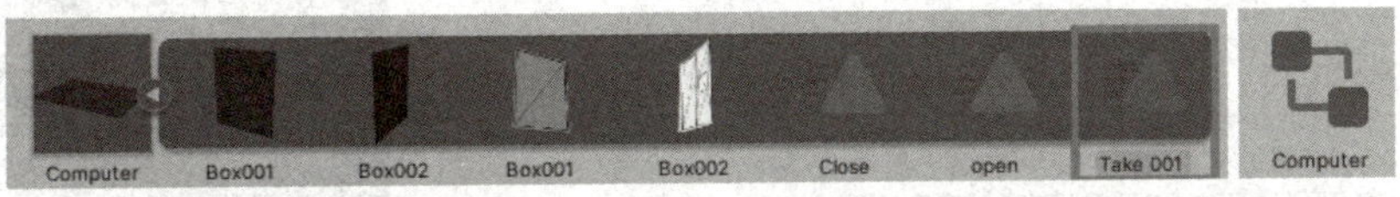

图 5.64　导入动画资源后显示

此时可以双击 Computer. Controller，打开 Controller 编辑器，动画控制器的状态如图 5.65 所示，程序运行时，将会自动运行 Take001 动画。

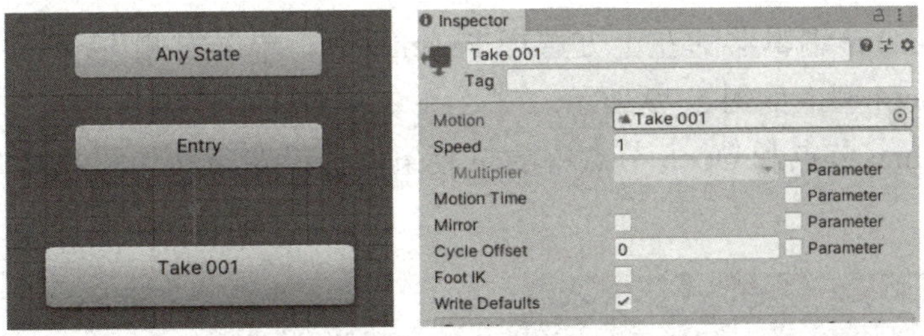

图 5.65　动画控制器参数设置

选择场景中的 Computer，此时 Computer. Controller 也已经被赋值到 Animator 组件下的 Controller 中，如图 5.66 所示。

图 5.66　给 Animator Controller 赋值

第四步，运行场景，计算机自动打开和关闭。

第五步，回到 Computer.Controller 编辑器，将动画状态从 Take001 修改到 Open，方法是选择橙色节点，在检视面板中将该状态名称修改为 Open，参数 Motion 的动作为 Open，如图 5.67 所示。

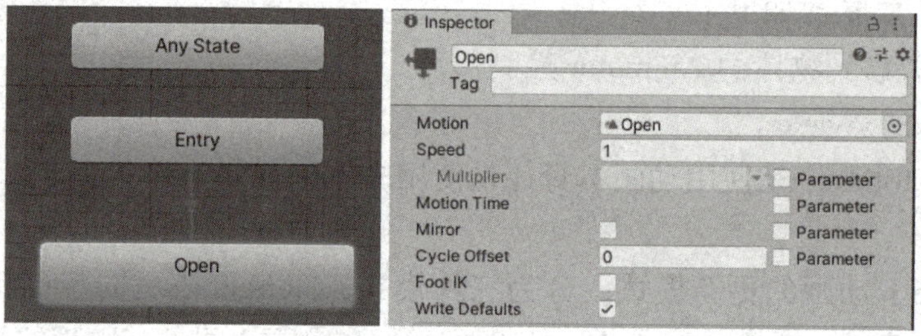

图 5.67　修改动画控制器参数值

再次运行场景，不再播放计算机开机和关机动画，而是只播放开机动画了。

以上这个案例就是通过修改动画控制器的状态，改变运行时播放的动画。

2. 综合案例

应用示例　单击打开笔记本，再次单击关闭笔记本，可反复循环此动作。

第一步，打开上一个开关笔记本的案例，在 Assets 面板双击 Computer. Controller，打开 Controller 编辑器，修改第一个橙色的状态节点，名称改为 None，将 Motion 的动作设置为 None。

第二步，在编辑器空白处右击，在快捷菜单中选择 Creat State → Empty 命令，新增一个状态节点，修改此状态节点的名称改为 Open，Motion 为 Open，如图 5.68 所示。

第三步，在 None 节点上右击，选择 Make Transition 命令，并指向 Open 节点，如图 5.69 所示。

图 5.68　修改节点名称

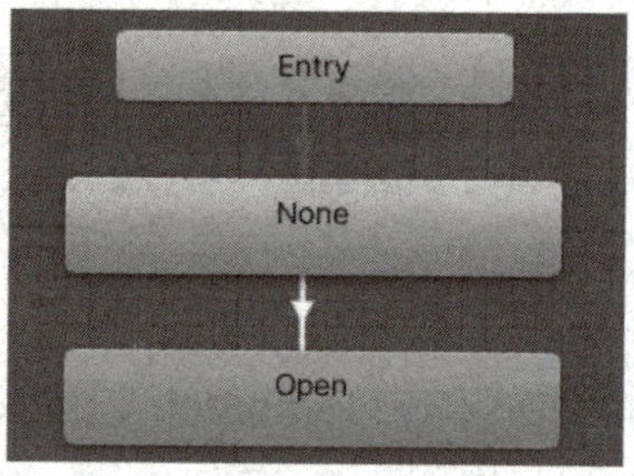

图 5.69　添加过渡

第四步，在 Animator 编辑器的左上方选择 Parameters，单击右侧 + 旁的下拉按钮，新增一个变量 open，类型为 Bool 型，如图 5.70 所示。

第五步，选择 None 节点和 Open 节点中的过渡条件，设置条件如图 5.71 所示。此时动画控制器的设置完成。

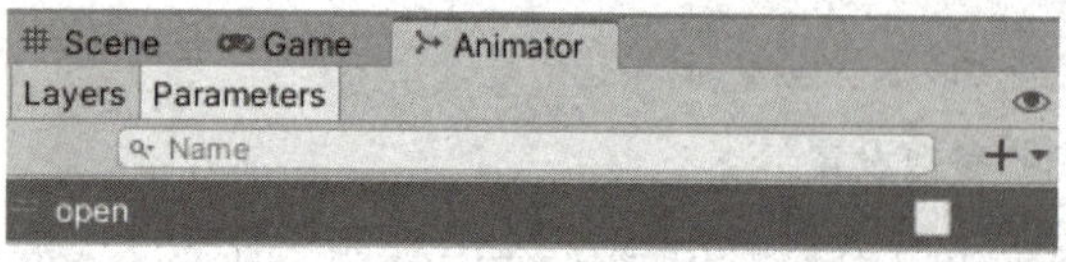

图 5.70　新建变量

图 5.71　设置为 true 控制条件

以上步骤是设置当程序运行时，没有动画播放，当条件符合 open 为 true 时，播放打开笔记本的动画。接下来设置当 open 为 false 时，播放关闭笔记本动画。

第六步，在编辑器空白处右击，在快捷菜单中选择 Creat State → Empty 命令，新增一个状态节点，修改此状态节点的名称改为 Close，Motion 为 Close。

第七步，在 Open 节点上右击，选择 Make Transition 命令，并指向 Close 节点，设置过渡条件如图 5.72 所示，表示当 open 为 false 时，播放 Close 动画。

第八步，在 Close 节点上右击，选择 Make Transition 命令，并指向 Open 节点，设置过渡条件，当 open 为 true 时，播放 Open 动画；设置完成后编辑器内的节点情况如图 5.73 所示。

图 5.72　设置为 false 的控制条件

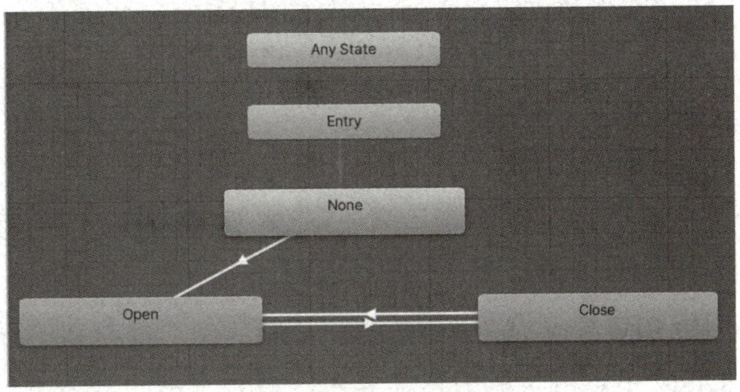

图 5.73　完成状态设置

第九步，新增 B_Animation.cs，代码如下所示，设置了一个逻辑值 BOOL，用来判断动画播放条件中的变量 open 的值。通过获得鼠标的按键值，判断在单击后，调用符合条件的动画，并在每次完成动画后，改变判断条件的逻辑值，通过这个方法做到每次单击，轮流播放笔记本打开或者关闭的动画。

```
    public class B_Animation : MonoBehaviour
    {
    public bool BOOL;
    public Animator ani;
    void Start()
    {
        ani = GetComponent<Animator>();
        BOOL =true;
    }
    void Update()
    {
        if (Input.GetMouseButton(0))
        {
            ani.SetBool("open", BOOL);
            BOOL = !BOOL;
        }
    }
}
```

第十步，将脚本赋给场景中的 Computer，并把 Animator 组件拖到变量 Ani 上，如图 5.74 所示。

第十一步，运行场景，笔记本电脑不播放动画，单击播放开机动画，再次单击播放关机动画，以此反复。

在运行时，可能发现响应动画的时间有点长，这可以通过控制器的编辑器去设置，打开 Computer. Controller，选择任意过渡条件，在检视面板上 Setting 卷展栏中，可以通过设置参数值改变相应时间，如图 5.75 所示。

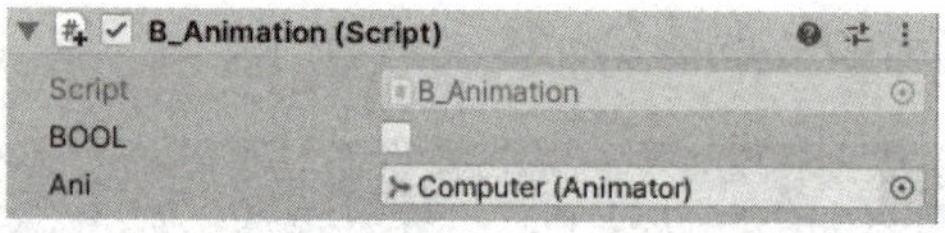

图 5.74　给代码中的变量赋值

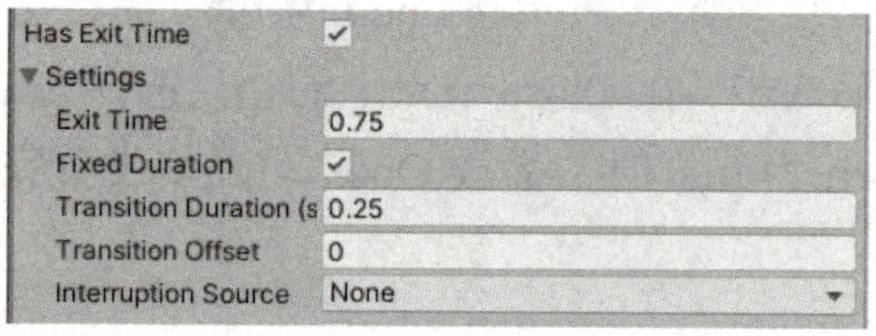

图 5.75　动画参数设置

小　　结

本章通过对 Unity 的组件、关键的类、碰撞器、触发器以及动画系统的描述，结合案例，介绍了 Unity 中常用功能的创建方法。通过上一章和本章的学习，大家已经可以独立布局一个 3D 虚拟场景，并加入一些交互功能，使该虚拟环境更具有交互性。

思　　考

1. 简述 Unity 中创建并挂载脚本的方式。
2. 简述 Unity 中公共变量和私有变量的区别。
3. Unity 中常用的类有哪些？物体的移动主要通过哪个类的什么方法实现？
4. 如何给一个对象添加触发器？什么是触发检测事件？
5. 创建一个 CubeA 和 CubeB，按【D】键，CubeA 向 CubeB 的方向移动，当 CubeA 碰到 CubeB 时，控制台输出“Success！”。

第 6 章
地图系统——射击游戏

Unity 3D 引擎除了用来做虚拟现实开发，还可以用于 2D/3D 游戏制作，游戏制作一般分为程序开发和美术设计。程序开发主要包括服务器端开发、客户端开发。而美术设计包括场景、角色、次时代、特效、动画等部分。通过之前几章的学习，我们知道，Unity 3D 引擎具有强大的代码编辑功能，可以完成全部的脚本，动画系统可以实现动画状态的控制，除此之外，Unity 3D 还有一个非常强大的地图系统，可以制作出精美的游戏场景。

学习目标

- 掌握 Prefab 预制体的功能和制作。
- 掌握游戏资源的导入与导出。
- 掌握 Terrain 游戏地形的制作。
- 掌握音效组件的添加和使用。
- 掌握粒子系统组件的添加和使用。
- 能够独立设计开发一款简单的游戏。

6.1 游戏资源制作

该案例基于 Unity 2019.3.5 版本，一个游戏需要多种类型的资源，包括模型、动画、音效、视频、特效等，基于游戏前期的需求设计，使用脚本，围绕游戏主题和关卡将这些资源整合，最终成为用户眼前看到的交互式程序。

6.1.1 预制体制作

游戏场景中，经常会多次使用同一个对象，比如待射击的对象、路障，这些对象有相同的外表、属性等，如果每个对象都逐一新建，会加大开发的时间成本，Unity 提供的预制体功能给了我们解决这个问题的办法。重复使用的对象可以以预制体的方式存在于资源库中，这样当需要使用同类对象时，可以直接将预制体拖入场景中，大大节约了开发的时间成本。

打开第 4 章项目中的 Scene1 场景，该场景中有很多相同的对象，比如装饰柱、装饰球、花盆等，之前制作的方法是先制作同类型对象中的一个，再对其进行复制，现在我们可以用预制体的方式完成同类型物品的制作。

1．新建预制体

在 Assets 面板新建一个 Prefabs 文件夹，选中 locker1 拖至 Prefabs 文件夹，在 Prefabs 文件夹中新生成一个可以看到缩略图的对象，这个就是预制体。同时可以看到层次面板中的 Locker1 由原来的灰色变成了蓝色，而其他非预制体的对象仍然是灰色，这就是预制体对象和非预制体对象的区别之一。

2．预制体的使用

当前场景中有四个装饰柱，现在可以通过拖动更多预制体进场景的方式在场景中添加更多的预制体，效果如图 6.1 所示。

图 6.1　预制体放置后效果

3．预制体的修改

预制体除了能快速生成同类型对象外，还有一个最便捷之处，当我们要修改物体时，可以直接对预制体进行修改，修改应用后可以直接显示在同类型所有对象上，这样就不需要一个个手动修改对象，大大提高了修改速度。

例如，现在需要修改装饰柱上自发光的颜色，可以在预制体文件夹中选择预制体 locker1，单击右侧的 Open Prefab 

按钮，这时看到层次面板已经不在场景的级别，而是进入 locker1 的级别，选择 ball1，在右侧材质的设置中修改自发光的颜色，从蓝色变成红色，如图 6.2 所示。

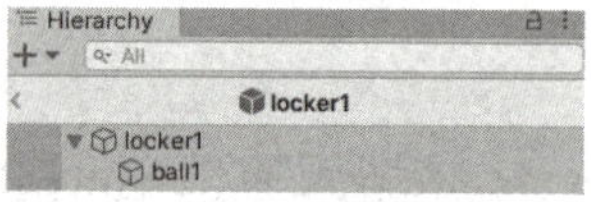

图 6.2　打开预制体

修改完成后，可以看到场景中四个装饰柱上的球的颜色都从蓝色变成了红色，如图 6.3 所示。

图 6.3　修改预制体颜色

6.1.2　资源导入与导出

游戏开发需要大量的资源，Unity 就是使用这些资源布置场景，通过代码进行交互，完成一个项目的设计与开发。所需资源包括静态的图片、纹理贴图、3D 模型和动画等。资源一般通过自己构建后从外部导入或者直接从官方商城下载。

1．资源导入

外部资源导入有三种方法，第一种是直接将资源复制到根文件夹下；第二种是通过 Import Package 导入；第三种是通过官方资源商城导入。现在我们以 Standard Assets（官方系统资源）为例，通过三种方式分别阐述资源包的导入方法。

1）直接复制

在 Assets 面板空白处右击，在弹出的窗口中选择 Show in Explorer 命令，同时选择已经下载好的 Standard Assets，直接复制到项目 Assets 的根文件下，如图 6.4 所示。

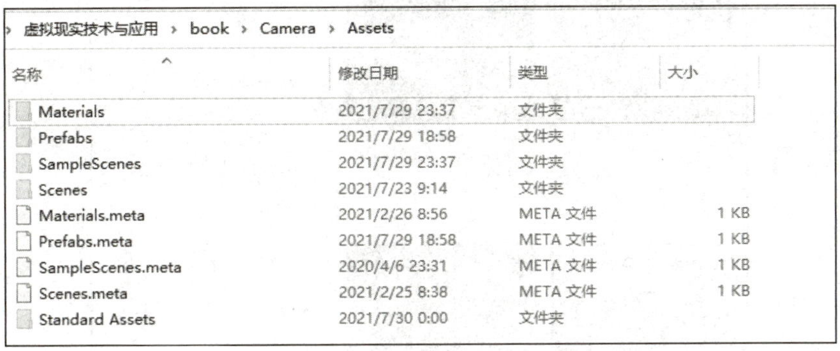

图 6.4　Assets 根目录

2）通过 Import Package 导入

选择菜单 Assets → Import Package → Custom Package 命令，在弹出的对话框中选择 Standard Assets.unitypackage 文件，单击“打开”按钮进行导入，导入完成后可以在 Assets 面板中看到导入的资源，如图 6.5 和图 6.6 所示。

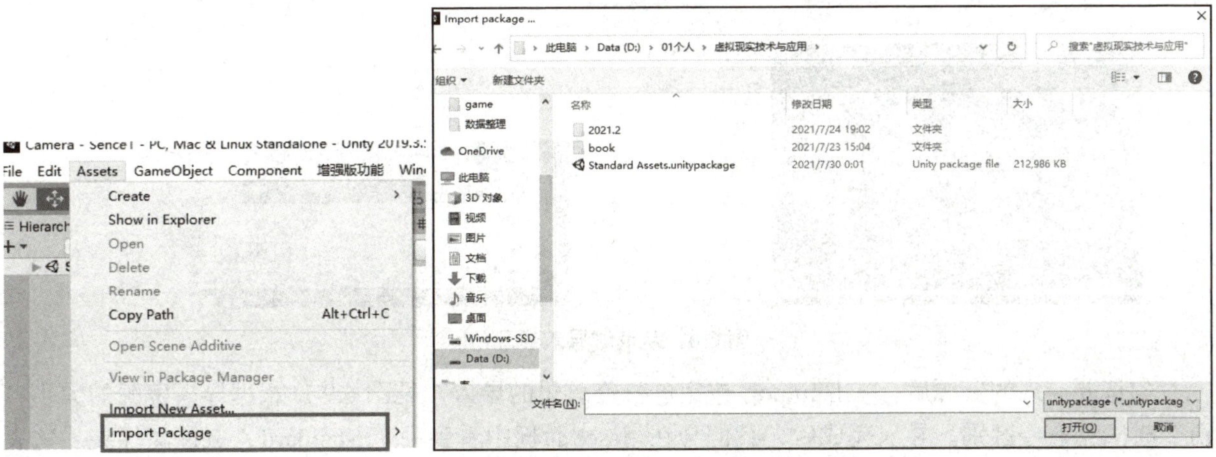

图 6.5　导入外部资源

3）官方商城下载

Unity 提供了官方商城，和手机上的商城一样，在 Unity 的官方商城可以下载需要的资源，有免费资源和收费资源两种，用户可以根据自己的需求以及 Unity 的版本下载所需资源。

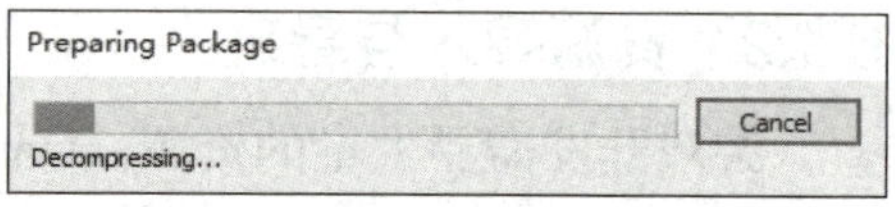

图 6.6　正在导入

首先，选择菜单 Window → Asset Store 命令，在 Scene 窗口的右侧会生成一个 Asset Store 窗口，官方商城是全英文显示，用户可以在搜索栏搜索自己想要查找的资源关键字。Unity 官方有个丰富的资源包 Standard Assets，这个包也是本章后面制作地形时多次用到的资源素材包。

在搜索栏中输入 Standard Assets，可以看到有很多相关的资源，右侧还有资源包相关的价格、版本等，用户可以根据自己的需求设定资源的条件，如图 6.7 所示。

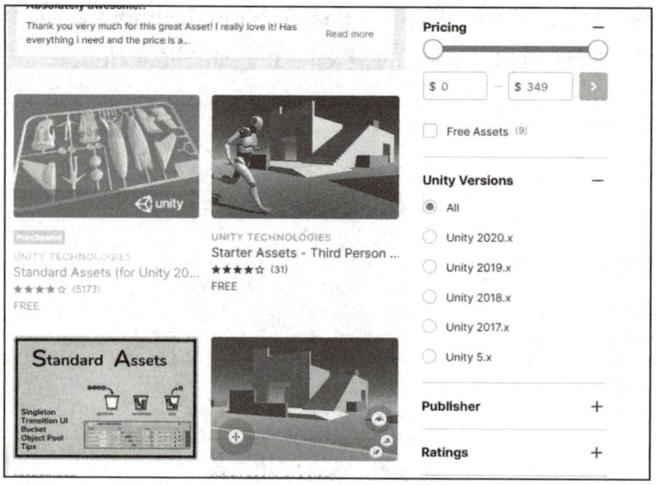

图 6.7　官方商城

选中资源包后，可以进入资源包的介绍界面，可以看到资源包支持的版本号、文件大小等相关信息，在资源包的右侧有一个 Import 按钮，单击该按钮可以导入资源包，如图 6.8 所示。

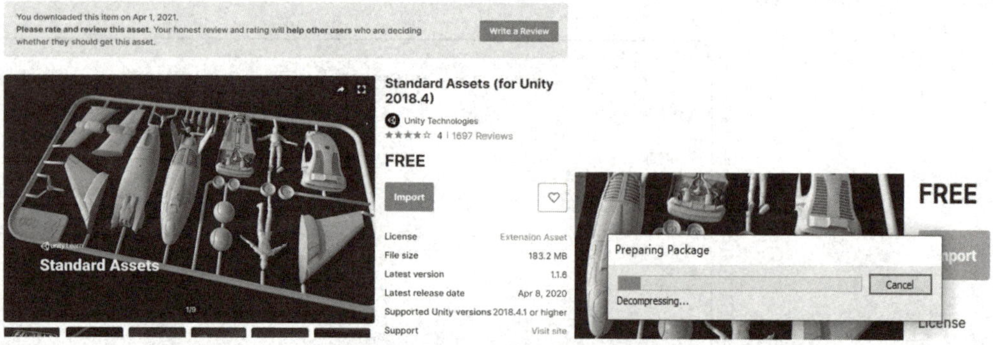

图 6.8　从商城导入资源包

勾选要导入的资源后，单击 Import 按钮进行资源包的导入（见图 6.9），根据导入资源的大小，所需时间会有些区别。导入完成后，我们会在 Asset 面板中看到一个 Standard Assets 文件夹。这表示资源成功。

2. 资源导出

当要把已完成的场景连同资源导出并可以用 Unity 软件打开这些场景资源时，可以选择资源导出的方法。和资源导入相似，选择菜单 Assets → Export Package 命令，在弹出的对话框中勾选要导出的资源，单击 Export 按钮，设定导出的文件夹即可，如图 6.10 所示。

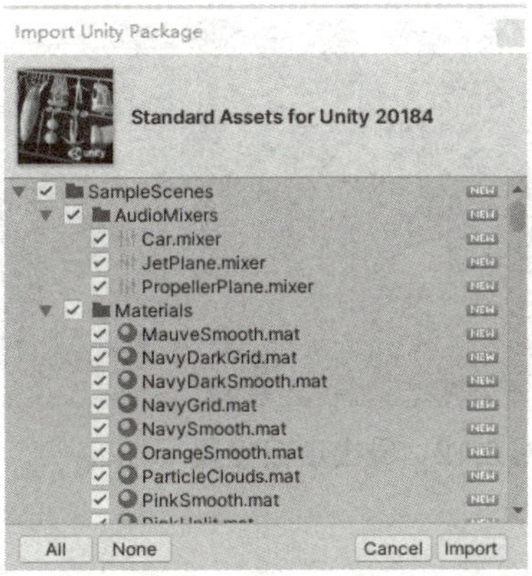

图 6.9　资源选择

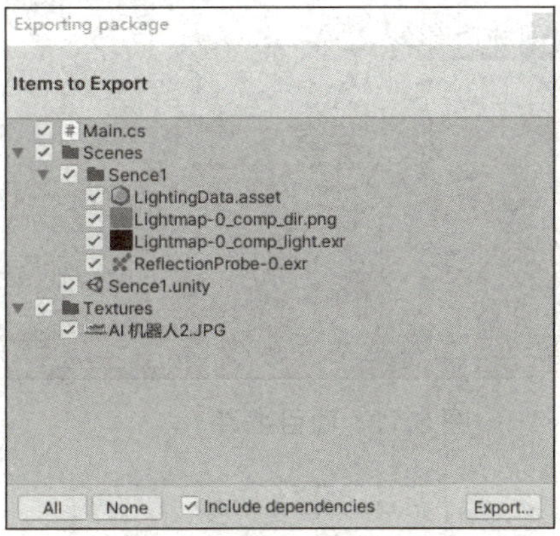

图 6.10　资源导出

导出的资源扩展名是 .unitypackage，图标和 Unity 官方图标一样。这种资源包可以再次通过 Unity 的 Import Package 命令导入，导入完成后可以继续开发制作场景。

6.1.3　项目编译

如果需要生成一个用户可以直接单击使用的版本，就要对项目进行编译。项目编译是生成一个用户可以直接使用的版本，用户无法用 Unity 打开项目，只能双击应用程序的图标打开，Unity 支持多平台发布，几乎包含了所有的平台，如 Android、iOS 平台，Android 平台可以直接使用 Unity 自行打包，但 iOS 平台需要借助 Mac 计算机进行打包。编译的一般步骤如下：

第一步，一个项目中一般包括多个场景，一定要先打开准备编译的场景。

第二步，单击菜单 File → Build Settings 命令，弹出 Build Settings 对话框，单击 Add Open Scenes 按钮，添加要编译的场景。

第三步，选择编译的平台，在右侧设置平台的相关参数，如图 6.11 所示。

第四步，单击左下角的 Player Settings 按钮设置项目的一些基本信息，包括 Audio 音频、Input Manger 输入输出的方式、运行设置等。例如，可以选择 Project Settings Player 选项设置公司名称、版本号、项目图标等，如图 6.12 所示。

第五步，回到编译窗口，单击 Build 按钮后，选择编译文件保存的路径，完成编译。也可以选择 Build And Run 按钮，该功能是编译完成后立刻运行运用程序，和 Build 按钮有些许差别。

编译后的文件会根据不同平台显示不同的文件信息，比如 Windows 平台下就会生成图 6.13（a）所示的信息，WebGL 平台下就会生成图 6.13（b）所示的信息。需要注意的是，当我们发给用户时，一定要连同整个编译文件一并发给用户，不能只发 .exe 文件或 .html 文件。

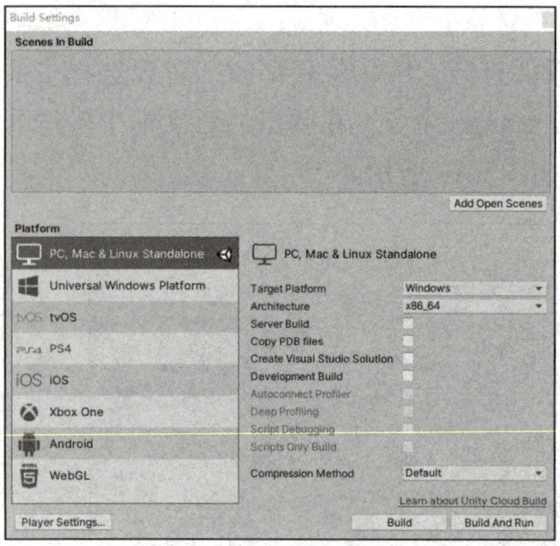

图 6.11　项目编译

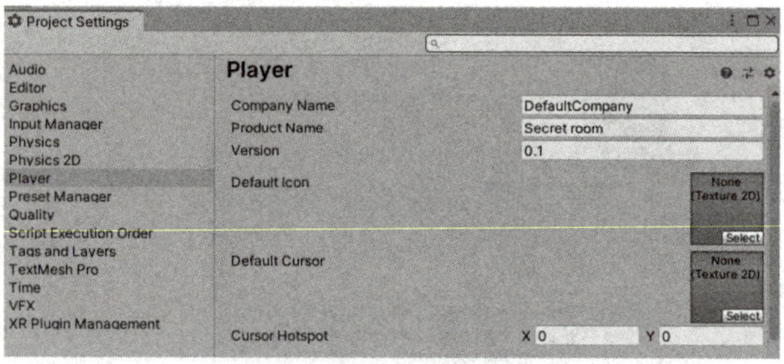

图 6.12　导出项目设置

（a）Windows 平台生成的文件信息　　（b）WebGL 平台生成的文件信息

图 6.13　编译后的文件

6.2　地形引擎

Unity 3D 自带地形引擎，可以轻松绘制游戏地形。通过地形引擎可以绘制地形的地貌、添加植被等，为做出一款精彩的游戏做好准备。

视频

创建地形

6.2.1　绘制地形

通过添加 3D Object 可以看到有一个 Terrain 选项，添加 Terrain，看到在右侧检视面板自带三个组件，分别是 Transform 组件、Terrain 组件和 Terrain Collider 组件，Transform 组件可以用来设置地形的大小、位置等参数，不可以被删除。Terrain Collider 是地形碰撞器，不需要时可以选择删除。下面重点介绍 Terrain 组件（见图 6.14）。

注：这里完成 Terrain 的新建后在 game 窗口看不到地形，可以通过调节 Camera 的位置变换视角，直到在 game 窗口中看到 Terrain。

Terrain 组件的五个功能从左到右依次是 Creat Neighbor Terrains（创新建地形工具）、Paint Terrain（画笔工具）、Paint Trees（树木描绘工具）、Paint Details（细节描绘工具）、Terrain Settings（地形设置工具）等。

（1）Creat Neighbor Terrain：在当前已创建的地形旁边创建新的地形。

（2）Paint Terrain：地形创建中最重要的工具之一。该工具包含 Raise or Lower Terrain（升降地形）、Paint Holes（画洞工具）、Paint Texture（画纹理）、Set Height（设置地面高度）、Smooth Height（平滑地形）、Stamp Terrain（地形图章），如图 6.15 所示。

图 6.14　地图引擎

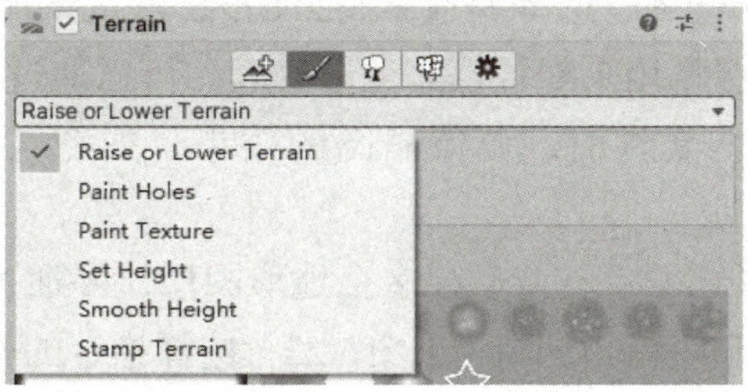

图 6.15　笔刷工具

① Set Height：在开发时，为了能够刷出山谷和山峰，通常要先把地形抬高，也就是选择 Set Height，设定 Height 的高度，单击右下角 Flatten All 后完成高度的设置，如图 6.16 所示。这时，地形高于地平面 50，高度差值就是之后可以设置的山谷深度。

② Raise or Lower Terrain：利用升降地形画地形时，先设置笔刷大小（见图 6.17），单击可画出山峰，按住【Shift】键，同时单击可以降低山峰的高度直至地平面，效果如图 6.18 所示。

③ Paint Holes：坑洞绘制。可以在地形上遮罩出一些区域，还可以通过代码控制这些遮罩。一般要结合 ProBuilder 和 Polybrush 等 Unity 的内置工具，才能快速创建类似山洞、巢穴、湖泽等地貌，如图 6.19 所示。

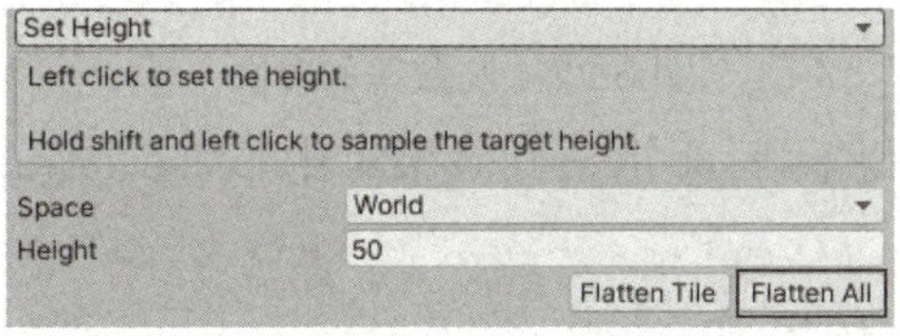

图 6.16　设置高度

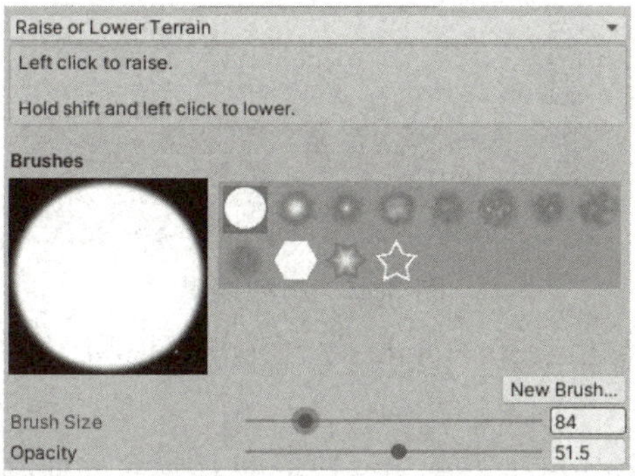

图 6.17　升高 / 降低地形

图 6.18　初步绘制后的效果图

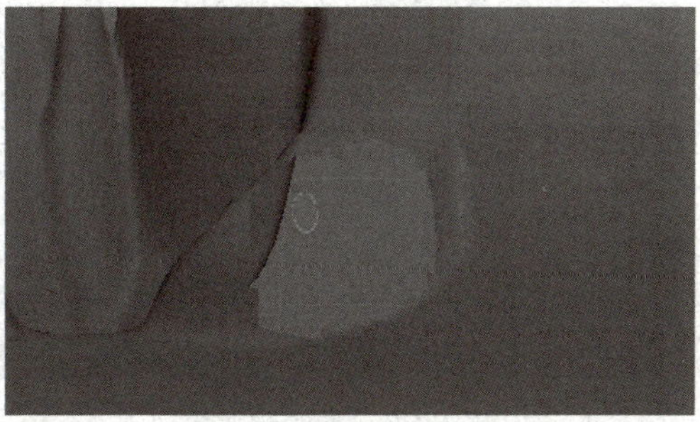

图 6.19　绘制坑洞

④ Paint Texture：当地貌的外观完成后，可以进行纹理的设置。纹理设置之前，可以先将选用的材质导入，可以直接复制在项目的根文件夹下，也可以通过导入包的方式导入。这里可以使用

之前 Standard Assets 标准资源包中的素材。选择 Paint Texture 选项，单击 Edit Terrain Layers 按钮，选择 Create Layer 选项，选择对应素材，Unity 默认添加的第一个地形图层将用来配置填充地形纹理。可以通过调整 Texture 对应的属性值，调整贴图的效果，如图 6.20 和图 6.21 所示。

图 6.20　新增材质

Unity 也支持创建多个地形图层，并通过 Brushes 工具，调整笔刷大小后(见图 6.22)，选择指定的材质，单击并在地形上拖动光标来创建平铺纹理的区域。

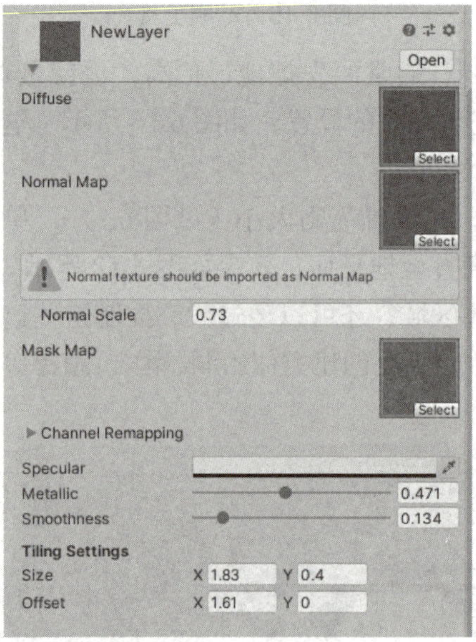

图 6.21　材质编辑

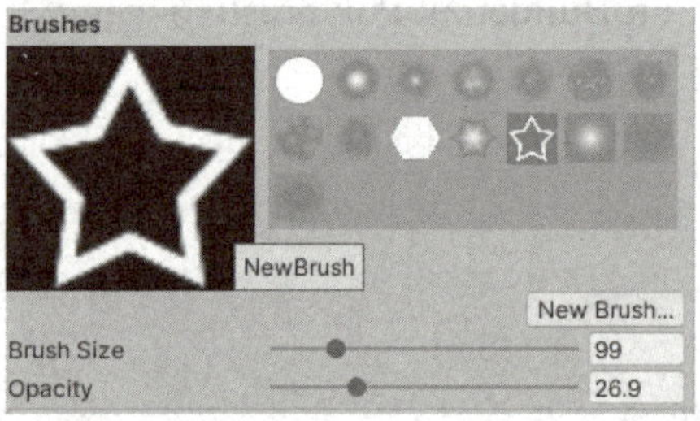

图 6.22　设置笔刷参数

⑤ Smooth Height：平滑地形，使地形的尖锐部分变得平滑。平滑后的效果对比如图 6.23 和图 6.24 所示。

⑥ Stamp Terrain：地形图章。在当前高度贴图之上标记画笔形状。

图 6.23　平滑前效果

图 6.24　平滑后效果

6.2.2　添加植被

在给场景添加植被前，确保 Assets 中已有相关的植被模型，之前我们已经导入了 Standard

Assets 资源包，其中有植被素材。如果以后新建的项目没有该素材，可以通过导入外部包的方式导入到项目中。

设置笔刷大小，右下方选择 Edit Trees 按钮，在弹出的窗口中选择 Add Trees，选择合适的树木预制体，单击 Add 按钮后，回到场景中进行添加，如图 6.25 所示。

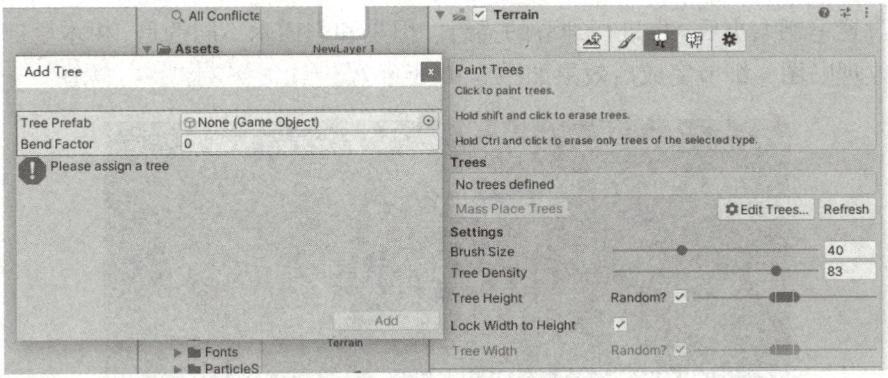

图 6.25　添加植被

在 Settings 设置中可以对笔刷大小、树的密度、树的高度等值进行设置，设置完成后，回到场景中，会看到鼠标经过的地方有一片圆形阴影，单击即可完成树木的绘制，如图 6.26 和图 6.27 所示。

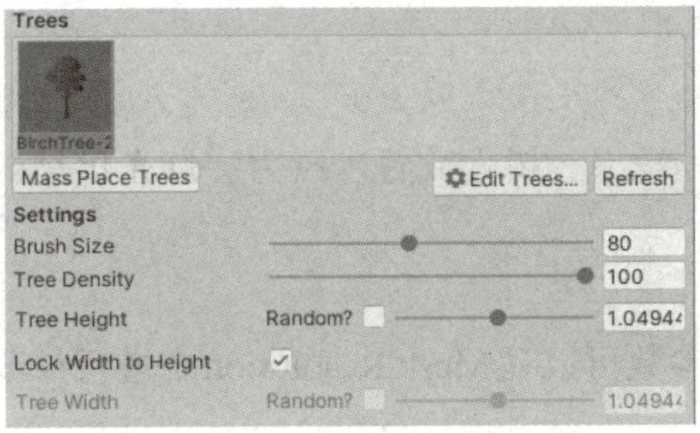

图 6.26　设置笔刷参数

图 6.27　完成后效果

完成绘制后，如需改变树木模型或者新增其他的树木模型，可以单击 Edit Trees 的 Add Tree、Edit Tree 和 Remove Tree 选项进行添加和修改、删除，如图 6.28 所示。

选择 Add Tree，可以增加一些 3D 小花，美化场景，效果如图 6.29 所示。

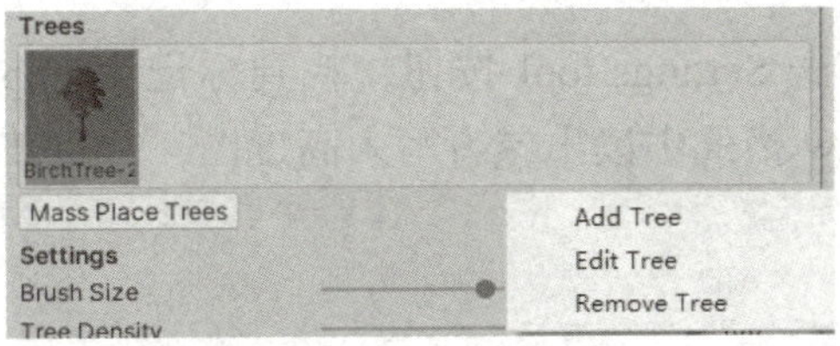

图 6.28　树木的增减

图 6.29　场景完成后效果

在图 6.29 中，当视角放大以后，如果看不到刚刚绘制的树木，这是 Unity 为了优化性能而采取的手段，超过一定距离后植被就不显示或降低显示细节，可以在 Terrain 下设置有关参数。

6.2.3　绘制细节

如果想给场景中添加一些草地或者花草，选择 Paint Details，和之前刷树木一样，需要先导入花草的模型，设置笔刷大小后，再进行细节的描绘。但是和刷树木不同的是，树木全部是 3D 对象，而草是 2D 的纹理贴图，细节完成后效果如图 6.30 所示。

图 6.30　细节完成后效果

6.2.4　地形参数设置

Terrain Setting 是关于地形的基础设置，包括地形的分辨率、树木放置、风力、灯光烘焙的基础参数等。

1．地形参数的修改

新建一个地形，默认地形的分辨率为 1 000 × 1 000，该参数可以在 Mesh Resolution 中进行修改，如图 6.31 所示。

2．高度图的设置

在 Unity 3D 中编辑地形有两种方法：一种是通过地形编辑器编辑地形，另一种是通过导入一幅预先渲染好的灰度图来快速地为地形建模。地形上每个点的高度被表示为一个矩阵中的一列值。这个矩阵可以用一个被称为高度图（Heightmap）的灰度图来表示。

灰度图是一种使用二维图形来表示三维的高度变化的图片。近黑色的、较暗的颜色表示较低的点，接近白色的、较亮的颜色表示较高的点。

通常可以用 Photoshop 或其他三维软件导出灰度图，灰度图的格式为 raw 格式，Unity 3D 可以支持 16 位的灰度图。

Unity 提供了为地形导入、导出高度图的选项。单击 Settings tool 按钮，找到标记为 Import RAW 和 Export RAW 的按钮。这两个按钮允许从标准 raw 格式中读出或者写入高度图，并且兼容大部分图片和地表编辑器，如图 6.32 所示。

3．树木以及细节设置

树木以及细节参数设置如图 6.33 所示。

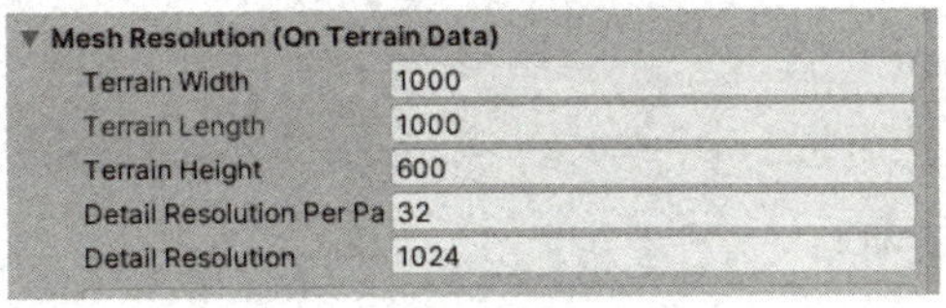

图 6.31　地形分辨率设置

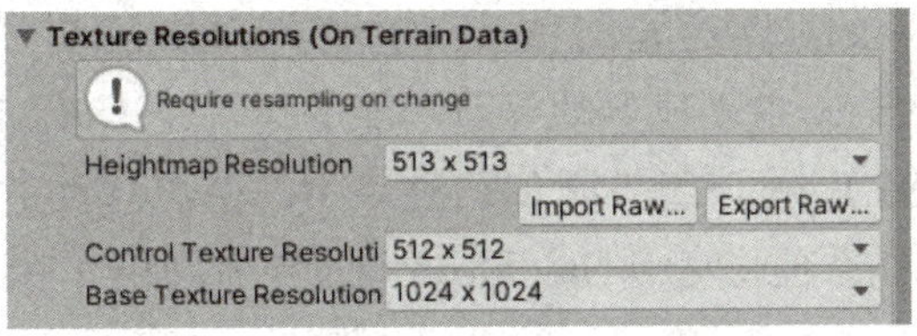

图 6.32　RAW 格式文件导入

（1）Draw：是否绘制地形细节。如果取消这个选项，地形细节全都不显示，花草树木等细节均不显示。

（2）Detail Distance：细节距离。当地形细节物体离镜头超过这个距离时，就不会被绘制在屏幕上。

（3）Detail Density:细节密度。默认为 1，如果把这个值调小，过密的地形细节将会不被绘制。

（4）Tree Distance：树木距离。类似细节距离，超过这个距离的树木不会被绘制在屏幕上。

（5）Billboard Start：公告板起点。公告板技术是 3D 游戏中用的非常多的一种技术，主要用于控制场景中的 Texture 的方向，让它始终以一定的角度对着镜头（一般是垂直于镜头）。

（6）Fade Length：渐隐长度。

（7）Max Mash Trees：最大树木网格数。

4. 风力设置

风力设置如图 6.34 所示。

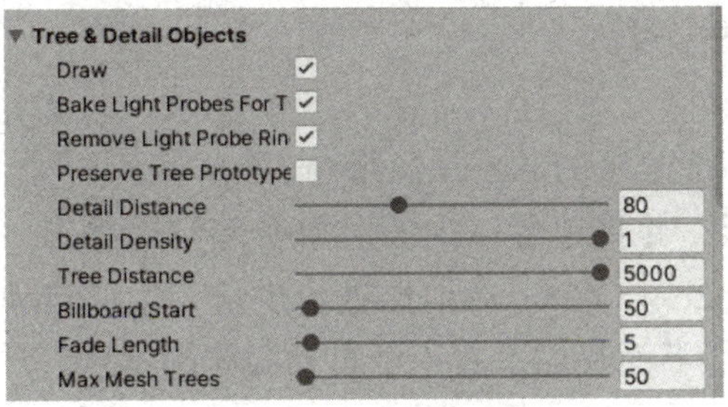

图 6.33　细节参数调整

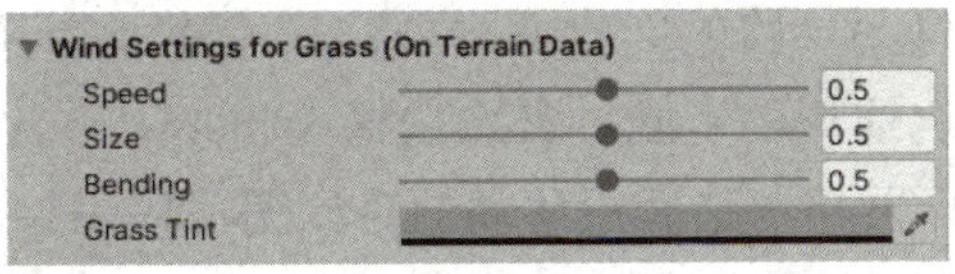

图 6.34　风力设置

（1）Speed：风速。游戏中的草皮是会有随风波动的效果的，调节这个参数可以影响草摇动的速度。

（2）Size：大小。

（3）Bending：弯曲程度。草摆动的幅度。

（4）Grass Tint：草皮染色。现实中的田野或者草原，当清风吹拂的时候，植物会高低起伏，就好像海浪一样。摇曳的花草会在两种颜色中不断变换。修改这个参数，可以让草地的颜色随着摇摆而变化。

6.2.5　自动寻路

在很多游戏中，敌人经常要在复杂的地形中追着主角跑。这就需要敌人不仅要绕开这些障碍物，还要找到目标点最近的路线。如果手动实现这个算法是比较有挑战性的。Unity 提供了一个非常实用的寻路功能，只需要较少的代码即可实现复杂的功能。

Unity 中创建自动寻路功能的组件是 Nav Mesh Agent（见图 6.35），将该组件附加在游戏中一个可移动的对象上，可以使该对象通过使用 Nav Mesh（即导航网格）在场景中导航。

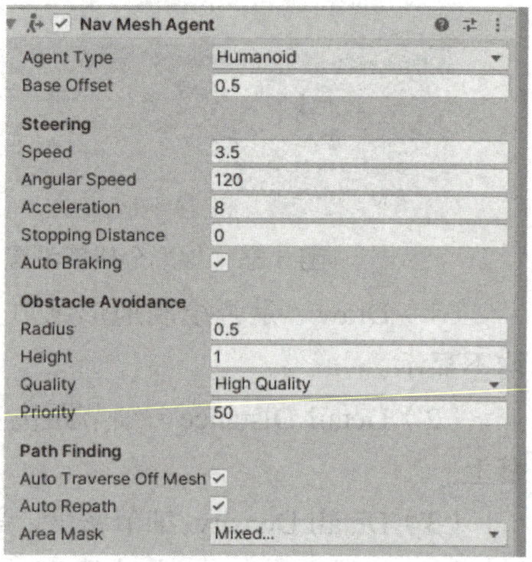

图 6.35　自动导航组件

（1）Agent Type：Agent 的类型，决定了 Agent 可以在哪些导航网格上移动，改变 Agent 类型将重置 Agent 的当前路径。

（2）Base Offset：游戏对象的垂直相对位移。即 Agent 的 Y 轴偏移，正值往下，负值往上。

（3）Speed：寻路时的最大移动速度。

（4）Angular Speed：寻路时的最大转向速度（最大角速度）。值越大，Agent 的转向越迅速。

（5）Acceleration：当 Agent 寻路时的最大加速度。单纯物理意义上的加速度，控制速度变化的快慢。

（6）Stopping Distance：制动距离。当 Agent 与目标点的距离小于它时会自动停下来以免越过目标点。

（7）Auto Braking：该属性设置为 true 时，Agent 会在到达 Stopping Distance 时直接停下。否则会出现当 Agent 速度太快冲过目标点时，会缓慢地回到目标点的现象。

（8）Radius：躲避半径。相当于 Agent 的私人空间，在这个半径内其他障碍或 Agent 无法穿过。

（9）Height：高度。低于该值的障碍 Agent 都无法穿过。

（10）Quality：质量。一般设置成 High Quality。

（11）Priority：优先级。低优先级的 Agent 会给高优先级的 Agent 让路。

自动寻路的创建方法是首先构建一个寻路的地形，并将地形以内的对象全部勾选静态，否则会影响地形的生成；其次选择 Window → AI → Navigation 命令，对地形进行烘焙，生成自动导航的地形网格；最后给移动的对象编写代码并运行即可。下面我们来看一个自动导航的实例。

应用示例　在游戏中，按照地形设置，使移动对象 Sphere 自动向 Sphere2 移动。

第一步，新建一个场景 AutoRun，有基本的山地、花草、植被等，创建一个移动对象 Sphere 和一个目标对象 Sphere2，如图 6.36 所示。

视频

自动寻路

图 6.36　场景 Auto Run

第二步，除移动对象 Sphere 外，其他对象都设置为静态，特别是 Navigation Static 这项一定要勾选（默认是勾选的），否则会影响下一步的地形烘焙，静态设置如图 6.37 所示。

第三步，选择 Window → AI → Navigation 命令，在 Navigation 面板中选择 Bake 选项卡，并进行烘焙设置，如图 6.38 所示。

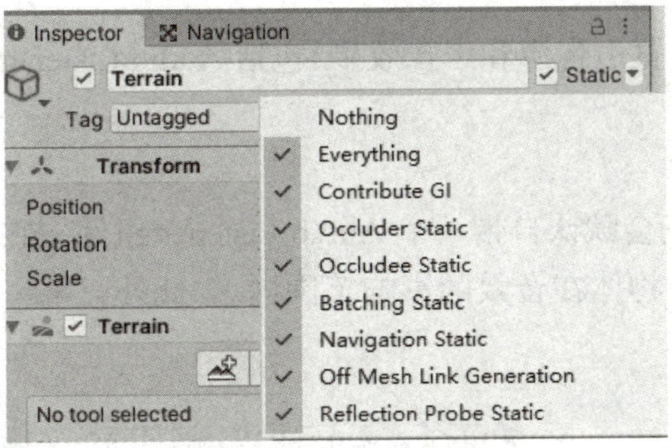

图 6.37　静态设置

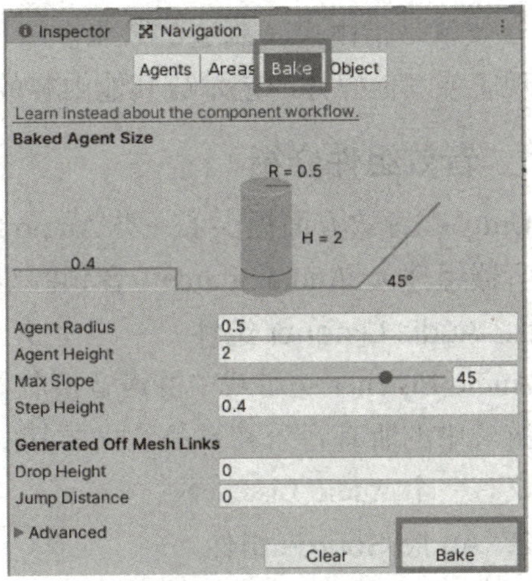

图 6.38　烘焙设置

第四步，选择移动对象 Sphere，单击 Add Component 按钮，选择 Navigation，添加 Nav Mesh Agent 组件。

第五步，新建一个 AutoMove.cs 脚本，具体代码如下所示：

```
using System.Collections;
using System.Collections.Generic;
using UnityEngine;
using UnityEngine.AI;
public class AutoMove: MonoBehaviour
{
    Transform m_transform;                          //终点位置
    Transform m_target;                             //寻路组件
    NavMeshAgent m_agent;                           //移动速度
    float m_speed = 30.0f;
    void Start()
    {
        m_transform = this.transform;
        m_target = GameObject.Find("Sphere2").GetComponent<Transform>();
                                                    //获得寻路组件
        m_agent = GetComponent<NavMeshAgent>();
        m_agent.speed = m_speed;
        m_agent.SetDestination(m_target.position);
    }
}
```

将 AutoMove.cs 指定为 Sphere 的脚本组件，运行场景，发现 Sphere 朝着 Sphere2 的方向自动移动。这里提醒大家，GameObject.Find（“Sphere2”）这个方法中的 Sphere2 是对象名称，一定要保证这里的名称和场景中是一致的，哪怕多一个空格，都无法找对对象，代码都是会报错的。

6.3 音效

音效就是指由声音制造的效果。一般游戏分背景音和效果音，通过这些声音效果增强游戏、虚拟现实或其他媒体的艺术或其他内容的声音处理。

6.3.1 音效组件介绍

Unity 在音效方面提供了一类 Audio 组件，用于设置声音源和声音效果，包括 Audio Listener（音频监听器组件）、Audio Source（音频源组件）等。

1. Audio Listener 组件

Audio Listener 是游戏中的声音接收器，一般相机会默认自带一个 Audio Listener 组件，它可以接收游戏中的所有音乐和音效（只要其所附加的游戏物体在音效的影响范围内），此外，每一个场景中仅有一个 Audio Listener。

2. Audio Source 组件

Audio Source 组件主要用来播放游戏场景中的 Audio Clip，AudioClip 就是导入 Unity 中的声音文件。Unity 可导入的音频文件格式有 .aif，.wav，.mp3 和 .ogg。此外，Audio Source 还可以设置一些播放声音的效果，增强游戏场景中的声音效果。

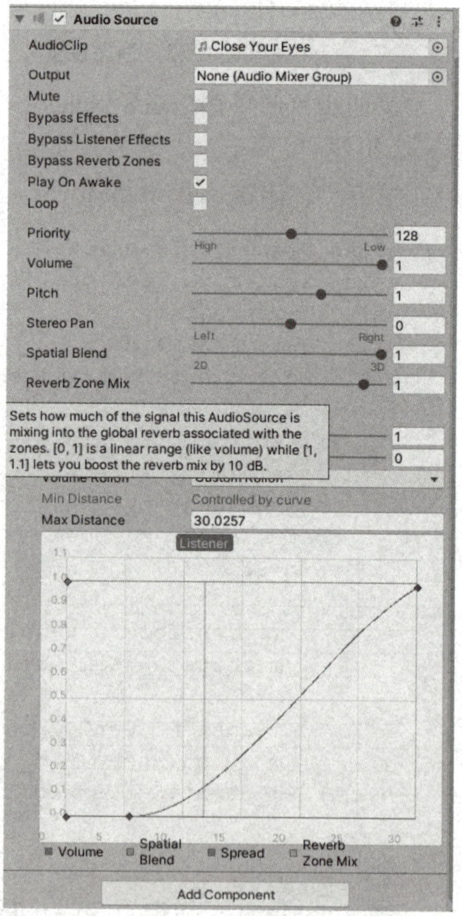

图 6.39　Audio Source 组件面板

6.3.2 音效参数详解

Audio Source 组件（见图 6.39）是在音效类组件中使用频率较高的组件，因为该组件可以对声音的效果进行多种设置，可以通过添加组件的方式给对象添加 Audio Source 组件。该组件重要的参数含义如下所示：

（1）AudioClip：音频片段。这里需要提前将音频素材导入到项目，这里直接选取即可。

（2）Output：音源输出。设置为空时，即代表输出到 Audio Listener 组件。

（3）Mute：是否静音。即音源在继续播放，但是被静音。与关闭音源的区别是，当恢复时播放的进度不同。

（4）Play On Awake：启动播放开关。如果勾选该复选框，那么当 GameObject 加载并启用时，立刻播放音频，即相当于此音源 GameObject 的组件中 Awake 方法作用时开始播放。如果不勾选该复选框，需要手动调用 Play() 方法执行播放。

（5）Loop：循环播放开关。当勾选该复选框时，如果音频播放结束，将从头开始再次循环播放。

（6）Priority：播放优先级。决定了当前音源在当前场景存在的所有音源中的播放优先级。

（7）3D Sound Settings：3D 音频设置。该设置使用频率较高，特别是通过 Volume Rolloff（声音衰减模式）的选择，可以设置声音在不同距离上的衰减速度。

6.3.3　使用音效组件

1. 添加 Audio Source 组件的方式

和添加其他组件方法一样，首先将音频文件导入 Unity 资源文件夹，通过菜单 GameObject → Create Empty 命令，创建一个空对象；选中此对象，选择 Component → Audio → Audio Source 来添加音源脚本组件；在检视面板中，将导入的音频片段赋给音源组件。

2. Audio Source 组件的常用函数

（1）Play()：播放音频剪辑。

（2）Stop()：停止播放。

（3）Pause()：暂停播放。

应用示例　运行场景自动播放背景音乐，按【Q】键停止播放，按【R】键重新开始播放。

具体步骤如下：

第一步，打开 AutoRun 场景，在场景中新建一个空对象 GameObject，命名为 Audio。

第二步，将准备好的音频素材导入 Assets 资源包中。

第三步，选择 Audio，在检视中通过添加组件的方式添加 Audio Source 组件。

第四步，将 Audio Source 组件的第一个参数 AudioClip 设置为第二步导入的音频资源。

第五步，新建 A_Audio.cs 脚本，核心代码如下所示：

```
public class A_Audio : MonoBehaviour
{
    private AudioSource m_AudioSource;
    void Start()
    {
        m_AudioSource = gameObject.GetComponent<AudioSource>();
    }
    void Update()
    {
        if (Input.GetKeyDown(KeyCode.Q))
        {
            m_AudioSource.Stop();
        }
        if (Input.GetKeyDown(KeyCode.R))
        {
            m_AudioSource.Play();
        }
    }
}
```

第六步，将 A_Audio.cs 赋给 Audio。

第七步，单击“开始”按钮，场景运行，背景音乐播放，按【Q】键播放暂停，按【R】键重新开始播放。如果没有声音，检查是不是 Audio Listener 组件被不小心删除了。

6.4 粒子系统

在玩游戏时，我们看到有些技能在发射出去时，会产生很绚丽的爆炸或者喷射效果，这就是粒子系统带来的视觉冲击。Unity 有一个内置的 Particle System（粒子系统）可以实现这些功能，除了在视觉上创造美感以外，粒子系统也可以和 C# 脚本产生交互。

6.4.1 添加粒子系统

Unity 内置的粒子系统组件和组件添加的方式一样，可以直接挂载在预先制作好的 GameObject 身上，再通过选择该对象，单击右侧的 Inspector 面板的 Add Component 按钮，选择 Effects → Particle System 选项添加组件。粒子系统组件比较复杂，所以检视面板被分为许多可折叠的子部分或组件，分别包含一组相关属性（见图 6.40）。此外，可以通过检视面板中的 Open Editor 按钮，使用单独的 Editor 窗口，同时编辑一个或多个系统。

图 6.40 粒子系统设置面板

粒子系统组件的常用属性如下：

（1）Duration：粒子播放的时长。以秒为单位，设置为 10，粒子就会播放 10 秒。

（2）Looping：循环播放。

（3）Prewarm：预热粒子发射。勾选此复选框必须先勾选 Looping 复选框，这样当粒子开始发射的时候，不是从数量 0 开始，而是像已经发射一个周期一样。

（4）Start Delay：延迟多长时间开始发射粒子。

（5）Start Lifetime：粒子的生命周期。也就是每一个粒子的存活时间，比如说设置为 100，这个粒子可以存活 100 秒，它将在 100 秒后被销毁。

（6）Start Speed：开始速度。

（7）3D Start Size：3D 开始大小，具有 X、Y、Z 三种大小。

（8）Play On Awake*：是否在游戏一启动就播放。

（9）Max Particles：最大的粒子数量，粒子系统最多发射的粒子数量，超过就停止发射。

（10）Stop Action：结束动作。当粒子结束播放时，是如何操作 Gameobject 的，是 Disable 还是 Destroy，或什么都不做（None）。

同时，当一个有粒子系统的 GameObject 被选中时，场景视图就会包含一个小 Particle Effect 面板，面板中有一些简单的控制，这是一种可视化的形式，可以对系统设置做出改变，如图 6.41 所示。

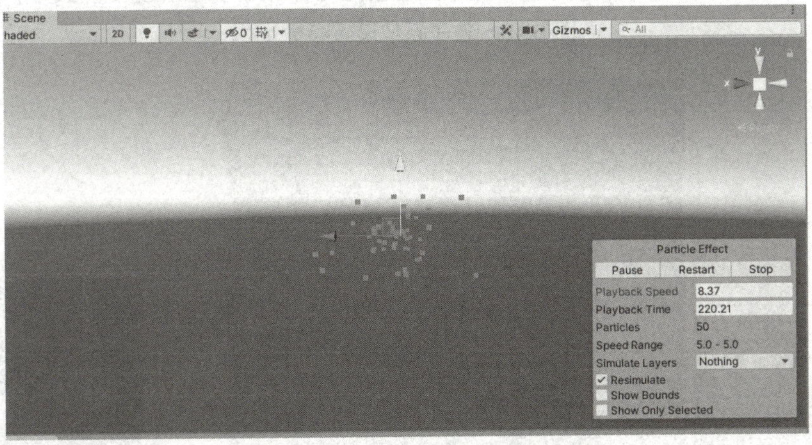

图 6.41　粒子系统设置效果

图 6.41 中粒子呈桃红色，这是由于缺乏粒子材质，下面将通过实例讲解如何设置粒子材质。

6.4.2　粒子系统的应用

通过以上讲解，读者对粒子系统有了进一步的认识，下面通过一个实例来看看如何通过脚本控制粒子效果。

应用示例　场景运行时，运行粒子效果，按【N】键暂停，按【M】键继续运行粒子效果，按【K】键放大粒子。

具体步骤如下：

第一步，打开 AutoRun 场景，在场景中再新建一个空对象 GameObject，命名为 Particle。

第二步，选择 Particle，在检视面板中通过添加组件的方式添加粒子系统组件。

第三步，在粒子系统设置参数，如图 6.42 和图 6.43 所示。

这里要特别强调 Renderer 参数下 Material 参数的设置，这里是设置粒子的材质，需要提前导入材质，这里导入素材包，可随意选择一个材质观察粒子的整体效果，如图 6.44 所示。

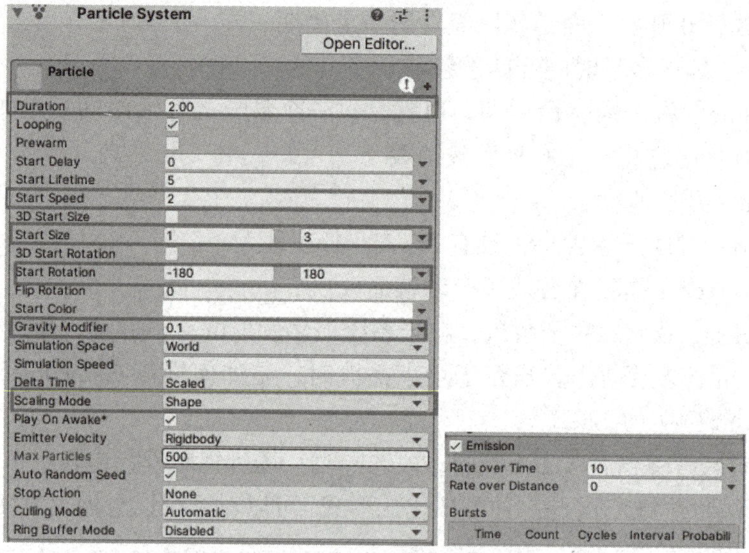

图 6.42　粒子系统设置参数（1）

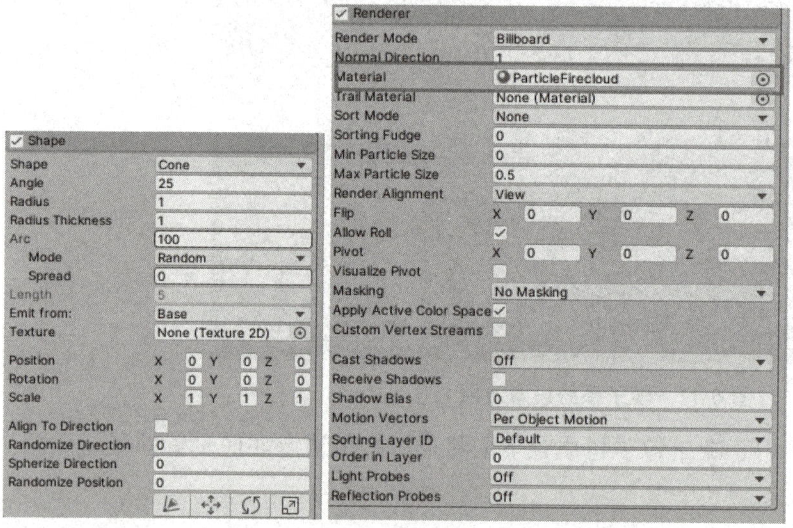

图 6.43　粒子系统设置参数（2）

图 6.44　粒子系统效果

第四步，新建 A_Particle.cs 脚本，核心代码如下所示：

```
private ParticleSystem m_Particle;
    void Start()
    {
        m_Particle = gameObject.GetComponent<ParticleSystem>();
    }
    void Update()
    {
        if (Input.GetKeyDown(KeyCode.N))
        {
            m_Particle.Pause();
```

```
        }
        if (Input.GetKeyDown(KeyCode.M))
        {
            m_Particle.Play();
        }
        if (Input.GetKeyDown(KeyCode.K))
        {
            m_Particle.startSize = 20;
        }
    }
```

第五步，将 A_Particle.cs 赋给 Particle。

第六步，单击“开始”按钮，场景运行，运行粒子效果，单击【N】键暂停，单击【M】键继续运行粒子效果，单击【K】键放大粒子。

6.5　射击游戏开发

6.5.1　射击游戏场景设计

首先将资源包导入根文件夹下，方便之后游戏制作时获得需要的素材，如图 6.45 所示。

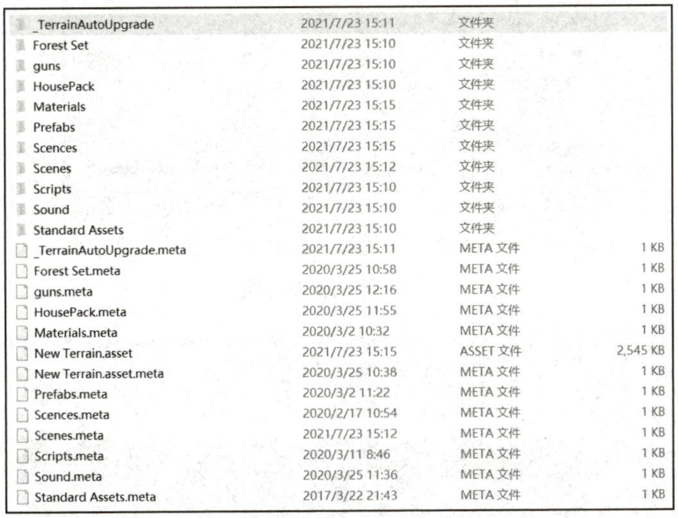

_TerrainAutoUpgrade	2021/7/23 15:11	文件夹	
Forest Set	2021/7/23 15:10	文件夹	
guns	2021/7/23 15:10	文件夹	
HousePack	2021/7/23 15:10	文件夹	
Materials	2021/7/23 15:15	文件夹	
Prefabs	2021/7/23 15:15	文件夹	
Scences	2021/7/23 15:15	文件夹	
Scenes	2021/7/23 15:12	文件夹	
Scripts	2021/7/23 15:10	文件夹	
Sound	2021/7/23 15:10	文件夹	
Standard Assets	2021/7/23 15:10	文件夹	
_TerrainAutoUpgrade.meta	2021/7/23 15:11	META 文件	1 KB
Forest Set.meta	2020/3/25 10:58	META 文件	1 KB
guns.meta	2020/3/25 12:16	META 文件	1 KB
HousePack.meta	2020/3/25 11:55	META 文件	1 KB
Materials.meta	2020/3/2 10:32	META 文件	1 KB
New Terrain.asset	2021/7/23 15:15	ASSET 文件	2,545 KB
New Terrain.asset.meta	2020/3/25 10:38	META 文件	1 KB
Prefabs.meta	2020/3/2 11:22	META 文件	1 KB
Scences.meta	2020/2/17 10:54	META 文件	1 KB
Scenes.meta	2021/7/23 15:12	META 文件	1 KB
Scripts.meta	2020/3/11 8:46	META 文件	1 KB
Sound.meta	2020/3/25 11:36	META 文件	1 KB
Standard Assets.meta	2017/3/22 21:43	META 文件	1 KB

图 6.45　资源包

第一步，新建一个场景，命名为 Shootgame，在层次面板中右击，在 3D 选择栏中新建一个 Terrain 组件。在检视面板找到 Terrain 组件，单击画笔工具选择 Set Height 选项增加地图厚度，选择 Raise or Lower Terrain 选项制作高山和盆地（按住【Shift】键），选择 Smooth Height 选项平滑高山和盆地的棱角，如图 6.46 所示。

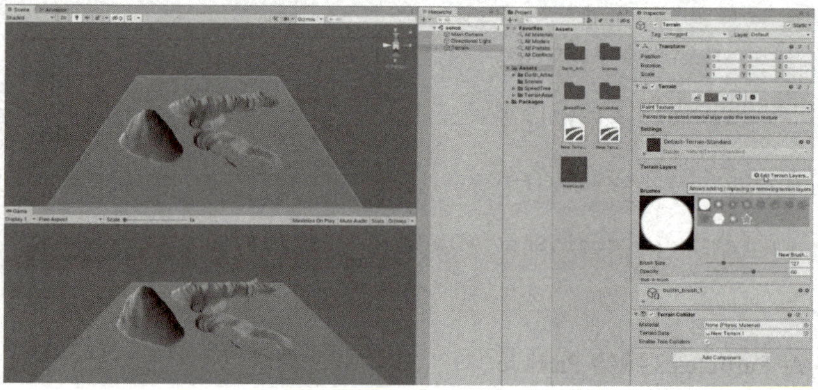

图 6.46　画出地形高度

第二步，选择 Paint Texture 制作地图表面，单击 Edit Terrain Layer 按钮选择 Create Layer 选项，选择一个合适的素材。在 Size 中设置数值使素材更加真实，如图 6.47 和图 6.48 所示。

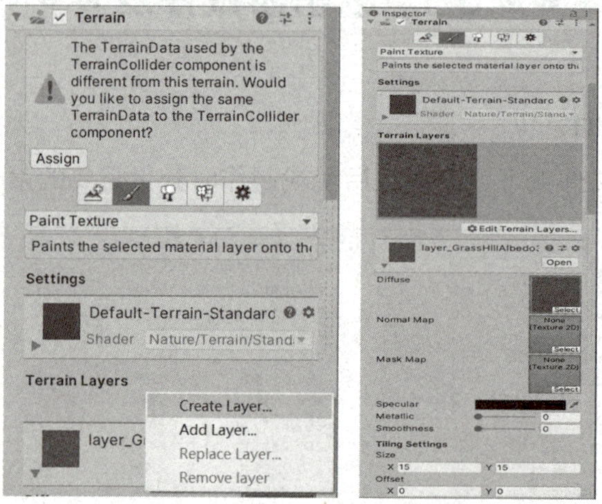

图 6.47　添加材质

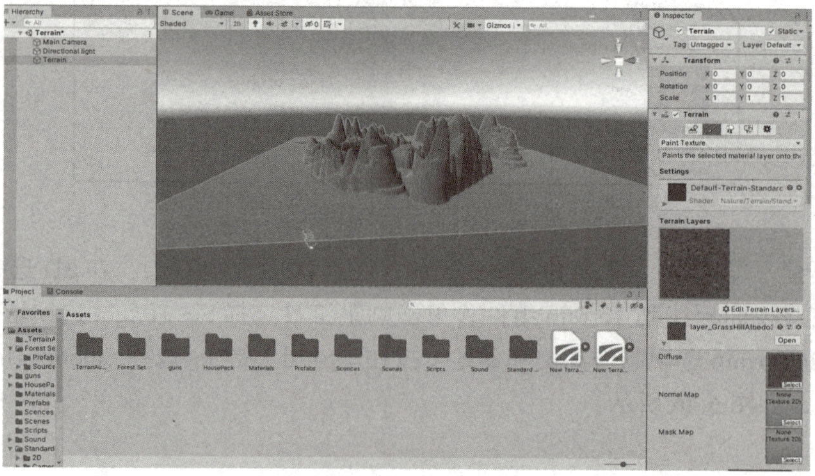

图 6.48　材质添加后效果

第三步，单击树木，选择 Edit Trees 按钮，单击 Add Tree 选项选择树木和花朵的素材，在 Settings 中设置笔刷改变树木和花草的数量和密度，自行选择布置地图，如图 6.49 所示。

图 6.49　地形完成后效果

第四步，在根文件中选择房子的模型，将模型拖入场景，选择适合的大小，如图 6.50 所示。

图 6.50　添加房子

6.5.2　第一人称设置

第五步，设置第一人称视角，可以有多种制作方法：

方法一：在 Standard Assets 中选择第一人称 FDSController 预制体拖入层次面板中，选择枪的模型，将该模型拖入场景，选择适合的大小。将枪挂载在第一人称之下。

方法二：将枪的模型拖入场景中，并将 Main Camera 挂载在枪下，作为一个子层级，按照之前的方式新建第一人称移动的代码，并将代码挂给枪，最终效果图如图 6.51 所示。

视频

射击游戏

图 6.51　设置摄像机位置

注意：当把 Main Camera 挂在枪下时，一定要注意查看 Main Camera 的方向是否和枪口一致，同时检查枪的自身坐标系是否符合按【W】、【A】、【S】、【D】键实现分别向前、向左、向后、向右移动，否则当我们挂载好第一人称代码时，可能会出现运动方向和我们预测不一致的结果。当然，也可以通过更改代码分别控制坐标轴的方向解决这个问题。

6.5.3　预设子弹且连续发射

第六步，右击枪，在枪的下一层级新建一个空物体，命名为 null，将 null 移动到枪口。新建一个球体（不是枪的子层次，与枪同级），命名为 Bullet，将球体移动到枪口位置，并给 Bullet 添加刚体组件，因为后期代码中将通过调用刚体组件发射子弹。这里要特别注意子弹的自身坐标系，要和空物体保持一致，否则发射的方向会发生错误，如图 6.52 所示。

图 6.52　子弹挂在枪口

第七步，将球体从层次面板中拖到 Assets 下，此时已经生成一个预制体。将层次面板中的球体删除。

第八步，在场景中放置一些对象作为敌人 Enemy（可以从 Unity Asset Store 中下载，下载的模型一定要检查是否有碰撞体，因为后面我们将通过碰撞检测事件来激发动作，同时要修改碰撞范围，以免子弹撞击范围太小，没有交互效果。素材包已提供了一些模型可用，这一步也可以直接用 Unity 自带的 Cube 作为射击目标）。

第九步，在物体的位置设置粒子效果（可以在 Standard Assets 中找到现成的粒子效果，也可以自己制作）。设置好后隐藏粒子效果，原因是游戏运行时是看不到特效的，当射击到对象时，特效显示。注意粒子效果和 Enemy 是同一层级的，不能成为 Enemy 的子级，此时层次面板如图 6.53 所示。

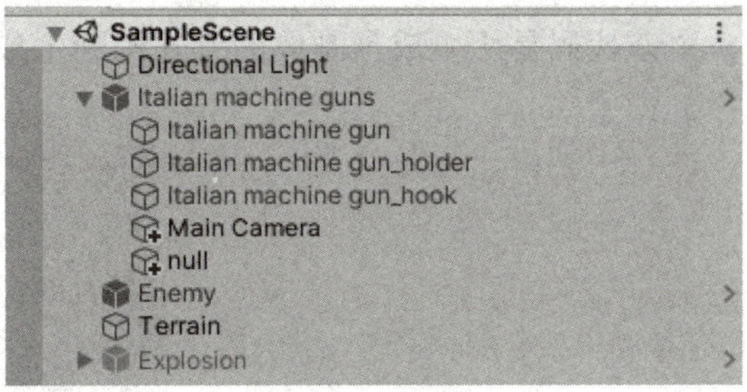

图 6.53　层次面板

6.5.4　添加音效

第十步，给空物体 null 添加 Audio Source 组件，此时不需要将音频拖入 AudioClip，因为会在代码中指定射击时发出声音。新建 Copy.cs 脚本，代码附在空物体 null 上。

```
using System.Collections;
using System.Collections.Generic;
using UnityEngine;
public class Copy : MonoBehaviour
{
    public GameObject Prefab;
    private AudioSource AC;
    public AudioClip a_audio;
    public GameObject fu;
    private GameObject Prefab1;
    int i;
void Start ()
{
    AC = GetComponent<AudioSource>();
}
void Update ()                                        //子弹音效
{
        if (Input.GetMouseButtonDown(0))
        {
            aa();
            AC.PlayOneShot(a_audio, 1F);
        }
    }
    void aa()                                            //子弹发出和方向
    {
        Prefab1 = Instantiate(Prefab, fu.gameObject.transform.position,
        fu.gameObject.transform.rotation);
        Prefab1.name = "bullet" + i;
        i += 1;
```

```
        Prefab1.GetComponent<Rigidbody>().AddRelativeForce(Vector3.right *
1000f, ForceMode.Force);  //这里代码设置的方向要和我们希望子弹（小球）运动的方向一致
    }
}
```

该代码是用生成预制体的方式不断生成子弹，记得要给变量赋值，如图 6.54 所示。

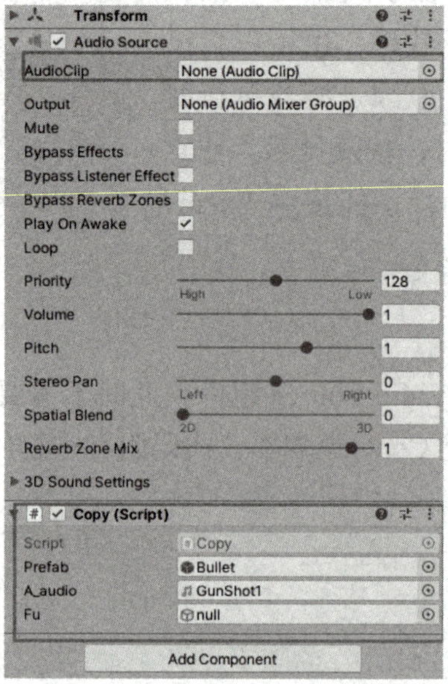

图 6.54　给变量赋值

6.5.5　添加爆炸特效

第十一步，实现子弹打在“敌人身上”，敌人消失，粒子效果出现。新建 Cube_Disappear.cs 脚本，代码赋在物体 Enemy 上。

```
using System.Collections;
using System.Collections.Generic;
using UnityEngine;
public class Cube_Disappear: MonoBehaviour {
    public GameObject a_game;
    public GameObject a_particle;
    void Start ()
    {
    }
    void OnCollisionEnter(Collision collision)
    {
        if (collision.collider.tag == "zidan")
        {
            a_game.SetActive(false);      //敌人消失
            a_particle.SetActive(true);  //粒子效果出现
        }
    }
}
```

这里通过标签找对对象，所以要给子弹的预制体添加一个 zidan 的标签。这里的粒子效果不能设置为循环，否则爆炸后粒子特效一直不会消失，不符合常理。

6.5.6　目标对象销毁

第十二步，实现子弹碰到物体后子弹消失。新建 Shoot.cs 脚本，代码赋在子弹上。注意子弹的 Use Gravity 复选框不需要勾选，如图 6.55 所示。

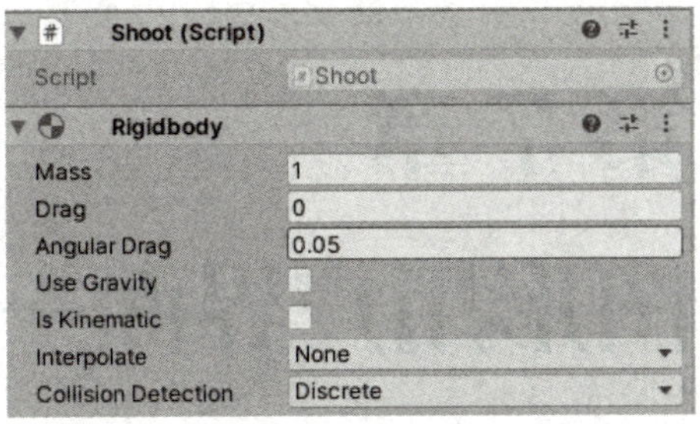

图 6.55　挂载脚本

```
using System.Collections;
using System.Collections.Generic;
using UnityEngine;
public class Shoot: MonoBehaviour
{
    private void OnCollisionEnter(Collision collision)
    {
        if (collision.collider.tag == "enemy")
        {
            Destroy(gameObject);        //子弹消失
        }
    }
}
```

将代码赋给预制体子弹上，同时给被射击的对象添加一个 enemy 的标签。至此，一个简单的射击游戏就完成了，读者还可以给设计游戏设计更多的关卡提高难度。

小　结

本章以射击游戏为例，围绕地形引擎、音效组件、粒子系统，描述了如何用 Unity 3D 创建一款属于自己的 3D 游戏。在绘制地形时，既可以在 Unity 中直接设计，也可以将外部的高度图直接导入场景中。音效可以烘托游戏的氛围，提高沉浸感。粒子系统则能够给人耳目一新的感觉和强烈的视觉震撼效果。

思　考

1. 预制体的扩展名是什么？和非预制体有哪些区别？
2. 简述项目资源导出的方法。
3. 什么是高度图，在制作游戏地形时有什么作用？
4. 创建一个场景，场景有一个核心区域，当用户走进核心区域时，背景音响起，并逐渐升高，当用户慢慢走出核心区域时，背景音逐渐降低直至消失。
5. 制作一个火焰的粒子特效。

第 7 章

图形用户界面——一套完整的 UI 系统框架

虚拟现实需要通过 UI 用户界面来完成交互，所以界面势必成为产品与用户沟通的桥梁。而 UI 界面设计包含了交互设计和视觉设计，视觉设计关注的是界面形式的美感、风格等；而交互设计关注的是界面形式逻辑、效率等。因此，一个友好的 UI 系统既要符合产品的定位、面向的人群，注重视觉设计，同时要依托脚本，实现流畅的交互设计。

学习目标

- 了解 Unity 3D 图形用户界面；
- 掌握 Canvas、Panel、Image 等组件及其使用方法；
- 掌握屏幕适配的方法；
- 能根据项目需求，独立设计 UI 用户界面并完成布局。

7.1　UGUI 系统介绍

本案例基于 Unity 2019.3.5 版本，GUI 指的是图形用户界面。Unity 3D 中的图形系统分为 OnGUI、NGUI、UGUI 等，这些类型的图形系统内容十分丰富，包含游戏中通常使用到的按钮、图片、文本等控件。OnGUI 系统是 Unity 最早期采用的系统，是通过代码驱动的 GUI 系统，每个控件都通过代码创建，如创建一个矩形框的代码如下：

```
using System.Collections;
using System.Collections.Generic;
using UnityEngine;
public class TestOnGUI : MonoBehaviour
{
    void OnGUI()
    {
        GUI.Box(new Rect(10,10,50,30),"文本框");
    }
}
```

后期 OnGUI 系统进展到了 NGUI 系统，NGUI 是严格遵循 KISS 原则并用 C# 编写的 Unity（适用于专业版和免费版）插件。在 Unity 4.6 以后，Unity 官方推出了新的 UGUI 系统，采用全新的独立坐标系，是 Unity 3D 提供的一套快速且高效的创建 UI 系统的框架。

7.2　常用的 UGUI 系统对象

7.2.1　Canvas 控件

Canvas 控件又称“画布”，类似于日常使用的白纸，所有的控件必须在 Canvas 下才可以绘制出来。一个场景中可以有多个 Canvas，通过设置 Canvas 的顺序，可得到不同的渲染效果。

1. 基本属性

Canvas 下一般有四个组件，分别是 Rect Transform 组件，灰色为当前不可用，在 Canvas 下新建控件后，每个控件可以在 Rect Transform 下调整位置等信息；Canvas 是画布的主要参数，包括渲染模式、画布的绘制顺序等；Canvas Scaler 组件用于设置处于不同组件下 Canvas 画布中的元素的缩放模式，常用于 UI 的适配中；Graphic Raycaster 组件用于射线的检测，如图 7.1 所示。

1）Render Mode 属性

设置画布的渲染模式，其中有三种渲染模式，如图 7.2 所示。

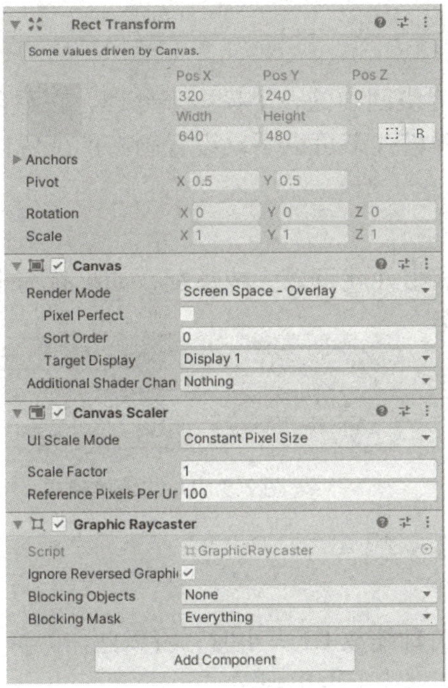

图 7.1　Canvas 属性

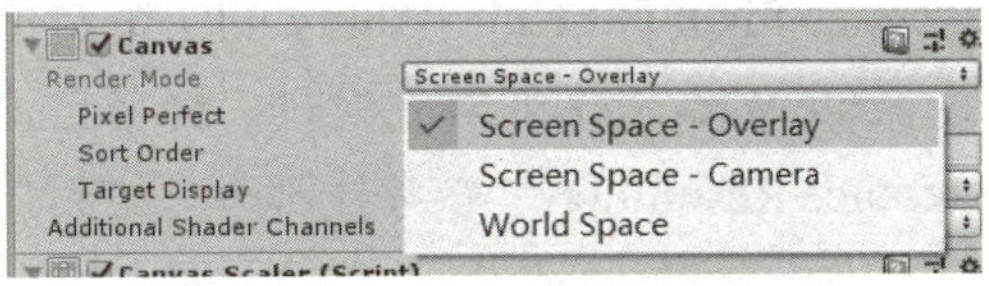

图 7.2　画布的渲染模式

（1）Screen Space-Overlay 模式：直接在屏幕上渲染显示画布的内容，即使没有摄像机或者画布不在摄像机范围内，对应的 UI 一定会绘制到屏幕上。在这种模式下，内部是集成了一个摄像机，但无法操控这个摄像机。此 Canvas 下的元素一定会绘制在屏幕的最上面（相比 Screen Space-Camera 和 World Space 模式），不会被其他模式的 Cava 或 2D/3D 物体遮挡。这种模式下的 Canvas 排序按 Canvas 组件的 Sort Order 排序，数值越大，越在上层。如果屏幕调整了大小或者改变了分辨率，此 Canvas 会自动调整大小。该模式主要参数如下：

① Pixel Perfect：使 UI 元素像素对应，边缘更加清晰。

② Sort Order：渲染顺序，如果设有多个 Canvas，会出现遮挡的情况，此时可通过 Sort Order 对其进行排序。

③ Target Display：目标显示器，指定最终渲染到的显示器，也就是分屏，常用于多屏开发显示。比如有两个屏幕，一个大的显示屏挂在墙上作为展示屏，另一个小屏幕可以作为输入屏幕拿在手中进行控制。

④ Additional Shader Channels：附加着色通道，决定 Shader 可以读取哪些相关数据。

（2）Screen Space-Camera 模式：在这种模式下，将画布放置在距离摄像机一定距离的视野中，画布的内容都是通过摄像机来绘制，此时的画布会跟随着摄像机的移动而移动。当摄像机被禁用时画布也不会显示出来。该模式下主要参数如下：

① Render Camera：对应的渲染相机，也就是该 Canvas 显示在哪个 Camera 前面，不同的 Camera 渲染顺序可能不同。例如，小地图的设置，可以在这里选择渲染小地图的摄像机。

② Plane Distance：设置摄像机距离画布的距离。

③ Sorting Layer：渲染层级，影响渲染顺序。

④ Order in Layer：同一渲染层级下的渲染顺序。

（3）World Space 模式：这种模式下画布会被当作世界空间中的一个模型来处理，它不会跟随摄像机移动，超出摄像机视野则不会再被显示出来，这种模式下可以手动设置画布的位置以及画布大小，画布不会再自动适配，常用于制作血量条等。

2）Canvas Scaler 组件

Canvas Scaler 也是屏幕适配的主要方式，一般通过该组件就可以完成适配，如果有需求，还可以通过 Screen.height 和 Screen.width 获取屏幕长宽，然后代码控制 UI 位置及缩放。

UI Scale Mode 有三种缩放模式，如图 7.3 所示。

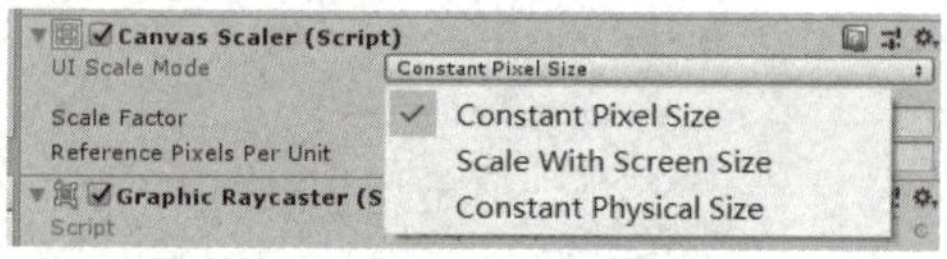

图 7.3 UI 的缩放模式

（1）Constant Pixel Size 模式：固定像素大小，不论屏幕分辨率尺寸大小如何变化，像素保持原有大小不变。

Reference Pixel Per Unit：Unity 的 1 个单位代表多少个像素。

（2）Scale With Screen Size 模式：屏幕自适应常用方式。

Reference Resolution：参考分辨率，进行屏幕适配，自动缩放 UI 大小时，将以此作为参考。

（3）Constant Physical Size 模式：固定物理尺寸，这个模式很少用到。

3）Graphic Raycaster 组件

关于 UI 射线检测的设置。

（1）Ignore Reversed Graphics：是否忽略反转图片的检测。

（2）Blocking Objects：在 Canvas 前面，可以遮挡射线检测的物体。

（3）Blocking Mask：遮挡射线检测的层级。

2. 应用实例

当使用屏幕分辨率发生变化时，能够随时适配。

具体步骤如下：

第一步，新建一个场景，选择 2D 模式，调整 Game 视图的分辨率为 1 920×1 080，在层次面板新建一个 Canvas，在 Canvas 下新建一个 Image 组件，此时看到屏幕正中显示了一个白色的 Image。

第二步，移动 Image 到画布的左下角，效果如图 7.4 所示。

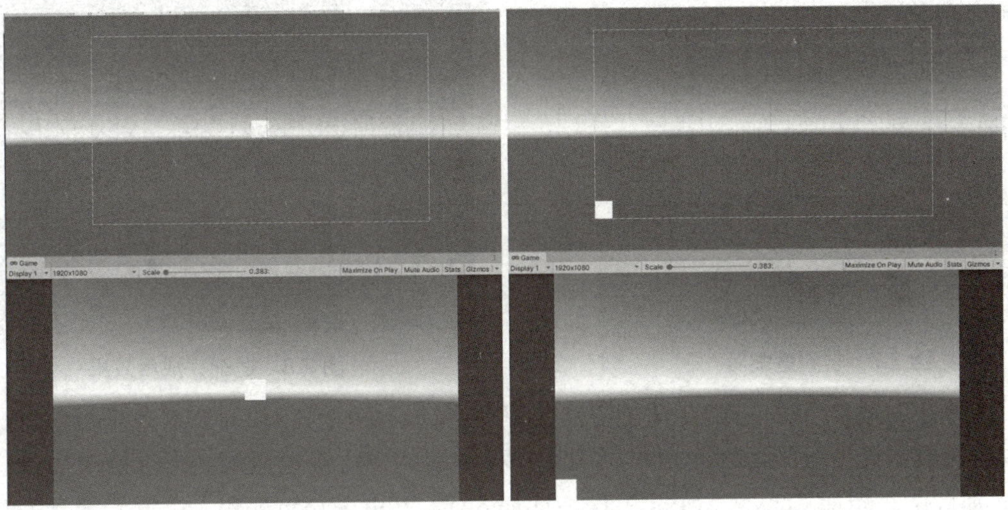

图 7.4　Image 在画布的显示

第三步，设置 Game 视图的显示分辨率为 1 024×768 后发现，Image 消失在屏幕上，在实际开发中，经常会遇到此类情况，统称为屏幕适配问题，即在用户显示的分辨率发生改变时，UI 自动适配，具体问题如图 7.5 所示。

第四步，回到 1 920×1 080 的窗口设置，选择 Image，在右侧的检视面板中设置 Rect Transform 下的 Anchor Presets 从屏幕中心改为左下角。修改前和修改后如图 7.6 和图 7.7 所示。

第五步，修改完成后，再次切换到 1 024×768 的分辨率，可以看到此时的 Image 已经适配，适配完成后效果如图 7.8 所示。

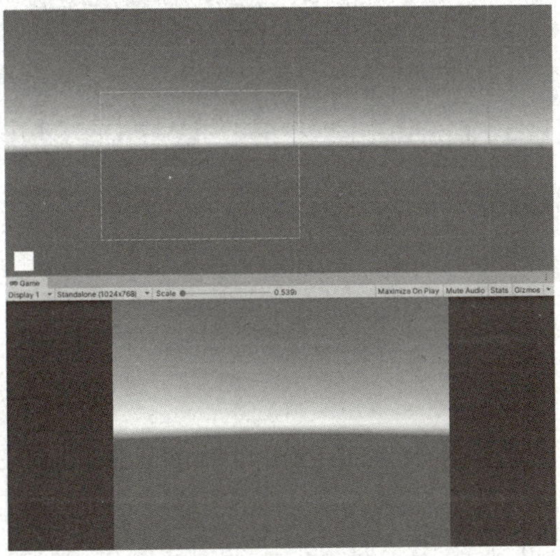

图 7.5　屏幕适配问题

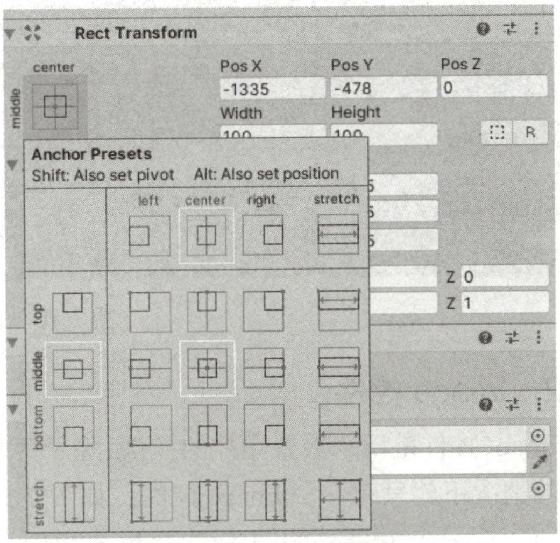

图 7.6　屏幕适配前

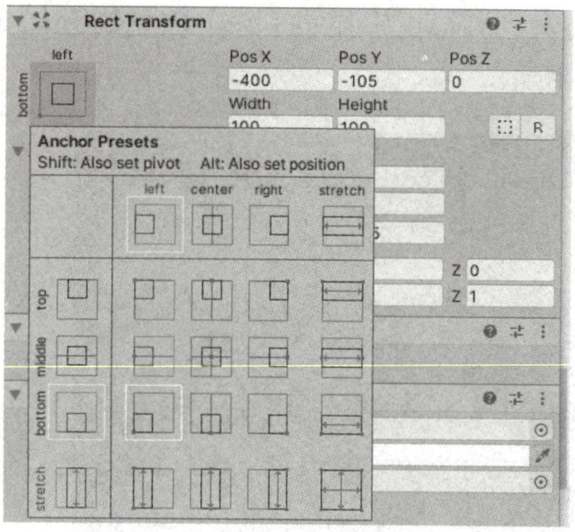

图 7.7　屏幕适配后

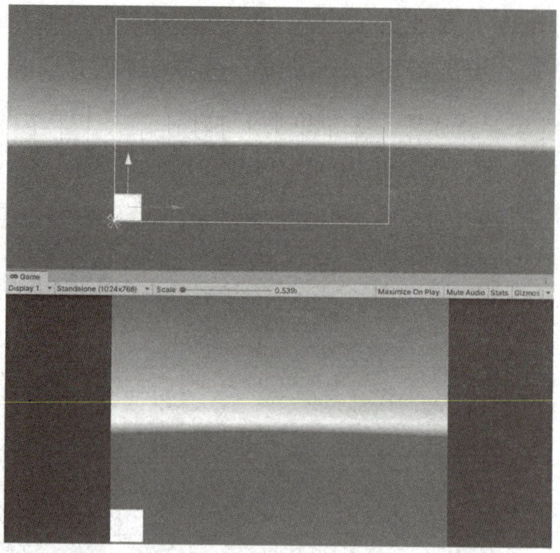

图 7.8　适配完成后效果

以上这种方法是常用的一种 UI 适配方法，但是当场景中控件很多时，对每个控件进行布局调整，就会消耗很多开发时间，因此也可以用另一种常用的方式快速适配。无须修改锚点位置，直接在 Canvas 对象上添加 Canvas Scaler 组件，选择 Scale With Screen Size，设置分辨率为开发时的分辨率，如图 7.9 所示，修改后发现，Image 已可以做到适配，但是没有第一种方法准确，因此该方法一般用在控件数量较多，对界面没有特别严格的要求下，效果如图 7.10 所示。

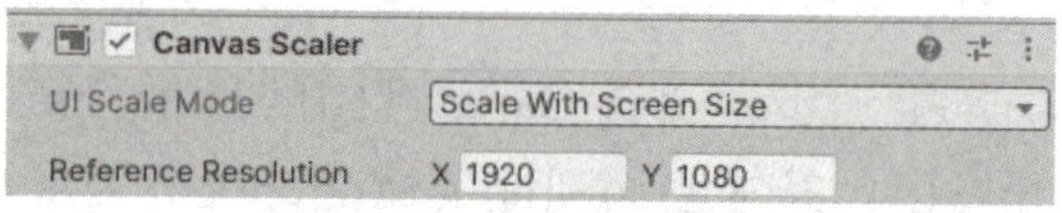

图 7.9　画布分辨率设置

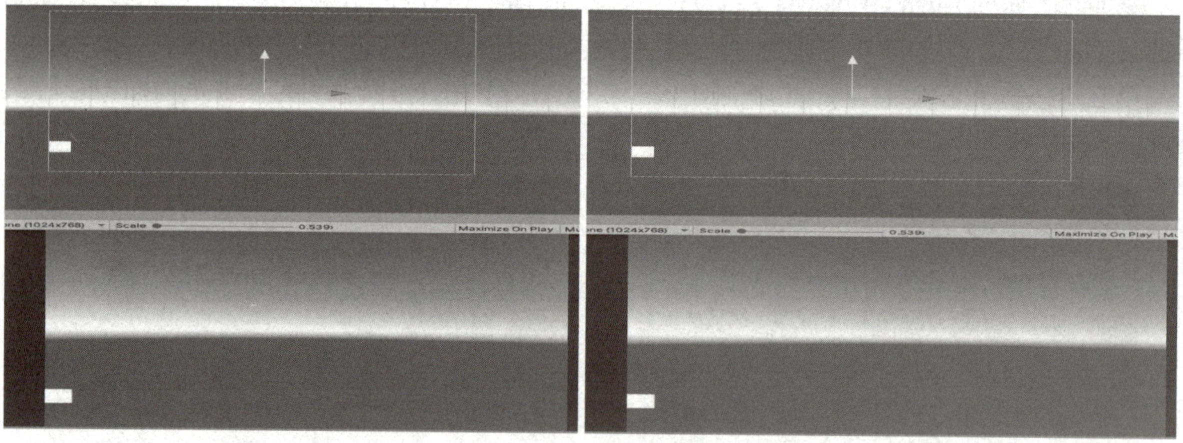

图 7.10　设置完成后效果

7.2.2　Image 控件

Image 控件是用来放置图片的控件，除了两个公共的组件 Rect Transform 与 Canvas Renderer 外，默认的情况下就只有一个 Image 控件，如图 7.11 所示。

（1）Source Image：用于设置面板的背景，要显示的源图像，要想把一个图片赋给 Image，需要把图片转换成 Sprite（精灵）格式，转化后的精灵图片就可拖放到 Image 的 Source Image 中了。这里必须选用纹理格式为 Sprite（2D and UI）的图片资源（见图 7.12）。

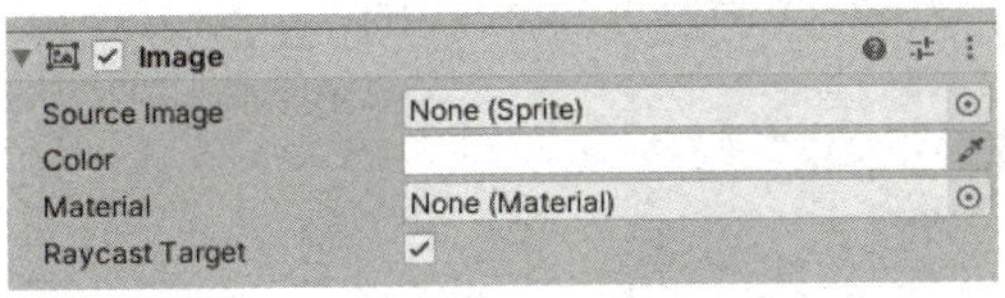

图 7.11　Image 控件

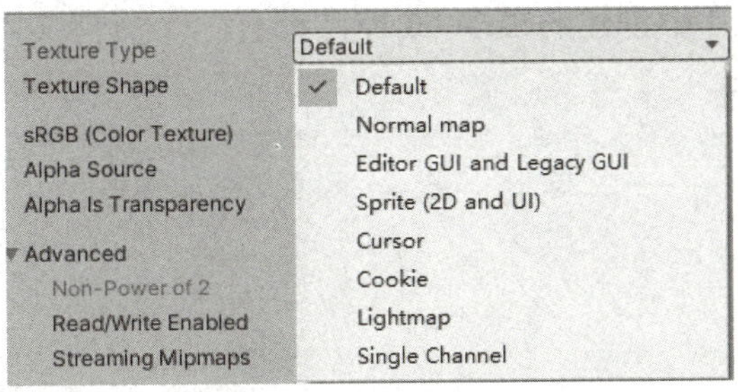

图 7.12　贴图类型

（2）Color：用于设置颜色和透明度。

（3）Material：材质，图片叠加的材质。

（4）Raycast Target：射线投射目标，是否作为射线投射目标，关闭之后忽略 UGUI 的射线检测。

另外，和 Image 控件类似的一个控件是 Raw Image 控件，该控件可以显示任何纹理，而 Image 只能显示一个 Sprite 精灵。

7.2.3　Panel 控件

Panel 控件又称面板，实际上就是一个容器，可以容纳其他的控件。拖动该控件的四个角或者四条边可以放大、缩小控件（见图 7.13）。一个 Canvas 可以有多个 Panel 控件，每个 Panel 控件容纳多个其他类型控件，当移动 Panel 控件时，其他控件也会跟随移动，这样就可以更快速便捷地进行 UI 布局。

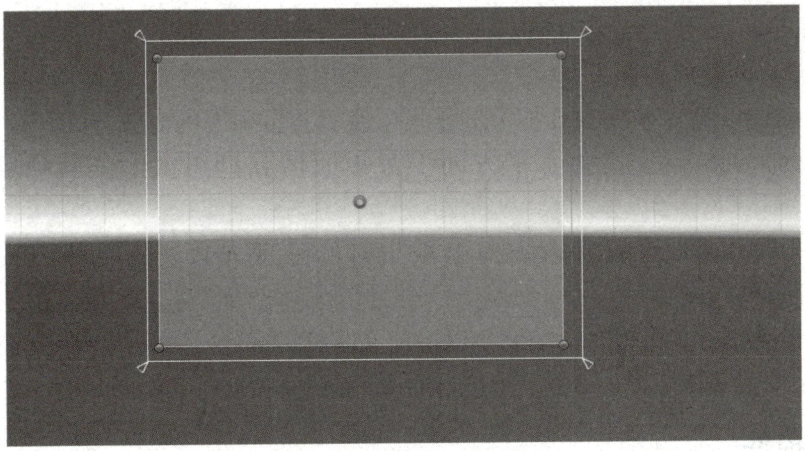

图 7.13　Panel 控件

Panel 控件自带 Image 组件，可用于设置面板控件的背景，除了 Image 控件具备的属性外，多了一个 Image Type 属性，是用来选择图片显示的类型，分为 Simple（基本的）：图片整张全显示，不裁切，不叠加，根据边框大小会有拉伸；Sliced（切片的）：图片切片显示；Tiled（平铺的）；Fill Center（填充中心）。

7.2.4 Text 控件

Text 控件也称为标签，Text 区域用于输入将显示的文本。它可以设置字体、样式、字号等内容，UGUI 中创建的很多 UI 控件都有一个支持文本编辑的 Text 控件，如图 7.14 所示。具体参数如下所示。

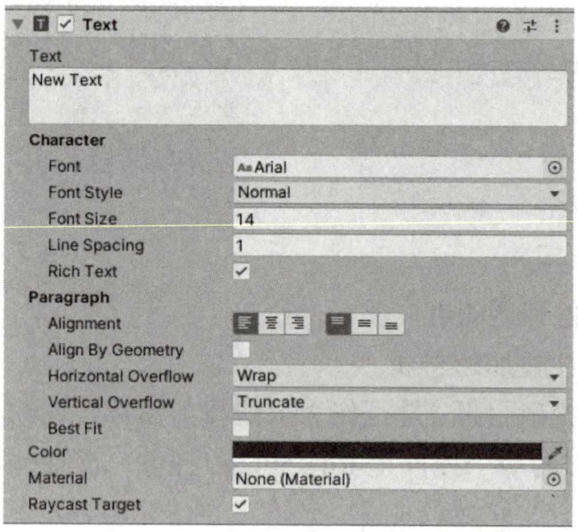

图 7.14 Text 控件

（1）Font：设置字体，Windows 下 Unity 自带字体为 Arial，该字体是英文字体，并不包含中文字体，因此如果在应用或者游戏中使用 Arial 字体，在某些机型上可能显示不全，为此需要下载一个外部 .ttf 格式的字体到 Unity 内。

（2）Font Style：设置字体样式。

（3）Font Size：设置字体大小。

（4）Line Spacing：设置行间距（多行）。

（5）Rich Text：设置富文本。

（6）Alignment：设置文本在 Text 框中的水平以及垂直方向上的对齐方式。

（7）Horizontal Overflow：设置水平方向上溢出时的处理方式。分两种：Wrap（隐藏）；Overflow（溢出）。

（8）Vertical Overflow：设置垂直方向上溢出时的处理方式。分两种：Truncate（截断）；Overflow（溢出）。

（9）Best Fit：设置当文字多时自动缩小以适应文本框的大小。

（10）Color：设置字体颜色。

7.2.5 Button 控件

Button 控件即按钮，是应用中最常使用的控件之一，用户通过 Button 控件的单击来触发相应的事件，完成与虚拟环境的交互。

Button 是一个复合控件，该控件下会自动生成一个 Text 子控件，通过此子控件可设置 Button 上显示的文字的内容、字体、文字样式、文字大小、颜色等。

Button 控件下挂有一个 Image 组件和 Button 组件，Image 组件主要用于设置 Button 的外观，例如按钮的背景图片、颜色等；Button 组件用于设置按钮的常用属性，如图 7.15 所示。

（1）Interactable：是否启用交互，如果取消勾选，此 Button 在运行时将不可单击，即失去了交互性。

（2）Transition：过渡方式。分为四种，分别是 None，没有过渡方式；Color Tint，通过颜色改变过渡；Sprite Swap，通过 Sprite 精灵改变实验过渡，需要使用相同功能、不同状态的贴图；Animation，通过动画过渡。

其中，Color Tint 是最常用也是最常见的过渡方式。主要参数如下所示：

① Target Graphic：设置目标图像。

② Normal Color：设置运行时颜色。

③ Highlighted Color：设置高亮色。

④ Pressed Color：设置单击时颜色。

⑤ Disabled Color：设置禁用时颜色。

⑥ Color Multiplier：设置颜色倍数。

⑦ Fade Duration：设置变化持续的时间。

Button 是 UI 中使用频率最高的组件，用户常常通过 Button 控件来确定其选择行为。当用户单击 Button 控件时，Button 控件会显示按下的效果，并触发与该控件关联的游戏功能。如单击按钮，Text 文本的内容变化；单击按钮，Image 图片更换等。下面是 Button 按钮的应用案例，单击 Button，Text 文本的内容从“开始”改为“结束”。

具体步骤如下：

第一步，新建一个场景，选择 2D 模式，在层次面板中新建一个 Button（此时会自动生成一个画布），调整 Button 的大小，使 Button 处于 Canvas 的正下方。

第二步，选择 Button 控件，在子层级 Text 中修改属性 Text 的值为“确定”，适当修改文本大小。

第三步，在 Canvas 下添加一个 Text 控件，修改该控件的 Text 内容为“欢迎使用”，适当修改文字大小，如图 7.16 所示。

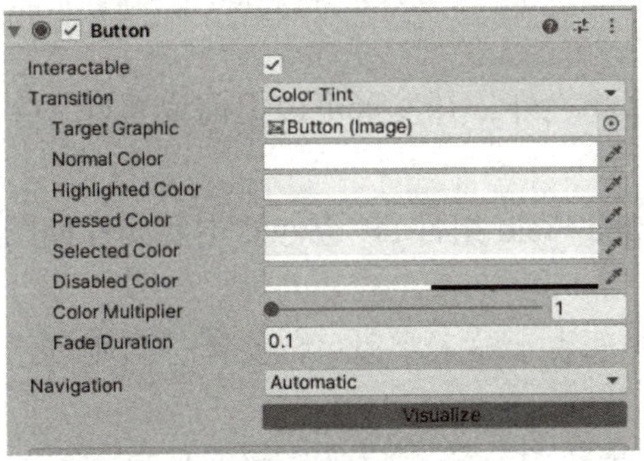

图 7.15　Button 控件

图 7.16　Text 控件

第四步，新建 A_ButClick.cs 脚本，代码如下所示：

```
using System.Collections;
using System.Collections.Generic;
using UnityEngine;
```

```
using UnityEngine.UI;
public class A_ButClick : MonoBehaviour
{
    public Text text1;
    void Start()
    {
    }
    public void Queding()
    {
        text1.text = "再见";
    }
}
```

需要注意的是，Button 属于 UI 控件，因此要通过 using UnityEngine.UI 导入 UI 包。

第五步，A_ButClick.cs 挂载在 Canvas 上，并把对象 Text 赋予变量 Text1，如图 7.17 所示。

第六步，选择 Button 控件，在右侧的检视面板中找到 Button 组件，单击 On Click() 右下方的“+”号，这里是设定 Button 的代码挂载的对象和对应的方法。上一步代码挂载给 Canvas，因此这里选择 Canvas，方法选择 A_ButClick 下的 Queding()，如图 7.18 所示。

图 7.17　给变量赋值

图 7.18　给 Button 赋值

第七步，运行程序，单击按钮后，Text 文本从“欢迎使用”变成了“再见”。

7.2.6　Input Field 控件

Input Field 控件也是一个复合控件，包含 Placeholder 与 Text 两个子控件，如图 7.19 所示。

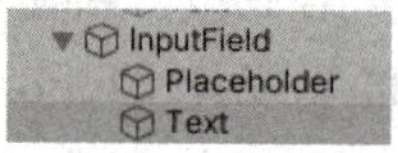

图 7.19　Input Field 控件

（1）Placeholder：占位符，表示程序运行时在用户还没有输入内容时显示给用户的提示信息，包含一个 Text 组件，默认时的文本是 Enter Text，开发者可以修改内容，如“输入文本”，另外可以在 Text 组件中设置文本的大小、字体、对齐方式等。

（2）Text：该控件是用户输入的信息，默认为空，除此之外，开发者可以提前设置好文字的大小等属性。

（3）Input Field：该控件包含 Image（Script）组件、Input Field 组件，该组件的主要属性如图 7.20 所示。

（4）Interactable：设置是否启用 Input Field 组件。勾选表示输入字段可以交互，否则表示不可以交互。

（5）Transition：设置当正常显示、突出显示、按下或禁用时输入字段的转换效果。Transition 下的参数可参考上一个 Button 控件。

（6）Navigation：设置导航功能。

（7）Text Component：设置此输入域的文本显示组件，用于显示用户输入的文本框。

（8）Text：设置此输入域的初始值。

（9）Character Limit：设置此输入域最大的输入字符数，0 为不限制输入字符数。

（10）Content Type：此输入域的内容类型，包括数字、密码等，常用的类型有：

① Standard：允许输入任何字符，只要是当前字体支持的即可。

② Autocorrected：自动校正输入的未知单词，并建议更合适的替换候选对象，除非用户明确地覆盖该操作，否则将自动替换输入的文本。

③ Integer Number：只允许输入整数。

④ Decimal Number：允许输入整数或小数。

⑤ Alpha Numeric：允许输入数字和字母。

⑥ Name：允许输入英文及其他文字，当输入英文时能自动提示姓名拼写。

⑦ Email Address：允许输入一个由最多一个 @ 符号组成的字母数字字符串。

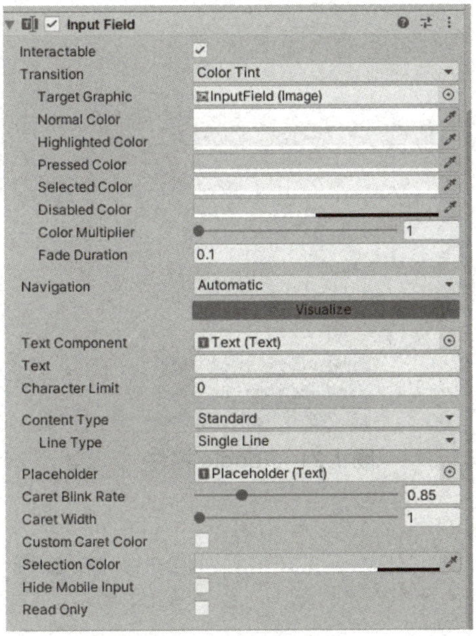

图 7.20　Input Field 属性

⑧ Password：输入的字符被隐藏，只显示 7 个 * 号。

⑨ Pin：只允许输入整数。输入的字符被隐藏，只显示星号。

⑩ Custom：允许用户自定义类型、输入类型、键盘类型和字符验证。

（11）Line Type：设置当输入的内容超过输入域边界时的换行方式，包括三种。

① Single Line：超过边界也不换行，继续向右延伸此行，即输入域中的内容只有一行。

② Multi Line Submit：允许文本换行。只在需要时才换行。

③ Multi Line Newline：允许文本换行。用户可以按【Enter】键来换行。

（12）Placeholder:设置此输入域的输入位控制符，对于任何带有 Text 组件的物体均可设置此项。

7.2.7　Toggle 控件

Toggle 控件也是一个复合性的控件，包含一个 Background 和一个 Label 控件，如图 7.21 所示。

Background 是一个图像控件，而其子控件 Checkmark 也是一个图像控件，其 Label 控件是一个文本框，通过改变它们所拥有的属性值，即可改变 Toggle 的外观，如颜色、字体等，Toggle 控件属性如图 7.22 所示。

（1）Is On：设置复选框默认是开还是关。

（2）Toggle Transition：设置渐变效果。

（3）Graphic：用于切换背景，更改为一个更合适的图像。

（4）Group：设置多选组。

在开发中发现，一个画布下可以放置多个 Toggle 控件，运行时，这几个 Toggle 控件可以同时被勾选，这种情况适合多个选项，如果只能有一个选项就可以使用 Toggle Group 组件来控制，Toggle Group 组件就是对同一组复选框进行约束，使每次只能打开一个复选框。

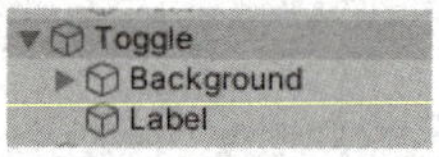

图 7.21　Toggle 控件

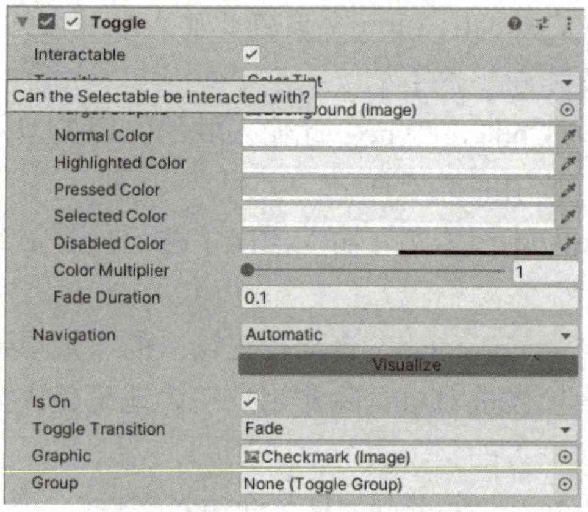

图 7.22　Toggle 属性

7.3　UGUI 综合实例

这是一个基于 Unity 3D 实现的简易考试系统，该系统有一个登录页面，用户名是 admin，密码也是 admin。当用户输入错误，系统提示重新输入，输入正确后跳转到 menu 页面，menu 页面的功能是用来选择希望跳转的场景，单击场景名，可进入对应的场景。场景 1 中是考试须知，该场景中有一个滚动文本框，用来显示考试须知的内容；场景 2 是与 Unity 相关的选择题，回答错误会跳到回答错误页面，回答正确会给出提示。流程图如图 7.23 所示。

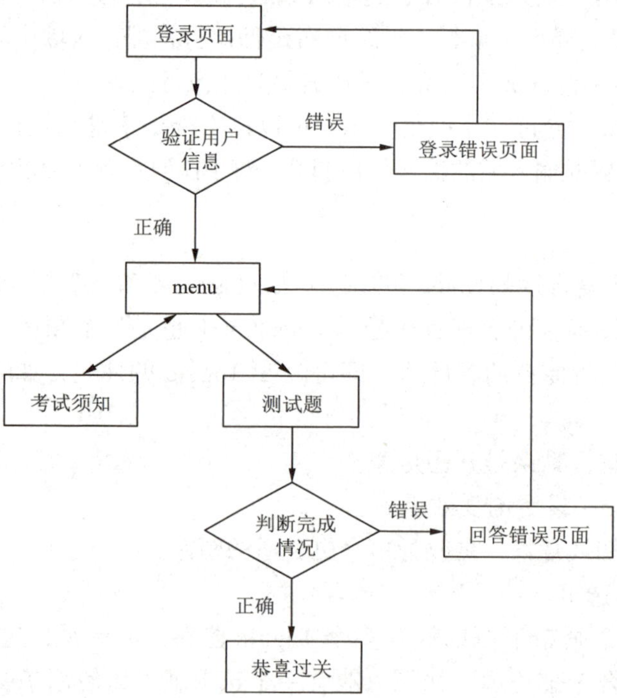

图 7.23　流程图

7.3.1　登录模块

视频

登录模块 - 登录界面

1. 登录页面

第一步，新建项目，将场景改成 2 by 3 方便制作用户界面。在场景面板中选择 2D 模式，在游戏面板中选择合适的分辨率。将素材图片复制到 Textures 中，在项目面板中单击图片，更改类型为 Sprite，单击 Apply 按钮添加成功，如图 7.24 所示。

第二步，在层次面板中右击，选择 UI → Canvas 命令，如图 7.25 所示。

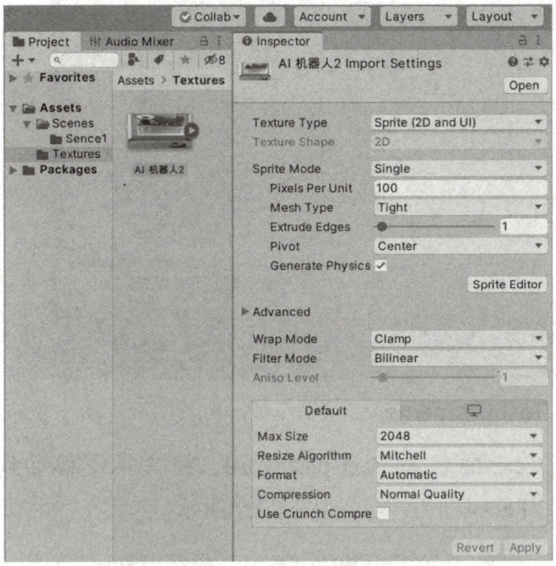

图 7.24　修改背景图片属性

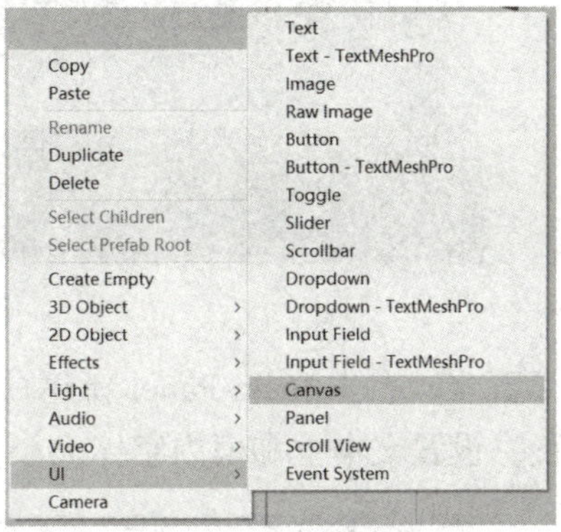

图 7.25　新建画布

第三步，右击 Canvas 新建一个 Panel，将 Panel 命名为 main-Panel，右击 main-Panel 新建一个 Image，在 Source Image 选择框中选择背景图片素材，如图 7.26 所示。

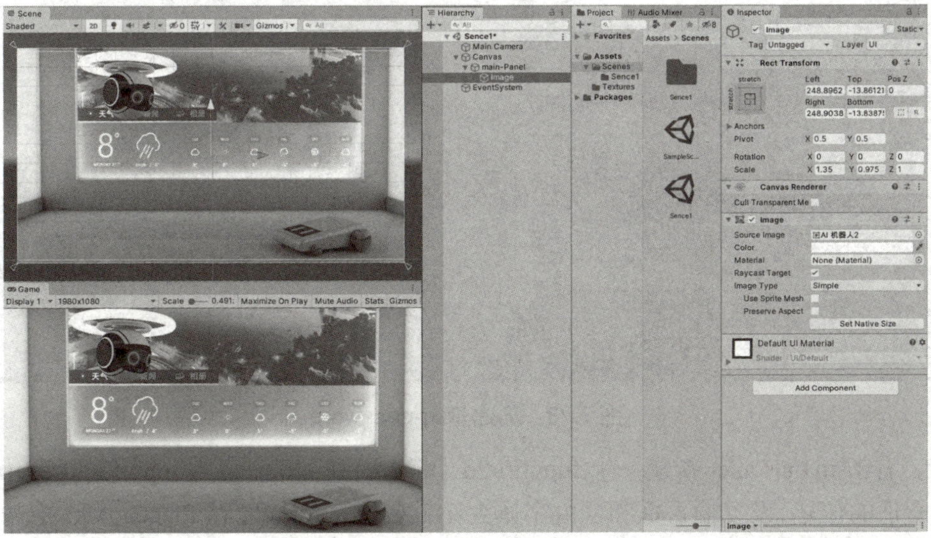

图 7.26　新建 Panel

第四步，右击 main-Panel 新建一个 Text，将 Text 命名为 Text-username，将文本框移动到合适的位置，设置文本框和框内字体大小，输入文本“Username：”，如图 7.27 所示。

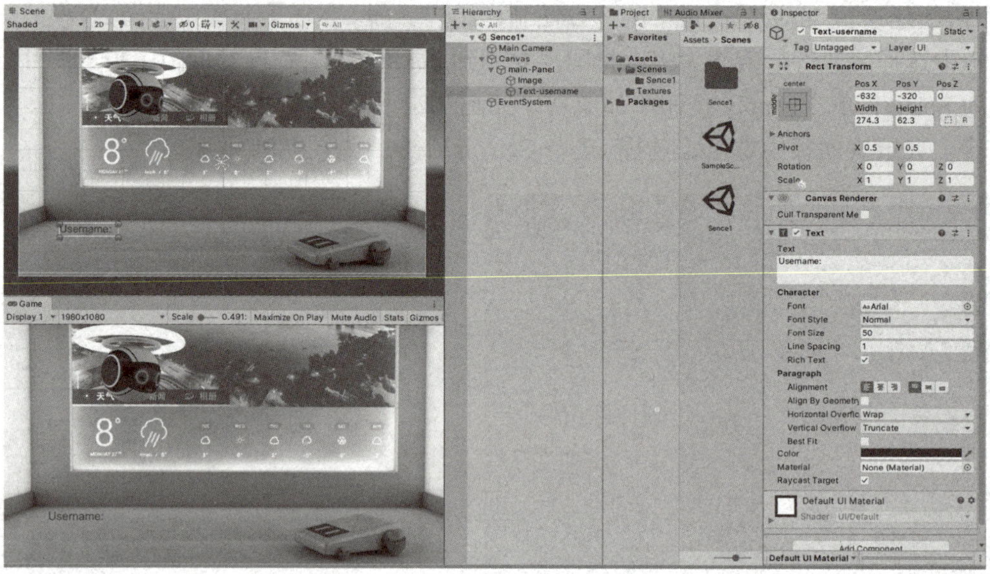

图 7.27　新建 Text-username

第五步，右击 main-Panel 新建一个 Text，将 Text 命名为 Text-password，将文本框移动到合适的位置，设置文本框和框内字体大小，输入文本“Password：”，如图 7.28 所示。

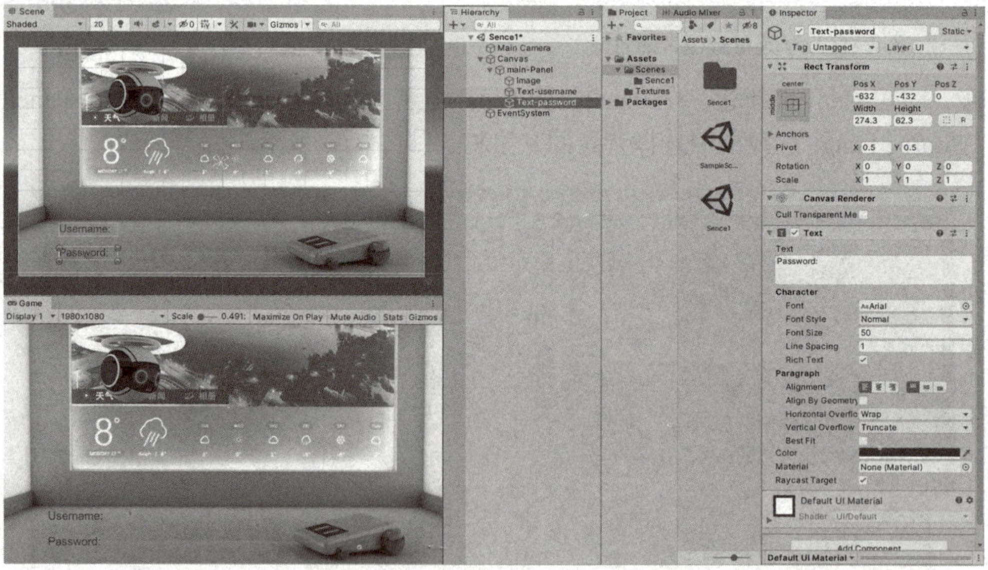

图 7.28　新建 Text-password

第六步，右击 main-Panel 新建一个 InputField，将 InputField 命名为 InputField-username，将输入框移动到合适的位置，设置输入框和框内字体大小，展开 InputField 在 Placeholder 中输入文本“输入用户名”，如图 7.29 所示。

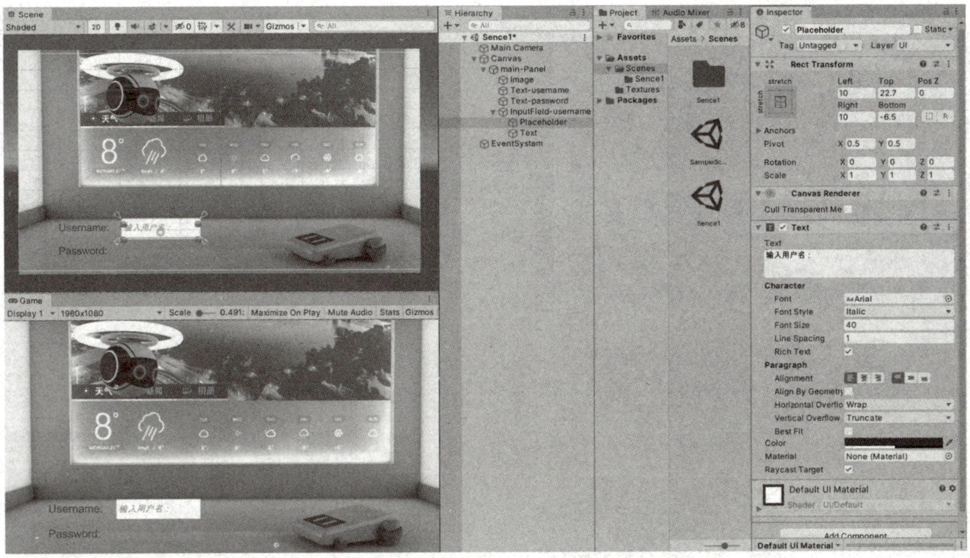

图 7.29　新建 InputField-username

第七步，复制 InputField-username，更名为 InputField-password 并移动到合适的位置，更改 Placeholder 中的文本为“输入密码”，如图 7.30 所示。

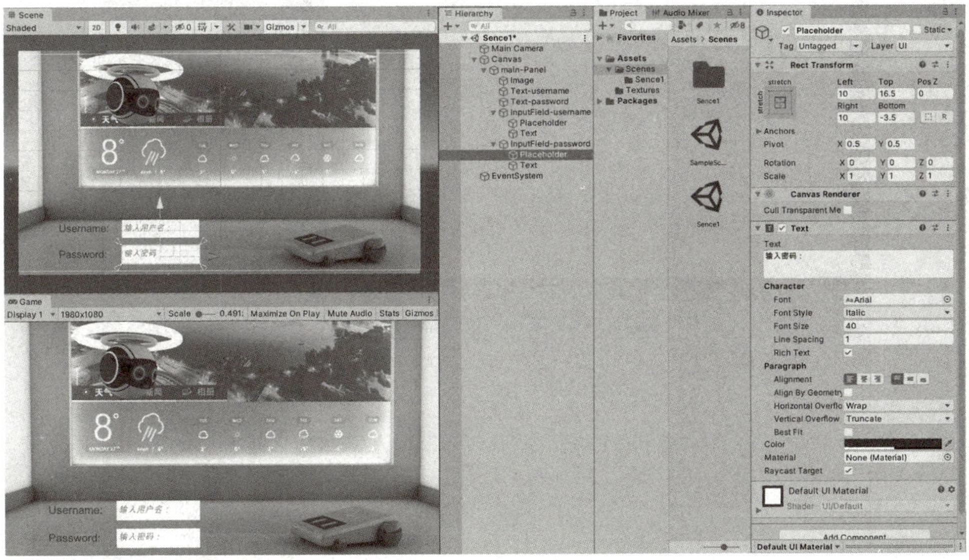

图 7.30　新建 InputField-password

第八步，右击 main-Panel 新建一个 Button。将 Button 命名为 Button-Enter，将按钮移动到合适的位置，设置按钮和按钮内字体大小，输入文本“Enter”。可以自行设置 Button 的颜色，如图 7.31 所示。

视频

登录模块 - 登录错误页面

2. 登录错误页面

第九步，隐藏 main-Panel，右击 Canvas 新建一个 Panel，将 Panel 命名为 Panel-Wrong，右击 Panel-Wrong 新建一个 Image，自行设置背景图片，如图 7.32 所示。

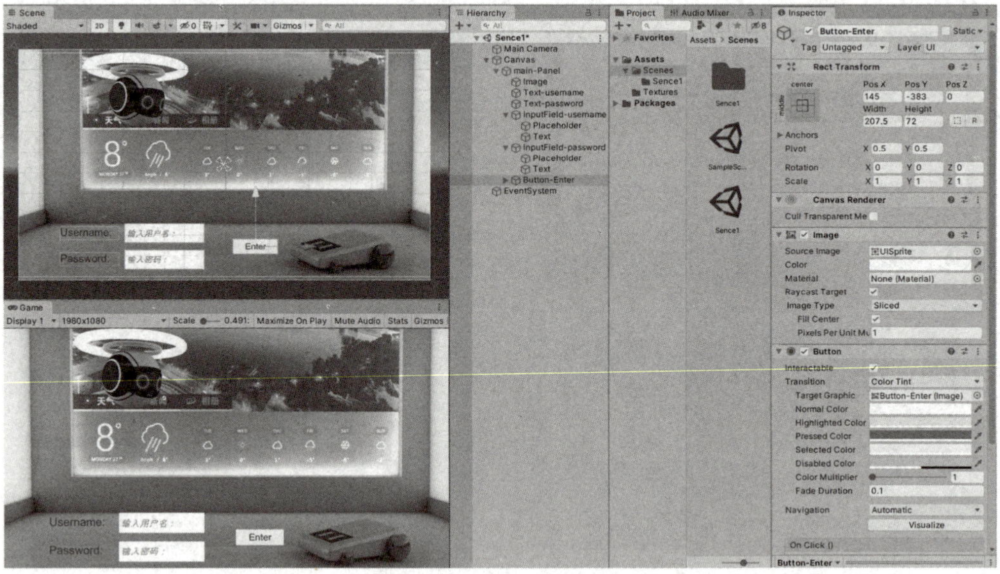

图 7.31　新建 Enter 按钮

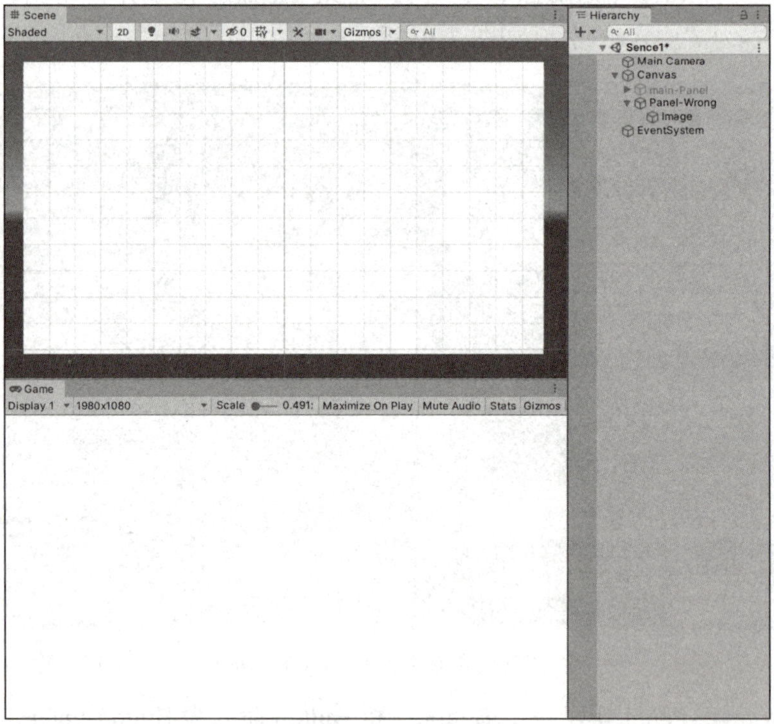

图 7.32　新建 Panel-Wrong

第十步，右击 Panel-Wrong 新建一个 Text，将文本框移动到合适的位置，设置文本框和框内字体大小，输入文本“输入不正确，请重新输入！”，如图 7.33 所示。

第十一步，右击 Panel-Wrong 新建一个 Button。将 Button 命名为 Button-Wrong，将按钮移动到合适的位置，设置按钮和按钮内字体大小，输入文本“确定”，如图 7.34 所示。

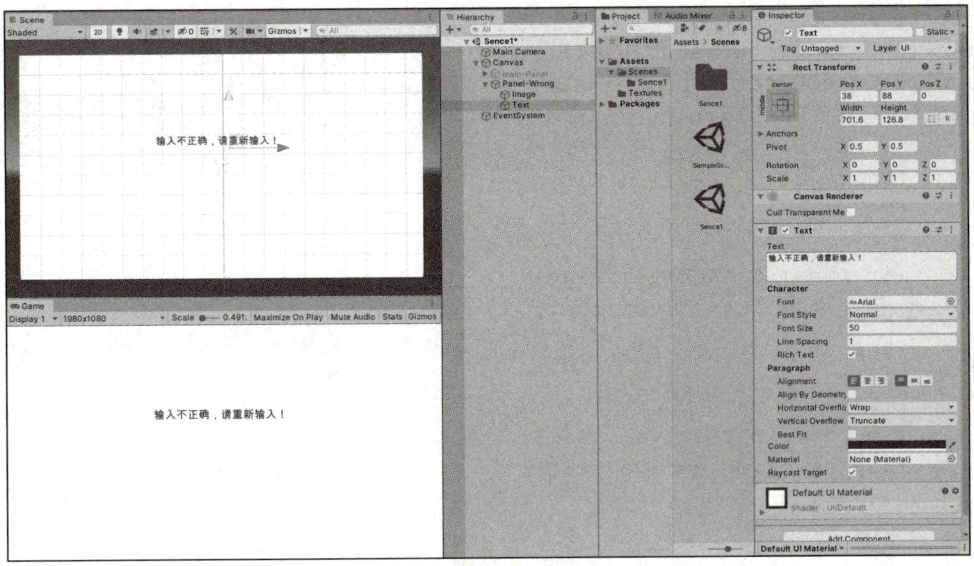

图 7.33　新建输入文本

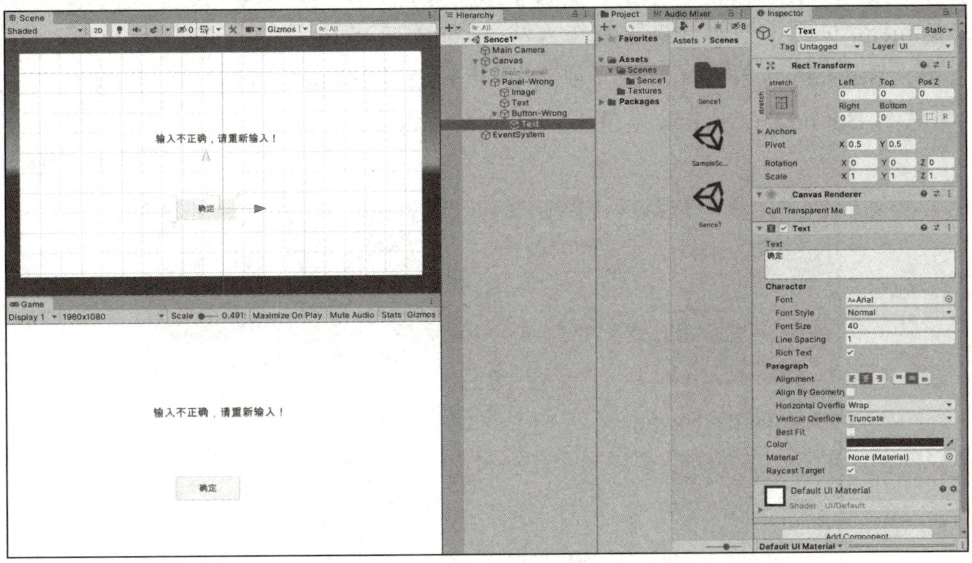

图 7.34　新建按钮

3. 用户信息验证

第十二步，新增脚本 Main.cs，输入判断用户信息的代码，如下所示：

```
using System.Collections;
using System.Collections.Generic;
using UnityEngine;
using UnityEngine.UI;
public class Main : MonoBehaviour
{
    public InputField InputField_username;
    public InputField InputField_password;
```

```
        public GameObject main_panel;
        public GameObject menu_panel;
        public GameObject wrong_panel;
        public void Denglu()      //登录代码
    {
         if (InputField_username.text == "admin" && InputField_password.text ==
"admin")
        {
            main_panel.SetActive(false);
            menu_panel.SetActive(true);
        }
        else
        {
            main_panel.SetActive(false);
            wrong_panel.SetActive(true);
        }
    }
    }
```

这里的 main_panel 就是登录页面，wrong_panel 是登录错误页面，menu_panel 是 menu 页面（下面会讲解制作方法），如图 7.35 所示。

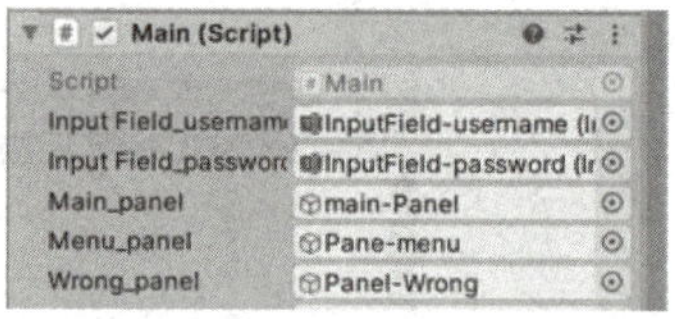

图 7.35　挂载 Main 脚本

第十三步，将 Main.cs 挂给 Cavas，单击登录页面的 Button，将 Denglu() 的方法给 Button 的 Onclick 事件，如图 7.36 所示。

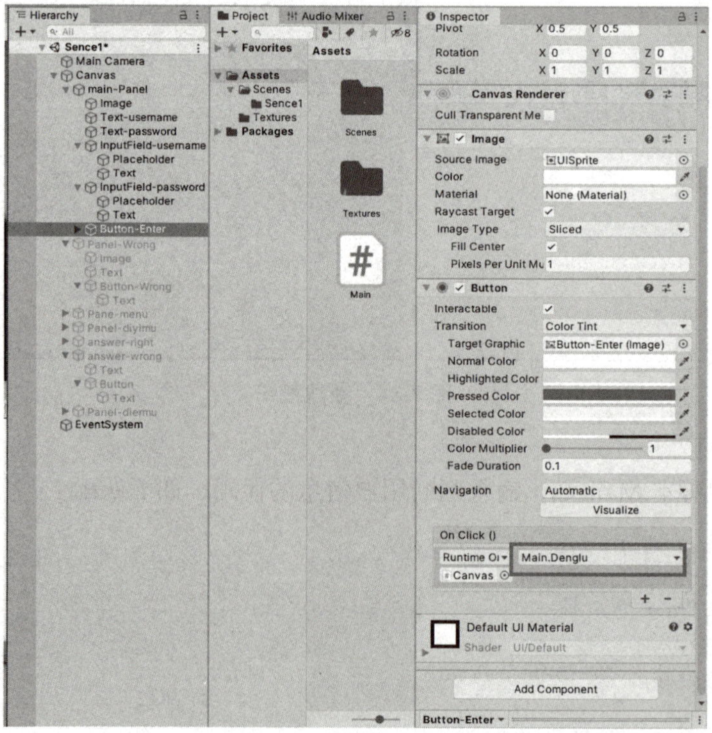

图 7.36　挂载 Denglu() 的方法

第十四步，设置登录错误页面到登录页面的返回功能，代码如下：

```
public void Wrongfan()          //登录错误页面的返回代码
    {
        wrong_panel.SetActive(false);
        main_panel.SetActive(true);
  }
```

选择 Button-Wrong，添加 On Click()，选择错误进入的方法，如图 7.37 所示。

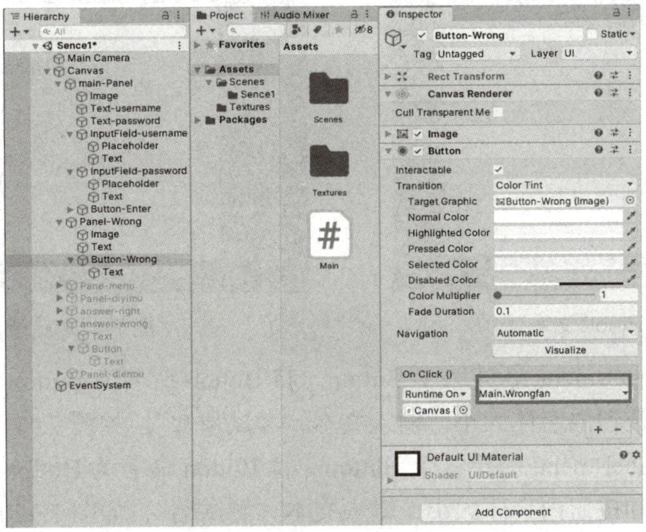

图 7.37　挂载 Wrongfan() 方法

7.3.2　menu 模块

1．考试场景选择页面

第十五步，隐藏 Panel-Wrong，右击 Canvas 新建一个 Panel，将 Panel 命名为 Panel-menu，右击 Panel-menu 新建一个 Image，自行设置背景图片，如图 7.38 所示。

视频

考试场景选择页面

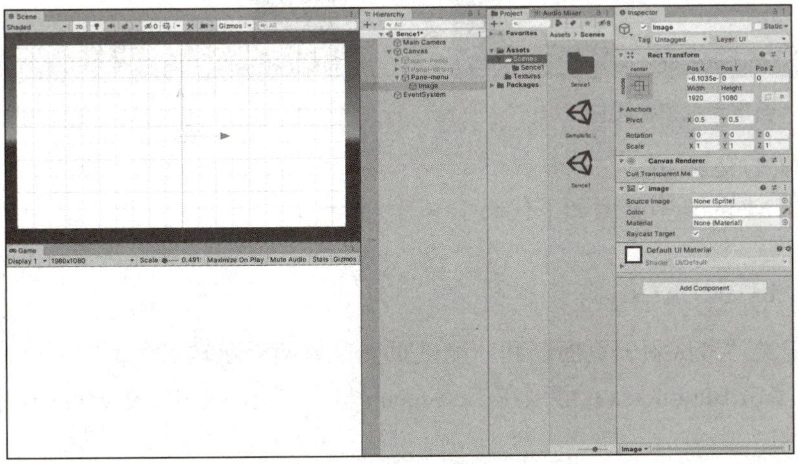

图 7.38　新建 Panel-menu

第十六步，右击 Panel-menu 新建一个 Text，将 Text 命名为 Biaoti，将文本框移动到合适的位置，设置文本框和框内字体大小，输入文本“这里将显示所选择的场景名”，如图 7.39 所示。

第十七步，右击 Panel-menu 新建一个 Text-menu，将文本框移动到合适的位置，设置文本框和框内字体大小，输入文本“单击此处进入对应的场景”，如图 7.40 所示。（选择哪个场景，单击这里就可以进入对应场景）

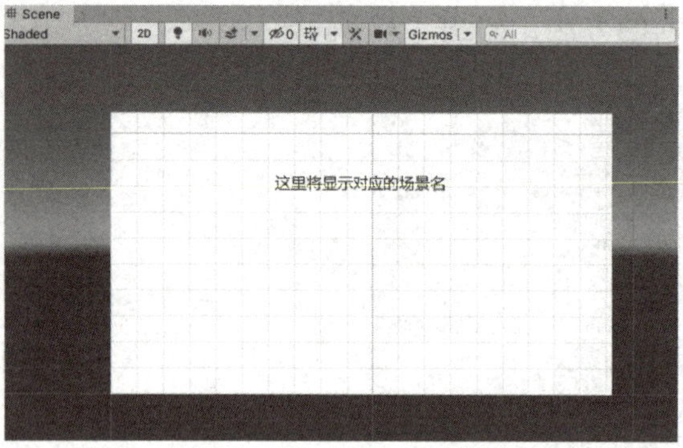

图 7.39　新建 Biaoti 文本

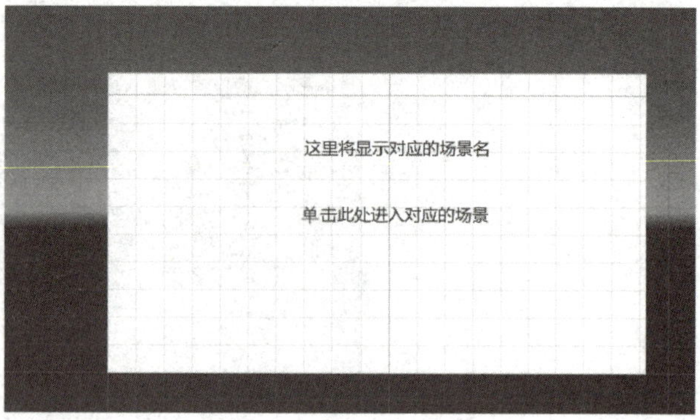

图 7.40　新建 Text-menu

第十八步，右击 Panel-menu 新建一个 Button。将 Button 命名为 Button-ksxz，将按钮移动到合适的位置，设置按钮和按钮内字体大小，输入文本“考试须知”，如图 7.41 所示。

第十九步，右击 Panel-menu 新建一个 Button。将 Button 命名为 Button-ceshiti，将按钮移动到合适的位置，设置按钮和按钮内字体大小，输入文本“测试题”，如图 7.42 所示。

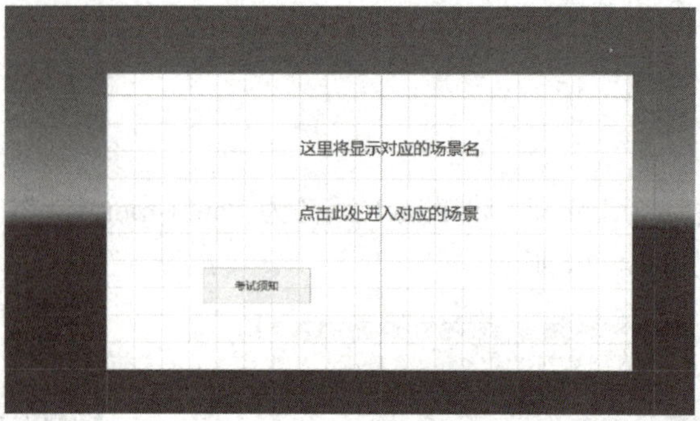

图 7.41　新建考试须知按钮

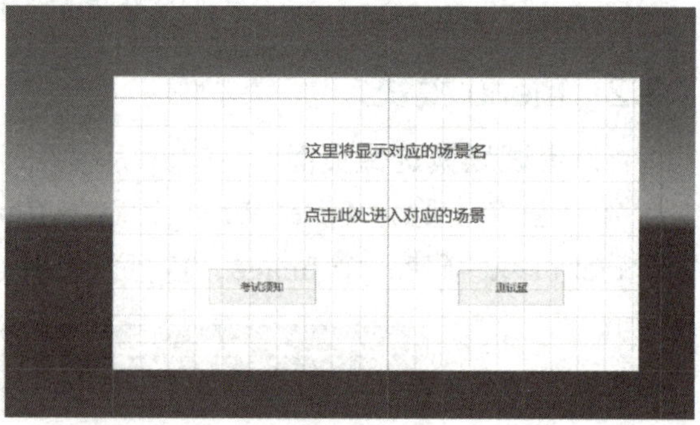

图 7.42　新建测试题按钮

2．menu 模块的交互功能

第二十步，在 Main.cs 中新增如下代码：

```
public GameObject ksxz;
public GameObject ceshiti;
```

以上两句是定义“考试须知页面”和“测试页面”这两个跳转对象。

第二十一步，单击 Button-ksxz，可以在 Text-menu 显示“考试须知”，在 Main.cs 中新增如下代码：

```
public Text biaoti;
public void Ksxz()                    //第一幕标题改变的代码
```

```
{
    biaoti.text = "考试须知";
}
```

在 menu 页面选择 Button-ksxz，添加 On Click()，拖入 Canvas，选择上面新建的方法，如图 7.43 所示。实现单击“考试须知”按钮，标题变成考试须知。

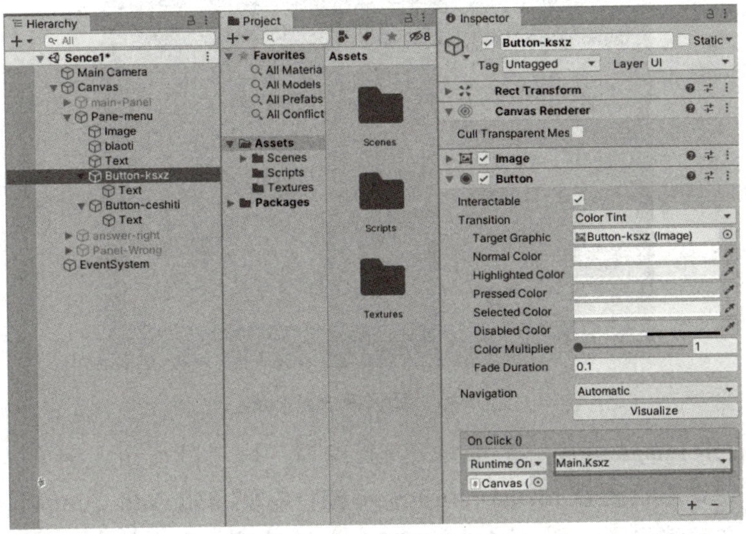

图 7.43　挂载考试须知代码

第二十二步，单击 Button-ceshiti，可以在 Text-menu 显示“考试题”（见图 7.44），在 Main.cs 中新增如下代码：

```
public void Ceshiti ()                        //第二幕标题改变的代码
{
    biaoti.text = "测试题";
}
```

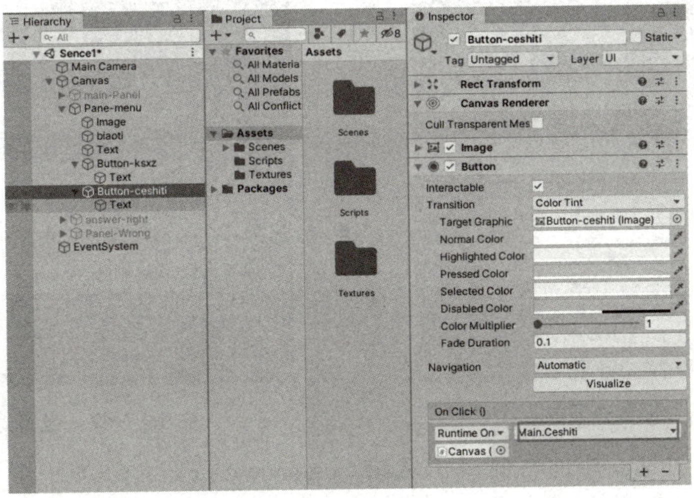

图 7.44　挂载考试题代码

7.3.3 考试须知模块

1. 考试须知页面

第二十三步，隐藏 Panel-menu，右击 Canvas 新建一个 Panel，将 Panel 命名为 Panel-ksxz，右击 Panel-ksxz 新建一个 Image，自行设置背景图片，如图 7.45 所示。

视频

考试须知页面

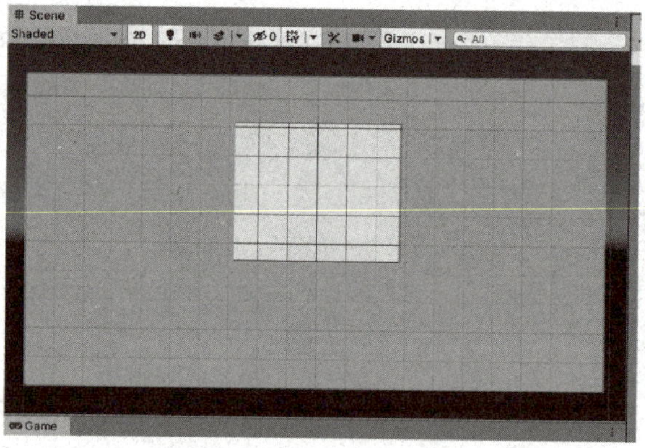

图 7.45 新建 Panel-ksxz

第二十四步，右击 Image 新建一个 Text，自行编辑一段考试须知文字（尽量多到当前的 Text 文本框承载不下），使文本框覆盖 Image；在 Image 控件右侧单击 Add Component 按钮，添加一个 Mask 组件，多出的文字消失了。图 7.46 为添加 Mask 组件前，文本超出空间大小的显示；图 7.47 为添加 Mask 组件后，多出控件大小的文字被遮住的效果显示。

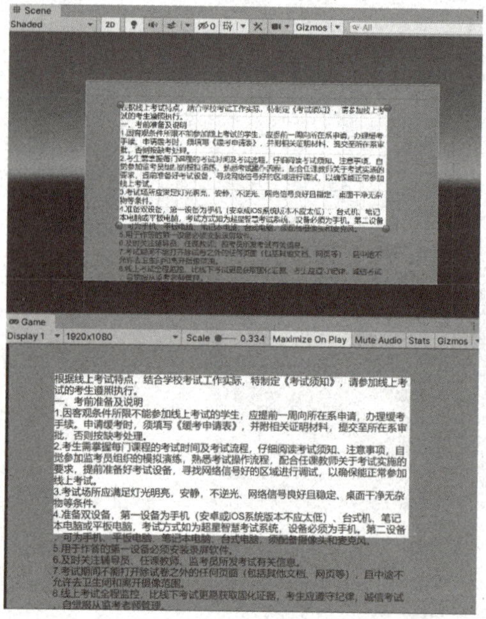

图 7.46 设置遮罩前

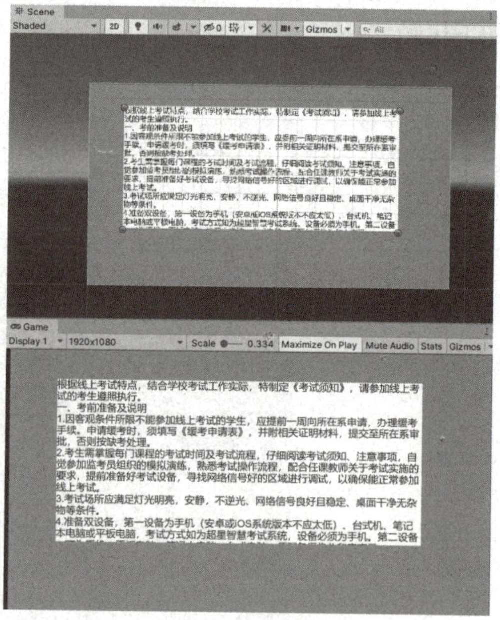

图 7.47 设置遮罩后

第二十五步，在 Image 控件右侧单击 Add Component 按钮，添加一个 Scroll Rect 组件，将 Text 拖至 Content 选择框中，如图 7.48 所示。

第二十六步，右击 Image 控件，新建一个子控件 Scrollbar。刚刚建好的 Scrollbar 在画面上一般是横向的，而且比较小，我们可以调整其方向和大小。选择 Scrollbar，在右侧检视面板，找到 Direction 的设置，选择垂直的“Bottom To Top”，如图 7.49 所示再将 Scrollbar 放置在右侧合适的位置。

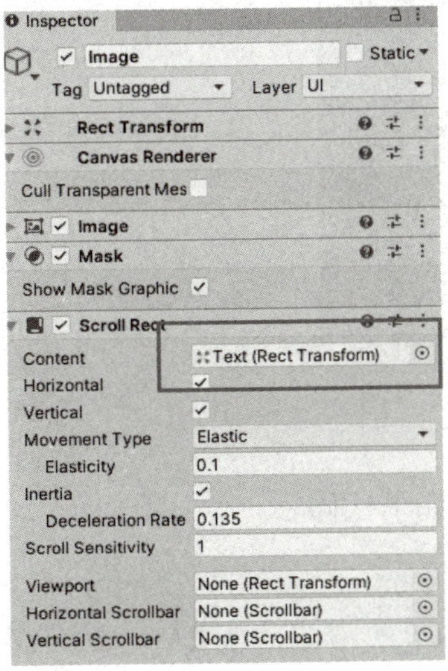

图 7.48　添加 Scroll Rect 组件

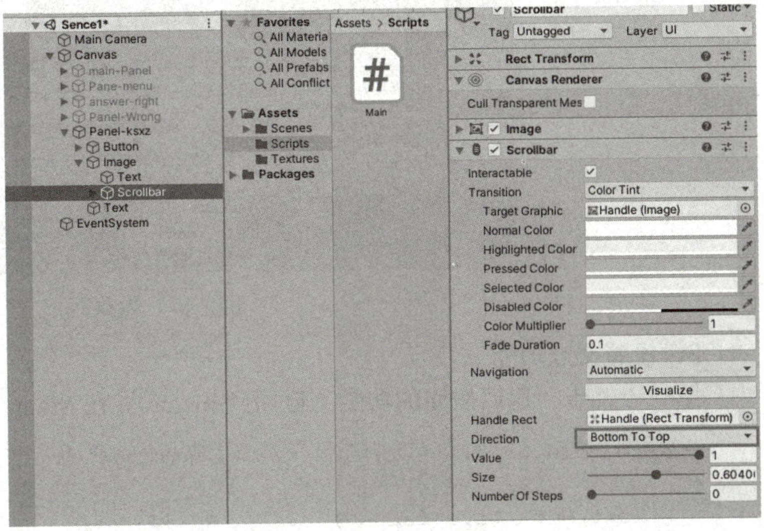

图 7.49　添加 Scrollbar 控件

第二十七步，单击 Image，在右侧检视面板找到之前新增的 Scroll Rect，将 Scrollbar 拖到 Vertical Scrollbar 中，进度条会自动和文本匹配。拖动 Scrollbar，可以显示被遮罩隐藏的文本，如图 7.50 所示。

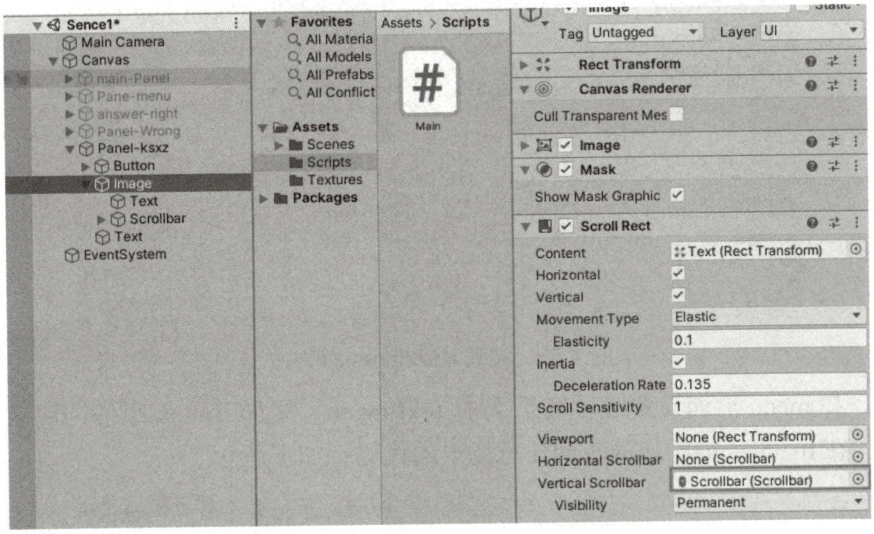

图 7.50　设置 Scroll Rect 参数

第二十八步，右击 Panel-ksxz 新建一个 Button。将按钮移动到合适的位置，设置按钮和按钮内字体大小，输入文本“返回”。可以在该页面顶端加一个标题，写上“测试须知”，该页面最终完成效果可参考图 7.51 所示。

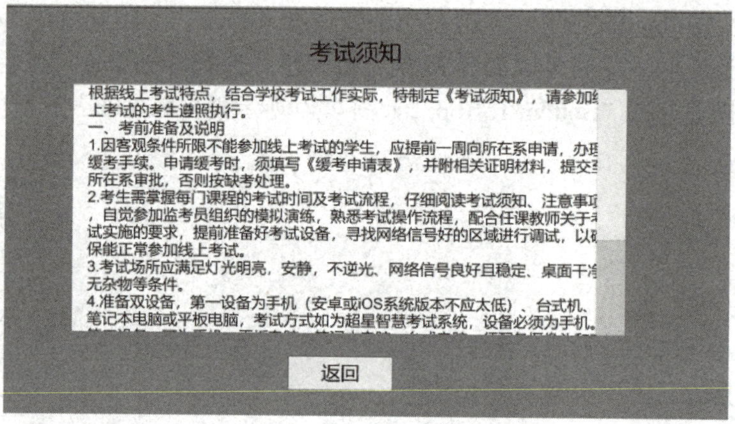

图 7.51　效果图

2．设置交互功能

第二十九步，返回按钮的功能（返回到 menu）。在 Main.cs 中新增如下代码：

```
public void Ksxzfanhui()        //第二幕的返回代码
{
    ksxz.SetActive(false);
    menu_panel.SetActive(true);
}
```

选择返回按钮，添加 On Click()，拖入 Canvas，选择返回 Panel-menu 的方法，如图 7.52 所示。

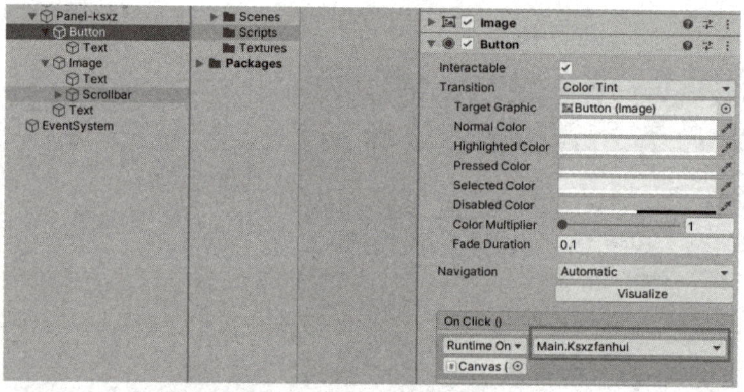

图 7.52　挂载 Ksxzfanhui() 方法

第三十步，在 menu 页面设置跳转场景文本 Text-menu，添加 Button 组件，使该文本成为一个可交互的按钮，在 main.cs 中添加跳转到任意场景的代码，如下所示。

```
public void Entermu()                          //进入第一幕、第二幕的代码
    {
        if (biaoti.text == "考试须知")
        {
            menu_panel.SetActive(false);
            ksxz.SetActive(true);
        }
```

```
        if (biaoti.text == "测试题")
        {
            menu_panel.SetActive(false);
            ceshiti.SetActive(true);
        }
}
```

选择该组件，在 On Click() 中选择 Entermu() 方法，实现标题变成第几幕时，单击 Text 进入相应的幕。这里的 menu_panel 就是 menu 页面，ksxz 是考试须知页面，ceshiti 是测试题页面，之前都已经在程序块首定义。

视频

测试题模块 - 测试题页面

7.3.4 测试题模块

1. 测试题页面

第三十一步，隐藏 Panel-menu，右击 Canvas 新建一个 Panel，将 Panel 命名为 Panel-ceshiti，右击 Panel-ceshiti 新建一个 Image，自行设置背景图片。

第三十二步，右击 Panel-ceshiti 新建一个 Text，将文本框移动到合适的位置，设置文本框和框内字体大小，输入文本 “测试题”。

第三十三步，右击 Panel-ceshiti 新建一个 Text（1），将文本框移动到合适的位置，设置文本框和框内字体大小，输入文本 “Unity 3D 支持以下哪种编程语言？”。以上两步效果如图 7.53 所示。

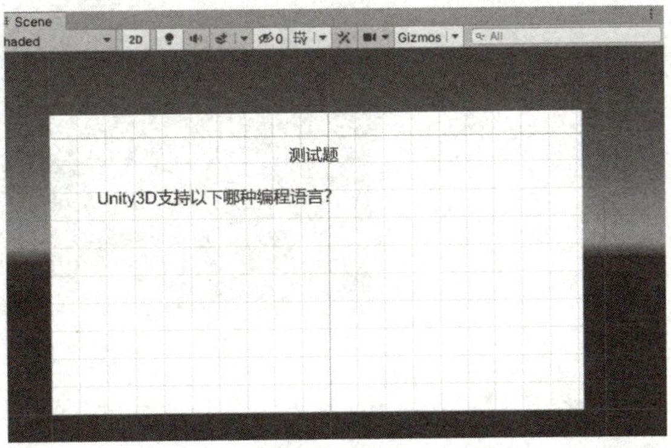

图 7.53 测试题页面标题

第三十四步，右击 Panel-ceshiti 新建一个 Toggle，将复选框移动到合适的位置。一个 Toggle 包含 Background 和 Label 两个控件，选择 Label 控件，在右侧检视面板，设置 text 文本为 “C 语言”，可以调节该文本的大小和字体，如图 7.54 所示。

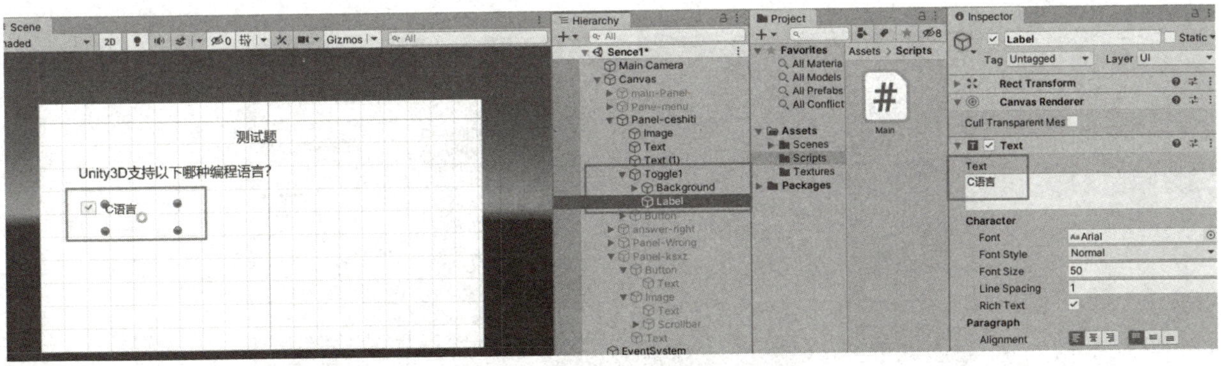

图 7.54 复选框设置

第三十五步，复制三个 Toggle，将复选框移动到合适的位置，更改文本为“python”、“C#”、“C++”。

第三十六步，右击 Panel-ceshiti 新建一个子控件 Button。将按钮移动到合适的位置，设置按钮和按钮内字体大小，输入文本 “确定”，该页面设置效果可参考图 7.55。

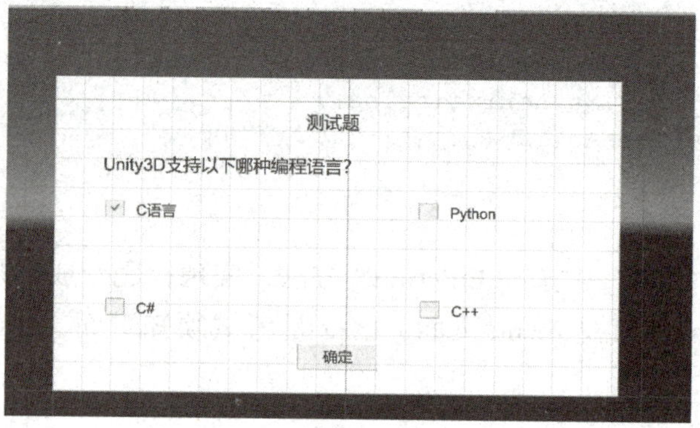

图 7.55　测试题页面效果图

第三十七步，如果是单选题，也就是每次只能选中一个复选框，就需要在 Panel 上添加一个 Toggle Group 组件。选择 Panel-ceshiti，在右侧检视面板，选择 Add Component 按钮，输入 Toggle Group 并添加，完成后如图 7.56 所示。

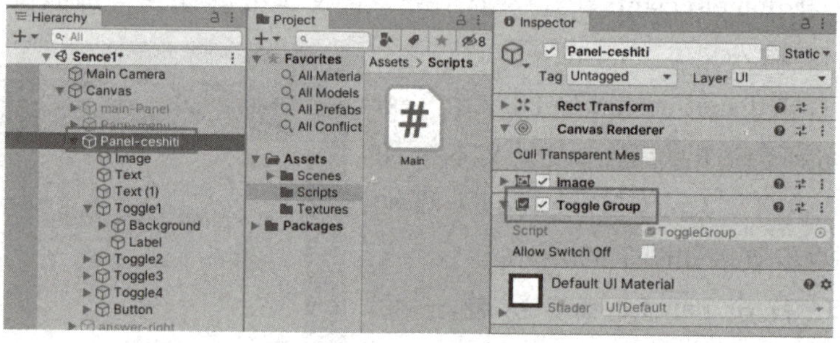

图 7.56　添加 Toggle Group

第三十八步，为每个 Toggle 设置 Group 的来源。以 Toggle1 为例，选择 Toggle1，在右侧检视面板，设置 Group 为 Panel-ceshiti(ToggleGroup)，如图 7.57 所示。这样就可以设置为单选了。Toggle2 ～ Toggle4 以同样的方法设置。

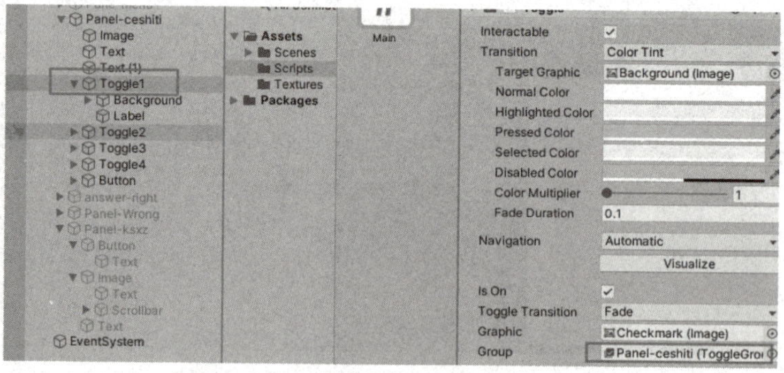

图 7.57　为 Toggle 设置 Group 来源

2．恭喜过关页面

第三十九步，隐藏 Panel-ceshiti，右击 Canvas 新建一个 Panel，将 Panel 命名为 answer-right，右击 answer-right 新建一个 Text，将文本框移动到合适的位置，设置文本框和框内字体大小，输入文本“恭喜过关”。右击 answer-right 新建一个 Button。将按钮移动到合适的位置，设置按钮和按钮内字体大小，输入文本“返回”，如图 7.58 所示。

视频
测试题模块 - 恭喜过关和回答错误页面

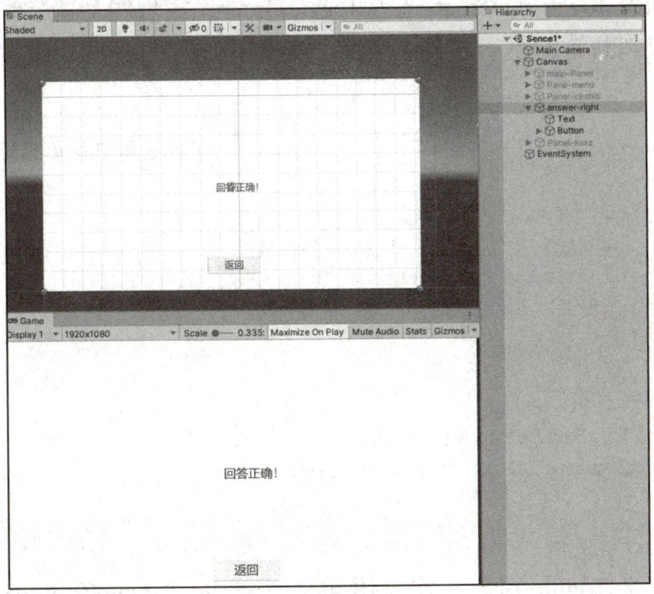

图 7.58　恭喜过关页面

3．回答错误页面

第四十步，隐藏 Panel-ceshiti，右击 Canvas 新建一个 Panel，将 Panel 命名为 answer-Wrong，右击 answer-Wrong 新建一个 Text，将文本框移动到合适的位置，设置文本框和框内字体大小，输入文本“回答错误”。右击 answer-Wrong 新建一个 Button。将按钮移动到合适的位置，设置按钮和按钮内字体大小，输入文本“确定”，如图 7.59 所示。

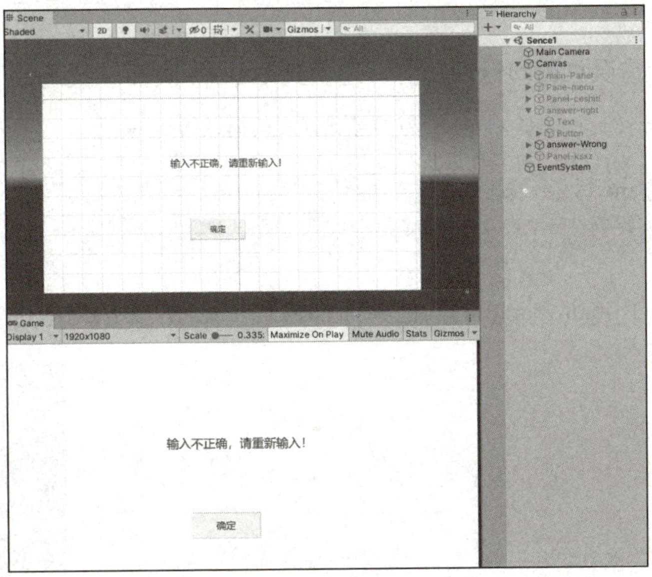

图 7.59　回答错误页面

4. 代码实现单选题判断功能

判断选择题是否回答正确，因为答案分别用了四个复选框，之前已经在 Panel-ceshiti 上添加 Toggle Group 组件，将四个 Toggle 的 Group 选为 Toggle Group，实现四个复选框一次只能选一个答案。

第四十一步，设置判断答案是否正确，正确的答案应该是 Toggle3 设置的 C#，因此在 Main.cs 中添加如下代码：

```
public void AnswerRight()                              //第一幕回答正确转场的代码
    {
        if (Toggle3.isOn == true)
        {
            ceshiti.SetActive(false);
            right_panel.SetActive(true);
        }
        else
        {
            ceshiti.SetActive(false);
            wrong2_panel.SetActive(true);
        }
  }
```

在代码之前要先定义 Toggle 对象，定义语句是“public Toggle Toggle3;”，并将对应的 Toggle 组件拖到对应的选框中，如图 7.60 所示。

选择提交按钮，将 AnswerRight() 赋给该按钮的 OnClick() 事件。

第四十二步，设置恭喜过关页面的返回功能，返回到 menu 页面，代码如下所示：

```
public void Rightfanhui()          //回答正确页面的返回代码
    {
        right_panel.SetActive(false);
        menu_panel.SetActive(true);
  }
```

第四十三步，设置错误页面的返回功能，返回到 ceshiye 页面，代码如下所示：

```
public void Wrongfanhui()          //回答错误页面的返回代码
    {
        wrong2_panel.SetActive(false);
        ceshiye.SetActive(true);
  }
```

第四十四步，将除了 main-Panel 的其他界面都隐藏（见图 7.61），运行游戏检查跳转。

图 7.60　Toggle3 变量设置

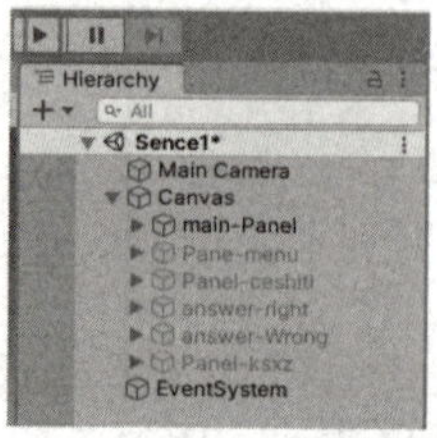

图 7.61　该项目的层次面板

小　结

Unity 的图形用户界面是一个可视化的 UGUI 系统，通过常用控件，如 Canvas、Panel、Image 等的介绍，读者基本能掌握如何创建一个游戏或虚拟现实应用的 UI 界面，特别注意的是，UI 设计重点不在这些控件的使用，而是界面形式的美感、风格以及逻辑和效率，最终要用户既得到视觉上的舒适感，又获得使用上的便捷性。

思　考

1. 什么是图形用户界面？
2. Unity 常用的控件有哪些？
3. Canvas 画布有哪几种渲染模式？区别在哪里？
4. Image 和 RawImage 两种控件有什么区别？
5. 在一个场景中创建一个 Button 和一个 Text，Text 默认内容是“红色”，单击 Button 后，Text 的文本内容变为“黄色”。

第 8 章
综合实例——传统家具制作虚拟仿真实验

相信读者通过前面章节的学习已经掌握了 Unity 开发的基本技能，本章通过 Unity 3D 开发一个传统家具制作的虚拟仿真实验，旨在加强读者对理论知识的理解和应用，未来能够利用所学技能完成实际项目的开发。通过本章的学习，读者将系统、整体地掌握 Unity 3D 游戏引擎开发虚拟仿真项目的流程和方法。

学习目标

- 对项目开发具备整体设计的意识。
- 能够将 Unity 开发中的组件、物理引擎、动画系统、UI 系统等功能根据系统需求融会贯通。
- 掌握在开发中常用的技巧和技术。

8.1 系统功能与需求分析

随着计算机技术的发展，网络给人们的生活带来了巨大的改变，尤其是现在一些网络平台给人们带来许多便捷，得到了人们的肯定。在线教育平台的推出更是受到了很多人的关注以及欢迎。当今社会对高校毕业生的实践能力要求越来越高，各种现代信息技术和优质实验资源是增强学生实践能力的重要手段。而传统的实验教学一方面存在时间、空间以及实验台套数的限制，另一方面还存在实验原理、实验周期过程等限制。虚拟仿真实验是虚拟现实技术与学科专业深度融合的产物，为学生提供具有良好沉浸感和获得感的虚拟仿真实验环境，激发学生学习兴趣，促进学生多学科、多专业知识点融会贯通的能力。

8.1.1 需求分析

本项目是要设计开发一个传统家具制作虚拟仿真实验，为了使大家更好地理解系统功能，先简单介绍传统家具的制作过程。传统家具制作一般会用到大量的工具，包括凿子、刨子、铲子、墨斗等，另外中国传统家具制作中有一项很重要的工艺——“榫卯拼接”。榫卯是木结构的建筑和家具用来连接各个模块的接头部分，其中，“榫”又称榫头，指木质接头中突出的部分，“卯”又称榫槽，指接头中凹进去的部分。榫头插入卯眼中，两块木头就会紧紧地连为一体。不用一根金属钉，就可以做到间不容发、天衣无缝，这也体现了古人的智慧。以上这些知识点在传统家具制作过程中非常重要，对工艺要求很高。在没有虚拟仿真实验前，了解该传统工艺需要花费较高的成本建设一个工作室，工作室内有各种工具和设备，在使用大型设备时，还容易发生一定的危险，有了虚拟仿真实验（见图 8.1），正好可以有效解决这些问题，降低初次使用设备的风险，同时达到教学资源共享的目的。该实验可以通过图片和动画向所有人展示工具的使用和榫卯的拼接技术，使学生在课前就可以提前预习，课后也可以及时复习巩固，同时降低了实验硬件成本。

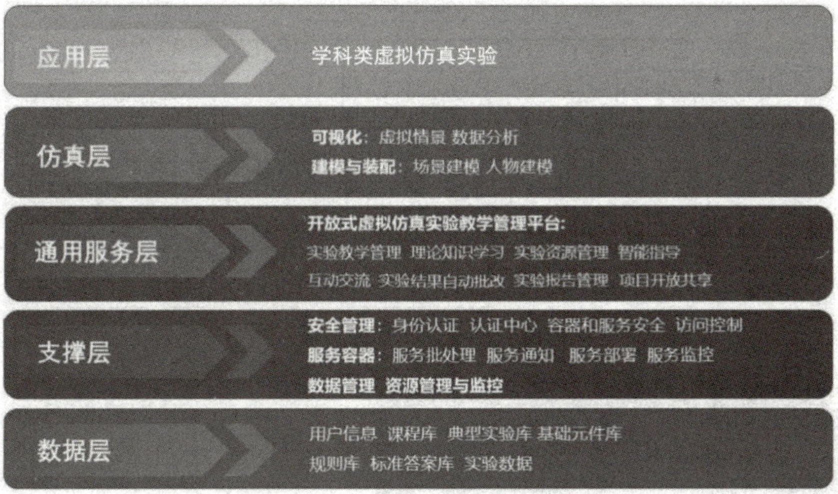

图 8.1　高校虚拟仿真实验

以上是在开始一个虚拟仿真项目之前的需求分析过程，接下来结合具体的需求，选择合适的开发工具，因为该仿真实验有三维场景和模型的显示，同时配有丰富的人机交互，所以 Unity 3D 是一个非常好的选择，另外通过三维建模软件完成场景和模型的构建，动画部分可以根据难易程度在三维建模软件或 Unity 中完成。

8.1.2　项目功能介绍

根据需求分析的结果设计项目的功能，本仿真实验主要功能是传统家具制作工具的认识和榫卯的拼接。以刨子为例，通过图片介绍、音频介绍展示传统家具制作工具。以挖烟袋锅榫拼接、楔钉榫拼接、圆柱丁字结合榫拼接、夹头榫拼接为例，通过动画的方式展示传统家具榫卯拼接技术。

打开软件，首先进行用户认证，即注册登录功能；进入实验后，分三个模块，第一个模块是第一人称视角的实验室漫游；第二个模块是工具学习，即以刨子为例，通过图片介绍、音频介绍展示传统家具制作工具；第三个模块是榫卯拼接，以挖烟袋锅榫拼接等为例，通过动画的方式展示传统家具榫卯拼接技术。待单击的工具和拼接内容都以高亮的状态显示，以提示用户该对象可以交互，项目功能架构如图 8.2 所示。

上文提到需求分析是项目开发前的思路整理，对后续实际开发工作起着决定性的作用，一般为了梳理软件功能，除了思维导图外，还可以通过原型的方式呈现软件未来完成后的主要情况。

视频
项目功能介绍

（1）运行项目后首先是实验进入界面和登录注册的界面，如图 8.3 和图 8.4 所示。登录后可以进入实验室。

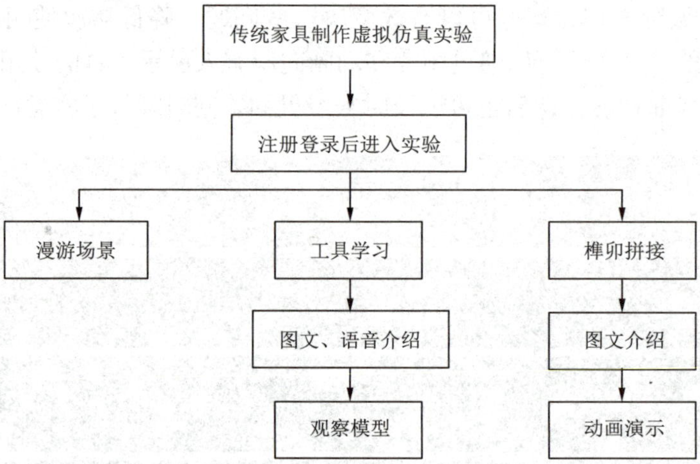

图 8.2　项目功能架构

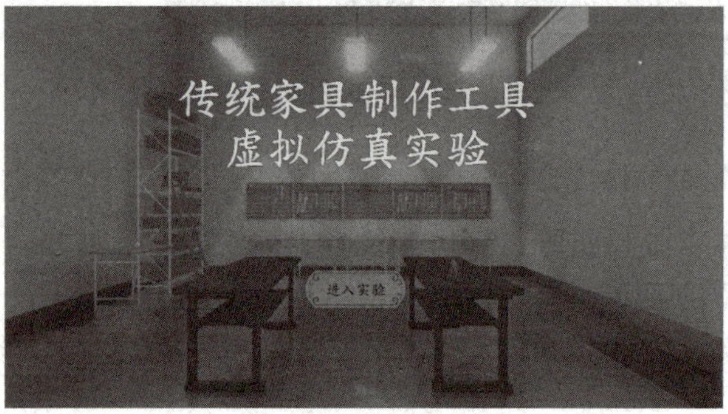

图 8.3　实验首页

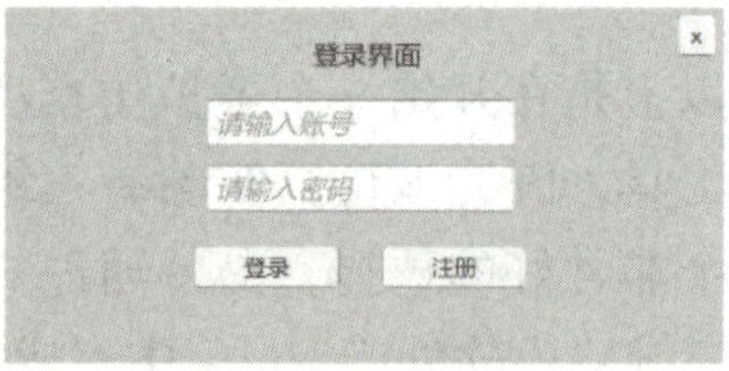

图 8.4　登录界面

（2）进入仿真实验室，以第一人称视角可以漫游场景（见图 8.5），单击主菜单界面的“帮助”按钮进入项目操作界面，如图 8.6 所示。这里简单介绍项目的一些操作方式，单击屏幕下方的返回按钮就可以“返回实验”到实验室。单击主菜单界面的“返回”按钮就会返回到实验主界面。

图 8.5　工作室漫游

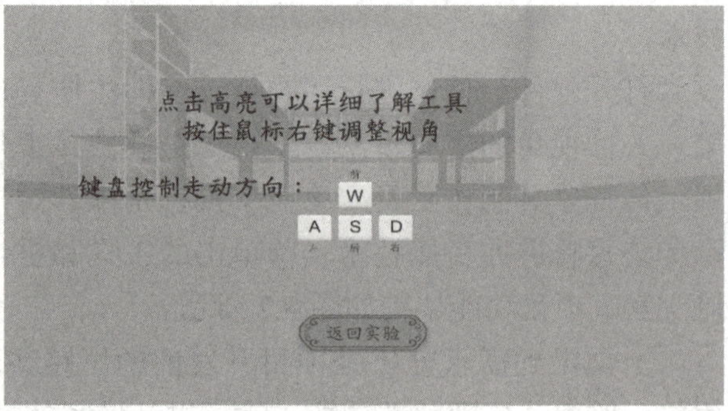

图 8.6　帮助界面

（3）单击实验室内左侧桌上呈现高亮的模型，可以进一步了解传统的拼接技术。单击“播放动画”按钮可以观看拼接动画，单击“学习下一个”按钮可以查看下一个模型，单击“返回”按钮返回实验室，如图 8.7 所示。

（4）单击实验室内右侧桌上被高亮圈出的模型，可以进一步了解工具的使用。界面左侧的弹框是对工具的介绍，可以观看也可以使用语音播放；可以通过鼠标左键拖动视角观察模型，重置按钮使模型回归初始位置，讲解按钮使弹框出现，单击返回按钮返回实验室，如图 8.8 所示。

图 8.7　高亮模型

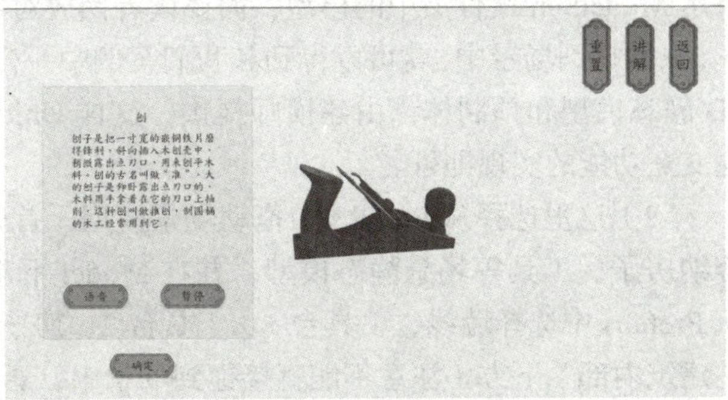

图 8.8　工具讲解界面

以上是本实验最终完成的效果，在开发前简单介绍可以帮助读者对每个模块功能的开发有一个大体的思路。

针对需求分析设计的核心模块功能，本实验的开发流程大致为：工作室场景搭建—完成工作室虚拟漫游功能—完成登录注册模块—完成榫卯拼接模块的开发—完成工具学习模块的开发—完成完整的 UI 交互跳转。下面将依照这个流程依次讲解并分析核心代码。由于本章的重点在 Unity 的交互，因此三维建模过程将不再详细阐述，主要以素材的方式提供给读者，读者可以直接将素材模型导入到场景中使用。

8.2　虚拟仿真实验开发

上一节对系统的整体功能进行了介绍，从本节开始将依次介绍项目中各个场景的开发，首先介绍的是本案例中实验场景的搭建，该场景在实验开始时呈现，可以跳转到所有界面，同时也可以在其他场景中跳转到主场景，下面将对其进行详细介绍。

8.2.1　工作室场景搭建

视频

工作室场景搭建

本实例需要多种类型的资源，包括模型、音效、UI 背景图等，这些全部放在素材包中。找到素材包第 8 章，Fonts 文件夹是字体；Materials 文件夹是材质；ModelSun 文件夹是场景、工具、榫卯的 3D 静态模型；mp3 文件夹里放的是工具介绍的语音讲解；Plug-in 文件中有两个插件，一个用于高亮，一个用于镜头渲染；Plugins 文件中是系统文件，且只能放在该文件夹中，虽然文件名和 Plug-in 类似，但是 Plug-in 这个文件名是可以修改的，修改后不影响使用，Plugins 中的文件只能放在名为 Plugins 的文件夹中；Prefabs 文件里是各种 3D 模型的预制体；Textures 文件夹是贴图；UI 文件夹放的是提前设计好的 UI 图标，素材包内文件夹如图 8.9 所示。

（1）新建一个项目，给自动打开的场景重命名为“工作室”。将素材包中的文件夹全部复制到新建的项目 Assets 文件夹中。素材包中的 ModelSun 文件夹，该文件夹中全是榫卯的模型，并分为三种不同类型，分别是“工作室静态物体”“工具”“榫卯动态”，这些都是从 3ds Max 软件建模后直接导入到 Unity 中的静态模型，读者可以依次将这些模型拖入场景面板，构建自己的工作室，也可以直接使用 Prefabs 文件夹中的预制体，这是提前准备好的已经带有模型位置信息的预制体。如果用 ModelSun 文件夹中的模型，需要读者摆放对象的位置；如果直接使用 Prefabs 文件夹中的预制体，只需拖到场景中，就可以得到和我们案例中一样的场景，不会有位置偏差。在实际项目开发时，3D 静态模型和预制体都由建模师提供，这样 Unity 工程师就不需要考虑环境的搭建，只要重点关注交互功能的实现即可。

（2）这里选择从 Prefabs 中拖动场景模型。首先在层次面板新建一个名为 Model 的空物体用来容纳房子、工具等场景静态模型，并在 Model 下新建“建筑内部”和“工具设备”两个空物体，从 Prefabs 中选择墙线、工具台 1、工具台 2、房子、架子、桌子 2、灯、门框并依次拖入层次面板“建筑内部”下方（注意不能直接拖到场景中，否则无法按照之前预制体的位置信息布置场景）。

（3）从 Prefabs 中找到“刨”，并拖入层次面板“工具设备”下方。

（4）在层次面板中添加一个空物体，并命名为 Lights，将默认的 Directional Light 放入其中，并调整 Directional Light 的值，使整个房间光线较为明亮，可设为 Rotation X=38，Y=-148，Z=-144。设置完成后，选择 light 进行灯光烘焙，烘焙完成后设置将 Shadow Type 设为 Soft Shadows，Indirect Multiplier 设为 1（见图 8.10），此时可以查看光照效果，如果不合适，还可以进行微调。

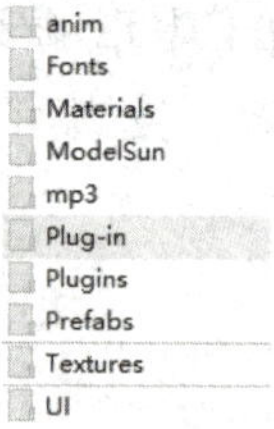

图 8.9　素材说明

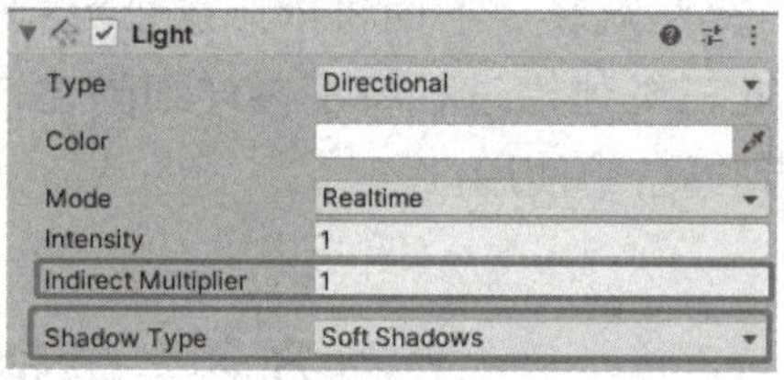

图 8.10　灯光设置

（5）添加镜头特效。在项目面板空白处右击，选择 Creat → Post-Processing Profile 命令（见图 8.11），命名为“工作室 Post-Processing Profile”。

（6）在层次面板找到 Main Camera，单击右侧下方 Add Component 按钮，输入 post，在弹出的若干选项中，选择 Post-Processing Behaviour，并将上一步新建的“工作室 Post-Processing Profile”拖动至 Profile 中（见图 8.12）。

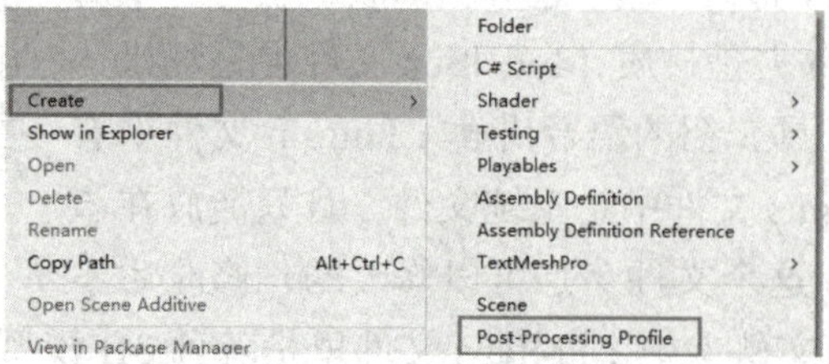

图 8.11　创建镜头特效

图 8.12　添加镜头特效

（7）选择项目面板上的“工作室 Post-Processing Profile”，进入参数设置，默认的第一个选项 Fog 已经被勾选，现在勾选第二个 Antialia sing（抗锯齿）、第三个 Ambient Occlusion（阴影）、第四个 Screen Space Reflection（反射）、第八个 Bloom（辉光）以及第九个 Color Grading（色彩渐变）复选框。并进入 Color Grading，设置 Post Exposure 的值为 3.5，以上参数，每打开一个都可以仔细观察效果，体会场景灯光的变化，除了 Post Exposure 的值变化之后改变比较大以外，其他参数值的改变影响都很细微，需要仔细观察。读者也可以试试改变其他的参数值，观察场景的变化。

（8）从 Prefabs 文件夹中将挖烟袋锅榫、楔钉榫、圆柱丁字结合榫、夹头榫四个对象拖动至层次面板中，确认 Prefabs 文件夹中的刨拖动至工具设备中。至此，场景的初步设置已经完成，也可以加入其他的灯光，或者反射探头，使场景细节更加丰富，更加逼真，初步完成的效果如图 8.13 所示，层次面板如图 8.14 所示。

图 8.13　场景搭建效果

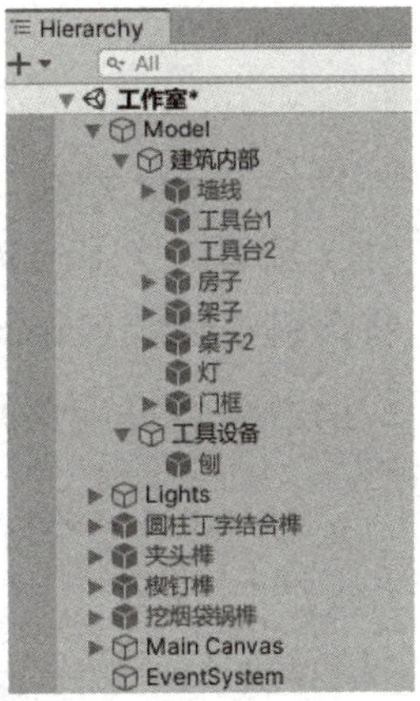

图 8.14　层次面板

（9）给该场景添加一个 Main Canvas，右上角是帮助和返回按钮，单击“帮助”按钮会弹出一个帮助页面（见图 8.15），所以要在 Main Canvas 里添加一个帮助页面，可以用 panel 去容纳帮助页面的 UI 控件。

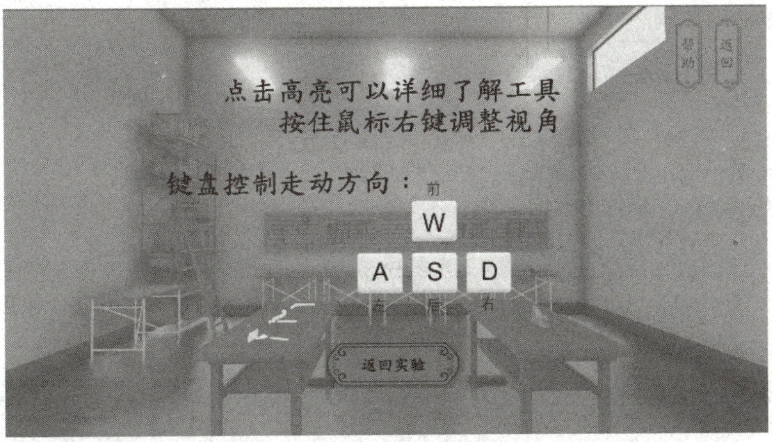

图 8.15　帮助页面

8.2.2　工作室场景漫游

工作室场景布置完成后，参考 6.5.2 节中第一人称设置的方法，开始添加第一人称的漫游功能。

（1）创建一个 Capsule 命名为 Player，将场景中原 Main Camera 改名为 Device Camera，并在场景面板中，将摄像头挂在 Capsule 正上方，而在层次面板中，摄像头在 Player 的子层级，如图 8.16 所示。

视频
工作室场景漫游

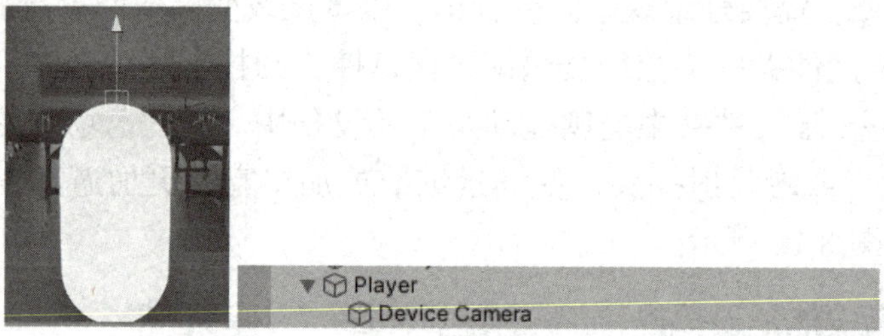

图 8.16　第一人称设置

（2）给 Player 添加一个刚体，并取消重力效果。

（3）新建一个 Scripts 文件夹和一个 PlayerControl1.cs 脚本，该脚本用来设置摄像头的水平移动，将该脚本赋给 Player。

```
    public class PlayerControl1 : MonoBehaviour
    {
        [Header("旋转参数")]
        public float rotateSpeed = 1;
        [Header("移动参数")]
        public float moveSpeed = 0.5f;
        void Start()
        {
        }
        void Update()
        {
            CameraRotate(Input.GetAxis("Mouse X"), Input.GetAxis("Mouse Y"));
            Move();
        }
        private void Move()//玩家移动
        {
            float H = Input.GetAxis("Horizontal");
            float V = Input.GetAxis("Vertical");
            if (H != 0 || V != 0)
            {
                    transform.Translate(new Vector3(H, 0, V) * Time.deltaTime * 
moveSpeed, Space.Self);  // Vector3( )中的参数值和每个人摄像头设置的位置有关
            }
        }
        public void CameraRotate(float _mouseX, float _mouseY) //玩家水平旋转
        {
            if (Input.GetMouseButton(1))
            {
                //控制相机绕中心点(centerPoint)水平旋转
                this.transform.RotateAround(this.transform.position, Vector3.up, _
mouseX * rotateSpeed);
```

```
            }
        }
    }
```

（4）新建一个 CameraRotation.cs 脚本，该脚本用来设置摄像头的旋转，将该脚本赋给 Device Camera。

```
public class CameraRotation : MonoBehaviour
{
    [Header("旋转参数")]
    public float rotateSpeed = 1;
    public float angle = 0;
    public float maxRotAngle = 45;
    public float minRotAngle = 0;
    private void Update()
    {
        CameraRotate(Input.GetAxis("Mouse X"), Input.GetAxis("Mouse Y"));
        if (Input.GetKeyDown(KeyCode.LeftControl))
        {
            gameObject.transform.position = new Vector3(gameObject.transform.
position.x, gameObject.transform.position.y - 2, gameObject.transform.position.z);
        }
        if (Input.GetKeyUp(KeyCode.LeftControl))
        {
            gameObject.transform.position = new Vector3(gameObject.transform.
position.x, gameObject.transform.position.y + 2, gameObject.transform.position.z);
        }
    }
    public void CameraRotate(float _mouseX, float _mouseY)
    {
        if (Input.GetMouseButton(1))
        {
            //记录相机绕中心点垂直旋转的总角度
            angle += _mouseY * rotateSpeed;
            if (angle > maxRotAngle)
            {
                angle = maxRotAngle + 1;
                return;
            }
            else if (angle < minRotAngle)
            {
                angle = minRotAngle - 1;
                return;
            }
            //控制相机绕中心点垂直旋转(! 注意此处的旋转轴时相机自身的x轴正方向! )
            Camera.main.transform.RotateAround(Camera.main.transform.position,
Camera.main.transform.right, _mouseY * -rotateSpeed);
        }
    }
}
```

（5）依次打开 Project → Plug-in → HighlightingSystem → Scripts 文件，找到 HighlightingEffect.cs，将其赋给 Device Camera，这是给摄像机挂载高亮插件。

（6）在 Scene 面板找到“挖烟袋锅榫”，并参照第（5）步，找到高亮插件组的另外两个代码 HighLightControl.cs 和 HighlightableObject.cs，将两个代码全部赋给挖烟袋锅榫。

（7）参照上一步，找到“刨”，再次将两个高亮脚本赋给刨。

运行场景，场景中的挖烟袋锅榫和刨均呈高亮显示，在场景中单击 W、A、S、D 按钮可以前后左右漫游，单击可以旋转视角。

8.2.3 登录注册功能

视频

登录注册功能

1．新建首页

（1）新建一个场景名为“登录”的场景。在场景面板中选择 2D 模式，在层次面板中右击，在 UI 选择栏中新建一个 Canvas，命名为 MainCanvas。右击 MainCanvas 新建一个 Panel，命名为 BG，给 BG 的 image 设置为提供的素材包中 UI 文件夹中名称为“1”的图片“1.jpg”，调节 Color 的 Alpha 值为 200，这样背景有一些透明效果。

（2）右击 BG，新建一个 Text，在 Text 中输入“传统家具制作工具虚拟仿真实验”，字体样式可选用素材包中的字体，大小设置为 120，字体居中，效果也可以自行设置。

（3）右击 BG,新建一个 Button,在 Source Image 选择框中选择 UI 素材文件夹中的“Button1”，设置按钮的 Text 文本为“进入实验”，大小自行调节。最终该页面的效果如图 8.17 所示。

图 8.17　实验首页完成效果

2．新建注册登录页面

隐藏 BG，开始新建注册登录页面。

（1）右击 MainCanvas 新建一个 Panel，该 Panel 与 BG 平级，修改名称为 Login。

（2）在 Login 下新建一个 LoginPanel，该面板包括以下几个控件：

① 1 个 Text 控件：显示文字为“登录界面”。

② 2 个 InputField 控件：用于输入账号和密码。

③ 3 个 Button 控件：一个用于登录，一个用于跳转到注册页面，另一个位于右上角，用于退

回到首页。新建三个 Button 控件后，分别修改 Text 文本的内容，右上角的退出按钮，只要将文本输入为“×”即可。

（3）在 Login 下新建一个 RegistPanel，为了简单化，功能和 LoginPanel 类似，因此可以直接将 LoginPanel 复制，只需要修改几个 Text 即可。设计完成后的效果如图 8.18 和图 8.19 所示。

图 8.18　登录界面

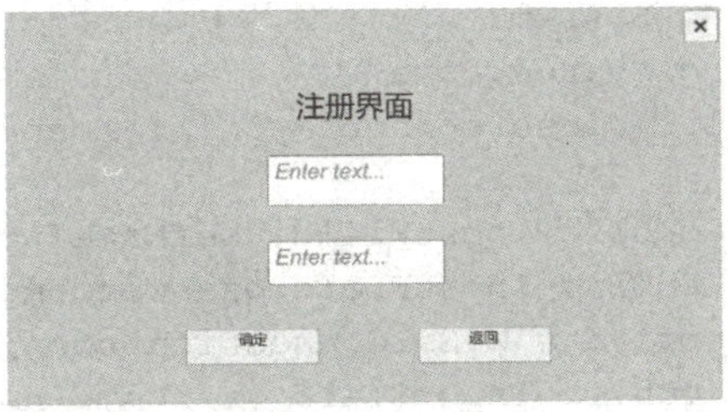

图 8.19　注册界面

3. 数据库的配置

在完成了场景的制作后，完成用户注册、登录模块的开发，这就需要用到数据库。本案例采用的是 MySQL 5.7。另外需要强调的是，目前我们开发的是本地数据库，也就是说无法被外网访问，大家如果没有在自己的计算机上按照以下要求完成数据库、数据库表的新建，是无法直接运行该注册登录功能的，必须要按照步骤配置好数据库的环境才可以看到运行效果。

具体方法如下：

（1）在 MySQL Workbench 中建立对应的 user 表，并设置对应的主键为 account，该主键是用户的账号，也就是唯一账号，再设置候选键为 password，该键为密码。设置完成后，就可以通过 Unity 代码对 MySQL 进行增、删、改、查，创建数据库表如图 8.20 所示。

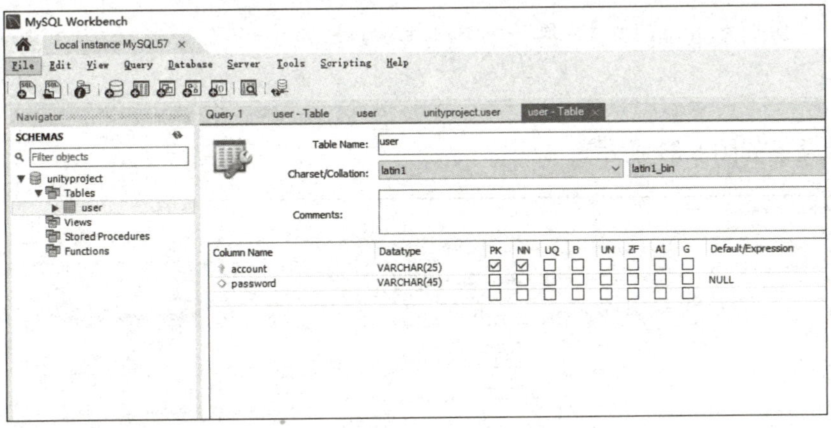

图 8.20　创建数据库表

（2）Unity 为了应用 MySQL 中的方法，需要用到 mysql.data.dll，该 dll 文件需要到官网下载对应的版本（本案例素材包中已提供），并且需要 I18N.West.dll、I18N.MidEast.dll、I18N.CJK.dll、I18N.dll，这几个 dll 是 Unity 自带的，在 Unity 的安装目录下即可获取。本案例的素材包中有一个 Plugins 的文件夹，这几个 .dll 文件都已经放在该文件夹中。

（3）数据库环境安装成功后，在 Unity 中新建一个 Scripts 文件夹，在该文件夹中新建一个

connectMySql.cs 脚本，该脚本中专门用来完成 Unity 和数据库之间的连接，核心代码如下：

```
using UnityEngine;
using UnityEngine.SceneManagement;
using UnityEngine.UI;
using MySql.Data.MySqlClient;
using System;
using System.Data;
public class connectMySql : MonoBehaviour
{
    public InputField userNameInput;//登录账号
    public InputField passwordInput;//登录密码
    private MySqlConnection coon;
    public InputField userNameInput_Regist;//注册账号
    public InputField passwordInput_Regist;//注册密码
void Start()
    {
        string connectStr =
"server=127.0.0.1;port=3306;database=unityproject;user=root;password=admin";//
一般数据端口是3306，这里user和password要根据自己mysql的用户名、密码来设置。本案例中用的数据库
管理系统的用户名是user，密码是admin（见图8.21）。
        coon = new MySqlConnection(connectStr);//和数据库建立连接
        try
        {
            coon.Open();
            Debug.Log("成功连接");
        }
        catch (Exception e)
        {
            Debug.Log("连接失败"+e.ToString());
        }
}
```

数据库账号设置如图 8.21 所示。

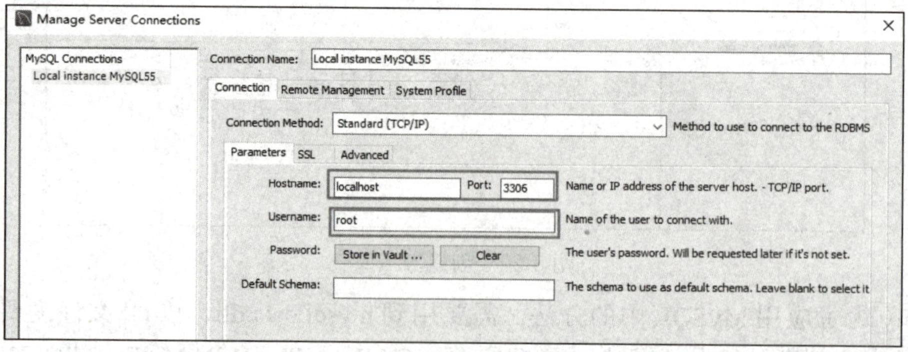

图 8.21　数据库账号设置

数据查询和插入的语句如下：

```
public DataSet select1(string tableName, string items,string[] whereColumnName,
```

```
string[] operation, string[] value)
        {
            if (whereColumnName.Length != operation.Length || operation.Length !=
value.Length)
            {
                throw new Exception("输入不正确: " + "要查询的条件、条件操作符、条件值的数
量不一致! ");
            }
            string query ="";
            //select * FROM unityproject.user  where 条件 and 条件
               query += " Select * FROM" + tableName+"."+ items + " WHERE " +
whereColumnName[0] + " " + operation[0] + " '" + value[0] + "'"; //注意where前后是有
空格的
            for (int i = 1; i < whereColumnName.Length; i++)
            {
               query += " and " + whereColumnName[i] + " " + operation[i] + " '" +
value[i] + "'";
            }
           Debug.Log(query);
           return QuerySet(query);
    }
    public DataSet Insert(string tableName, string items, string[] whereColumnName,
string[] value)
        {
            if (whereColumnName.Length != value.Length)
            {
                throw new Exception("输入不正确: " + "要查询的条件、条件值的数量不一致! ");
            }
            string query = "Insert Into " + tableName + "." + items + " value";
            if (whereColumnName.Length == 1)//账号密码为2
            {
                query +="(" + value[0]+")";
            }
            else
            {
                query += "(";
                for (int j = 0; j < value.Length; j++)
                {
                    if (j != value.Length - 1)
                    {
                        query = query + "'" + value[j] + "'" + ",";
                    }
                    else
                    {
                        query = query + "'" + value[j] + "'";
                    }
                }
                query += ");";
            }
            Debug.Log(query);
```

```
            return QuerySet(query);
    }
    private DataSet QuerySet(string sqlString) //执行mysql语句
        {

            DataSet ds = new DataSet();
            try
            {
                   MySqlDataAdapter mySqlAdapter = new MySqlDataAdapter(sqlString,
coon);
                mySqlAdapter.Fill(ds);
                Debug.Log("执行成功");
            }
            catch (Exception e)
            {
                    throw new Exception("SQL:" + sqlString + "/n" + e.Message.
ToString());
            }
            finally
            {
            }
            return ds;
        }
    }
```

（4）将 connectMySql.cs 脚本赋给登录场景中的 Main Camera，并将命名的变量一一赋值，如图 8.22 所示。

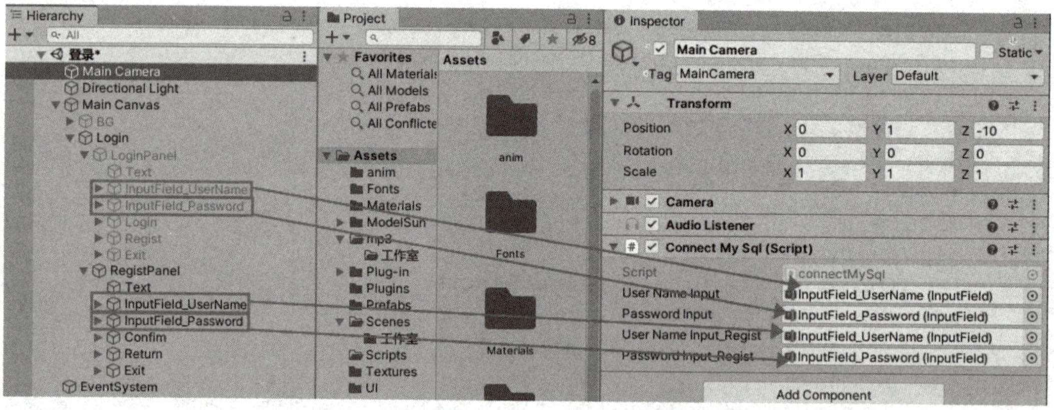

图 8.22　脚本中的变量设置

4．注册功能

（1）在 connectMySql.cs 脚本中新增一个注册的方法，核心代码如下：

```
public void RegistPanel()
    {
```

```
            DataSet ds = select1("unityproject", "user", new string[] { "`" +
"account" + "`" }, new string[] { "=" }, new string[] { userNameInput_Regist.text
});//这里的unityproject和user是各自在mysql中建的数据库名称和表的名称，如果和本案例不一致，代
码需要对应调整
          if (ds != null)
          {
              DataTable table = ds.Tables[0];
              if (table.Rows.Count > 0)
              {
                  Debug.Log("有了！ ");
              }
              else
              {
                  Debug.Log("还没有！ ");
                       ds = Insert("unityproject", "user", new string[] { "`" +
"account" + "`", "`" + "password" + "`" }, new string[] { userNameInput_Regist.
text, passwordInput_Regist.text });
              }
          }
      }
```

（2）在层次面板，找到 RegistPanel，选择“确定”按钮，给该按钮添加 Regist 的方法，如图 8.23 所示。

图 8.23　给“注册”按钮挂载方法

5. 登录功能

（1）在 connectMySql.cs 脚本中新增一个登录的方法，核心代码如下：

```
   public void Login()
      {
            DataSet ds = select1("unityproject", "user", new string[] { "`" +
"account" + "`", "`" + "password" + "`" }, new string[] { "=", "=" }, new string[]
{ userNameInput.text, passwordInput.text });
          if (ds != null)
          {
              DataTable table = ds.Tables[0];//将DataSet的第一张表赋值给DataTable
              if (table.Rows.Count > 0)
              {
                  Debug.Log(table.Rows.Count);
                  Debug.Log("登录成功！ ");
                  SceneManager.LoadScene("工作室");
              }
              else
              {
                  Debug.Log("登录失败！ ");
              }
          }
      }
```

（2）在层次面板，找到 LoginPanel，选择“登录”按钮，给该按钮添加 login 的方法，如图 8.24 所示。

代码行中“SceneManager.LoadScene(" 工作室 ");”是场景跳转语句，“工作室”就是之前新建的三维场景。

图 8.24　给“登录”按钮挂载方法

6．其他功能

（1）首页是注册和登录页面的跳转。这里需要给首页的“进入实验”按钮加上场景跳转命令。可以新建一个脚本，在其中以 SetActive 的方式指定页面在何种情况下显示，也可以使用下面的方式。

直接选择“进入实验”按钮，在检视面板，找到 Button 组件，在 On Click 处选择下个跳转页面 login，在方法处选择对象 GameObject，选择方法 SetActive()，因为 SetActive() 的返回值是 True 或 False，因此当选择 SetActive() 时会有个复选框，勾选复选框表示 SetActive() 的参数值为 True，不勾选复选框表示 SetActive() 的参数值为 False，这里因为是单击“进入实验”按钮后跳转到 login 页面，所以应当勾选复选框，如图 8.25 所示。（因为该步骤与前面的操作息息相关，如果在前面设置有不同之处，这里谨慎起见，可以将 BG、LoginPanel 和 RegistPanel 三个面板分别设置好显示的状态，确保可以交互成功）。

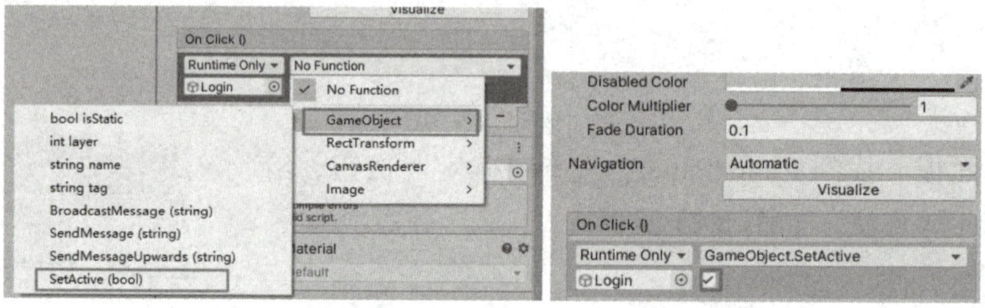

图 8.25　“进入实验”按钮设置

（2）登录页面的“注册”按钮跳转功能。和上一步一样，不用新建脚本，直接选择登录页面的“注册”按钮，在右侧 Button 组件上直接设置即可。在登录页面单击“注册”按钮，是要跳转到注册页面，也就是要显示注册页面，要隐藏登录页面。因此要设置两个页面的显示与隐藏，设置如图 8.26 所示。（在 Unity 的层级面板中，层级在下的会遮挡住层级在上的 UI 视图，需要调整面板的顺序。）

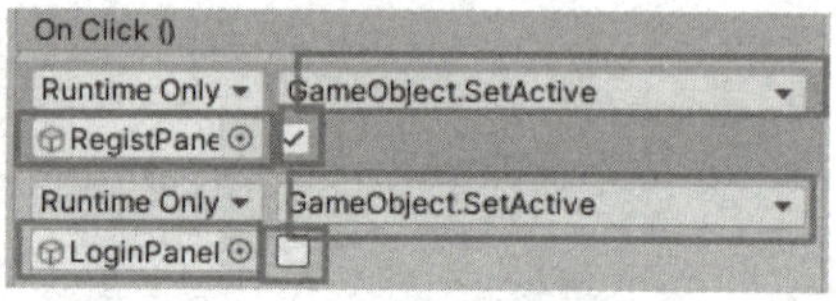

图 8.26　“注册”按钮设置

（3）登录页面右上角“退出”按钮的跳转。按照上述方法，在 Button 右侧 On Click() 进行设置，设置 Login 面板隐藏，因为在层次面板默认状态是 BG 面板（首页）是显示的，其他都是隐藏的，因此当单击“退出”按钮，Login 隐藏后，自然就可以显示首页了，“退出”按钮的设置如图 8.27 所示。

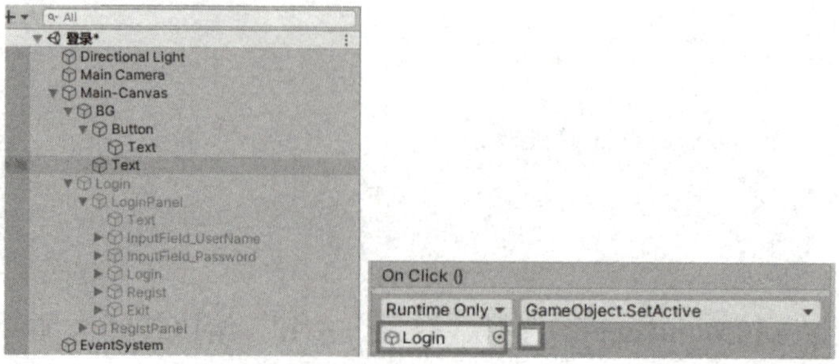

图 8.27　登录界面“退出”按钮设置

（4）注册页面的“返回”按钮跳转。在“返回”按钮的 Button 组件中，设置 On Click() 的值。这里的返回是返回到登录页面，因此需要当前注册页面隐藏，登录页面显示，因此复选框的勾选情况如图 8.28 所示。

（5）注册页面右上角的“退出”按钮的跳转。注册页面的退出比登录界面的退出复杂，原因是不但要设置当前的页面隐藏、背景页面显示，同时由于此时的 Login panel 是隐藏的，RegistPanel 是显示的，这样在运行时，会从“进入实验”直接跳转到 RegistPanel，逻辑发生错误了，所以要在此时还原 Login panel 显示、RegistPanel 隐藏的初始状态，注册界面“退出”按钮设置如图 8.29 所示。

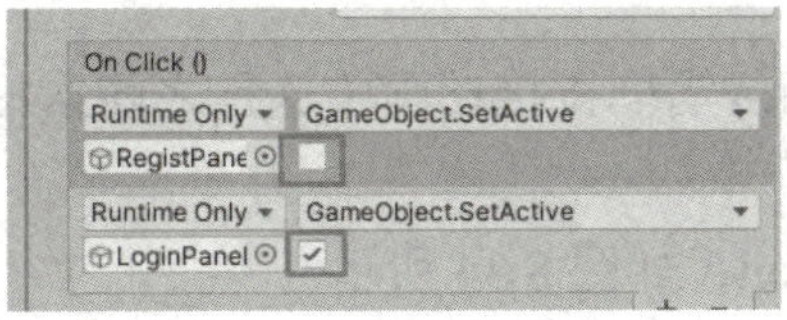

图 8.28　“返回”按钮设置

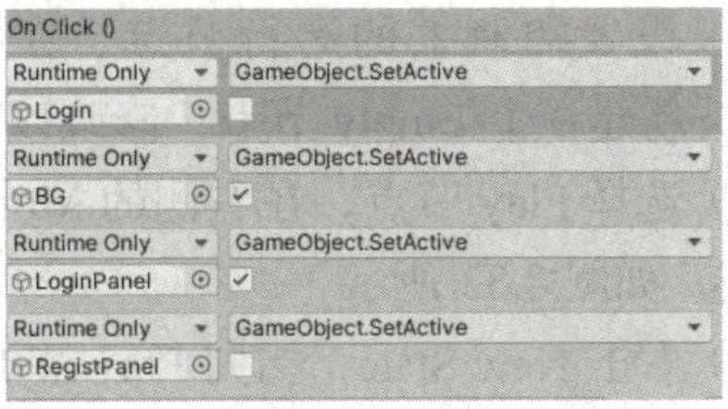

图 8.29　注册界面“退出”按钮设置

这样，该案例的登录注册功能已全部完成，大家可以试一试是否可以注册、登录、跳转，而且在 Unity 中注册到本地数据库的数据，在 MySQL 中也是可以看到新增的。

视频

榫卯拼接模块

8.2.4　榫卯拼接模块

榫卯拼接模块，将通过单击工作室左侧桌子上的高亮物体，跳转进入该模块，因此可以新建一个榫卯拼接的场景。

（1）新建一个场景，命名为“榫卯学习”。在项目面板中将挖烟袋锅榫、楔钉榫、圆柱丁字结合榫和夹头榫，这四个 Prefabs 拖到层次面板中。四个预制体可以互相重叠，方便后期显示。

（2）调整 Main Camera 的视角，使之在游戏面板正好平视，可以设置 Main Camara 的 Clear Flags 为 Solid Color，背景色为白色，这样游戏面板就是纯白色的背景。

（3）在场景中新建一个 Canvas，该 Canvas 上有一个 Text 文本、三个 Button，分别是 Play Button，用来播放动画；Next Button，用来播放下一个榫卯；Return Button，用于返回工作室场景。场景面板和游戏面板如图 8.30 和图 8.31 所示。

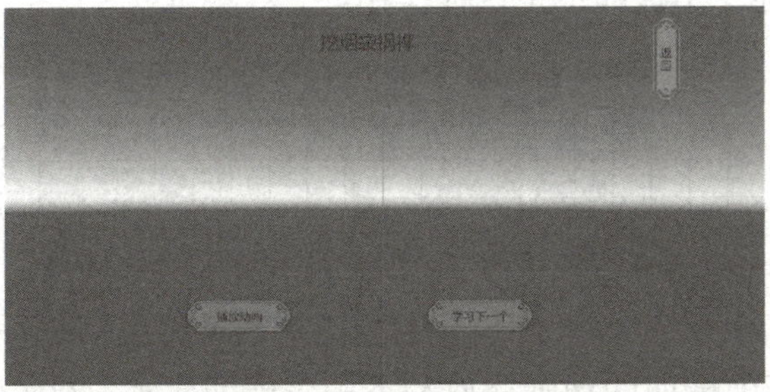

图 8.30　Scene 面板显示

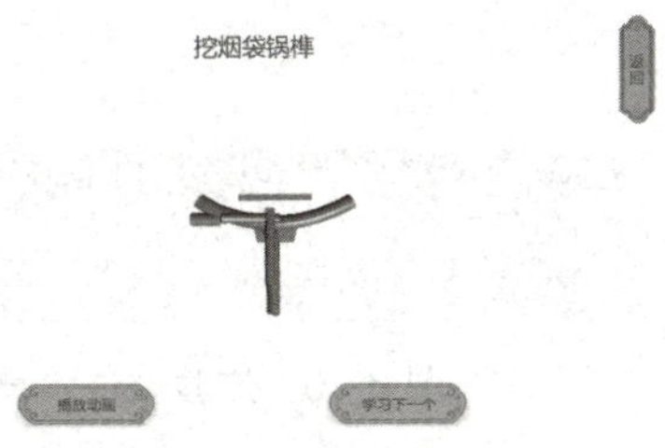

图 8.31　Game 面板显示

（4）制作拼接动画。以挖烟袋锅榫的拼接动画为例。在 Assets 文件夹中新建一个 anim 文件夹，用来存储动画文件。选择 anim 文件夹，新建一个动画控制器，并命名为“挖烟袋锅榫 Animator

Controller”，双击该控制器，首先定义一个 Play 的逻辑型参数，用来在代码中控制动画的播放，如图 8.32 所示。

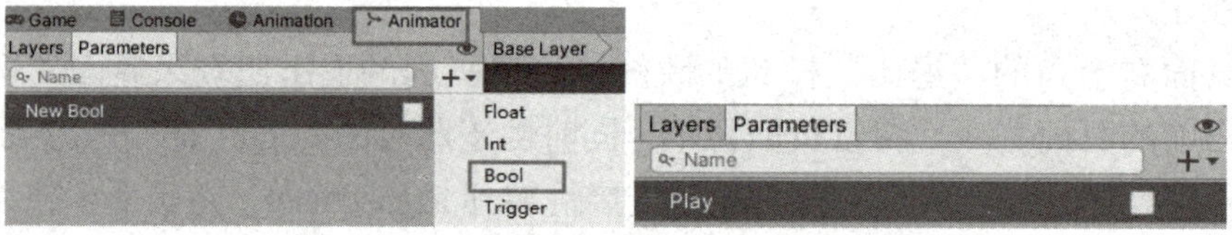

图 8.32　设置变量

（5）设置控制器的运行节点。在控制器面板右击新建一个 Empty 节点，默认名称为 New State；再新建一个 Empty 节点，修改该节点名称为 Play。

（6）选择 Play 节点，在右侧的 Motion 中选择对应挖烟袋锅榫拼接动画（这是之前素材中已经提供的），如图 8.33 所示。

（7）右击 New State，指向 Play 节点创建 Make Transition，如图 8.34 所示。

图 8.33　设置动画参数

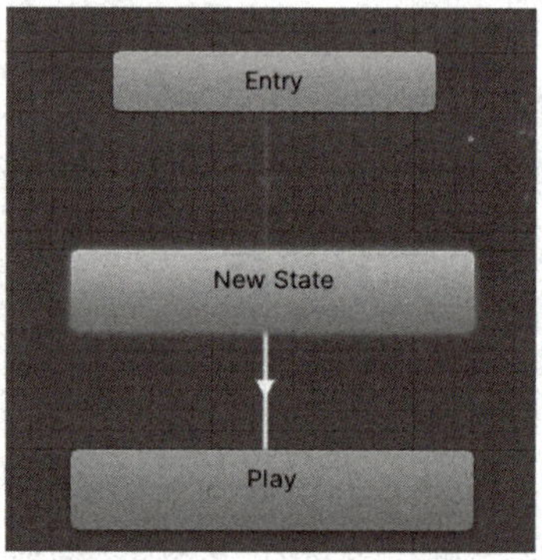

图 8.34　状态机设置

（8）单击连接线，进入条件设置，设置 Play 为 true 的时候，播放动画。设置效果如图 8.35 所示。

（9）按照第（4）步～第（7）步，完成其余三个榫卯的拼接动画。

（10）为场景中的四个榫卯，分别添加动画控制器组件，仍然以挖烟袋锅榫为例。在层次面板选择挖烟袋锅榫，单击 Add Component 按钮，添加 Animator 组件，并将对应的挖烟袋锅榫控制器赋给 Controller，其他参数不变（见图 8.36）。其他三个榫卯也是这样操作。

图 8.35　过渡条件设置

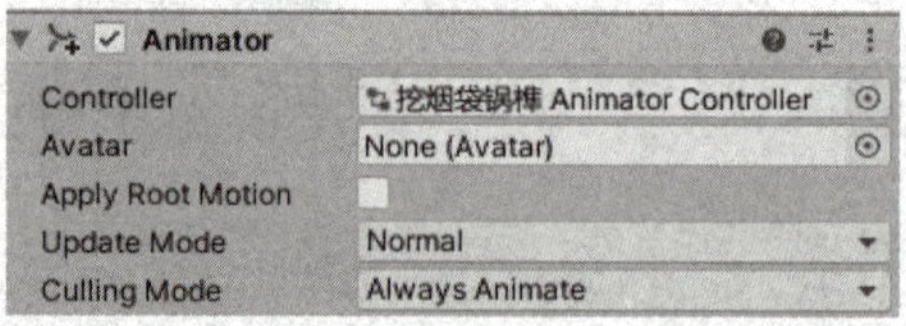

图 8.36　控制器参数设置

（11）新建一个脚本 SunMou.cs，用于控制当前榫卯的动画播放和下一个榫卯显示。核心代码如下：

```
using UnityEngine;
using UnityEngine.UI;
```

```
using UnityEngine.SceneManagement;
public class SunMou : MonoBehaviour
{
    public Text name1;
    public GameObject[] sunmou1;
    void Start()
    {
        Debug.Log(sunmou1.Length);
        name1.text = "挖烟袋锅榫";
        for (int i=0;i< sunmou1.Length;i++)
        {
            sunmou1[i].SetActive(false);
        }
        sunmou1[0].SetActive(true);
    }
    void Update()
    {
    }
    int count = 0;
    public void next()
    {
        if (count< 3)
        {
            sunmou1[count].SetActive(false);
            count++;
            sunmou1[count].SetActive(true);
            name1.text = sunmou1[count].name;
        }
        else
        {
            SceneManager.LoadScene("工作室");
        }
    }
    public void playani()
    {
        for (int i = 0; i < sunmou1.Length; i++)
        {
            if (sunmou1[i].activeSelf==true)
            {
                sunmou1[i].GetComponent<Animator>().SetBool("Play",true);
            }
        }
    }
}
```

（12）将 SunMou.cs 赋给 Canvas，将 Canvas 中的 Text 控件赋值给变量 Name1。因为有多个榫卯，所以通过数组的方式依次展示，在数量 Size 处设为 4，并依次将挖烟袋锅榫、楔钉榫、圆柱丁字结合榫和夹头榫分别赋给 Element0 ～ Element4。

（13）选择 Play Button，在右侧 Button 组件中设置 On Click() 的值，对象是 Canvas，指向

SunMou.cs 脚本的 playani() 方法，设置完以后运行场景，此时，应该可以播放当前榫卯的拼接动画。

（14）选择 Next Button，在右侧 Button 组件中设置 On Click() 的值，对象是 Canvas，指向 SunMou.cs 脚本的 next() 方法，设置完以后运行场景，此时，“学习下一个”按钮应该可以使用。

（15）为了增加与榫卯的交互，按住鼠标左键可以旋转榫卯；按住鼠标右键，可以移动榫卯。新增 MouseDrag.cs，核心代码如下：

```
using System;
using System.Collections;
using System.Collections.Generic;
using UnityEngine;
public class MouseDrag : MonoBehaviour
{
    public Camera cam;
    public float moveOffest = 80;
    Vector2 currentMousePos;
    public float rotateSpeed = 200;
    public float moveDamp = 0.1f;
    void Start()
    {
    }
    void Update()
    {
        if (Input.GetMouseButtonDown(1))
        {
            currentMousePos = Input.mousePosition;
        }
        if (Input.GetMouseButton(1))
        {
            float offest_x = currentMousePos.x - Input.mousePosition.x;
            float offest_y = currentMousePos.y - Input.mousePosition.y;
            currentMousePos = Input.mousePosition;
                float FieldOfView = Camera.main.GetComponent<Camera>().
orthographicSize;//如果摄像机的Size值改变，需要调节偏移量，不然移动效果变差，5是此值的默认值
                cam.transform.Translate(new Vector3(offest_x / moveOffest *
FieldOfView / 5, offest_y / moveOffest * FieldOfView / 5, 0));
        }
        //缩放
        if (Input.GetAxis("Mouse ScrollWheel") != 0)
        {
                Camera.main.GetComponent<Camera>().orthographicSize += Input.
GetAxis("Mouse ScrollWheel") * 3;
        }
        //旋转
        if (Input.GetMouseButton(0) )
        {
            //获得鼠标当前位置的X和Y
            float mouseX = Input.GetAxis("Mouse X") * rotateSpeed;
            float mouseY = Input.GetAxis("Mouse Y") * rotateSpeed;
```

```
            cam.transform.RotateAround(gameObject.transform.position, Vector3.
up, mouseX * moveDamp);
              cam.transform.RotateAround(gameObject.transform.position, -cam.
transform.right, mouseY * moveDamp * 0.8f);
            }
        }
    }
}
```

（16）将 MouseDrag.cs 分别赋给四个榫卯，并将场景中的 Main Camera 拖到变量 Cam 处，如图 8.37 所示。

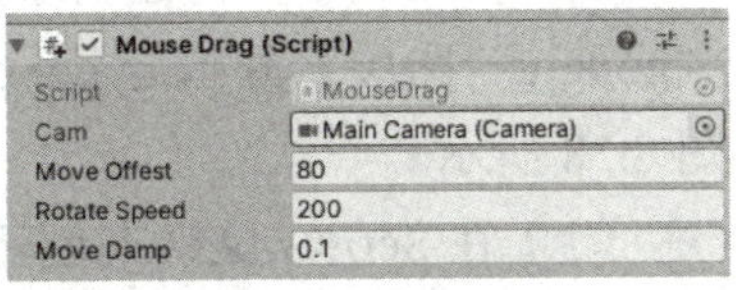

图 8.37　脚本赋值

（17）在 SunMou.cs 中添加一个返回按钮的功能，并将该方法赋给 Canvas 下的 Return-Button，代码如下：

```
    public void fanhui()
    {
        SceneManager.LoadScene("工作室");
    }
```

（18）为了能够顺利返回，需要将工作室场景和榫卯学习场景加入编译设置中。方法是选择 File → Build Settings 命令，分别打开工作室场景和榫卯学习场景，单击 Add Open Scenes 按钮，完成后在榫卯学习场景，单击“返回”按钮，就可以顺利跳转回工作室了。

8.2.5　工具学习模块

传统家具制作的工具很多，本实例以一个工具的学习为例来说明如何用 Unity 开发交互功能。我们知道，面对同一个需求，可以用不同的技术方案解决。比如在上一个模块，介绍榫卯拼接动画时，选择采用场景跳转的方式，也就是单击工作室场景中的一个榫卯对象，进入另一个榫卯拼接场景，而榫卯拼接场景右上角的“返回”按钮可以再次返回工作室场景，这样就通过两个场景之间的跳转实现了“榫卯学习模块”的展示。同样的这个技术方案也可以用在工具学习模块上，但为了让大家能更广泛地拓展 Unity 的技能，且理解更多的技术方案设计，工具学习模块我们不再用之前场景跳转的方式，而是通过新建一个 Canvas 和一个面向 Canvas 的摄像头的方式来完成，有点类似小地图的功能，只是这个地图不再位于右上角，而是直接以一个显示画面的大小来显示。

回顾榫卯拼接模块，我们是先构建了一个榫卯学习的场景，再通过右上角的“返回”按钮回到工作室场景，那么大家想想系统是如何从工作室场景跳转到榫卯学习的场景呢？就目前已完成的效果而言，当运行工作室场景时，挖烟袋锅榫和刨这两个对象会呈高亮显示，这是因为我们用了高亮的插件，那么从用户的使用习惯来说，一般会下意识地单击高亮对象，进入下一幕，在这里我们可以为高亮对象添加射线检测功能以实现跳转的目的。

视频

工具学习模块 - 射线检测功能

1. 射线检测

射线检测是 Unity 中一个常用的功能，射线也就是 Ray，是在三维世界中从一个点沿一个方向发射的一条无限长的线，是根据射线端点和射线的方向定义的，在射线的轨迹上，一旦与添加了碰撞器的模型发生碰撞，将停止发射。一般可以利用射线实现子弹击中目标的检测、鼠标单击拾取物体等功能。与射线相关的两个重要类分别是 Ray（射线）类和

RaycastHit（射线投射碰撞信息）类。Ray 类用来创建射线，构造函数为：

```
public Ray(Vector3 origin, Vector3 direction);
```

RaycastHit 类用于存储发射射线后产生的碰撞信息。常用的成员变量包括 collider、point、normal、distance、rigidbody 等。下面来看看射线检测创建的详细步骤。

（1）打开工作室场景，在层次面板新建一个空物体，更名为“射线检测”。

（2）在层次面板选择挖烟袋锅榫，在右侧为其新增“gongju”图层，并指定 gongju 为挖烟袋锅榫所在图层，如图 8.38 所示。

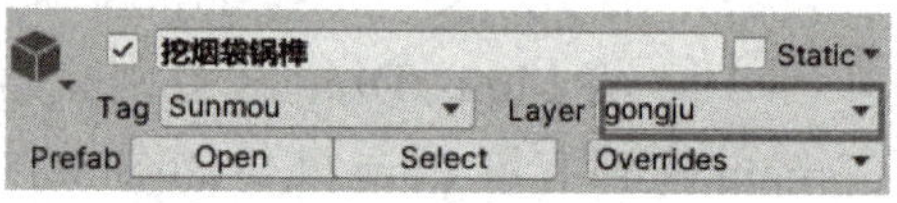

图 8.38　指定图层

（3）在 Scripts 文件夹创建一个脚本 shexian.cs，实现“单击工作室场景中的挖烟袋锅榫，跳转到榫卯学习场景”的代码如下：

```
using UnityEngine;
using UnityEngine.SceneManagement;  //因为后面需要跳转场景，所以要引入场景管理的包
public class shexian : MonoBehaviour
{
    void Update()
    {
        Ray ray = Camera.main.ScreenPointToRay(Input.mousePosition);
        RaycastHit hit;
            if (Physics.Raycast(ray, out hit, int.MaxValue, 1 << LayerMask.
NameToLayer( “gongju” )))  //图层名为gongju的对象
        {
            Debug.Log(hit.collider.name);//用来测试是否检测到图层名为gongju的对象
            if (Input.GetMouseButtonDown(0))
            {
                SceneManager.LoadScene("榫卯学习");//跳转到榫卯学习场景
            }
        }
    }
}
```

（4）将 shexian.cs 的脚本挂在射线检测对象上，运行场景，当单击挖烟袋锅榫，应该可以跳转到榫卯学习场景。

右侧桌子上的工具“刨”，也是用同样的方式进行射线检测，但是由于刨不再用场景跳转的技术方案，因此要重新完成工具学习模块的开发，下面重点讲工具学习模块的技术实现。

为了让用户看到不同的画面，可以用场景跳转方式，也可以用摄像机镜头切换的方式，类似拍电影时，有两个摄像机同时拍摄场景，想看 1 号摄像机的拍摄画面就选择 1 号摄像机，想看 2 号摄像机拍摄的画面就选择 2 号摄像机。在虚拟现实开发时也是这样，我们可以在同一个场景中放置多台摄像机和多个 Canvas，通过代码控制摄像机和 Canvas 的显示，从而让用户看到不同的画面。对于用户来说，他们不必关心这种切换是由于场景的变换带来的或是摄像机切换造成的，只要交互效果是良好的就可以了。但是对于开发人员来说，要根据不同的情况选择合适技术解决方案，如果是一个游戏副本，那肯定选择新建一个副本场景来切换，但是如果主要是 UI 方面的变化，

就可以选择在同一个场景中切换摄像机的方式来实现，而本案例的工具学习模块主要是画布显示内容的改变，可以通过切换摄像机和画布的方式实现。主要步骤是：在场景中再放置一个待展示的工具“刨”→新建一个“工具学习”的画布→新建一个渲染该画布和“刨”的 2 号摄像机（假定之前的主摄像机为 1 号摄像机）→在代码中控制 1 号摄像机和 2 号摄像机的切换。

视频

工具学习模块—界面实现

2. 工具学习模块的界面实现

打开工作室场景，下面所做的所有步骤都在该场景中完成，无须新建或进入其他场景。为了避免被工作室场景中的其他已有对象干扰，可以先将工作室场景中 Main Canvas、Model、夹头榫、圆柱丁字结合榫、挖烟袋锅榫、楔钉榫隐藏，步骤如下：

（1）切换场景面板为 2D 状态，在层次面板中新建一个 Canvas，更名为 Canvas2。

（2）在 Canvas2 的右上角新建三个按钮，分别是重置、讲解和返回。重置是单击刨就可以自由旋转，重置是将刨重新按照初始化的位置放置；讲解是刚进工具学习时，没有文字和语音讲解，单击该按钮，可以弹出讲解面板；返回是隐藏 Canvas2，回到工作室的画面。

（3）在 Canvas2 中左侧新建一个 Panel，修改名字为 ImageSpeak，该 Panel 下有两个 Text 文本，一个是当前工具的名称，一个是当前工具的介绍；有三个 Button，一个按钮单击会有语音讲解，一个按钮用来暂停语音讲解，另一个是确定按钮。

（4）在层次面板中新增一个 Camera，命名为 UI Camera，修改 Clear Flags 为 Solid Color，背景色可以自己随意选择，最终这个 Canvas 完全显示时，在 UI Camera 视角下呈现的效果如图 8.39 和图 8.40 所示。

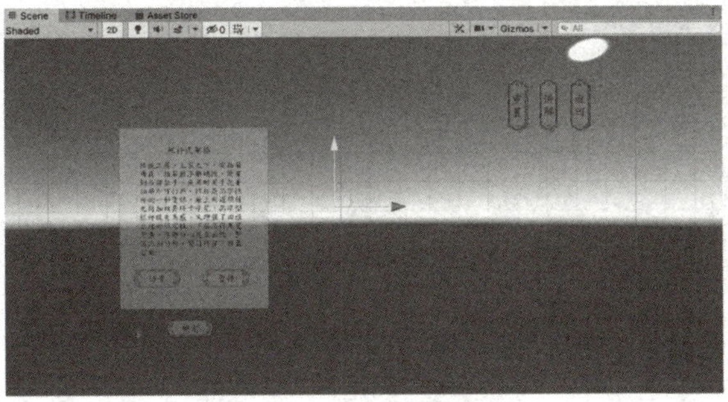

图 8.39　场景面板

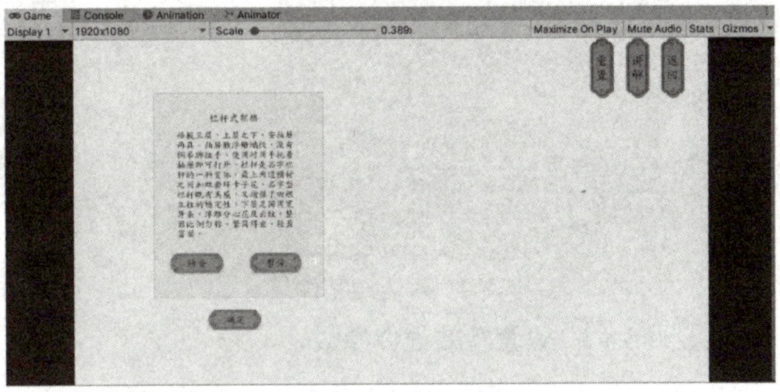

图 8.40　游戏面板

这里要注意，左侧是场景面板的显示，右侧是 UI Camera 视角的显示，之所以左侧背景是透明的，因为 Canvas 没有填充背景色，而右侧之所以有背景色，是 UI Camera 的背景色所致。

（5）从 Assets 面板中找到素材资源“刨 2”的 Prefab，再次拖到层次面板，注意“刨 2”是要显示在 Canvas2 中的，因此要调整“刨 2”的位置，使它出现在 UI Camera 视角下。“刨 2”在场景中的位置可能离 UI Camera 非常远，因此可以找到 UI Camera 的 position 坐标，复制该坐标给“刨 2”，先拉近“刨 2”和 UI Camera 之间的距离，再进行局部微调，直到“刨 2”在 Canvas2 的正中间显示，如图 8.41 所示。图 8.42 是此时层次面板的对象。

此时观察发现，“刨 2”缺乏光照，显得非常黑，解决方案是可以给 UI Camera 增加一个镜头特效。在最初构建工作室场景时，新建过一个工作室镜头特效，为了避免两个特效冲突，可以复制一份工作室镜头特效，再进行参数调整。

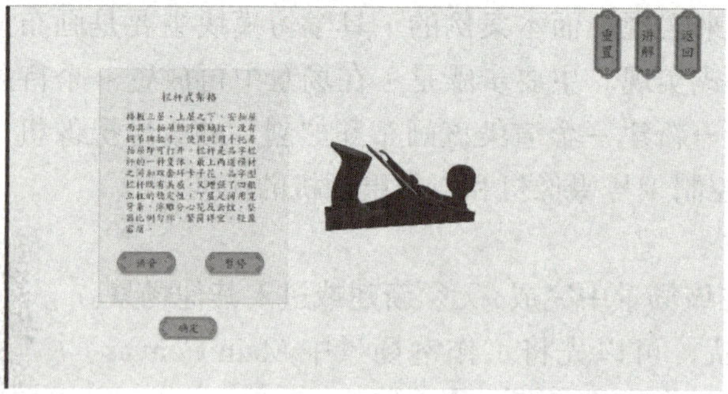

图 8.41　UI 布局

图 8.42　层次面板

（6）在 Assects 文件夹找到之前新建的“工作室 Post-Processing Profile”，按【Ctrl+C】键复制，命名为“UI Post-Processing Profile”，修改参数，取消勾选 Boom 复选框，将 Color Granding 的 Post Exposure 值降低到 1.5 以下，如图 8.43 所示。

（7）选择 UI Camera，单击右侧 Add Component 按钮，添加一个 Post-Processing Behaviour，选择上一步完成的“UI Post-Processing Profile”，如果还觉得“刨 2”的显示有点暗，可以选择 Window → Rendering → Lighting Settings 命令，修改 Environment Lighting 的 Source 为 Color，颜色为白色，单击光照渲染。通过这一步操作，光照效果应该明显优化很多，如图 8.44 所示。

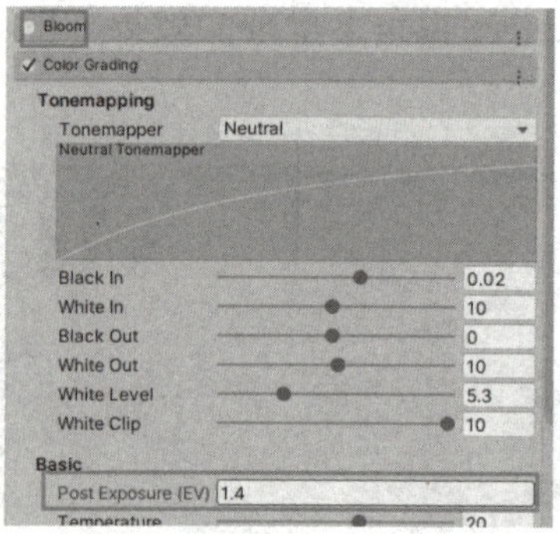

图 8.43　设置特效插件参数

图 8.44　使用特效后的场景效果

（8）UI Camera 的遮罩设置。为了确保 UI Camera 只呈现 Canvas2 和“刨 2”，不会呈现场景中其他任何的对象，可以给 UI Camera 进行一个遮罩处理。首先选择“刨 2”，在右侧新增一个图层 pao2，并指定给“刨 2”这个对象，如图 8.45 所示。

（9）选择 UI Camera，在右侧的 Camera 组件中，设置 Culling Mask 为 pao2，这样 UI Camera 只会渲染“刨 2”，不会渲染场景中的其他对象，无论这些对象和 UI Camera 之间的位置如何。

（10）因为当前工作室场景有 2 个摄像机，UI Camera 只会在指定情况下显示，它的级别应当低于场景中原有的摄像机，因此设置 UI Camera 的 Depth 为 -2，如图 8.46 所示。

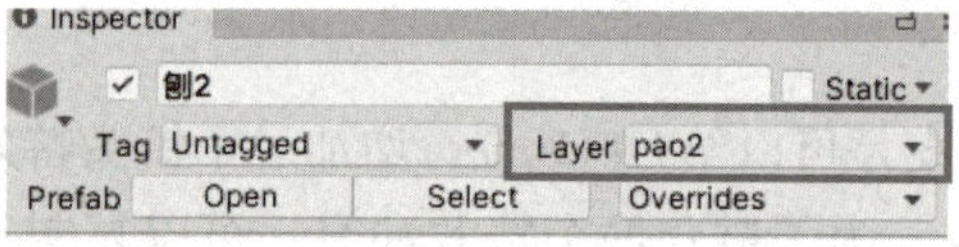

图 8.45　刨 2 图层设置

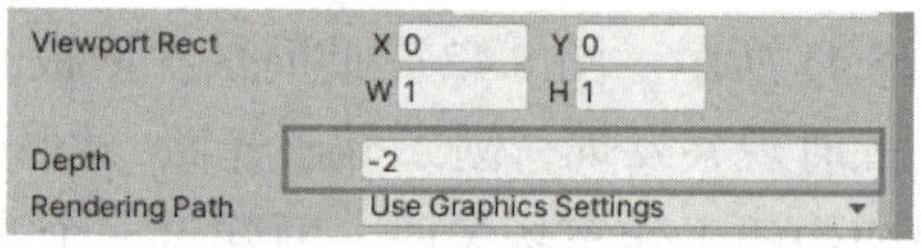

图 8.46　UI Camera 深度设置

3．工具学习模块的交互实现

（1）打开工作室场景，切换到 3D 视角，除刚刚新建的 Canvas 需要隐藏外，其余对象全部显示。

视频

工具学习模块—交互实现

（2）单击工作室右侧工作台上的“刨”（注意不是“刨 2”），确认该刨的右侧图层已经修改为 gongju。

（3）在工具学习模块，有一个语音讲解功能，讲解语音已经提前录制好，放在素材的 mp3 文件夹中，下面要编写一个脚本 Source.cs，控制语音的播放。代码如下所示：

```
using System.Collections;
using System.Collections.Generic;
using UnityEngine;
using UnityEngine.UI;
public class Source : MonoBehaviour
{
    bool flag = true;
    public AudioSource audio1;
    public AudioClip Paomp3;
    public GameObject zanting;
    public void isPlay(string _name)
    {
        flag = true;
        switch (_name)
        {
            case "Pao":
                audio1.clip = Paomp3;
                audio1.Stop(); audio1.Play();
                zanting.transform.GetChild(0).GetComponent<Text>().text = "暂停
";
                break;
        }
    }
    public void isPause(string name)
    {
        switch (name)
        {
            case "Pao":
                audio1.clip = Paomp3;
                if (flag == true)
                {
                    audio1.Pause();
                    zanting.transform.GetChild(0).GetComponent<Text>().text = "
继续";
                    flag = false;
                }
                else
                {
                    audio1.Play();
                    zanting.transform.GetChild(0).GetComponent<Text>().text = "
暂停";
```

```
                flag = true;
            }
            break;
        }
    }
    public void isClose()
    {
        audio1.Stop();
    }
}
```

（4）将 Source.cs 挂给 UI Camera，同时给 UI Camera 新增一个 Audio Source 组件。

（5）给 UI Camera 的 Source 组件各变量赋值，首先将 UI Camera 的 Audio Source 组件赋给 Audio1；再将 Assets 中唯一一个 mp3 音频赋给 Pao 这个变量；将 Canvas2 中的 zating-Button 赋给 zating 这个变量，如图 8.47 所示。

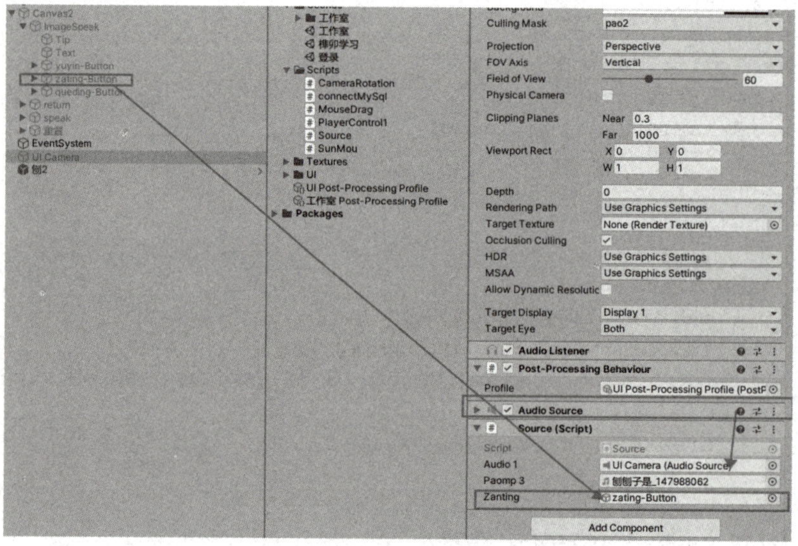

图 8.47　变量赋值

（6）在工作室场景中，通过射线检测，实现“单击右侧桌上的刨，隐藏工作桌等对象，只显示工具学习界面 Canvas2”的功能，在之前的 shexian.cs 脚本中添加对于刨的射线检测功能，具体代码如下：

```
using System.Collections;
using System.Collections.Generic;
using UnityEngine;
using UnityEngine.UI;
using UnityEngine.SceneManagement;
public class shexian : MonoBehaviour
{
    public GameObject Player;//工作室场景的主摄像机，第一人称视角
    public GameObject DeviceCamera;//工作室场景中专门介绍工具的摄像机
    public GameObject mainCanvas;//工作室场景的主画布
```

```
        public GameObject Canvas;//工作室场景中专门介绍工具的画布
        public GameObject Button1;//播放音频介绍按钮
        public GameObject Button2;//暂停音频介绍按钮
        public GameObject[] shebei;//通过数组定义设备，虽然本案例中只有一个刨，但是这种框架
对多设备显示会非常方便
        public Source source;//定义Source脚本，本脚本将调用Source脚本，控制音频的播放
        public Text tip;//在介绍工具画布中，显示当前工具的名字
        public Text Content;// 在介绍工具画布中，显示当前工具的介绍文字
        void Start()
        {
            DeviceCamera.SetActive(false);
            mainCanvas.SetActive(true);
            Player.SetActive(true);
            Canvas.SetActive(false);
            init1();
        }
        void Update()
        {
            Ray ray = Camera.main.ScreenPointToRay(Input.mousePosition);
            Debug.DrawRay(ray.origin, ray.direction, Color.red);
            RaycastHit hit;
              if (Physics.Raycast(ray, out hit, int.MaxValue, 1 << LayerMask.
NameToLayer("gongju")))
            {
                Debug.Log(hit.collider.name);
                if (Input.GetMouseButtonDown(0))
                {
                    switch (hit.collider.name)
                    {
                        case "刨":
                            init1();
                            For_Button1("Pao");
                            shebei[0].SetActive(true);
                            tip.text = "刨";
                            Content.text = "刨子是把一寸宽的嵌钢铁片磨得锋利的工具，斜向插
入木刨壳中，稍微露出点刃口，用来刨平木料。刨的古名叫作“准”。大的刨子是仰卧露出点刃口的，用手拿着
木料在它的刃口上抽削，这种刨叫作推刨，制圆桶的木工经常用到它。";
                            DeviceCamera.SetActive(true);
                            mainCanvas.SetActive(false);
                            Player.SetActive(false);
                            Canvas.SetActive(true);
                            break;

                        case "挖烟袋锅榫":
                            SceneManager.LoadScene("榫卯学习");
                            break;
                    }
                }
            }
        }
```

```
        public void fanhui()  //该方法为Canvas2右上角的返回按钮对应的方法
        {
            DeviceCamera.SetActive(false);
            mainCanvas.SetActive(true);
            Player.SetActive(true);
            Canvas.SetActive(false);
            init1();
            DeviceCamera.transform.position = new Vector3(0.01f, 0.439f, 0.017f);//
这里要换成UI Camera的初始位置
            DeviceCamera.transform.rotation = Quaternion.Euler(90, 0, -180); //这里
要换成UI Camera的初始角度
            DeviceCamera.GetComponent<Camera>().fieldOfView = 60;
            source.audio1.Stop();
        }
        public void init1()
        {
            for (int i = 0; i < shebei.Length; i++)
            {
                shebei[i].SetActive(false);
            }
        }
        //单击到一个物体，button1换个代码
        public void For_Button1(string _name)
        {
            Button1.GetComponent<Button>().onClick.RemoveAllListeners();
                Button1.GetComponent<Button>().onClick.AddListener(() => { source.
isPlay(_name); });//给按钮添加监听事件
            Button2.GetComponent<Button>().onClick.RemoveAllListeners();
                Button2.GetComponent<Button>().onClick.AddListener(() => { source.
isPause(_name); });
            source.audio1.Stop();
        }
    }
```

（7）shexian.cs 脚本应该挂在射线检测对象上，挂载完成后给脚本中的变量赋值，如图 8.48 所示。

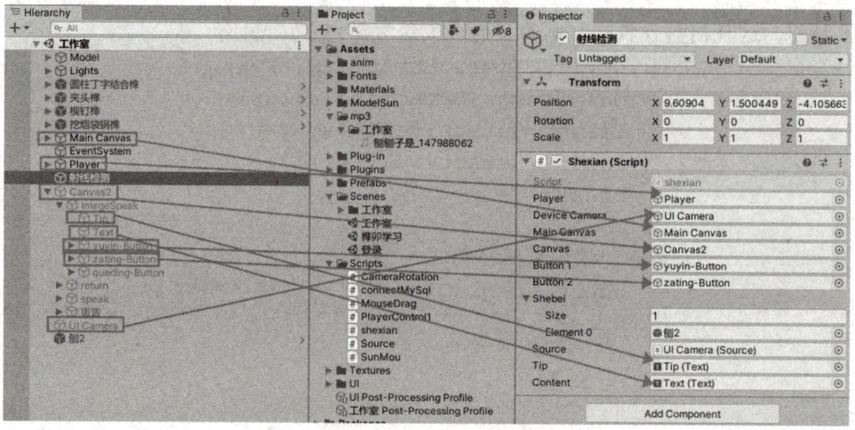

图 8.48　shexian.cs 脚本赋值

（8）在层次面板，找到 Canvas2 的右上角返回按钮，将 shexian.cs 中的 fanhui() 方法挂给该对象，实现返回功能。

4. 其他交互功能

至此，核心的功能已经全部完成，接着我们完善项目的交互功能，为每个交互按钮都赋上代码。

（1）在工具刨介绍的 UI 画布中，给刨添加一个单击可以旋转的功能，方便观察。可以直接用之前编写的 MouseDrag.cs，将该脚本直接给刨 2，Cam 的参数设为 UI Camera，如图 8.49 所示。

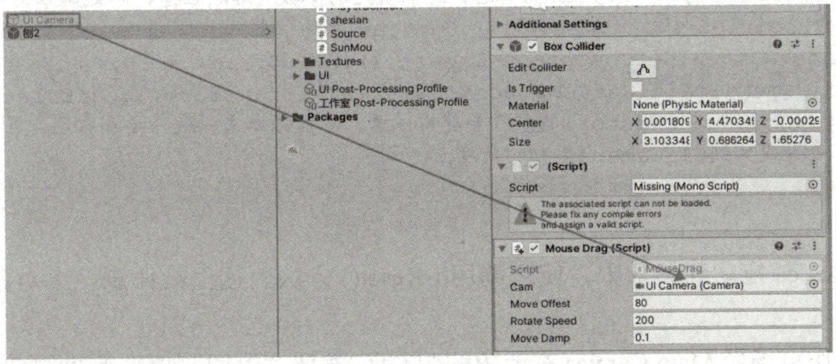

图 8.49　Cam 参数设置

（2）给工具刨的学习页面右上角添加讲解的功能。上文为了给大家看操作效果，刨的文字和语音介绍界面一直显示，而初始项目中的刨子讲解画面 ImageSpeak 是要隐藏的，单击“讲解”按钮，该讲解 ImageSpeak 才显示出来。这里不需要代码，直接在“讲解”按钮的右侧设计 On Click() 方法即可，勾选 ImageSpeak 复选框，如图 8.50 所示。

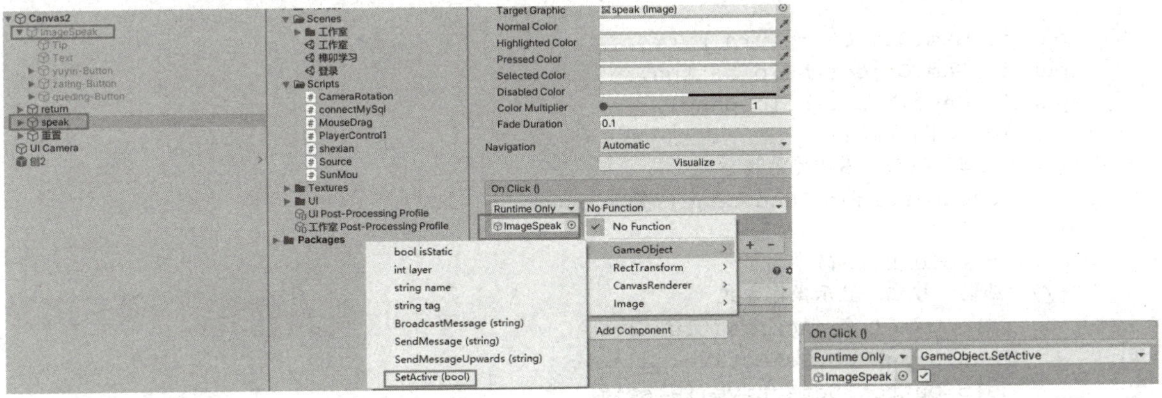

图 8.50　讲解功能的设置

（3）ImageSpeak 页面的“确定”按钮功能和讲解功能正好相反，单击“讲解”按钮显示 ImageSpeak 页面，单击“确定”按钮，ImageSpeak 页面消失。实现方法也和“讲解”按钮相似，不写代码，而是通过在按钮的右侧直接添加对象显示的方式来实现，不勾选 ImageSpeak 复选框即可，如图 8.51 所示。

图 8.51　“确定”按钮设置

（4）给工具刨的学习页面右上角添加重置的功能。新增 ReSet.cs 脚本，核心代码如下：

```
using System.Collections;
using System.Collections.Generic;
using UnityEngine;
public class ReSet : MonoBehaviour
{
    public void isReset()
    {
            Camera.main.GetComponent<Camera>().transform.position = new
Vector3(978.3f, 613.3f, -91.75f);//这里Vector3的参数要非常注意，不能和本文一致，要和自己场
景中UI Camera的Position一致，也就是回到UI Camera起初的位置。
        Camera.main.GetComponent<Camera>().fieldOfView = 60;
          Camera.main.GetComponent<Camera>().transform.localEulerAngles = new
Vector3(0, 0, 0);// 这里Vector3的参数要非常注意，不能跟本文一致，要和自己场景中UI Camera的
Rotation一致，也就是回到UI Camera起初的角度。
    }
}
```

（5）将 ReSet.cs 拖动到场景中，使之调用 isReset() 方法。这里给任意一个对象都可以，可以给重置按钮。

（6）完成工作室场景 Main Canvas 右上角的“帮助”按钮、“返回”按钮、帮助页面的“返回实验”按钮。新建 Main.cs 脚体，代码如下：

```
using System.Collections;
using System.Collections.Generic;
using UnityEngine;
using UnityEngine.SceneManagement;
public class Main : MonoBehaviour
{
    public GameObject return_button;
    public GameObject help_button;
    public GameObject help_panel;
    public void Fan()
    {// “返回” 按钮，返回登录场景
         SceneManager.LoadScene("登录");
    }
    public void Help()
    {// “帮助” 按钮，显示操作方式
        help_panel.SetActive(true);
        return_button.SetActive(false);
        help_button.SetActive(false);
    }
    public void Fanshi()
    {//从帮助页面返回实验
        help_panel.SetActive(false);
        return_button.SetActive(true);
        help_button.SetActive(true);
    }
}
```

（7）将 Main.cs 挂给 Main Canvas，在右侧给脚本中的变量赋值，如图 8.52 所示。

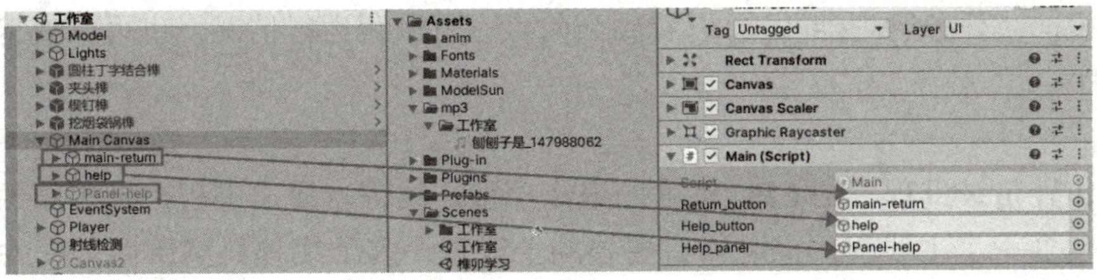

图 8.52　给 Main 脚本赋值

（8）选择 Main Canvas 右上角的“帮助”按钮，将 Main.cs 的 Help() 方法赋给该按钮，如图 8.53 所示。

（9）选择 Main Canvas 右上角的“返回”按钮，将 Main.cs 的 Fan() 方法赋给该按钮，如图 8.54 所示，这里用了场景管理的代码返回，因此要检查是否把登录场景放入了 Build Settings 中。

图 8.53　挂载 Help() 方法

图 8.54　挂载 Fan() 方法

（10）选择 Main Canvas 中的 Panel-help 页面，找到其中的“返回实验”按钮，将 Main.cs 的 Fanshi() 方法赋给该按钮，如图 8.55 所示。

（11）最后完成登录场景首页的“进入实验”按钮功能，可以不写代码，直接在“进入实验”按钮的右侧设置 On Click() 方法，使单击该按钮时，Login 页面可以显示，如图 8.56 所示。

图 8.55　挂载 Fanshi() 方法

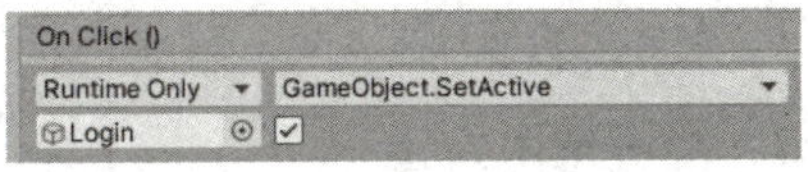

图 8.56　“进入实验”按钮设置

8.3　协程

8.3.1　协程的相关概念

协程是 Unity 中一个很重要的概念，比如加载的一个很大的场景，一次加载完毕会耗费大量的时间，影响用户体验，此时就可以通过协程解决问题。但是在理解协程之前，先来回顾一下进程和线程。

1. 进程

进程是程序一次动态执行的过程，是程序运行的基本单位。每个进程都有自己的独立内存空间，不同进程通过进程间通信来通信。进程占据独立的内存，所以上下文进程间的切换开销比较大，但相对比较稳定安全。

计算机上运行的微信、网页、游戏都属于程序，程序不能单独运行，只有将程序装载到内存中，系统为它分配资源才能运行，而这种执行的程序就称之为进程。进程是系统进行资源分配和调度的基本单位，是操作系统的基础。

打开计算机的“任务管理器”，可以看到当前状态下进程运行情况，也可以直接关闭进程，即关闭该应用程序。

2. 线程

线程又叫作轻量级进程，是 CPU 调度的最小单位。线程从属于进程，是程序的实际执行者。一个进程至少包含一个主线程，也可以有更多的子线程。多个线程共享所属进程的资源，同时线程也拥有自己的专属资源。线程间通信主要通过共享内存，上下文切换很快，资源开销较少，但相比进程不够稳定，容易丢失数据。

3. 协程

协程（Coroutines），是一种比线程更加轻量级的存在。正如一个进程可以拥有多个线程一样，一个线程也可以拥有多个协程。协程运行在线程之上，当一个协程执行完成后，可以选择主动让出，让另一个协程运行在当前线程之上。协程并没有增加线程数量，只是在线程的基础之上通过分时复用的方式运行多个协程，而且协程的切换在用户态完成，切换的代价比线程从用户态到内核态的代价小很多。

协程是一个能够暂停协程执行，暂停后立即返回主函数，执行主函数剩余的部分，直到中断指令完成后，从中断指令的下一行继续执行协程剩余的函数。函数体全部执行完成，协程结束，由于中断指令的出现，使得可以将一个函数分割到多个帧里去执行。

在 Unity 开发中，一般涉及将一个复杂程序分帧执行、计时器工作、异步加载等情况时，用协程可以将性能压力分摊，从而获取一个流畅的过程。

8.3.2 协程的实现

1. 协程常用方法

协程常用方法见表 8.1。

表 8.1 协程常用方法

方　法	含　义
StartCoroutine(协程名());	开启无参数的协程
StartCoroutine(协程名(参数));	开启单参数的协程
StartCoroutine(协程名(参数1,…));	开启多参数的协程
StopCoroutine();	停止协程
StopAllCoroutines();	中止所有协程
StopCoroutine(“协程名”);	中止协程名
yield return null;	下一帧再执行后续代码
yield return 0;	下一帧再执行后续代码

2. 协程的实现

协程的实现需要在 Unity 中继承 MonoBehaviour 并使用 C# 的迭代器 IEnumerator，格式如下所示：

```
IEnumerator 函数名(形参表)  //最多只能有一个形参
{
```

```
    yield return xxx; //恢复执行条件
    //方法体
}
```

协程是编译器级的，本质还是一个线程时间分片去执行代码段。它通过相关的代码使得代码段能够实现分段式的执行，在 IEnumerator 类型的方法中写入需要执行的操作，遇到 yield 后会暂时挂起，等到 yield return 后的条件满足才继续执行 yield 语句后面的内容。因为协程本质上还是在主线程里执行的，需要内部有一个类似栈的数据结构，当该协程被挂起时，要保存数据现场以便恢复执行。

3. 使用实例

视频

协程

仍以传统家具制作虚拟仿真为例，通过 8.1 节和 8.2 节，已经实现了该仿真，单击桌子上的刨，可以切换到 Canvas2，大家注意观察，在没有加协程之前，切换是比较“生硬”的，也就是直接切换，下面通过增加协程，给切换添加一个过渡的效果，带来一种缓缓进入的感觉，具体方法如下：

（1）进入工作室场景，选择 Main Canvas，在其下新建一个 Image，命名为 FadeImage，使 FadeImage 充满整个 Canvas 画布，注意一定要将 FadeImage 找个控件放到 Main Canvas 子层级的第一层，也就是最后渲染该层，使该层不会影响其他层（层级面板中层级在下的会遮挡住层级在上的 UI 视图）。

（2）选中 FadeImage，在右侧添加组件 Canvas Group，并调节 Canvas Group 的 Alpha 值为 0（见图 8.57），这样做的目的是使用户察觉不到新增了这个 Image。

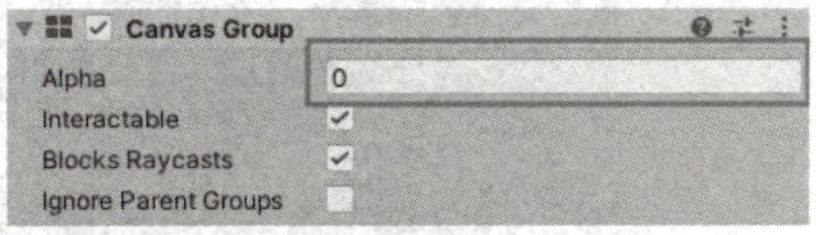

图 8.57　新增 Canvas Group 组件

（3）打开之前的 shexian.cs，添加协程部分代码。先定义一个对象，该对象可以命名为 FadeImage，定义语句为 public GameObject FadeImage;。

（4）新增 Fadeout() 和 FadeIn() 两个方法，一个渐出，一个渐入，代码如下：

```
IEnumerator Fadeout()
    {
        while (FadeImage.GetComponent<CanvasGroup>().alpha < 1) //调节CanvasGroup透明度
        {
            FadeImage.GetComponent<CanvasGroup>().alpha += Time.deltaTime;
            yield return null;
        }
        yield return new WaitForSeconds(1f);  //等待1秒后执行以下程序
        StartCoroutine(FadeIn());
    }
    IEnumerator FadeIn()
    {
        while (FadeImage.GetComponent<CanvasGroup>().alpha > 0)
        {
            FadeImage.GetComponent<CanvasGroup>().alpha -= Time.deltaTime;
            yield return null;//协程会在这里被暂停，直到下一帧被唤醒
        }
```

（5）在 shexian.cs 原有的方法 Update(); 中的 case“刨”；之后新增调用协程的方法 StartCoroutine(Fadeout());。

（6）将原先 case“刨”后执行的部分语句移动到第四步 yield return new WaitForSeconds(1f); 之后，StartCoroutine(FadeIn()); 之前。需要移动的代码如下：

```
        init1();
        For_Button1("Pao");
        shebei[0].SetActive(true);
        tip.text = "刨";
         Content.text = "刨子是把一寸宽的嵌钢铁片磨得锋利的工具，斜向插入木刨壳中，稍微露出点刃口，用来刨平木料。刨的古名叫作“准”。大的刨子是仰卧露出点刃口的，用手拿着木料在它的刃口上抽削，这种刨叫作推刨，制圆桶的木工经常用到它。";
        DeviceCamera.SetActive(true);
        Player.SetActive(false);
        Canvas.SetActive(true);
```

（7）修改后的 shexian.cs 记得保存。回到 shexian.cs 脚本所挂载的对象“射线检测”上，给 FadeImage 赋值，如图 8.58 所示，运行场景，发现单击刨，可以渐渐地进入 Canvas2。

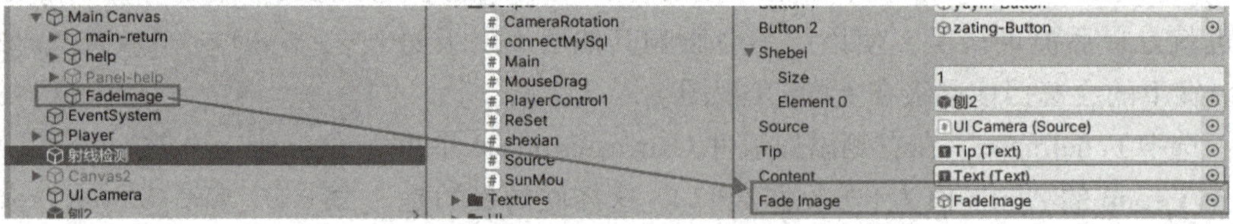

图 8.58　FadeImage 赋值

8.4　Unity 常用的插件

在前面的篇章中，介绍了如何使用 Unity 完成一个虚拟场景的布局、在场景中完成交互功能的开发以及 Unity 地图系统的使用。那么，在实际项目开发时，为了提高效率，经常会选用合适的插件完成对应效果。提前选择好插件，可以起到事半功倍的作用。但是市面上 Unity 的插件很多，对插件的评价来自经验的积累，有些插件是免费的，有些插件是需要付费的，要结合自身需求选择。下面介绍几款目前比较常用的插件。

1. DOTween 插件

DOTween 是一个可以轻松实现移动、旋转、缩放、淡入淡出、震动、跳跃、声音渐变、摄像机动画等功能的插件，适用于 2D 和 3D 物体，用于强大的补间动画能力，在平常的开发中，可以节省很多美术制作动画的时间。

2. Timeline 插件

Timeline 是 Unity 自带的时间线插件，是一种强大的动画工具，可以让开发者以非线性的方式创建动画和游戏逻辑，实现 CG、动效、动画切换跳转之类的功能。Timeline 通过提供一个直观的编辑器界面，使得动画制作变得更加灵活和高效。

3. PlayMaker 插件

Playmaker 是以状态机 state 为原理的可视化编程插件，该插件虽然可以减少甚至不用写脚本，Playmaker 拥有友好的界面、高整合性、强大功能和易于修改等特点。开发者只需通过连线的方式将功能模块连接起来，即可快速创建所需功能，非常适合非编程人员和项目制作使用，类似 Unreal 虚幻引擎的蓝图系统。优点在于通过图形化界面和状态机（FSM）实现游戏逻辑，无须编写代码，降低了开发门槛，提高了开发效率，尤其适合独立开发者及非程序人员快速原型制作和迭代。缺点是对数据操作的直接支持不足、代码重用困难以及在处理复杂系统和逻辑层时显得力不从心，不太适合较大的系统开发。

4. PUN2 插件

PUN2 全称 Photon Unity Network2，是一个用于多人游戏的 Unity 包，用于开发多人游戏。Photon 是一个泛用性的 ScoketServer 套装软件，可用于多人在线游戏、聊天室、大厅游戏，并同时支持 Windows、Unity3D、iOS、Android、Flash 等平台。Photon 包含两部分，一部分是 Socket 服务器，另一部分是针对各个平台编写的 SDK，PUN2 就是 Unity3D 平台对应的 SDK，它可以轻松处理多人游戏中的网络同步、房间管理等，这些通信是通过专用的 Photon 服务器完成的，因此客户端不需要一对一连接。优点在于 PUN2 提供了一系列易于使用的 API 和工具，使开发者能够快速构建多人游戏，并轻松处理多人游戏中的网络同步、房间管理、玩家匹配等问题，支持跨平台，且连接稳定、数据传输高效。缺点是通过专用的 Photon 服务器完成的，无法做到自主可控，并且仅免费支持 20 人同时在线，超过该人数则需要付费。

小　结

本章通过一个综合案例将虚拟现实应用从需求分析到场景布局、交互功能开发以及 UI 设计全部贯穿起来，希望读者通过这个案例能对虚拟现实的开发有一个更全面的了解，也希望读者多参加实践开发，总结经验，将书本上的理论知识在实践中总结并拓展，最终提高自己对 Unity 引擎的实际应用能力。

思　考

1. Post Processing 是什么？主要功能是什么？如何使用？
2. 简述 Unity 中射线的基本作用以及射线常用的方法。
3. 如果需要显示一个页面 A，隐藏页面 B，有多种方法可以实现，请写出至少两种方法。
4. 如果场景中有 2 台摄像机，摄像机的哪个参数值可以控制当前显示哪个摄像机的画面？
5. 什么是协程？常用的方法有哪些？

第三部分

拓展篇

第 9 章 实践延展

随着计算机硬件发展，三维图形处理技术以及各种外接体感设备不断提升，虚拟现实技术也日趋完善，实际应用中虚拟现实系统的范围得到了广泛的延伸，包括增强现实技术、体感技术等，都与虚拟现实系统的开发有着密不可分的关系。

学习目标

- 掌握增强现实系统的开发方法。
- 掌握基于 VR 显示设备的虚拟现实系统开发方法。
- 掌握体感式虚拟现实系统的开发方法。

9.1 增强式虚拟现实系统开发（AR）

目前实现增强现实技术主要还是佩戴 AR 眼镜，它与 VR 相比，更大的区别就在于 AR 里面的信息是叠加到真实场景里面的，它的画面可以根据要求进行缩放，还可以将虚拟物体植入空间中进行操作和交互。而不是像 VR 叠加到虚拟场景里面，是完全封闭的独立虚拟空间，沉浸式的体验会隔绝跟外界的交互。

如今的增强现实技术不仅用在了教育领域，也给其他领域带来革命性的变化。比如 AR 让医疗培训从抽象化变具体化，使用穿戴 AR 设备的学员能更形象地了解人体器官的功能。在手术时，外科医生佩戴相关的 AR 设备产品，就能看到一个现实与信息实时的交互现实画面，给医生清楚地展示病人的每一项生理指标，以及接下来需要操作的步骤。目前有三款主流的增强现实开发工具包，分别是 EasyAR、VuforiaAR 和 ARkit。

9.1.1 开发工具

1. EasyAR

EasyAR 是上海视辰信息在增强现实国际博览会发布的国内首个投入应用的免费 AR 引擎，也是目前国产中被应用最多的增强现实引擎。EasyAR 有专门的团队去解决用户使用的疑点。EasyAR 是优秀的国产 AR 解决方案提供者，目前产品涉及 WebAR、小程序 AR、EasyAR Mega、EasyAR Scene、EasyARCRS、姿态识别和手势识别。以小程序 AR 为例，使用小程序 AR，可以在微信小程序中实现扫描识别图呈现 3D 动画模型、视频等效果，也支持用户与虚拟场景的交互。到 2022 年，EasyAR Scene 已发展得非常强大，是一个独立的软件开发工具包（SDK），不使用任何 3D 引擎，如果需要在 Unity 中进行 AR 开发，需要下载 EasyAR Scene Unity Plugin 版本，这是一个建立在

EasyAR Sense C# API 之上的非常薄的封装，用于在 Unity 中暴露 EasyAR Scene 的功能，EasyAR Scene Unity Plugin 需要在 Unity 2019.4 或更高版本中使用。

2．VuforiaAR

VuforiaAR 也是一款出色的增强现实开发工具，支持 iOS、Android，并根据不同的平台开放了不同的 SDK，开发者可以根据需要从 Xcode、Visual Studio 以及 Unity 中任选一种作为开发工具。VuforiaAR 提供了一系列的工具用来创建对象、管理对象数据库。VuforiaAR 支持很多类型的 AR 识别，包括平面图像，同时识别多张图片、圆柱形的图片等。使用 VuforiaAR 需要在 Vuforia 官网注册，获得密钥后，进行识别图库的创建，接着在 Unity 中完成开发。

3．ARkit

ARkit 是苹果在 2017 年的苹果全球开发者大会上基于已有的移动端硬件生态构建的 AR 生态而推出的移动端 AR 开发工具集合。从第一代 ARkit 提供的快速且稳定的运动跟踪以及基于边界的平面检测功能，到 2022 年已经发展到第六代，每一代都提供了很多新的功能，包括动作捕捉、面部追踪、捕获 4K 视频等，ARkit 为在苹果系统上进行 AR 开发带来了极大的便利，如果在 Andriod、Windows 上进行 AR 应用开发，还是得选择其他的 AR 工具。

9.1.2　实例应用

本实例将以 VuforiaAR 开发工具为例，说明增强现实应用的一般开发流程。

首先，在 MAYA 或 3ds Max 等软件上构造出真实物体的三维数字模型，并对三维数字模型进行材质处理、贴图，把导出格式设为 .fbx，并把 .fbx 格式模型导入 Unity 3D 软件中，这样就可以完成整个场景搭建、模型渲染。

其次，当用户完成虚拟模型的搭建，在 Unity 3D 场景中导入 VuforiaAR，启用 PC 端的摄像头，将真实场景的画面加入 Unity 3D 当中。

接着，登录 VuforiaAR 平台，创建云端密钥，并把密钥的地址赋给 Unity 3D 中调用的 Camera，使得虚拟物体能在真实场景中运行。

最后，在 VuforiaAR 上添加图片识别功能，让系统能对指定的物体识别，然后展现虚拟物体，在交互体验上更加有沉浸式。

下面将具体说明以 Unity 2019.3.5 版本，进行 AR 开发环境的配置和 VuforiaAR 的下载方法，具体过程如下：

第一步，创建场景。新建一个项目 AR Project，新建一个开发识别后显示的场景，也可以将之前建好的场景作为素材导入，直接使用。本书使用了第 4 章 Scene1 场景，将该资源导入到 Assets 文件夹中备用。

第二步，配置 Android 环境。选择主菜单 File→Build Settings 命令，打开设置面板，假定本 AR 应用是针对 Android 平台的，下面对 Android 平台进行设置。在 Platform 中选择 Android，此时环境还未配置，如图 9.1 所示。

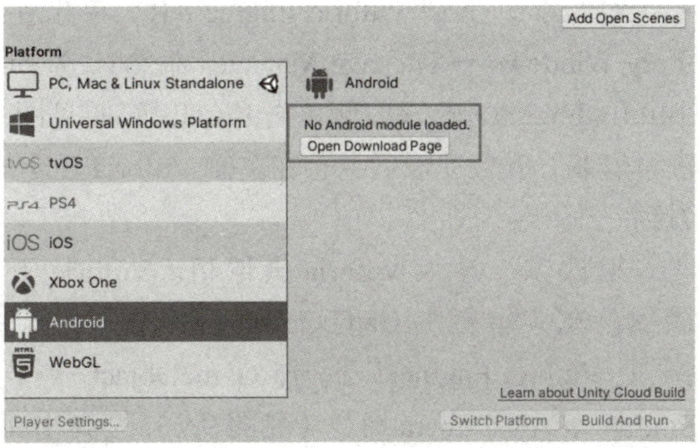

图 9.1　配置前

单击图 9.1 中的 Open Download Page 选项，会自动下载模块，该模块是一个 .exe 文件，下载完成后，双击安装，如图 9.2 和图 9.3 所示。

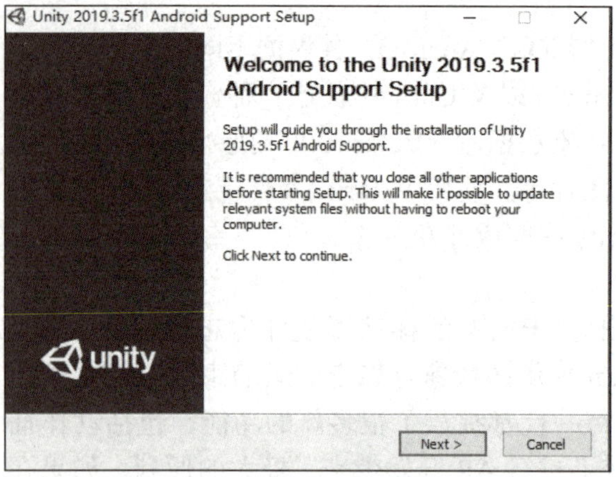

图 9.2　开始安装

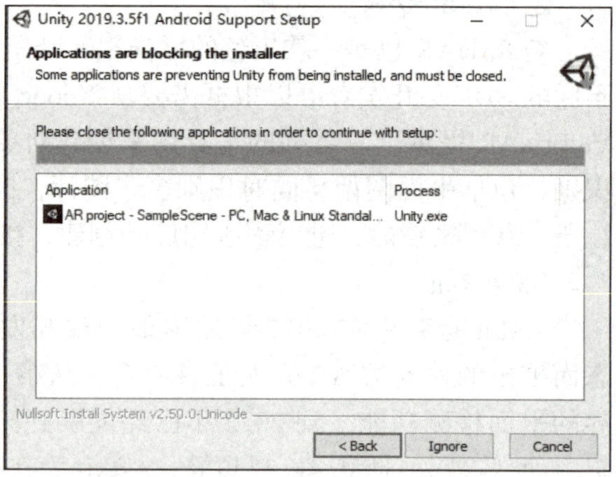

图 9.3　安装完成

安装成功后如图 9.4 所示。单击 Switch Platform 按钮进行切换，切换完成后的界面可以看到 Bulid 按钮，说明环境已成功，可以编译 Android 平台支持的程序了，如图 9.5 所示。

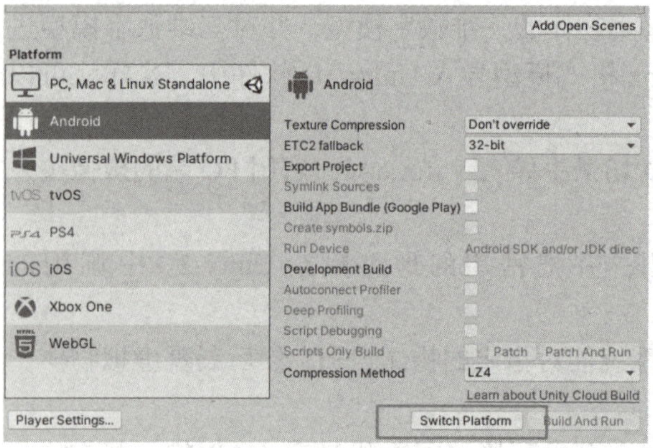

图 9.4　平台切换前

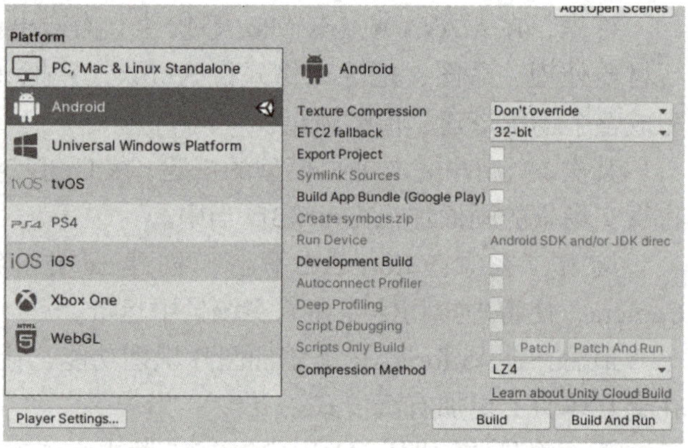

图 9.5　平台切换后

第三步，下载 Vuforia Engine AR。单击主菜单上的 Windows → Package Manager 命令，选择左侧 Vuforia Engine AR，在右侧单击 Install 按钮（见图 9.6）进行安装，安装完成后，会在左侧 Vuforia Engine AR 看到一个“√”。

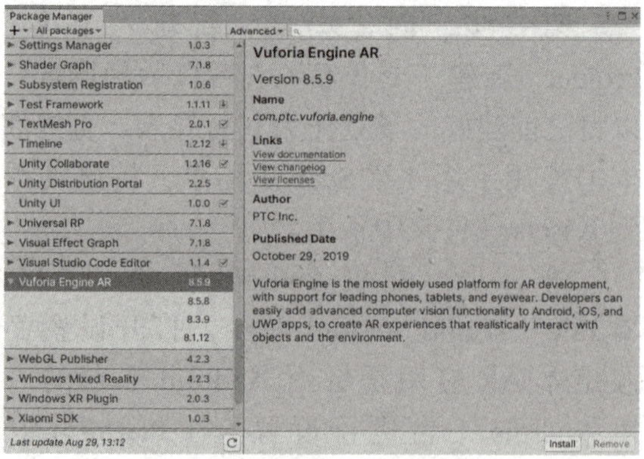

图 9.6　安装 Vuforia

第四步，导入 Vuforia 摄像机。Vuforia 下载完成后，在菜单栏的 GameObject 会出现一个新的选择项 Vuforia Engine。选择 GameObject → Vuforia Engine → AR Camera 命令（见图 9.7），会弹出面板，单击 Accept 按钮（见图 9.8）。

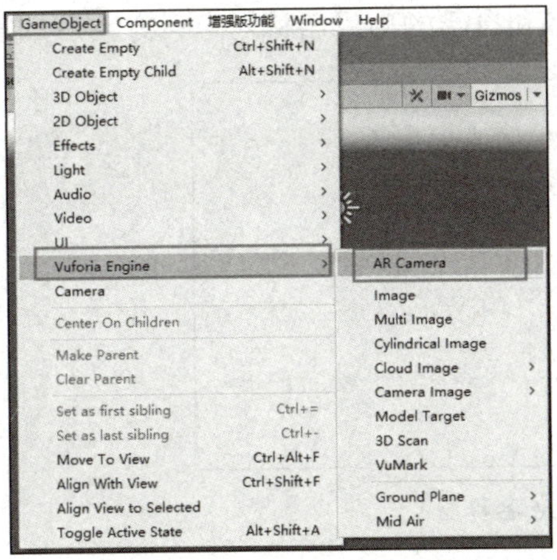

图 9.7　选择 AR Camera

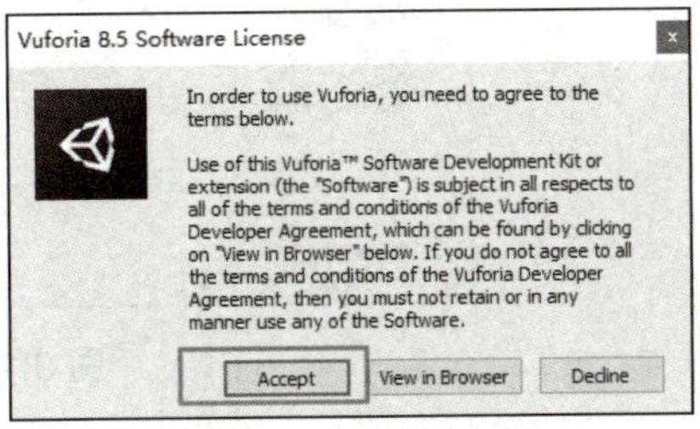

图 9.8　确认界面

因为要新建一个 AR Camera，所以将场景中原摄像机删除。此项目文件资源包会随着新增了一个 AR Camera 而自动新增一个 Resources 文件夹，进入该文件夹，会看到自带的配置文件，单击该文件，在右侧的检视面板添加序列号（见图 9.9）。

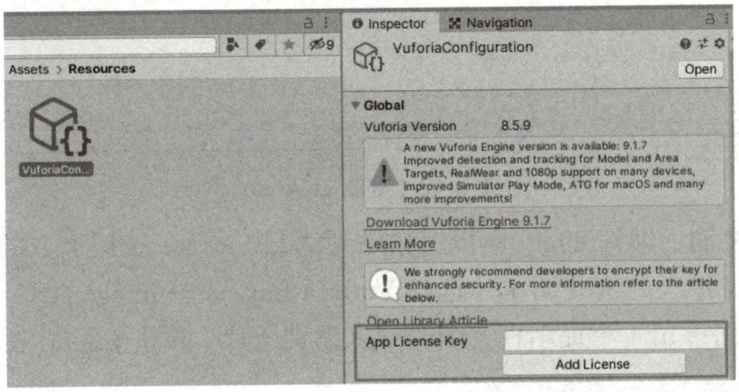

图 9.9　添加 License

第五步，生成 License。单击 Add License 按钮，会弹出 Vuforia 官网，首先在官网注册自己的账号，注册完成后，可以为本项目新建一个 License，如图 9.10 所示的红色区域，即为之前已新建的 License。

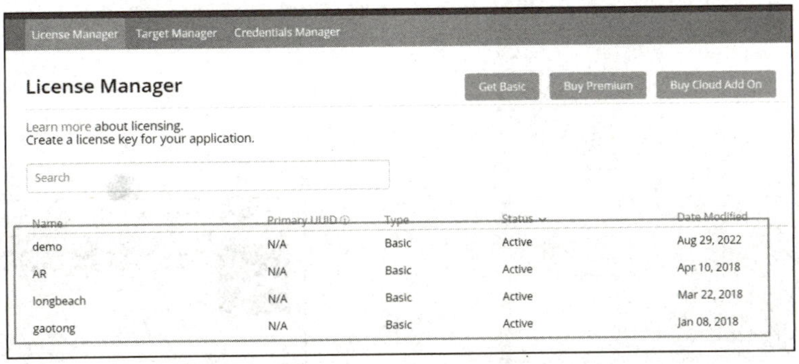

图 9.10　License 管理面板

彩图

License 管理面板

弹出图 9.11，在 License Name 输入项目名称，最好和自己的项目名称对应，方便后期管理。

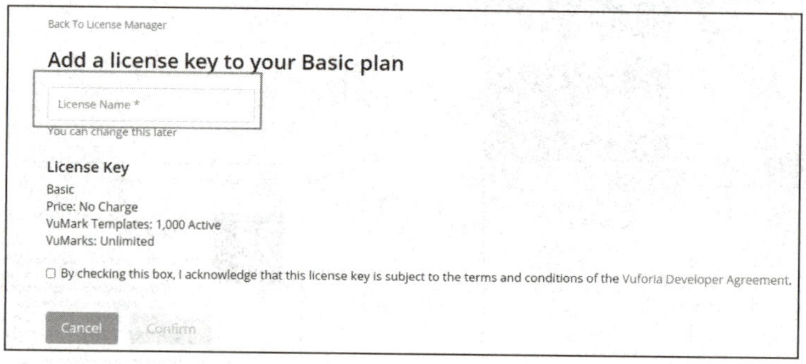

图 9.11　输入 License 名称

输入完成后单击 Confirm 按钮，会回到初始面板，再次单击该项目，可以看到该项目的密匙，如图 9.12 所示。

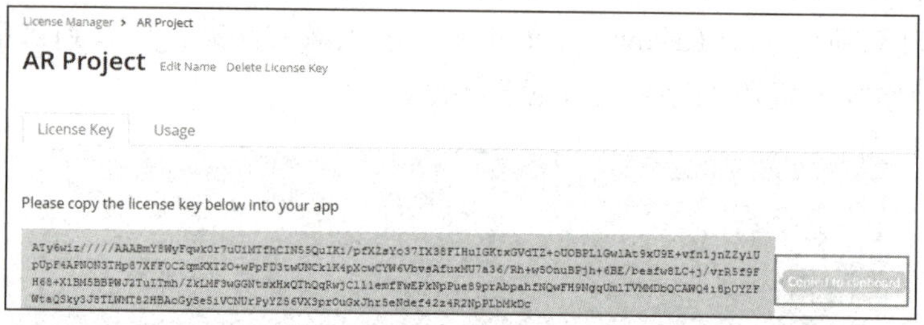

图 9.12　复制 License

单击密匙，默认复制，回到 Unity 面板，粘贴到 Add License 按钮上方的空白处。右击层次面板上的 AR Camera，在弹出的快捷菜单，选择 Vuforia Engine → Image 命令（见图 9.13），会新增一个 Image Target，同时弹出一个提示框，引导导入识别图片，单击 Import 按钮，如图 9.14 所示。

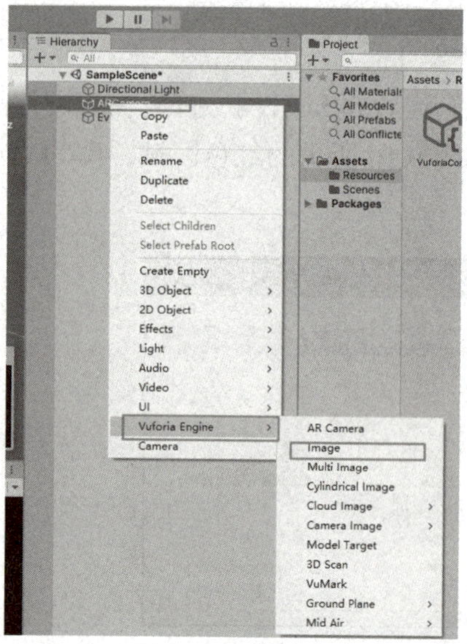

图 9.13　添加识别图组件

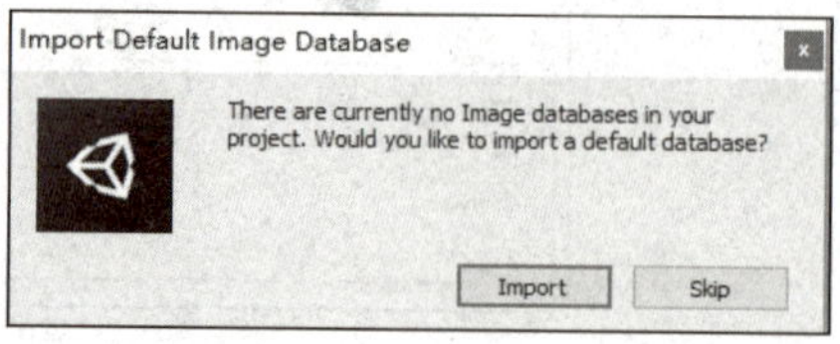

图 9.14　导图识别图

第六步，设置识别图。在 Image Target 右侧检视面板添加识别图像，设置如图 9.15 所示。此时会再次进入 Vuforia 的主页，选择 Add Database 按钮（见图 9.16）。

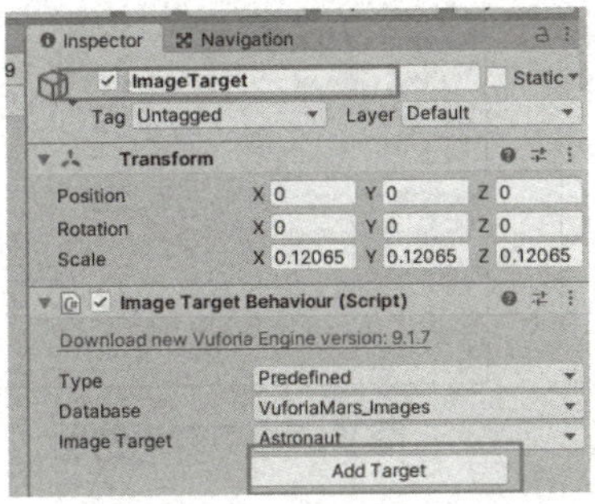

图 9.15　打开识别图设置

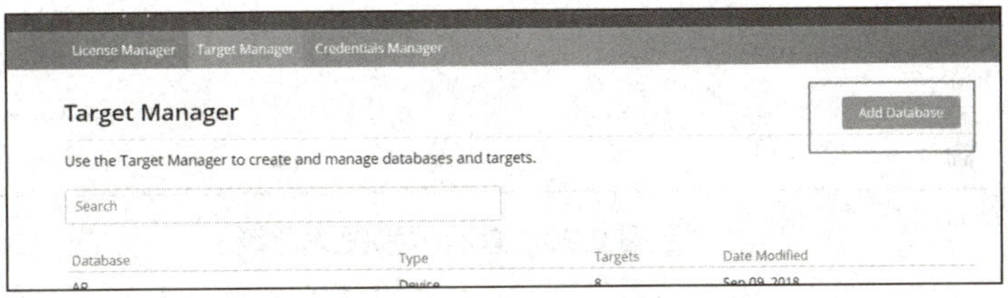

图 9.16　添加识别图库

输入识别图的名称。创建完成后可以在管理界面看到所有识别物名称，如图 9.17 和图 9.18 所示。

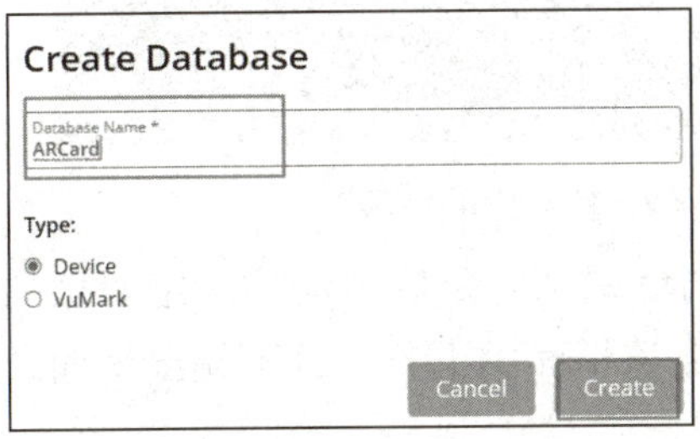

图 9.17　输入识别图名称

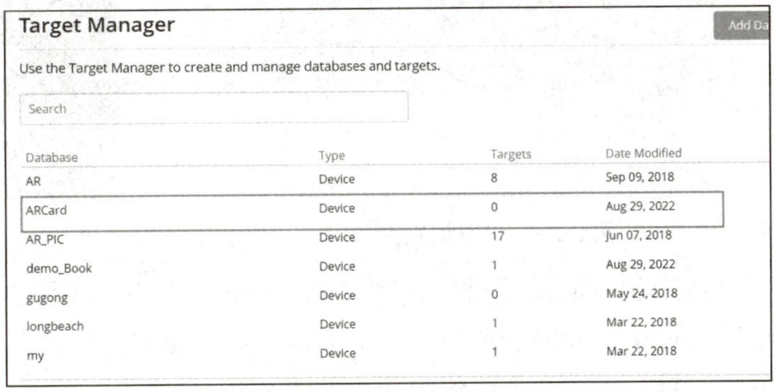

图 9.18　查看识别图库

选择我们要设置的识别物名称，弹出图 9.19 页面，我们要进行设置，识别对象的类型，可以是一张图片，一个圆柱体等，在计算机上选择识别图的位置，设置识别图的 Width。

设置完识别图后，Vuforia 会根据识别图的质量进行评级，五星表示识别图质量最高，也就是能准确识别的概率最高，如果星级很低，可以考虑重新更换识别图。

第七步，下载识别图。识别图设置完成后，下载识别图，彩色打印，以便用计算机或者手机的摄像头拍摄识别，所以可以选择图 9.20 右上方的下载按钮，会弹出图 9.21。选择 Unity Editor 单选按钮即可，如果需要在 Xcode 等环境中使用，可以选择另一个选项。

第八步，回到 Unity 设置。将生成的文件导入到 Assets，选择 AR Camera 下的 Image Target，单击右侧，选

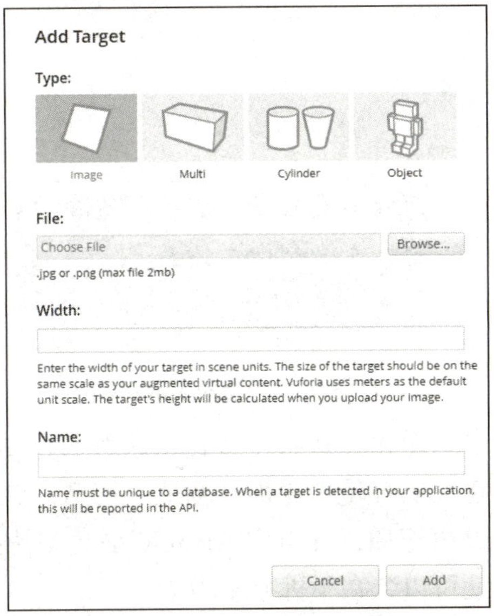

图 9.19　设置识别图的属性

择之前创建识别图，我这里名字叫 ARCard（见图 9.22），可以看到场景中的识别图有变化，变成了刚刚定义的识别图（见图 9.23）。

图 9.20　查看识别图的评级

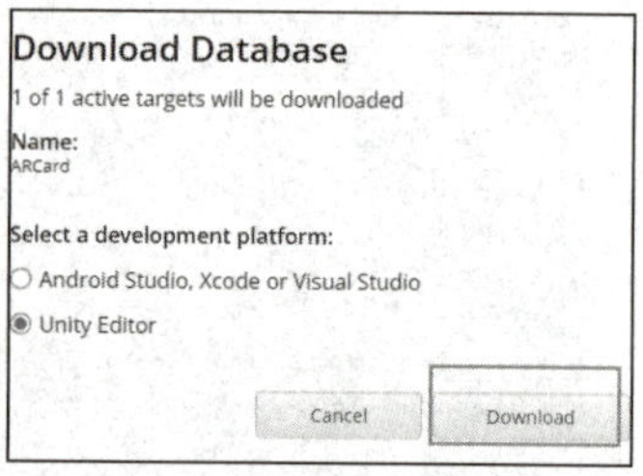

图 9.21　下载识别图

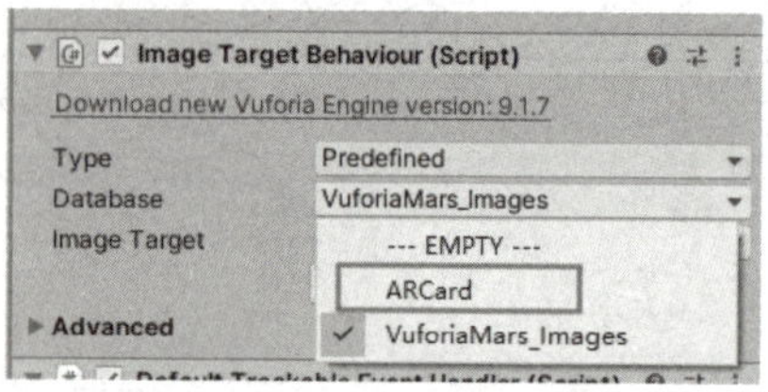

图 9.22　设置识别图

图 9.23　场景中的识别图

将识别后显示的对象拖到 Image Target 下方（见图 9.24），调整识别对象后显示的三维对象的位置，可以将该识别图当成一个平面，如果希望显示的三维对象在该平面的上方而且不超出平面，就将三维显示放在平面的中间（见图 9.25）。

图 9.24　拖入显示对象

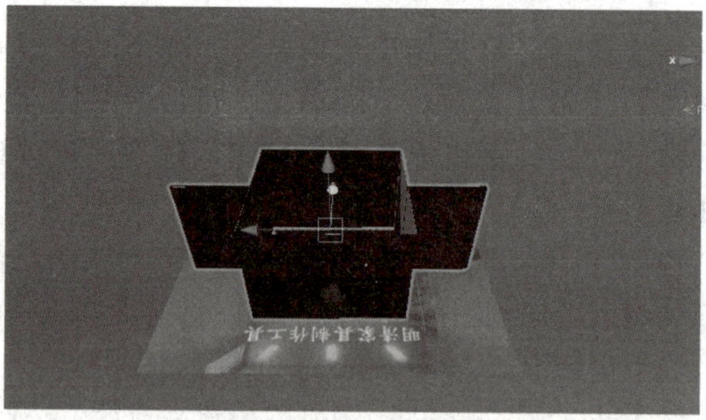

图 9.25　最终效果

单击“运行”按钮，获取的是实时的环境，当计算机上的摄像头对准之前彩打的图片，就会在真实环境中叠加“场地”模型，该模型出现的位置就是图 9.25 设置的与识别图相对的位置，如果想把项目导出成 Android 平台支持的软件，需要在计算机上安装 Java 环境，编译成 .apk 文件，就可以装在手机上使用。

9.2　沉浸式虚拟现实系统开发

当虚拟现实技术与交互设备如头戴式显示器即头盔、无线手柄、定位器基站等设备相结合时，会让用户产生与虚拟世界合为一体、身临其境的沉浸感。

早期的虚拟现实设备较笨重庞大，类似我们第 1 章提到的“达摩克利斯之剑”，经过几十年的发展，设备不断更新、轻量化。2014 年，Oculus 展示了新一代头戴式 VR 头盔原型机，该设备整合了耳麦，可以实现对头部 360° 的运动侦测，重量也更轻；2016 年 6 月，HTC 推出了面向企业用户的 VIVE 虚拟现实头盔套装——VIVE BE（商业版），这些都成为虚拟现实走进家庭的推动器。目前随着硬件市场的壮大，可以将 VR 头盔分为三类：一类是专业级的 VR 头盔（外接式头戴设备）；一类是便捷型的 VR 眼镜（移动端头显设备）；另一类是 VR 一体机。三者在价格上区别较大，专业级的 VR 头盔价格较高，VR 一体机近两年比较热，价格也较高，VR 眼镜的价格相对便宜，几乎都在几百元左右；其次，三者硬件有差别，VR 头盔不需要手机作为外设，包含传感器、蓝牙等硬件，需要使用配置较高的计算机，属于外接式头戴设备；VR 眼镜中镜片为技术核心，需要借助手机这个外部设备呈现 3D 效果；VR 一体机介于 VR 头盔和 VR 眼镜之间，不需要专门的计算机和手机外设，显示效果和价格也介于两者之间。三者之中，VR 头盔具有更高的分辨率，清晰度更好，视角范围更大，眩晕感较低。

随着时代技术的发展，产品一代比一代更能满足用户的需求。目前 VR 头盔主要有 HTC VIVE Pro、华为 VR Glass、大朋 E3 360° 定位套装、Oculus Rift 等；VR 眼镜主要有小米 VR 眼镜、三星 Galaxy Gear VR、HUAWEI VR；VR 一体机主要有爱奇艺奇遇 3、Pico G2 4K、大朋 P1 Pro 4K 等。表 9.1 比较了一些市场上的品牌设备。

表 9.1　VR 设备对比表格

品牌型号	HTC Vive Pro	华为VR Glass	大朋E3 360° 定位套装	小米VR眼镜	爱奇艺奇遇3
产品类型	外接式头戴设备	外接式头戴设备	外接式头戴设备	移动端头显设备	VR一体机
分辨率	双眼分辨率： 2 880 × 1 600 单眼分辨率： 1 440 × 1 600	单眼分辨率： 1 600 × 1 600 双眼分辨率： 3 200 × 1 600	2 560 × 1 440	—	（3 840 × 2 160）
视场角	110°	90°	110°	103°	96°
显示屏	2个3.5英寸3K AMOLED显示屏	FAST LCD屏幕	三星5.7英寸AMOLED柔光护眼屏	38 mm高透镜片，光学级PMMA 透光率超过93%	双非球面镜片
调节功能	可调整镜头距离（适配佩戴眼镜用户） 可调整瞳距 可调式耳机 可调式头带	独立近视调节： 0～700° 瞳距自适应范围： 55～71 mm	瞳距范围54～74 mm，自适应调节（兼容大多数标准镜框眼镜）	物距调节：最大支持600° 近视、200° 远视	瞳距调节：自适应 57～69 mm 近视调节：大面贴设计，可佩戴眼镜使用，无须调节
刷新率	90 Hz	手机模式：70 Hz 计算机模式：90 Hz	90 Hz	1 600 Hz	90 Hz

9.2.1 开发工具

1. HTC VIVE

HTC VIVE 被称作人机交互的划时代产品。设备有头戴式显示器（HMD）包含连接的串流盒、无线单手持控制器以及两个定位器。头戴式显示器（HMD）是体验者用户进入虚拟环境的视觉窗口，主基站和辅助基站会通过激光发射器搜索并锁定用户活动的区域范围和所在位置；无线单手持控制器用来与虚拟环境进行交互。HTC VIVE 的体感交互设备和 Unity 3D 引擎连接，能够给使用者提供沉浸式体验。图 9.26 为 HTC VIVE 实物图。

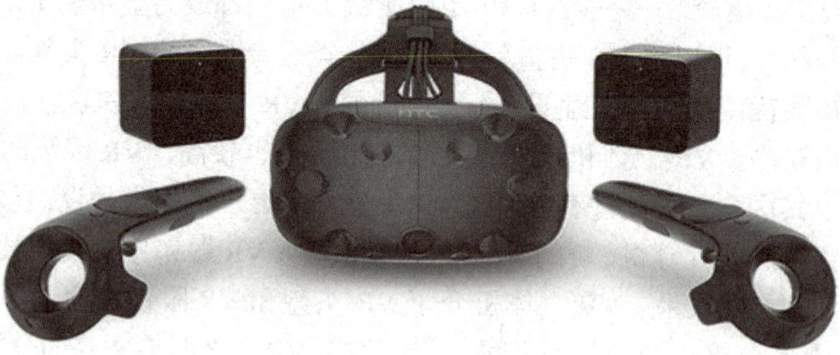

图 9.26 HTC VIVE 实物图

找一块空旷平稳的地面，将两个基站的三脚架撑开，连接到电源，两个基站的距离不要离得太远，将头戴式显示器戴在头上，手持两个手柄可以进行操作，图 9.27 是 HTC VIVE 设备的穿戴示意图。

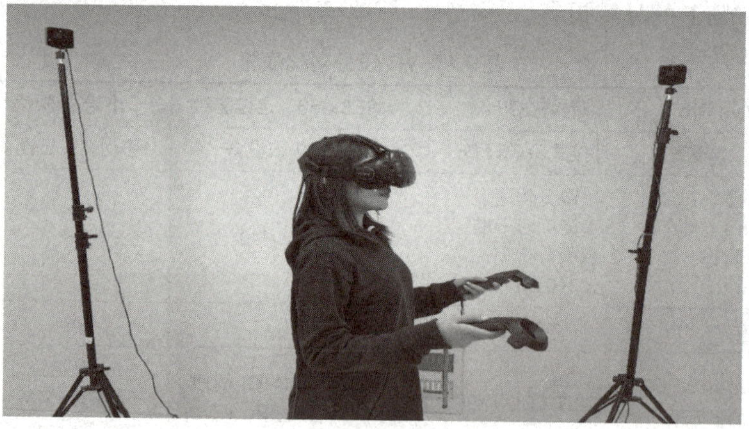

图 9.27 HTC VIVE 设备的穿戴示意图

2. Steam VR 软件及插件

在使用 HTC VIVE 设备前，需要在计算机上下载 Steam 平台，该平台是全球最大的综合性数字发行平台之一，玩家可以在该平台购买、下载、讨论、上传和分享游戏和软件。安装好 Steam 软件后，仔细阅读 HTC VIVE 设备的说明书，将手柄、头盔等连接好，再把两个定位器固定好，具体步骤是首先确定一块空旷的场地，把主基站和辅基站固定住，两个基站之间不要超过 5 米的距离且两个基站的高度必须超过个人的身高，将头戴式显示器戴好，切勿遮挡 LED 镜头，头戴式显示器中的感应器会被 Lighthouse 基站定位器进行搜索，将充电器接入电源，连接器的 USB 口连接计算机 USB 口、HDMI 六边形口连接计算机的 HDMI 口。然后打开 Steam VR 软件，将 HTC VIVE 设备连接就绪，如图 9.28 所示。

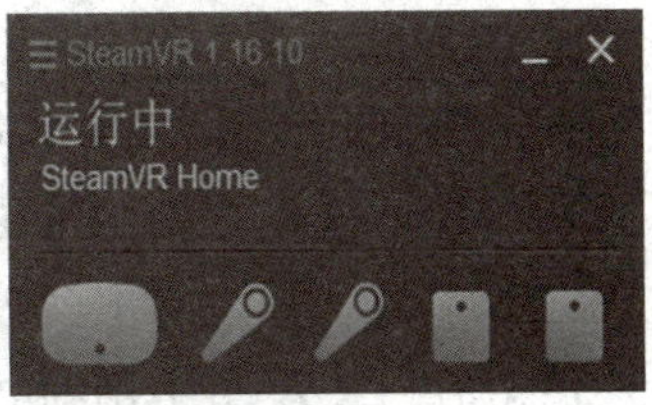

图 9.28　连接 HTC VIVE 设备

下面开始设置房间，建立定位，校准空间，设置完成，如图 9.29 至图 9.31 所示。

图 9.29　建立定位

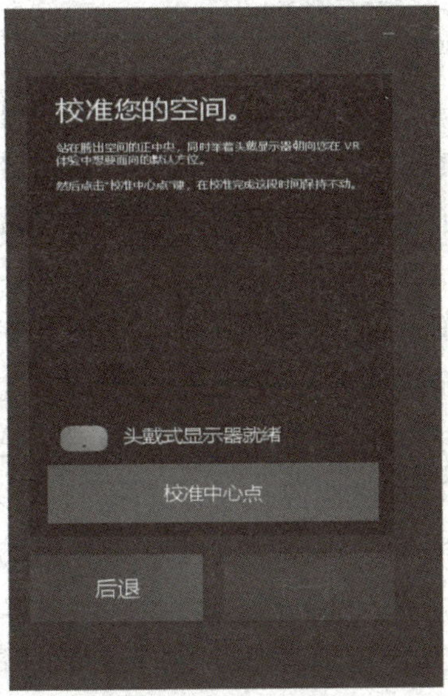

图 9.30　校准空间

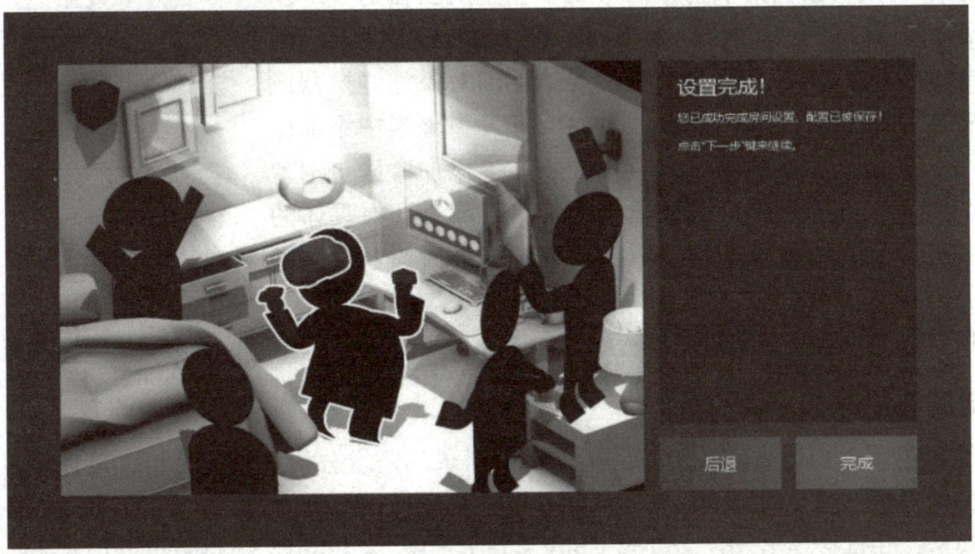

图 9.31　设置完成

等房间设置完成后，就可以用使用 HTC VIVE 设备体验虚拟现实技术给人们带来沉浸式的视觉盛宴，在虚拟空间中体验前所未有的感官刺激。

当 Steam 和 HTC VIVE 连接成功后，我们还要进行 VR 应用的开发前准备工作，需要下载 SteamVR_Unity_Toolkit（简称 VRTK），这是一款专门服务于 VR 头部显示器设备的插件，是 VR 开发的核心技术之一，需要在 Unity Assets Store 中下载并导入到 Unity 3D 的工程文件中才能使用。VRTK 中包含开发者必须在场景开发中使用的脚本，例如射线显示按钮 Pointeer Toggle Button，用户可以在 VR 环境中用射线来代替计算机中鼠标的功能。本案例使用的就是 VRTK 插件，VRTK 插件在 SteamVR Plugin 基础上封装了大量功能，可以快速开发出虚拟现实游戏和人机交互漫游系统，容易上手，效果较好。

3. 开发原理

基于 HTC VIVE 的虚拟现实系统开发，在开发流程上除了在 Unity 中完成场景渲染外，最重要的是将 HTC VIVE 虚拟现实设备通过 Steam VR 平台接入到 Unity 3D，以此来实现人机交互功能。本章将以计算机装机为例，说明在 Unity 中完成 HTC VIVE 项目开发的核心环节。

使用 HTC VIVE 进行人机交互和使用 PC 交互是有很大区别的。例如，关于抓取物体，基于 HTC VIVE 设备是通过硬件手柄发出的射线选住物体；而基于 PC 的交互则是通过指定键盘上的某个按键选中物体。射线是三维虚拟空间中的概念，是这个空间的一条直线，该条直线是某一个点沿着单一方向发射出的一条线，当它检测到所需要瞄准的目标对象时，则会产生中断发射，射线同时具有碰撞检测的功能。我们可以使用射线完成 HTC VIVE 手柄和场景中模型发生的碰撞检测，扣下手柄扳机按键就可以发射射线，该条射线将会与目标对象进行碰撞，在发现所接触到的目标对象时，会进行相应的事件响应以及调用其对应的方法。除了拾取功能，在 HTC VIVE 设备上移动物体和在 PC 上移动物体的方式也大不相同，基于 HTC VIVE 设备是通过上一步扣动扳机拾取物体后移动手柄完成物体的上下左右移动；而基于 PC 的交互要移动物体则是通过单击键盘上对应的按键进行移动。当然两者共同之处是都要给移动对象加碰撞器或触发器。第 5 章中我们说过在 Unity 3D 游戏开发引擎当中添加碰撞器和触发器的方式，碰撞器可以直接在物体上添加碰撞包围盒组件，触发器可以在碰撞器的包围盒上添加一个属性。在具体的虚拟现实应用中，可以根据应用场景的需要选择加碰撞器或是触发器。

以上所描述的内容具体实现的流程图，如图 9.32 所示。

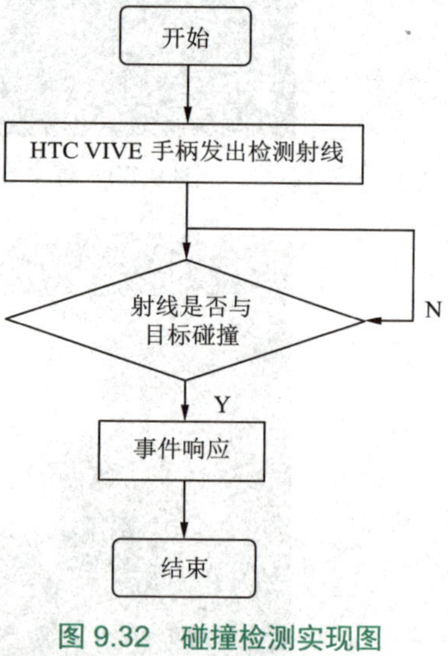

图 9.32　碰撞检测实现图

9.2.2　实例应用

以计算机组装虚拟仿真实验为例，根据面向对象的需求分析及功能分析，设计该系统功能模块，依次分为理论学习模块、人机交互模块、考核模块。该案例的 3D 场景可以通过 3ds Max 软件进行构建模型，并直接导出 .fbx 文件到 Unity 3D 引擎中。系统功能设计图如图 9.33 所示。

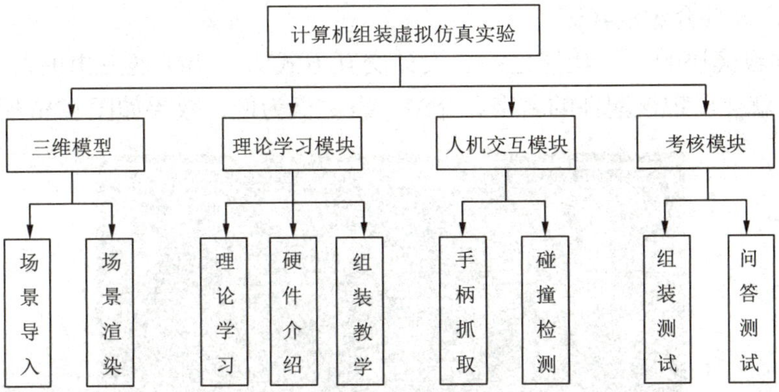

图 9.33　系统功能设计图

1. VRTK 插件脚本的挂载

本案例是通过 HTC VIVE 来实现沉浸式体验的，并使用 VRTK 实现与物体的交互。可以在 Unity 的官方商城下载 VRTK，本章的素材包中也提供了该插件包。将 VRTK 资源包导入到项目文件中，找到 VRTK → Scripts → Interactions → VRTK_InteractableObject.cs，手动挂载 VRTK_InteractableObject.cs，赋给每一个即将交互的对象，该组件可以用来进行交互，如图 9.34 所示。

VRTK 与物体交互有三种类型：Touch、Grab、Use。

（1）Touch：可以使手柄悬停在物体上面，跟物体进行碰撞或接触。

（2）Grab：可以按动某一定义的按键，抓取物体。

（3）Use：通过一个事件自定义一个操作。

不管设计为以上哪种方式进行交互，为了防止手柄触摸不到硬件，必须先给该案例中每个需要交互的对象（即待组装的计算机配件）加上刚体和碰撞器这两个组件，给硬件物体规定一个碰撞区域，如图 9.35 所示。

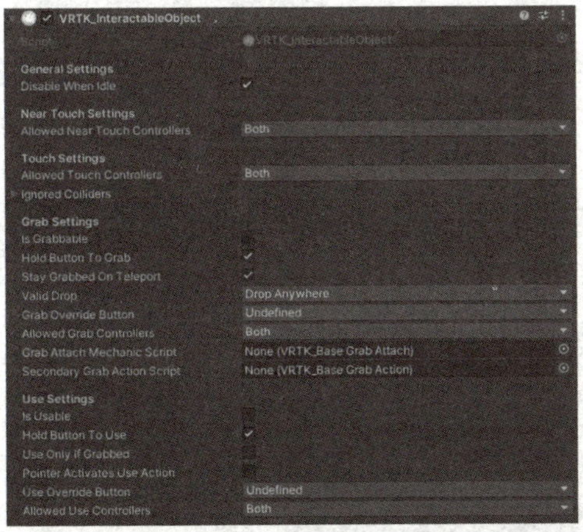

图 9.34　添加组件

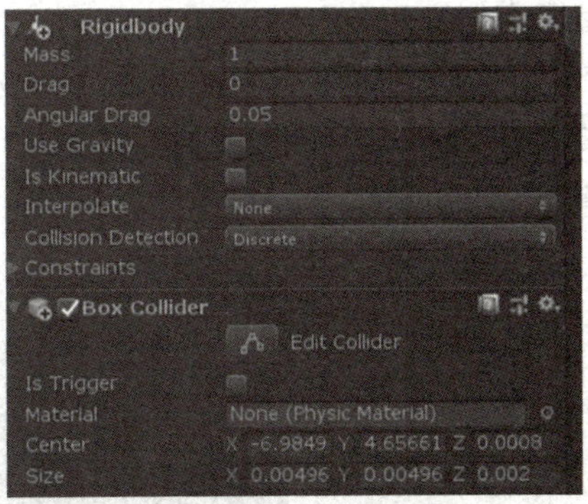

图 9.35　为每个硬件添加刚体和碰撞器

为了让物体随手柄的移动而移动，随手柄的旋转而旋转，要给手柄挂载 VRTK_Interact Grab.cs，设置完成后，再挂载 VRTK_InteractTouch.cs、VRTK_ControllerEvents.cs，而且在 VRTK_InteractTouch 源代码中自动生成了 VRTK_ControllerActions.cs。

2. 学习模块之硬件介绍的实现

硬件介绍是学习模块的主要功能之一，设计交互方式为：当手柄发出的射线指向计算机待介绍配件时，界面上就会出现该配件的名字和介绍，以主板为例，效果如图 9.36 所示。

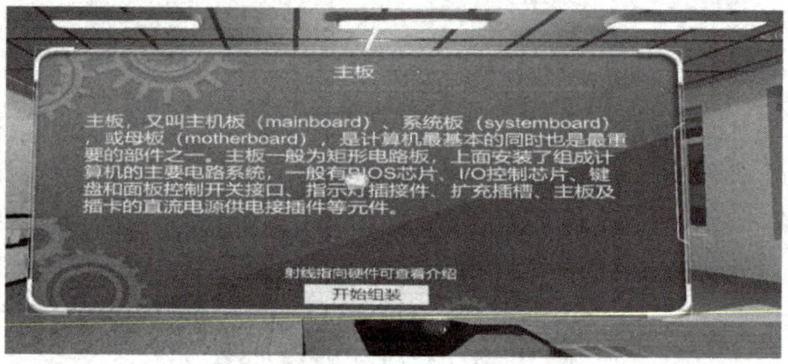

图 9.36　主板的 UI 效果图

新建一个脚本，实现该功能的核心代码如下：

```
    private void AssemblePart_InteractableObjectUnused(object sender,
InteractableObjectEventArgs e)
        {
            if (IntroductionPage.Instance.enabled)
                IntroductionPage.Instance.HidePage();
    }
```

以上代码实现当手柄射线指向主板对象时，调用 VRTK 的脚本。

```
        private void AssemblePart_InteractableObjectUsed(object sender,
InteractableObjectEventArgs e)
        {
            if (IntroductionPage.Instance.enabled)
                IntroductionPage.Instance.ShowPage(IntrudoctionPage);
    }
```

以上代码实现当手柄射线指向主板对象后，显示主板介绍页面。其他计算机待组装配件的交互代码与之类似。

3. 学习模块之组装教学的实现

组装教学的 UI 界面是通过提示按照要求拿起对应的计算机硬件组装到主机当中。界面效果如图 9.37 所示。

图 9.37　组装教学效果图

1）计算机硬件的抓取

抓取场景中的硬件，在这一实现过程中是手柄的碰撞器与硬件物体处在一个相互碰撞的状态中，在此按下手柄的按钮来实现碰撞，实现的第一步需要添加 VRTK_InteractTouch 和 VRTK_InteractGrab 两个脚本文件，硬件物体上有碰撞刚体且与挂载的 InteractableObject 形成交互，抓取且碰撞时，isGrabbable 为 True, 这时抓取便成功。

抓取的核心代码如下：

```
        internal void Assemble()
        {
                GetComponent<VRTK_InteractableObject>().InteractableObjectGrabbed +=
AssemblePart_InteractableObjectGrabbed;
            GetComponent<Highlighter>().FlashingOn();//高光亮起
            GetComponent<VRTK_InteractableObject>().isGrabbable = true;//抓取硬件
            GetComponent<Collider>().enabled = true;//碰撞成功，实现抓取
        }
```

2）抓取特定的硬件

在本案例中，设定用户可以随意抓取任意配件，并放入指定位置，以风扇为例，根据提示完成的过程如图 9.38 和图 9.39 所示。

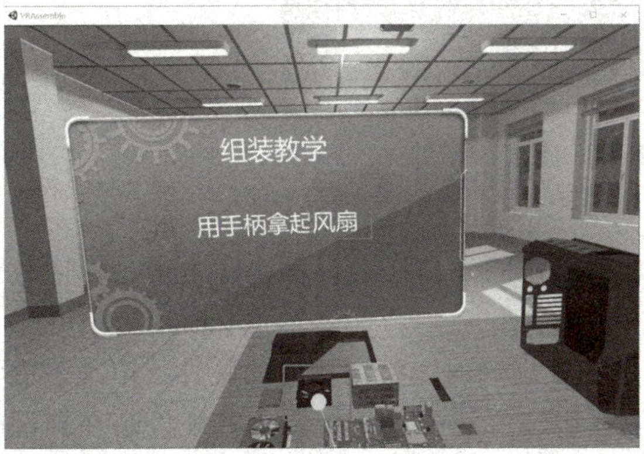

图 9.38　根据提示拿起相应的硬件

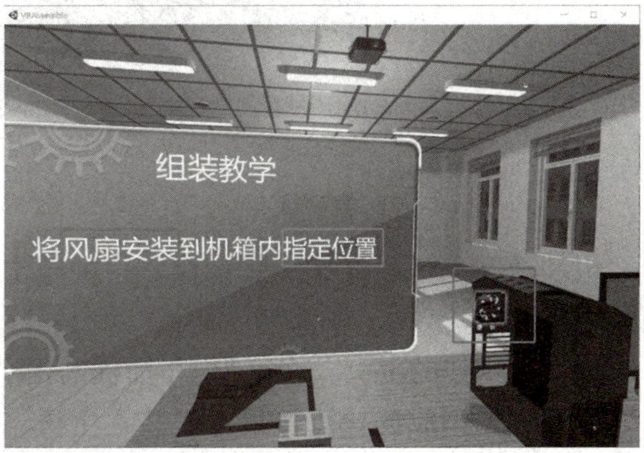

图 9.39　根据要求安装到机箱指定位置

根据提示完成相应的教学步骤，其功能实现的关键代码如下所示：

```
    public void StartAssemble(int v)
        {
            Index = v;
            if (assembles.Length > Index)
            { assembles[Index].Assemble();
                if (State == GameState.Teaching)
                        TipManager.instance.SetText("用手柄拿起" + assembles[Index].
Tip);
            }
            else
            {
                if (State == GameState.Teaching)
```

```
                {TipManager.instance.SetText("组装教学完成");
                    StartOperationBtn.SetActive(true);
                }
                else
                {TipManager.instance.SetText("组装完成");
                    StartTestBtn.SetActive(true);
                }
            }
        }
```

通过手中的手柄组装计算机内部所有的硬件，组装完成以后，开始实际操作进行下一个环节——组装测试，如图 9.40 所示。

图 9.40　组装教学完成

3）组装测试模块

组装教学完成后开始实际操作，组装教学部分是用蓝色的光亮作为提示，在单击过程中有正确的声音特效。

在实际操作的部分，会根据 UI 面板的提示，用手柄发出的射线指向相应的硬件，按动手柄侧边的按钮，把相应的计算机组件安装在主机当中，但在组装过程中如果把要求的硬件装在错误的硬件位置上，系统便会给出红色的光亮作为警告，同时会响起错误的音效。以主板为例，放在风扇的位置，就会出现红色的光亮作为错误警告，实现的效果如图 9.41 所示。

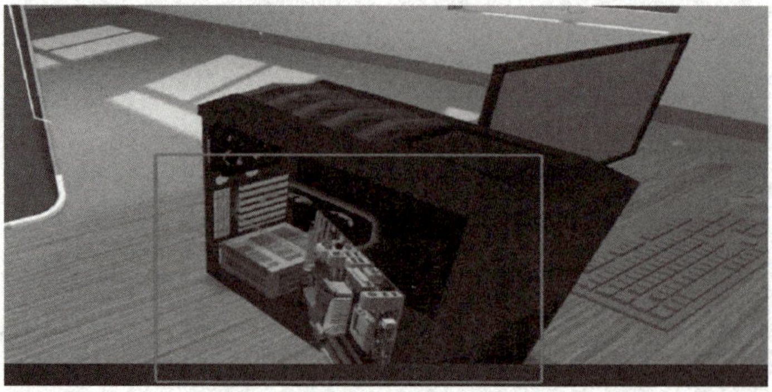

图 9.41　主板放在风扇的错误位置

实现此功能的关键代码如下所示：

```
if(other.gameObject==Part)
        {
            if (GameManager.instance.State == GameManager.GameState.Teaching)
                GetComponent<Highlighter>().FlashingOff();
            else
                StartCoroutine(FlasingOnAndOff());
                     Part.GetComponent<VRTK_InteractableObject>().isGrabbable =
false;
              Part.GetComponent<VRTK_InteractableObject>().GetGrabbingObject().
GetComponent<VRTK_InteractGrab>().ForceRelease();//调用插件的脚本
            Part.transform.rotation = transform.rotation;//旋转变换
            Part.transform.position = transform.position;//世界坐标的位置
            Part.GetComponent<Collider>().enabled = false;
            GetComponent<Collider>().enabled = false;
            if (CorrectSound)
                CorrectSound.Play();//如果正确，便响起正确音效
                GameManager.instance.Next();
         }else if( GameManager.instance.State==GameManager.GameState.Assemble&&
other.gameObject.GetComponent<AssemblePart>()!=null&& bUseIncorrectTip)
        {
            if (WrongSound)
                WrongSound.Play();//如果错误，便响起错误音效
            GetComponent<Highlighter>().FlashingOn(Color.red, Color.red);
            WrongPart = other.gameObject;//错位位置亮起红色高光
        }
```

能够根据要求自主操作完成组装测试部分内容，开始进入下一个环节——答题测试，效果如图 9.42 所示。

图 9.42　组装完成

9.3 全景漫游系统开发

全景漫游系统是将全景技术与虚拟漫游相结合的一种表现形式。技术采用特殊的拍摄工具拍摄水平方向 360°、垂直方向 180° 的多张图像，然后通过特殊的软件或 App 将其拼接成一张全景照片。该照片能呈现出完整的、连续不间断的视角画面，给观察者身临其境的感受。

9.3.1 开发工具

1. 全景照片拍摄工具

全景照片的拍摄方式普遍分为两种。第一种方法较为传统。首先，使用普通相机或手机摄影功能拍摄多方位的图片素材。然后，将原始底片导入到 PTGUI 软件中。PTGUI 是一款功能强大的全景图片拼接软件，可运行自动对齐控制点，执行拼接工具拼接图像的指令。最后，生成并保存全景图片文件。

第二种方法相对来说更为便捷。随着技术的发展，摄影摄像行业为满足各种场景下的全景照片拍摄需求，推出了多款全景照片拍摄相机。在日常拍摄中，可以直接运用全景照片拍摄相机进行全景图片的拍摄。

常见的拍摄相机如下：

（1）小红屋全景相机

小红屋全景相机的拍摄原理是基于采用了两大创新技术实现的，分别是 nodeRotate 节点旋转科技和 anyScene 全场景自适应成像系统。独特的节点旋转技术使单目相机也能实现 360° 旋转。拍摄前，小红屋全景相机会进行测光实验，进一步确保输出的图像在光线和曝光上达到最佳效果。测光结束后，机器会开始进行拍摄。小红屋全景相机会拍摄多个方向（通常是四个方向）的照片，并通过相机内部的算法将这些照片进行自动拼接，从而生成完整的全景图像。整个过程通常只需要 20 ～ 30s，非常高效，如图 9.43 所示。

相机拍摄出的全景图像是通过相机内部算法进行自动拼接，除此之外，也可以在自带 App 上进行全景图像的编辑和处理，如设置初始视角、热点、标注等。

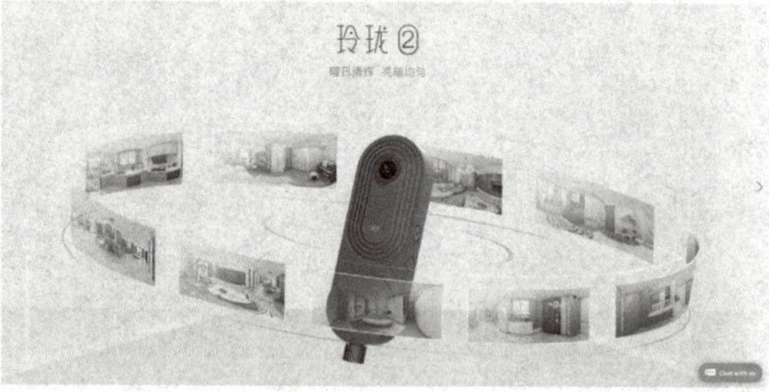

图 9.43 小红屋全景相机

（2）影石 insta360 X4-8K 全景运动相机

影石 insta360 X4-8K 全景运动相机是一款功能强大且性能卓越的全景运动相机。其主要特点包括 8K 全景拍摄、360° 全景视角、AI 智能功能、防抖与水平矫正、移动延时与延时摄影等。

该相机拍摄一次全景，会呈现无数构图角度。如拍摄 360° 全景视频，也可进一步通过 Insta360 App 中的 AI 剪辑工具随心构图，自由选取所需角度，呈现更真实的视觉感官，如图 9.44 所示。

图 9.44　影石 insta360 X4-8K 全景运动相机

2. Photoshop 图片处理软件

Photoshop 是 Adobe 公司开发的一款领先人工的数字图像处理软件。该软件提供了直观的工具栏和操作界面，使用户能够轻松地进行各种图形、图像、视频、文字的处理和调整。Photoshop 的操作界面分为五个部分，分别是菜单栏、工具栏、选项栏、操作界面及操作面板，如图 9.45 所示。

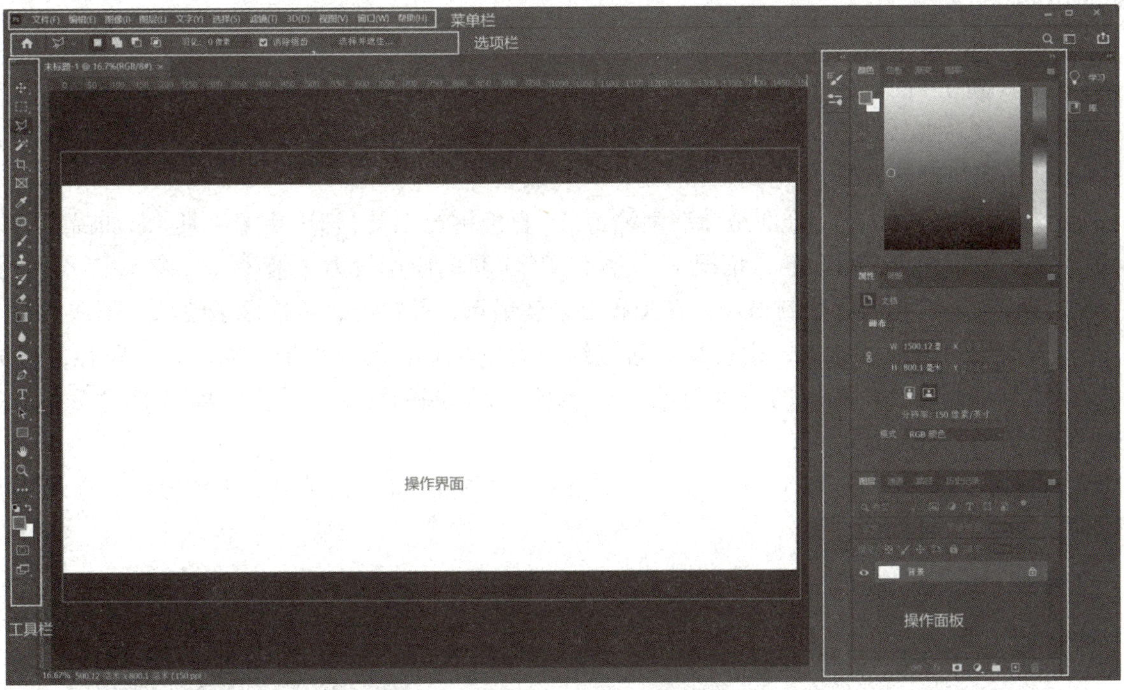

图 9.45　Photoshop 操作界面

在图像格式上，Photoshop 支持多种文件格式，包括 PNG、JPG、GIF、TIFF 等，可以方便地与其他软件进行交互。

全景照片拍摄后往往会出现人物入镜或照片衔接处有瑕疵的问题，因此，需要用到 Photoshop 来进一步修饰美化全景照片。

Photoshop 常用工具包括移动工具、裁剪工具、选框工具、套索工具、自由变换工具、魔棒工具、吸管工具、钢笔工具、修补工具、仿制图章工具等，在开发全景漫游系统时，首先需要拍摄全景图片，如果全景图片有其他不需要的事物入镜，则需要对图片进行美化，这时用得最多的就是套索工具、钢笔工具和修补工具。套索和钢笔用来绘制选区，修补工具则用来进行图片的修补。

（1）套索功能

套索功能允许用户在图像或特定区域进行选择，从而进行各种后续操作，如调整颜色、添加滤镜、图像修复等。

套索功能主要分为三种类型，分别是自由套索、多边形套索和磁性套索。

自由套索工具可绘制任意形状的选区，灵活快速但不够精确，操作过程中，可以通过鼠标或手绘板等设备，自由地拖动来创建选区。一般用于不规则区域的大致选择。

多边形套索工具是用于创建多边形形状的选区，主要是通过单击并拖动鼠标来创建多边形线段，以创建所需的选区。一般在直边形状的图像抠图领域用得比较频繁。使用过程中，按住 Shift 键可绘制水平、垂直等 45° 角倍数的直线。

磁性套索工具相对于以上两种工具来说更为智能，它会根据图像的边缘来自动选择区域。它能够有效地识别图像的边缘，使得用户在选择区域时更加准确和快捷。尤其是对于一些边缘较为规则的图像。

（2）钢笔功能

钢笔工具在 Photoshop 中是一种绘制矢量图的工具，主要用于精确到某一个物体的边缘勾勒，类似于直线、曲线、开放路径或闭合路径的绘制。除了绘制简单的线条和图形外，钢笔工具还可以用来创建复杂的选区、图像抠图、制作矢量蒙版等操作。

钢笔功能包含多种类型，分别是标准钢笔工具、自由钢笔工具、弯度钢笔工具、添加锚点工具、减少锚点工具和转换点工具。通常情况下，标准钢笔工具的应用较为频繁。

操作过程中，首先需要绘制路径。在画布上创建锚点，并单击，依次添加锚点，形成线段。

路径若想维持开放的状态，则在最后落点结束后按住 Ctrl 键并单击；如需闭合路径，将最后落点的位置移动到第一个锚点的位置附近，光标出现小圆圈的形状并单击，即可形成一个完整的图形，如图 9.46 所示。

路径绘制完成后，右击，选择“建立选区”或在右侧“路径”面板中点击“将路径作为选区载入”图标即可，如图 9.47 所示。

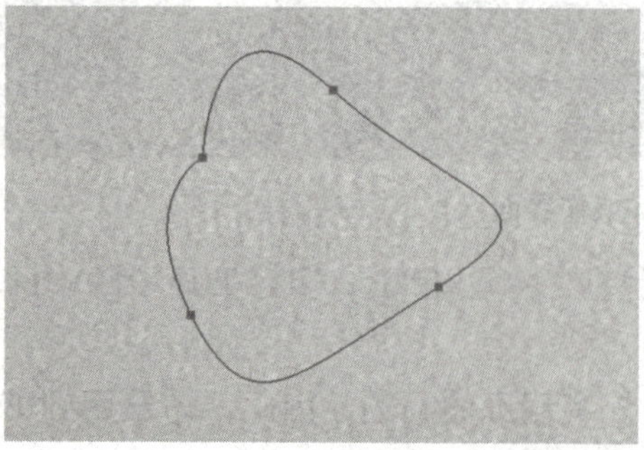

图 9.46　绘制一个完整的路径

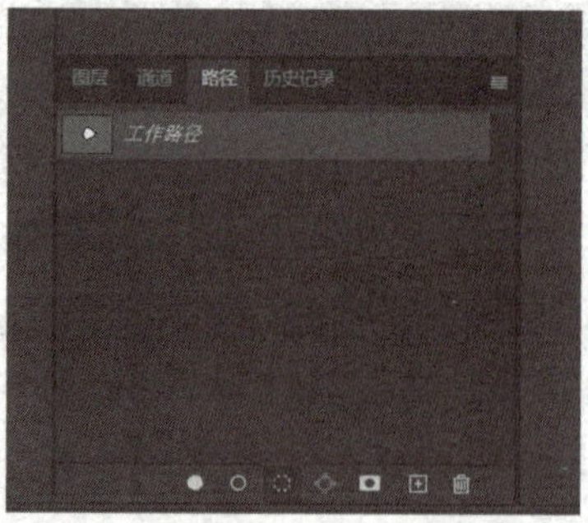

图 9.47　路径面板

（3）修补工具

修补工具是 Photoshop 软件在修图过程中应用率较高的功能，它可以快速修复图像中的瑕疵、污点等有缺憾的部分。通常应用于人脸修复、景色修复、旧照片修复的场景中，其种类包括污点修复画笔工具、修复画笔工具、修补工具、内容感知移动工具、红眼工具五种，如图 9.48 所示。常用处理一般选用修补工具，与上文中的选区工具搭配使用。

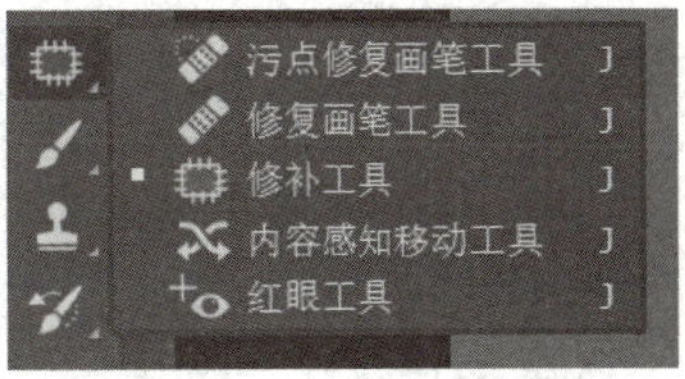

图 9.48　修补工具组

在使用修补工具时，首先要通过选区工具创建选区，可以借助矩形选区、套索工具等进行框选。

接着，将选区拖动到需要修复的位置，软件会自动识别选区内的内容执行修补操作。

最后，修复完成后，可以使用快捷键【Ctrl+D】取消选区。

3. Pano2VR

Pano2VR 是全景漫游系统开发市场上主流的一款全景图像转换应用软件，其本身是内核式的界面化软件，无须编程基础。

视频

Pano2VR 软件介绍

Pano2VR 支持英语、汉语、法语、德语等多种语言在内的用户界面。同时，支持平面、圆柱、球、交叉、立方体面片、交叉、T、条状和 Quick Time VR 作为输入格式与增加的能力，格式之间进行转换修饰。

文件属性支持 JPEG、PNG、TIFF、Photoshop PSD、OpenEXR、高动态 HDR 等格式，和 Quick Time 文件 JPEG 编码与虚拟现实。

借助 Pano2VR，用户可以输入一张全景图片，软件完成自动补地操作，直接转换成全景漫游系统，在此过程中允许用户进行自定义的编辑和修改操作，最后输出 H5 及 flash 文件。

启动 Pano2VR，一般会默认显示主界面视图，如图 9.49 所示。

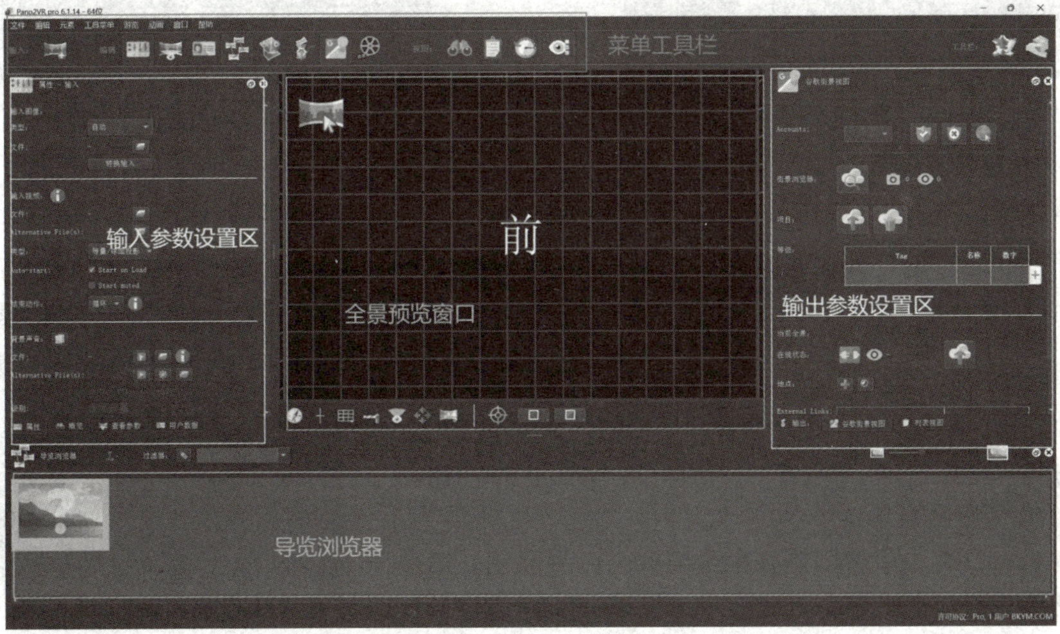

图 9.49　Pano2VR 的主界面

默认的界面共分为五个选区，最上面的是菜单工具栏，中间左侧为输入参数设置区，中间是全景预览窗口，中间右侧为输出参数设置区，下面是导览浏览器，它的常用功能包括以下几点：

1）输入全景图

在 Pano2VR 中新建全景漫游场景图的方法：

第一种：在菜单工具栏中单击“输入”按钮，选择准备好的全景图片，单击“打开”，成功导入全景图片。

第二种：将事先准备好的全景图片直接拖入到导览浏览器中，即可成功导入全景图片。

由于导入的全景图片存在一定的数量，所以为了避免混淆场景名称，输入全景图后，可以在“用户数据”下更改每一个场景的标题，如图 9.50 所示。

2）输出全景图

在菜单工具栏中单击“输出”按钮，单击“+”，选择“html5”的格式，在输出状态下选择图标，保存工程文件后即可将所需要的全景漫游场景输出，如图 9.51 所示。

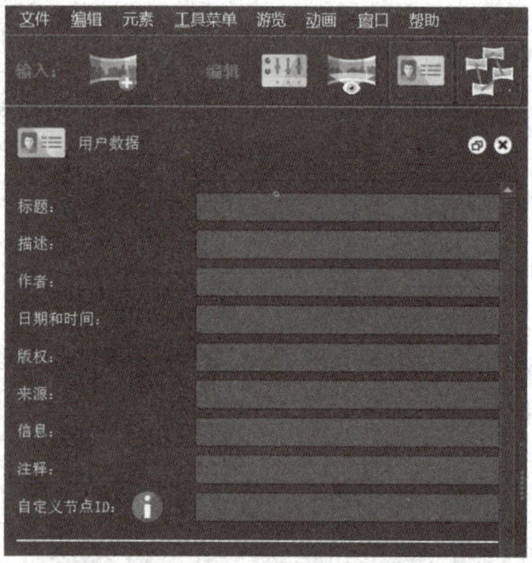

图 9.50　用户数据面板显示

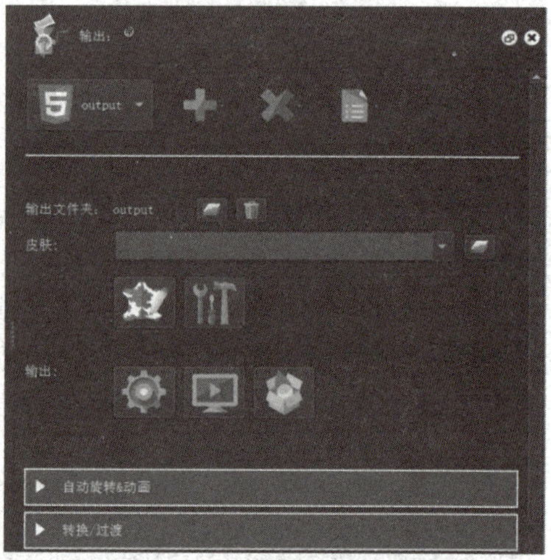

图 9.51　输出面板显示

3）修改默认视图

默认视图为进入全景漫游系统后呈现的第一个场景图片，如需更改默认视图，可以执行以下操作进行设置。

第一步，在 Pano2VR 中打开工程文件。

第二步，单击“查看参数”按钮。

第三步，长按鼠标左键将场景拖动到合适的视图视角，再单击“设置”按钮，即可成功设置默认视图。如需返回到系统设置的默认视图，单击“重置”按钮即可，如图 9.52 所示。

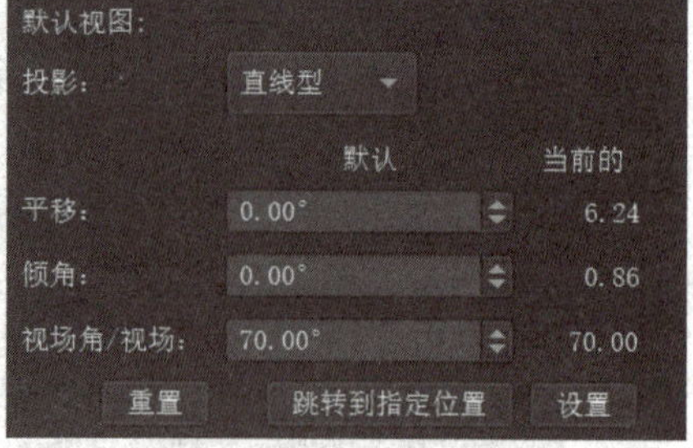

图 9.52　默认视图显示

4）设置限制视角

在 Pano2VR 中设置限制视角主要分为两种限制。第一种是全景漫游系统中对顶部、底部、左侧、右侧四个方向的展现角度进行的限制。第二种则是对视场角 / 视场（缩放）的限制，也就是对界面缩放的设置。

限制四个方向的限制设置具体操作步骤如下：

第一步，在 Pano2VR 中打开工程文件。

第二步，单击“查看参数”按钮，在“查看限制”选区中勾选“显示限制”，查看限制信息。

第三步，长按鼠标左键向上拖动，选择好需要限制的顶部角度后，单击右侧的“设置”按钮，即可完成对顶部限制视角的设置。

重复以上操作，可设置底部、左、右的不同的限制视角，如图 9.53 所示。

对视场角 / 视场（缩放）的限制设置操作如下：

第一步，在 Pano2VR 中打开工程文件。

第二步，单击“查看参数”按钮，在“查看限制”选区中找到视场角 / 视场（缩放）设置。

第三步，滑动鼠标滚轮到想要设置的界面最小呈现视角，单击“最小值”后的设置按钮；同理，通过鼠标滚轮将画面视图设置到最大呈现视角，单击“最大值”后的设置按钮即可完成虚拟漫游场景的缩放设置，如图 9.54 所示。

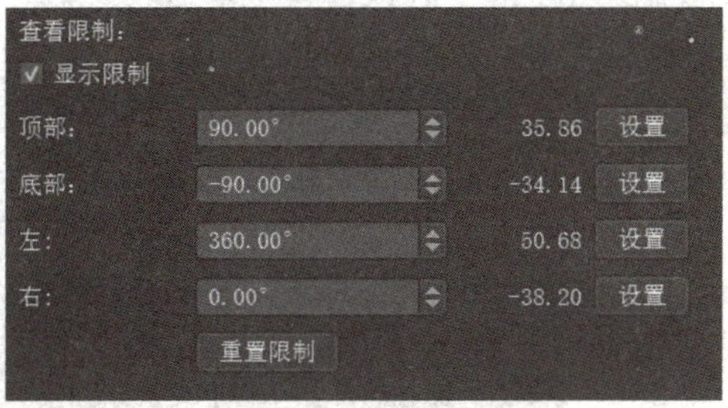

图 9.53　设置限制视角

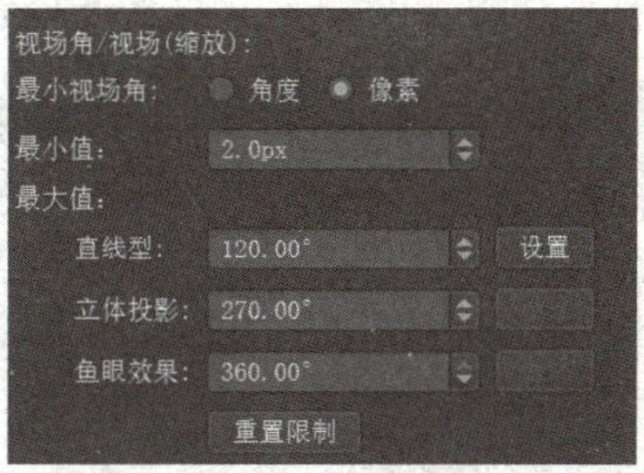

图 9.54　设置视场角

5）设置自动旋转

自动旋转是全景漫游系统中很常见的需求，一般用于展览、宣传的场景，其特点在于，无须人为控制就可以让全景图在展示时自动旋转并播放场景，进一步提升使用者沉浸式的体验。具体设置方法如下：

第一步，在 Pano2VR 中输入多张全景漫游图片。

第二步，单击“输出”按钮，单击“+”，选择 html5 的格式，在输出面板找到“自动旋转 & 动画”，并勾选“自动旋转”功能。调整相应的参数即可设置自动旋转的标准。如图 9.55 所示。

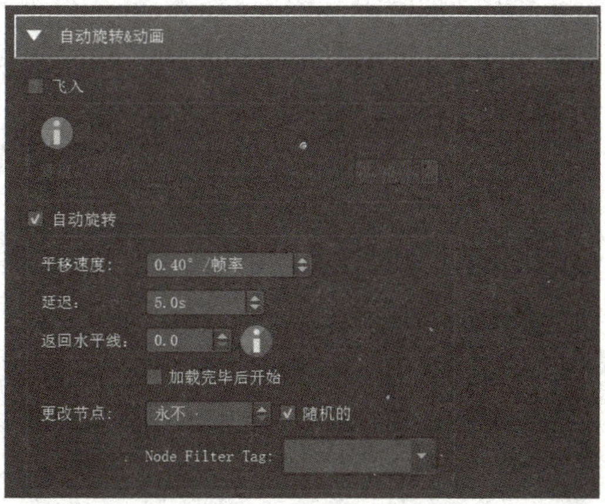

图 9.55　设置自动旋转

在具体设置中，“平移速度”代表画面自动旋转的速度，“延迟”表示鼠标停止操作几秒后画面开始自动旋转，“返回水平线”数值限定为 0-10，0 表示不返回水平线，10 表示立刻返回水平线。若勾选“加载完毕后开始”，则无须执行延迟操作，打开全景漫游系统后画面会立刻开始旋转。“更改节点”表示场景自动旋转的跳转，调整时间对应在该场景中会停留相应的时间点，继而跳转到下一个场景。

6）添加背景声音

背景声音一般以背景音乐的形式呈现，是进入虚拟漫游场景的情感氛围的体现，在 Pano2VR 中可以对不同场景设置不同的背景声音。设置的方法通常有两种。

第一种，直接设置场景背景声音。单击“属性”按钮，在“背景声音”选区单击按钮，选择要插入的音频素材，单击“打开”，添加准备好的 .mp3 格式的音频文件即可完成。

如需删除背景声音，只需在添加好的文件名处右击“清空”则可删除。在正常运行模式下，如添加的音频在漫游场景中破损，以致无法播放，那么可以在设置过程中选择“文件”下方的“Alternative Files”替换文件，插入备用音频素材。不同的场景可以添加不同的背景音乐。

在“背景声音”输入参数设置区中，“级别”代表的是背景声音的音量数字，默认值为 1。“循环”为音频文件播放的次数，默认值为 1，即背景声音完整播放一遍后停止。如需设置循环播放，将数值修改为 0 即可，如图 9.56 所示。

第二种，在虚拟漫游场景中“嵌入”背景音乐。在全景预览窗口左侧单击“声音”图标，接着在想要添加声音的物体上双击选择音频文件后单击“打开”即可成功添加，如图 9.57 所示。

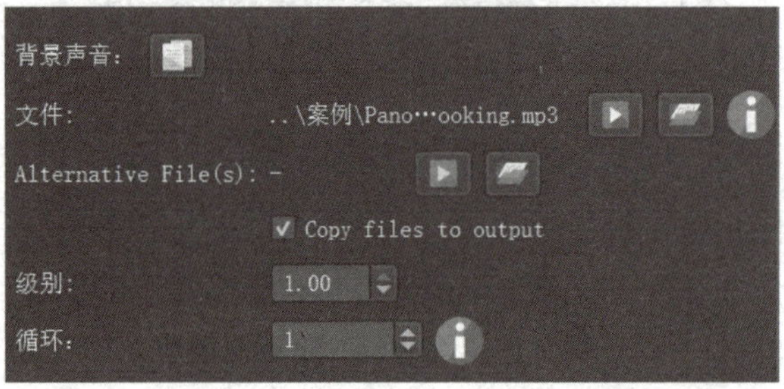

图 9.56　背景声音参数设置

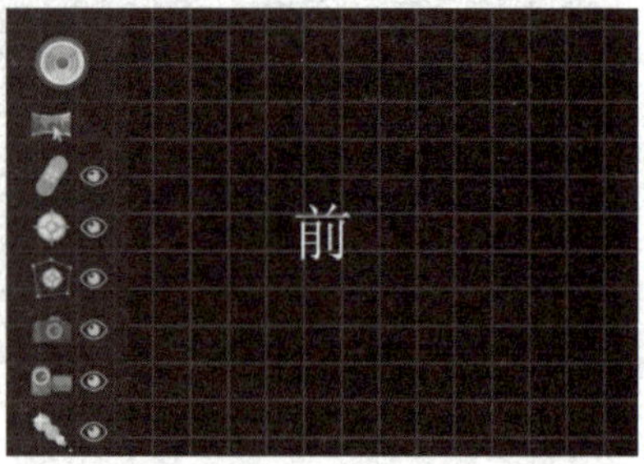

图 9.57　在场景中“嵌入”背景音乐

与第一种方法不同之处在于音乐播放模式的不同，主要包括静态的、环绕、定向矩形、定向循环、矩形效果、环形效果。静态的模式和第一种添加方法呈现的效果相同，其余模式下，背景音乐的音效会随着漫游的位置的改变而改变。

7）添加图像

在 Pano2VR 中，添加图像是一个相对简单的操作，该操作通常以放大图片的形式查看全景漫游场景中的图像。具体操作方法如下：

第一步，在 Pano2VR 中输入全景漫游图片。

第二步，在全景预览窗口左侧单击“图像”的图标，在需要添加图像的位置双击鼠标左键，在跳出的选择图像文件窗口中选择需要添加的图像，单击“打开”，图像就被成功添加到指定位置了，如图 9.58 所示。

第三步，使用鼠标拖动图像的四条边或调整左侧输入参数栏的具体数值调整添加图像的大小、角度、倾角，使其与场景中的图像完全贴合，如图 9.59 所示。

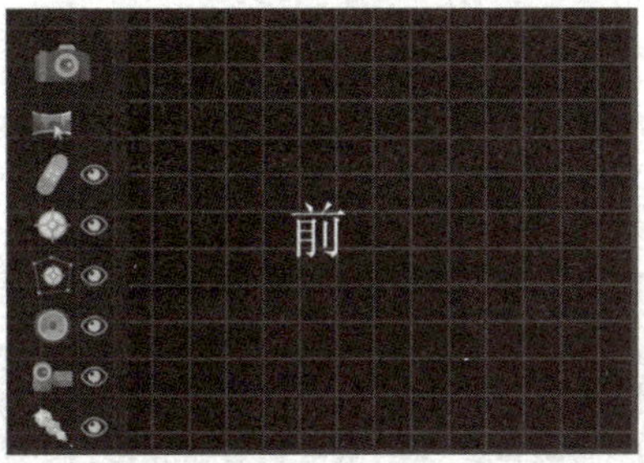

图 9.58　添加图像

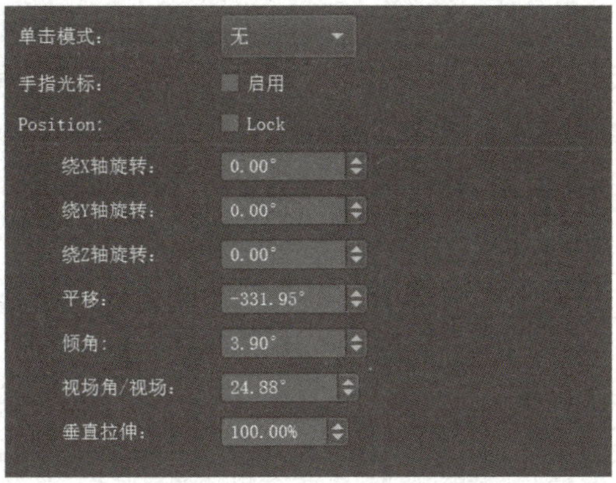

图 9.59　添加图像参数设置

8）添加视频

添加视频的操作方法和添加图像的方法大致相同。添加视频的位置一般会选择全景图片中有电视机显示屏或有投影幕布的位置。具体操作方法如下：

第一步，在 Pano2VR 中输入全景漫游图片。

第二步，在全景预览窗口左侧单击“视频”图标，在指定播放视频的位置双击鼠标左键，在选择视频文件中点击需要添加的视频打开，一般是 .mp4 格式，如图 9.60 所示。

第三步，在左侧输入参数栏调整 X、Y、Z 轴的具体参数，使目标视频和场景中的位置大小相同。与此同时，调整平移、倾角、视场角 / 视场及垂直拉伸参数使目标视频的角度与场景中的位置一致。具体视频的播放设置和上文中提到的调节“嵌入”背景声音的播放模式一致，如图 9.61 所示。

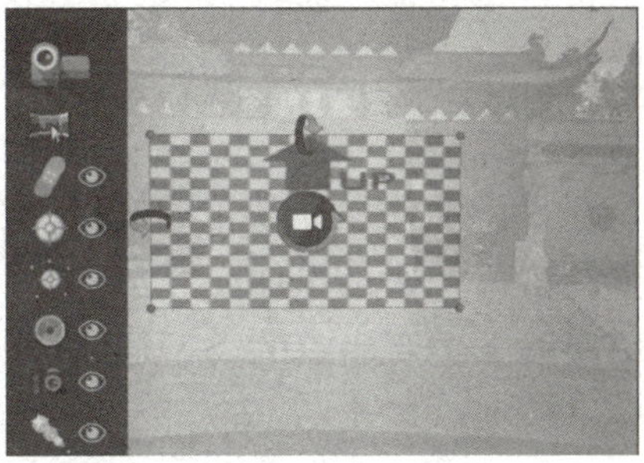

图 9.60　添加视频

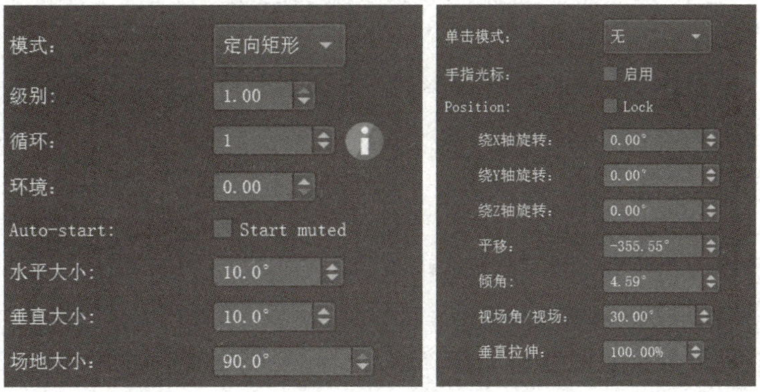

图 9.61　添加视频参数设置

9）添加镜头光晕

镜头光晕是通过模拟光线和镜头碰撞产生的散射效果，在 Pano2VR 中，添加镜头光晕可以营造温馨、梦幻的场景氛围。其具体操作方式如下：

第一步，在 Pano2VR 中输入全景漫游图片。

第二步，在全景预览窗口左侧单击“镜头光晕”图标，在需要添加光晕的地方双击，根据需求在左侧输入参数区修改相应的参数，如图 9.62 所示。

10）打“补丁”

打“补丁”通常用于修复场景中缺失的部分画面，这些缺失的部分大多是拍摄过程中入镜的三脚架或地面图像的残缺。以下是在 Pano2VR 中执行打“补丁”操作的详细步骤。

第一步，将有缺陷的全景图片输入到 Pano2VR 中。

第二步，单击“补丁”按钮，在需要修补的范围内双击，拖拉进行调整，或在左侧参数栏调整平移、视角等具体数值，使其能够完全覆盖残缺的面积。如图 9.63 所示。

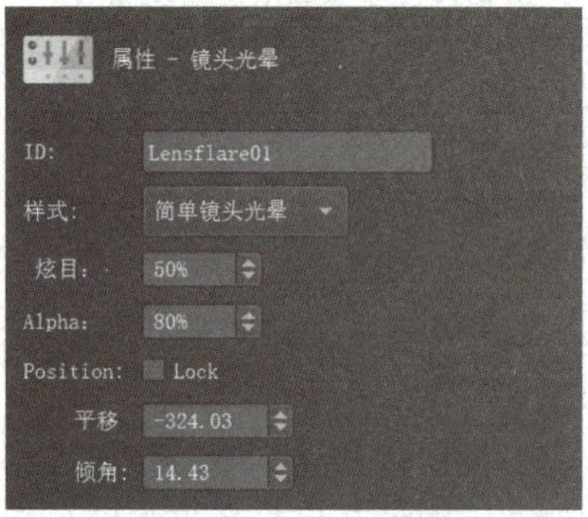

图 9.62　镜头光晕参数设置

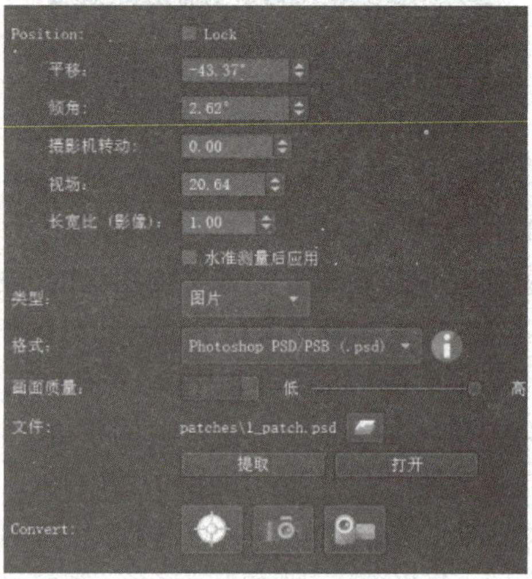

图 9.63　打补丁参数设置

第三步，在左侧输入参数设置区选择“提取”按钮，画面直接跳转到 Photoshop 中去。（该操作需建立在计算机已安装 Photoshop 的前提下）

第四步，在 Photoshop 中使用套索工具或魔棒工具将需要修补的区域填充，保存。

第五步，返回到 Pano2VR 中，全景图片上的补丁就修复好了。

11）添加指定热点

交互热点是 Pano2VR 中一项重要的功能，它们是使用者与场景漫游之间建立联系的接口，在全景漫游中提供导航与跳转的作用，是真实感官与虚拟场景连接的桥梁。通过添加交互热点，用户可以控制路线的走向、音视频的播放与暂停以及全景视角的切换等。交互热点的类型通常分为五种，分别是网址、导览节点、图像、视频及信息。

具体操作如下：

第一步，在 Pano2VR 中输入多张全景图片，并在“用户数据”栏更改每一个场景所对应的标题。

第二步，在全景预览窗口左侧选择“指定热点”图标，在特定位置双击添加热点。

第三步，在输入参数设置区“ID”处修改热点名称，判断所需指定热点的类型，如图 9.64 所示。应用场景分为五类，下面列举了两种常用的交互热点设置方法。

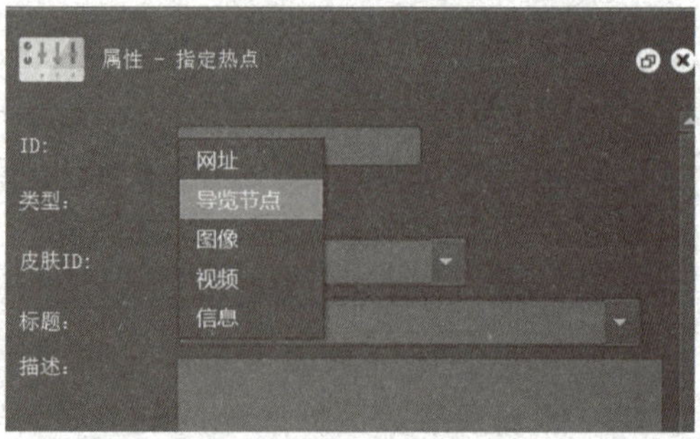

图 9.64　制定热点参数设置

（1）网址

网址热点的设置在全景漫游系统中扮演着一个超链接的角色。具体操作如下：

第一步，将热点类型修改为“网址”。“标题”可以输入一些提示类指令，例如“点我”“点击找相似”等字样。

第二步，在“链接目标网址”处输入该指令跳转的网页。

第三步，在“目标”处选择所需类型。“_blank”表示重新打开一个页面跳转到该网址链接，“_self”代表更新当前界面跳转到该网址链接。常规选择“_blank”，如图 9.65 所示。

（2）导览节点

导览节点在全景漫游中一般用于链接下一个场景，如需添加导览节点，具体操作如下：

第一步，将类型修改为导览节点。皮肤 ID 为系统默认皮肤，标题和描述为该节点的详细信息，可根据系统需求自行修改。它的作用是，在鼠标停留在该导览节点的位置时，下方会出现详细信息的文本框，在全景漫游场景中起到一个导航提示的作用。

第二步，在“链接目标网址”处选择单击该节点后跳转的下一个全景漫游场景的标题。单击目标后的按钮，即可选择进入下一场景的默认第一视角视图，如图 9.66 所示。

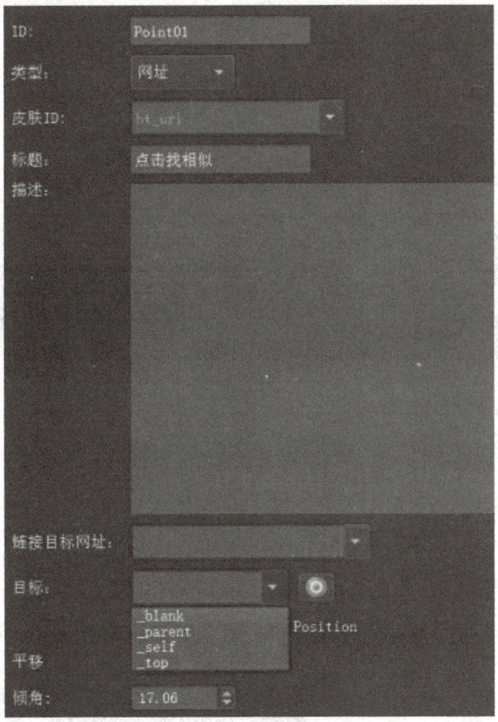

图 9.65　网址热点参数设置

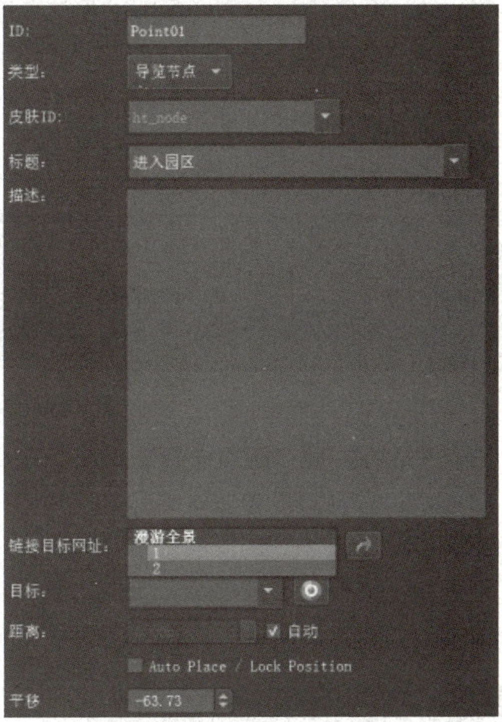

图 9.66　导览节点参数设置

第三步，用同样的添加方式完成第二场景返回到第一场景的设置。

如需更改热点文本框的样式，可以在输出参数设置中找到“热点”工具栏，根据需求修改文本框的大小、文本、背景、边框的个性化设置。

基于此，相互跳转的导览节点均已设置完毕。

12）添加多边形热点

多边形热点又称热区，是交互热点的一个分支。在 Pano2VR 中一般用于不规则形状的热点制作，具体操作方法如下：

第一步，在 Pano2VR 中输入全景图片。

第二步，在全景预览窗口左侧单击“多边形热点”图标，在所要创建热点的区域双击落下第一个点，沿图形边缘移动单击，依次落点。在最后落点的位置右击，即可形成封闭图形。如需添加落点，在边缘处单击；如需删除落点，在该点处单击即可成功删除；操作过程中如需调整中间落点的位置，单击并拖动鼠标便可移动。

第三步,在输入参数设置区修改“ID”和“类型”。该类型只有“网址”和“导览节点”两种，具体操作步骤和上文添加交互热点的方法一致。

13）制作导览节点静态皮肤

导览节点的静态皮肤设置是指全景漫游中节点外观的设计。设置过程中，可以通过改变皮肤的颜色、样式、按钮形状等视觉元素来实现导航和交互的功能性，进一步丰富场景界面。详细操作步骤如下：

第一步，在输入的全景图片中添加导览节点。

第二步，在右侧工具栏单击“皮肤编辑器”按钮，在新界面上方工具栏选择“添加交互热点模板”，如图 9.67 所示。在这里，皮肤编辑器允许用户设计自己想要的外观，添加自定义的按钮和图形，并将其应用到全景漫游系统中去。

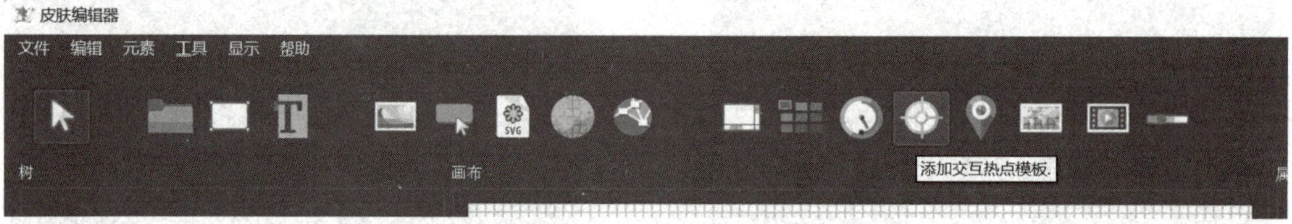

图 9.67　添加交互热点模板设置

第三步，在左侧“树”设置区修改交互热点模板的名称。如图 9.68 所示。

第四步，在画布区单击，接着在上方工具栏中单击“添加图片”图标。再次在画布区单击，选择要添加的 .png 格式的皮肤素材导入。

第五步，调整皮肤素材的大小，并将其放置于交互热点模板的下方，如图 9.69 所示。

第六步，在左侧面板向下拖拽皮肤素材文件，使其成为热点模板的子集，如图 9.70 所示。

图 9.68　更改交互热点模板名称

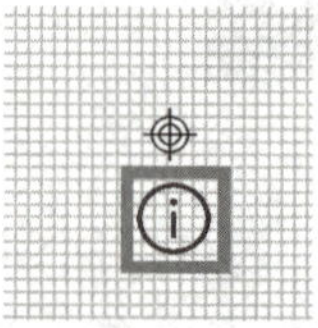

图 9.69　更改皮肤位置

图 9.70　调整子集

第七步，选中交互热点模板，在右侧“属性”栏打开“动作”分区。常规设置下，单击“+”

按钮“添加 Action”，“来源”可选择“鼠标点击”，“动作”可选择“打开下一个全景”，“URL”可选择“热点 URL”，“视图”可选择“目标视图”，最后单击“OK”。如图 9.71 所示。

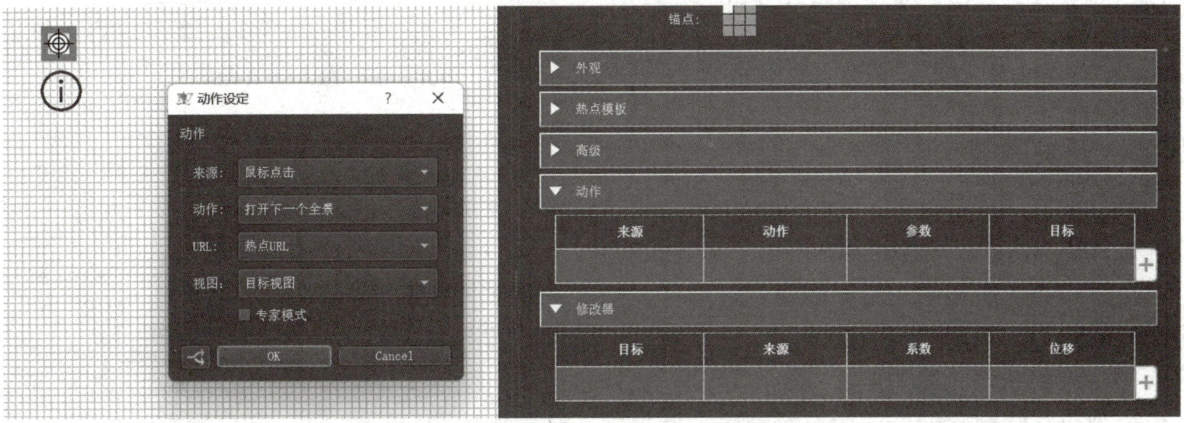

图 9.71　设置交互热点模板动作

第八步，使用“Ctrl+S”保存该皮肤文件，并命名该皮肤文件名。

第九步，将制作好的皮肤应用到全景漫游场景的导览节点中。选中导览节点，在输出参数设置区选择“皮肤”下对应的第八步保存的皮肤文件。在输入参数设置区的“皮肤 ID”栏选择第三步命名过的交互热点模板，如图 9.72 所示。

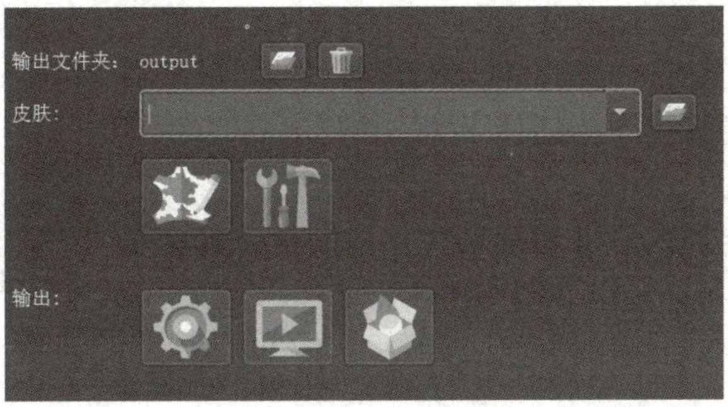

图 9.72　将交互热点模板应用到导览节点皮肤上

第十步，保存该全景漫游场景文件，输出即可呈现修改后的交互热点的静态皮肤导览。

14）制作控制按钮

控制按钮是全景漫游系统中控制界面的操作按钮，常见的控制按钮包括“向上”“向下”“向左”“向右”“放大”“缩小”“音乐播放 / 暂停”“移动界面”等形式。具体设置方法如下：

第一步，在右侧工具栏单击“皮肤编辑器”按钮，在新界面上方选择“添加按钮”图标，在画布任意位置单击，导入想要添加的按钮图片。可按住 Ctrl 键，一次添加多个按钮图标。

第二步，在右侧“属性”栏下的“位置”控制区修改合适的参数，将导入的按钮进行整齐有序的排版。

第三步，分别给按钮添加动作。这里以向上的按钮图标为例，在右侧单击“添加动作”，在“动作设置”对话框“来源”选择“鼠标点击”，“动作”为“俯仰”，“方向”为“向上”，“速度”可根据向上的幅度需求进行修改，单击“OK”确定。

第四步，以第三步的操作为例，将其余按钮的动作依次设置添加。全部设置完毕后保存该皮肤文件。

第五步，将控制按钮应用到全景漫游系统中。在右侧输出参数设置区“皮肤”选择第四步保存的皮肤文件，保存输出即可。

9.3.2　开发原理

全景漫游系统共分为三个阶段：全景图拍摄阶段、全景漫游系统交互制作阶段、系统部署阶段。

全景图拍摄阶段的主要原理是通过设备，拍摄一系列具有重叠区域的图像，利用设备内嵌的图像拼接技术或通过外部图像拼接软件将这些图像无缝连接成一个连续的、宽视角的单一图像，从而模拟出环绕观察者周围的全景视野，并根据系统制作需求，进行色彩校正、色相调整、饱和度调整、局部优化调整等后期处理，提升全景图的质量，最终生成一个沉浸式的全景视图。

全景漫游系统交互制作阶段是将制作好的全景图导入 Pano2VR 中，进行跳转热点的设置、交互热点的设置、交互 UI 的设计、交互形式的制作、交互动画的制作等。并将制作好的系统，根据需求打包成可执行文件、html5 文件等。

系统部署阶段，将系统打包好的文件进行部署，放入服务器中，根据部署地址，可以通过互联网进行远程访问。全景原理流程图如图 9.73 所示。

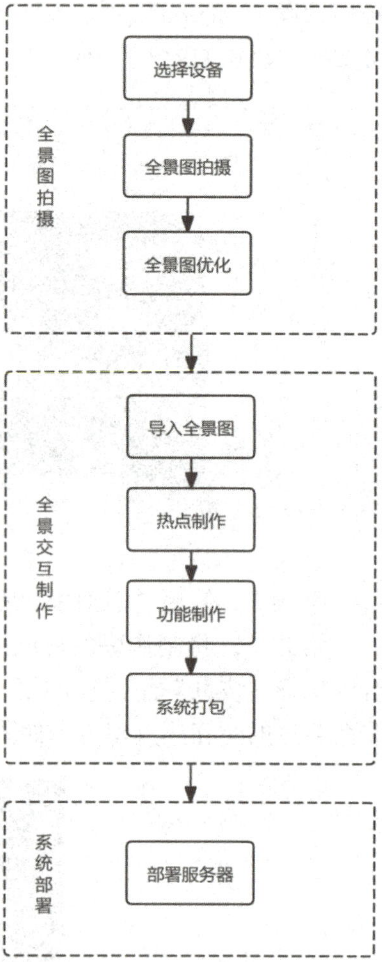

图 9.73　全景原理流程图

全景漫游系统分为全景图素材和全景交互地制作，其中全景图的原理是通过特定设备，拍摄并制作出一张宽高比为 2:1 的图片，并将这张照片通过特定的算法映射到一个球形空间中，如图 9.74 所示。

图 9.74　球形空间展开图

建立三维坐标系，在球体的中心点建立摄像机，摄像机可以将球体的空间三维坐标转化为屏幕二维坐标，并通过系统输出成画面，如图 9.75 所示。

图 9.75　球形中心摄像机

当我们想要对内容进行缩放、旋转的时候，实际上是对摄像机的 Fov 值、相机的旋转角度进行调节，如图 9.76 所示。

图 9.76　调节中心摄像机

全景热点跳转是全景图的切换，通过单击不同的交互热点进行不同的全景图切换，并根据不同的全景图显示不同的热点 UI。

系统是通过三维坐标系，记录每一个全景图场景下的跳转热点数量和跳转热点的 Button 三维坐标，使用者当转动到合适的角度后，将可以看到可交互的热点按钮，从而完成对应的操作，如图 9.77 所示。

图 9.77　UI 热点交互

9.3.3　实例应用

1. 项目设计

本实例以朝天宫景区全景虚拟漫游系统为例，根据面向对象的使用需求和应用需求、功能分区，设计该全景系统的导览节点，依次分为棂星门——孔子行教像——大成门——大成殿——崇圣殿——崇圣殿内部之间的热点交互。系统功能设计图如图 9.78 所示。

视频

棂星门——孔子行教像导览节点

视频

孔子行教像——崇圣殿内部导览节点

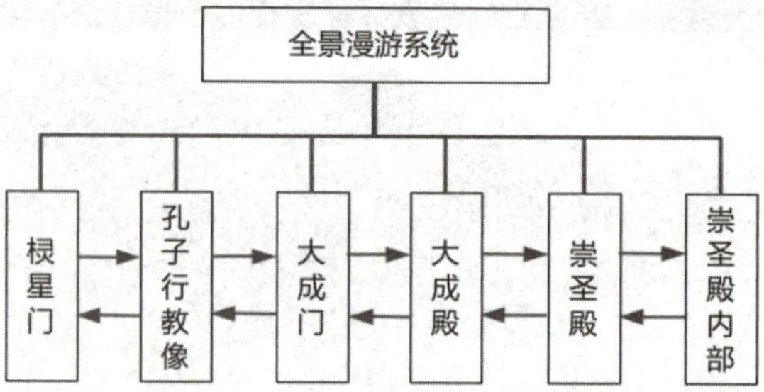

图 9.78　全景漫游系统功能设计图

2. 开发流程

（1）朝天宫全景拍摄

本案例通过小红屋全景相机来完成朝天宫全景照片的素材收集工作，同时使用三脚架等辅助拍摄工具来提升照片拍摄的稳定性。

拍摄原理为水平方向或垂直方向大于 180° 的半球视场或 360° 的成像技术。拍摄过程中，无须任何手动操控，小红屋全景相机的拍摄镜头会执行自动旋转命令，对整个朝天宫的场景进行 360° 的扫描拍摄。旋转角度为每 90° 一次拍摄，共拍摄四次。

拍摄完毕后，相机自身 App 可进行智能图像整合，最终导出完整的全景照片。这种自动化的拍摄不仅在图像处理上大大减少了拍摄流程，还提高了拍摄效率。

本次案例运用到的 6 张朝天宫全景照片拍摄图如图 9.79 至图 9.84 所示。

图 9.79　朝天宫全景图片 1

图 9.80　朝天宫全景图片 2

图 9.81　朝天宫全景图片 3

图 9.82　朝天宫全景图片 4

图 9.83　朝天宫全景图片 5

图 9.84　朝天宫全景图片 6

（2）图片处理

由于小红屋单目全景相机的特性，因此，拍摄的内容最好以静态呈现为主。如果拍摄主体有目标物体在移动，可能会出现同一个目标在全景图像中多次出现的情况。在该案例拍摄过程中，朝天宫景区的开放性原因不可避免地导致很多游客的身影入镜。为了不影响用户在全景漫游系统中的体验感，在图片处理上需要使用 Photoshop 软件将全景照片中出现的无关对象移除。

视频
Photoshop 人物消除处理 1

消除人物的方法有很多种途径，针对背景元素单一的人物可以直接使用内容识别填充功能。主要操作步骤如下：

第一步，将全景图片导入到 Photoshop 软件中。

第二步，单击套索工具，将要删除的人物圈出建立选区，如图 9.85 所示。

视频
Photoshop 人物消除处理 2

第三步，右击，选择“填充”，在弹出的对话框中单击“内容识别”，单击确定即可完成消除工作，如图 9.86 和图 9.87 所示。

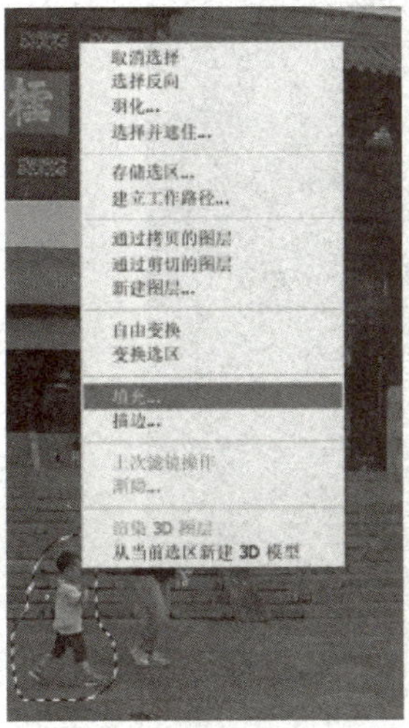

图 9.85　套索选中人物

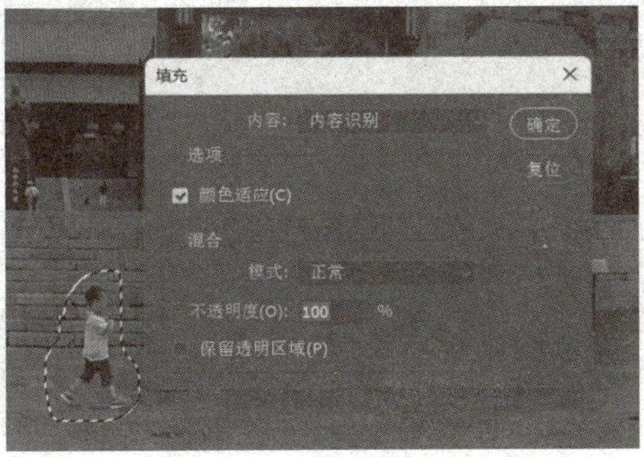

图 9.86　内容识别填充

图 9.87　消除后的效果图

针对背景元素较为复杂的人物图像消除方法可以使用仿制图章工具或修补工具，主要操作步骤如下：

第一步，将全景图片导入到 Photoshop 软件中。

第二步，单击仿制图章工具，按住 Alt 键对人物周围环境进行采集。

第三步，在要消除的人物主体上进行涂抹，反复调整直至图像状态自然即可。

图 9.88 为使用仿制图章工具前后对比图。

图 9.88　使用仿制图章工具前后对比图

（3）交互热点制作

在本案例中，设定用户可根据导览节点按游览路线进入朝天宫景区内部，并到达指定地点，以完整的南北动线棂星门—孔子行教像—大成门—大成殿—崇圣殿—崇圣殿内部为例，完成 Pano2VR 的热点制作。

主要操作步骤如下：

第一步，将 6 张不同区域的全景图片输入到 Pano2VR 中，如图 9.89 所示。

图 9.89　将全景图片输入到 Pano2VR 中

第二步，在“用户数据”面板修改每张图片的标题。

第三步，添加导览节点。在图片 1 棂星门处双击添加指定热点，“类型”选择“导览节点”。

第四步，修改标题“前往孔子行教像”。

第五步，将“链接目标网址”改为“2”，如图 9.90 所示。

第六步，单击“查看目标参数”按钮，调整由图片 1 跳转到图片 2 中的第一视角图，如图 9.91 所示。

图 9.90　导览节点参数设置

图 9.91　目标参数视角设置

第七步，用相同的方法在场景 2 中和场景 1 相对应位置再添加一个导览节点，并将目标链接到场景 1 中，标题命名为“前往棂星门”，如图 9.92 所示。

图 9.92　孔子行教像——棂星门导览节点

至此，关联两个场景之间的导览节点就制作完成了。

按照布局路线，依次添加场景中的导览节点，即可完成一个完整流程的路线游览。

孔子行教像——大成门的导览节点设置如图 9.93 和图 9.94 所示。

图 9.93　孔子行教像——大成门的导览节点

图 9.94　大成门——孔子行教像的导览节点

大成门——大成殿的导览节点设置如图 9.95 和图 9.96 所示。

图 9.95　大成门——大成殿的导览节点

图 9.96　大成殿——大成门的导览节点

大成殿——崇圣殿的导览节点设置如图 9.97 和图 9.98 所示。

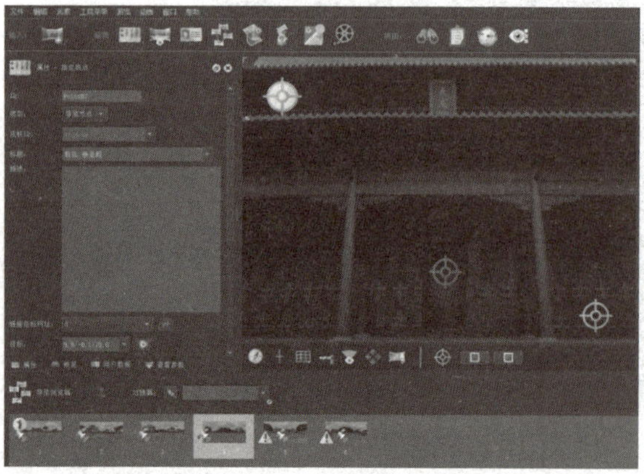

图 9.97　大成殿——崇圣殿的导览节点

图 9.98　崇圣殿——大成殿的导览节点

崇圣殿——崇圣殿内部的导览节点设置如图 9.99 和图 9.100 所示。

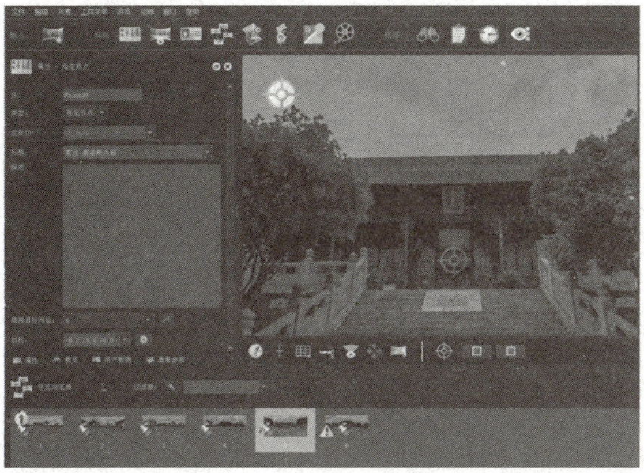

图 9.99　崇圣殿——崇圣殿内部的导览节点

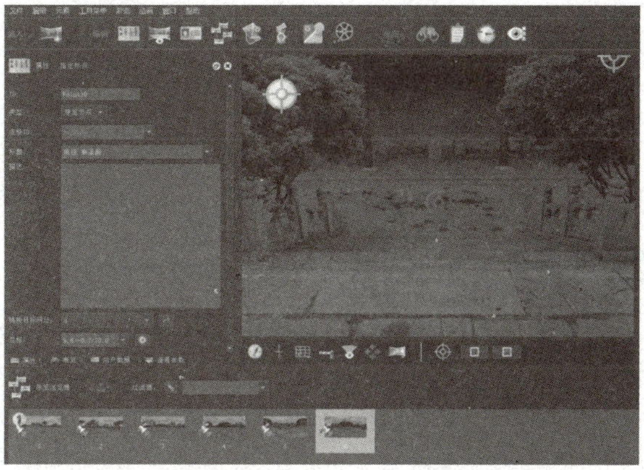

图 9.100　崇圣殿内部——崇圣殿的导览节点

以上导览节点全部设置完成后单击输出全景漫游系统，如图 9.101 所示。全景漫游过程中单击场景中的红色导览节点即可前往下一个地点继续进行游览。

图 9.101　朝天宫全景漫游视图

小　结

本章介绍了增强式虚拟现实系统、沉浸式虚拟现实系统以及全景式虚拟现实系统的开发，这三种典型的虚拟现实系统在实际需求中是常用的技术解决方案。大家也可以多多关注身边的应用以及与虚拟现实相关的技术，不断地积累拓展，提高对虚拟现实开发领域的实践能力。

思　考

1. Unity 常用的开发插件有哪些？

2. 简述 HTC VIVE 开发环境的配置过程。

3. 如果现在将由你为自己的家设计一个全景漫游系统，你会如何实现，请提供一套技术解决方案。

参考文献

[1] Unity Technologies. Unity 5.X 从入门到精通 [M]. 北京：中国铁道出版社，2016.

[2] 吴亚峰，于复兴，索伊娜 .Unity 3D 游戏开发标准教程 [M]. 北京：人民邮电出版社，2016.

[3] 娄岩 . 虚拟现实与增强现实技术概论 [M]. 北京：清华大学出版社，2016.

[4] 喻晓和 . 虚拟现实技术基础教程 [M].2 版 . 北京：清华大学出版社，2017.

[5] 库伯 . About Face 4: 交互设计精髓 [M]. 倪卫国，刘松涛，杭敏，等译 . 北京：电子工业出版社，2015.

[6] 董尚昊 . 步步为赢交互设计全流程解析 [M]. 北京：人民邮电出版社，2020.

[7] 顾振宇 . 交互设计 : 原理与方法 [M]. 北京：清华大学出版社，2016.